2023 China Life Sciences and Biotechnology Development Report

2023中国生命科学与生物技术发展报告

科学技术部 社会发展科技司
中国生物技术发展中心 编著

科学出版社
北京

内 容 简 介

本书总结了2022年我国生命科学研究、生物技术和生物产业发展的基本情况，重点介绍了我国在生命组学与细胞图谱、脑科学与神经科学、合成生物学、表观遗传学、结构生物学、免疫学、干细胞、新兴前沿与交叉技术等领域的研究进展，以及在医药生物技术、工业生物技术、农业生物技术、环境生物技术和生物安全方面取得的年度进展、重大成果，分析了我国生物产业的市场表现和发展态势。本书分为总论、生命科学、生物技术、生物产业、投融资、文献专利6个章节，以翔实的数据、丰富的图表和充实的内容，全面展示了当前我国生命科学、生物技术和生物产业的基本情况与重要进展。

本书可供生命科学和生命技术领域的科学家、企业家、管理人员，以及关心支持生命科学、生物技术与生物产业发展的各界人士参考。

图书在版编目（CIP）数据

2023中国生命科学与生物技术发展报告 / 科学技术部社会发展科技司，中国生物技术发展中心编著. —北京：科学出版社，2023.10
ISBN 978-7-03-076365-5

Ⅰ. ①2… Ⅱ. ①科… ②中… Ⅲ. ①生命科学 - 技术发展 - 研究报告 - 中国 - 2023 ②生物工程 - 技术发展 - 研究报告 - 中国 - 2023 Ⅳ. ① Q1-0 ② Q81

中国国家版本馆CIP数据核字（2023）第177407号

责任编辑：王玉时　席　慧　刘　畅 / 责任校对：严　娜
责任印制：吴兆东 / 封面设计：金舵手世纪

科学出版社 出版
北京东黄城根北街16号
邮政编码：100717
http://www.sciencep.com

北京虎彩文化传播有限公司 印刷
科学出版社发行　各地新华书店经销
*
2023年10月第 一 版　开本：787×1092　1/16
2023年10月第二次印刷　印张：21 1/4
字数：323 000

定价：268.00元

（如有印装质量问题，我社负责调换）

《2023中国生命科学与生物技术发展报告》
编写人员名单

主　　编：祝学华　张新民

副 主 编：张　军　沈建忠　范　玲　郑玉果

参加人员（按姓氏汉语拼音排序）：

敖　翼　曹　芹　陈　琪　陈　欣　陈大明
陈洁君　程　通　董　华　范莹莹　范月蕾
郭　伟　韩　佳　何　蕊　黄　鑫　黄英明
江洪波　焦　宁　靳晨琦　旷　苗　李　荣
李　伟　李　陟　李丹丹　李冬雪　李玮琦
李祯祺　梁慧刚　林拥军　刘　晓　罗会颖
马广鹏　毛开云　濮　润　阮梅花　施慧琳
石旺鹏　苏　月　谭　映　田金强　王　静
王　玥　王凤忠　王鑫英　魏　巍　吴函蓉
吴坚平　武瑞君　夏宁邵　熊　燕　徐　萍
徐鹏辉　许　丽　杨　敏　杨　阳　杨光睿
杨若南　姚　斌　尹军祥　于建荣　于振行
袁天蔚　张　鑫　张　涌　张博文　张大璐
张丽雯　张瑞福　张小奕　张学博　张一平
赵　鹏　赵若春　赵添羽　郑森予　郑文龙
周哲敏　朱　敏　朱成姝

前 言

生命科学与生物技术是基础研究的重要组成部分。党的十八大以来，以习近平同志为核心的党中央对科技工作高度重视，把基础研究摆在科技创新工作的重要位置。2023年2月21日，中共中央政治局就加强基础研究进行第三次集体学习。中共中央总书记习近平在主持学习时强调，加强基础研究，是实现高水平科技自立自强的迫切要求，是建设世界科技强国的必由之路。各级党委和政府要把加强基础研究纳入科技工作重要日程，加强统筹协调，加大政策支持，推动基础研究实现高质量发展*。这是我们党把握科技创新规律的一个新认识，也是我们国家当前发展阶段对基础研究这个源头活水总开关，对于底层技术、底层逻辑，所谓黑科技、硬科技有更大需求，也是我们国家在科技创新发展到一个新阶段的历史性、现实性的要求**。

2022年是党的二十大召开之年，是实施“十四五”规划承上启下之年。全国科技界深入学习贯彻党的二十大精神和决策部署，攻坚克难、奋力拼搏，各行各业协力攻关，东中西部合作创新，科技产业金融融通发展，深化改革与创新发展统筹推进，汇聚形成全国上下勠力同心、锐意创新的磅礴力量。2022年，在全体科技工作者的共同努力下，我国科技创新成果丰硕、捷报频传，天和、问天、梦天三舱齐聚天宇，中国空间站傲立太空，夸父探日、青藏科考、微纳卫星、量子传输、质子治疗等一批重大创新成果竞相涌现。全社会研发经费支出首次突破3万亿元，研发投入强度首次突破2.5%，基础研究投入比例连续4年超过6%。一批关键核心技术攻关取得突破，国家战略科技力量建设迈出新步伐，“科技冬奥”保障北京冬奥会高质量办赛、高水平参赛，科研攻关为全国

---

* 习近平．切实加强基础研究 夯实科技自立自强根基［N］．人民日报，2023-02-23(001).

** 王志刚．从四方面推进基础研究 夯实科技自立自强根基［EB/OL］．(2023-03-05) [2023-07-28]. https://news.cctv.com/2023/03/05/ARTIY4UJRlyXLEIXTorOq5CN230305.shtml.

疫情防控取得重大决定性胜利做出重要贡献*。

在取得诸多科技成果的同时，生命科学与生物技术领域的政策规划为该领域的日后发展提供了指导与方向。国家发展改革委印发的《"十四五"生物经济发展规划》提出了生物经济发展的阶段目标：到2025年，生物经济成为推动高质量发展的强劲动力，总量规模迈上新台阶，科技综合实力得到新提升，产业融合发展实现新跨越，生物安全保障能力达到新水平，政策环境开创新局面。到2035年，按照基本实现社会主义现代化的要求，我国生物经济综合实力稳居国际前列，基本形成技术水平领先、产业实力雄厚、融合应用广泛、资源保障有力、安全风险可控、制度体系完备的发展新局面**。

2022年，在国家政策的支持下，我国生命科学与生物技术发展迅速，技术快速革新，相关研究和应用进一步推进，推动我国生命科学与生物技术产业的持续突破。在重大研究进展方面，脑科学与神经科学基础研究不断突破，脑机接口技术持续推进；免疫学机制研究与解析助力疫苗及免疫疗法的开发；干细胞基础研究和机制解析不断深入，并在类器官部分领域占据先机。在技术进步方面，生命组学技术推动分子与细胞图谱持续突破；合成生物学进展为新材料发现、设计和生产带来了新可能；表观遗传学的前沿创新为针对性的疾病治疗提供了新思路；结构生物学的交叉融合研究助力疫苗开发与药物设计。在产业发展方面，生物技术不断向医药、农业、化工、材料、能源等领域融入应用，生物产品和服务、生物安全保障需求受到空前关注，为更好地解决经济社会可持续发展面临的重大问题提供了新路径。我国生物产业快速发展，生物医药、生物农业、生物制造、生物服务等生物产业规模持续增长。

2022年，中国发表论文225 258篇，比2021年增长了9.01%，10年的复合年均增长率达到13.54%，显著高于国际水平。同时，中国生命科学论文数量占全球的比例也从2013年的10.35%提高到2022年的23.87%。2022年，在全球生命科学和生物技术领域专利申请数量与授权数量略有下降的背景下，中国专利申请数

---

* 科技部．我国研发人员总量多年保持世界首位［EB/OL］．(2023-02-24)[2023-07-28]. https://news.cctv.com/2023/02/24/ARTIKZ5aq98BdjuwLRUU4gwX230224.shtml.

** 国家发展改革委高技术司．国家发展改革委印发《"十四五"生物经济发展规划》［EB/OL］．(2023-05-10)[2023-07-28]. https://www.ndrc.gov.cn/xxgk/jd/jd/202205/t20220509_1324417.html.

量和授权数量分别为44 598件和39 997件，申请数量比上年度增长2.58%，授权数量比上年度增长9.49%，分别占全球的33.82%和51.23%。

国家药品监督管理局（NMPA）数据显示，2022年我国自主研发创新药上市数量为18款，包括7款化学药、7款生物制品及4款中药。2022年6月29日，国家药品监督管理局附条件批准康方生物自主研发的PD-1/CTLA-4双特异性抗体药物开坦尼（卡度尼利单抗注射液）上市，用于治疗复发或转移性宫颈癌。这是国内获批上市的首款双特异性抗体药物，也是首款获批用于晚期宫颈癌的免疫治疗药物，同时还是全球获批的首款PD-1/CTLA-4双特异性抗体药物，填补了国产双特异性抗体药物研发的市场空白。多款全新机制新药获批上市，不仅标志着本土药企迎来了研发的收获期，也代表着中国创新药发展体系进一步靠近国际先进水平。

自2002年以来，科学技术部社会发展科技司和中国生物技术发展中心每年出版发行我国生命科学与生物技术领域的年度发展报告，已经成为本领域具有一定影响力的综合性年度报告。本书以总结2022年我国生命科学研究、生物技术和生物产业发展的基本情况为主线，重点介绍了我国生命组学与细胞图谱、脑科学与神经科学、合成生物学、表观遗传学、结构生物学、免疫学、干细胞、新兴前沿与交叉技术等领域的研究进展，以及医药生物技术、工业生物技术、农业生物技术、环境生物技术和生物安全取得的年度进展、重大成果及其重要意义。本书对我国生物产业热点领域进行产业前瞻分析，从国际和国内两个层面分析投融资发展态势，以反映生物技术领域科技计划的财政支持情况，生物技术领域风险投资、上市融资等情况及投融资的热点方向，生物产业的市场表现和发展态势。本书以文字、数据、图表相结合的方式，全面展示了2022年我国生命科学、生物技术与生物产业领域的研究成果、论文发表、专利申请、行业发展和投融资情况，以及我国在生物医药、生物农业、生物制造、生物服务等产业取得的重要进展。

本书可供生命科学和生命技术领域的科学家、企业家、管理人员，以及关心和支持生命科学、生物技术与生物产业发展的各界人士参考。

编著者

2023年7月

目 录

第一章　总　论

一、国际生命科学与生物技术发展态势

（一）重大研究进展

1. 脑科学、类脑智能及脑机接口技术迅速突破

毫秒级时间分辨率下的神经元活动直接成像（direct imaging of neuronal activity，DIANA）、基于内源性RNA编辑酶的细胞RNA“读取器”（cell access through RNA sensing by endogenous adenosine deaminase acting on RNA，CellREADR）[1]等技术的开发，可促进人们对人脑细胞和神经网络的深度研究；记忆存放与提取机制的解码、序列记忆在大脑中的存储机制的揭示、人脑发育图谱的绘制[2]、人脑细胞基因活动变化图谱的揭示[3]、国际上最大的小鼠全脑介观神经联接图谱数据库的构建[4]等成果，有力地推动了脑发育、神经回路及脑疾病发生机制的探索，也为类脑智能的开发和深入研究高级认知功能奠定了基础。类脑智能向高效、便携、低功耗发展，如新开发的神经拟态芯片能耗降低至当

1 Qian Y J, Li J Y, Zhao S L, et al. Programmable RNA sensing for cell monitoring and manipulation[J]. Nature, 2022, 610: 713-721.

2 Bethlehem R A I, Seidlitz J, White S R, et al. Brain charts for the human lifespan[J]. Nature, 2022, 604: 525-533.

3 Herring C A, Simmons R K, Freytag S, et al. Human prefrontal cortex gene regulatory dynamics from gestation to adulthood at single-cell resolution[J]. Cell, 2022, 185: 4428-4447.

4 Gao L, Liu S, Gou L F, et al. Single-neuron projectome of mouse prefrontal cortex[J]. Nat Neurosci, 2022, 25: 515-529.

下标准处理器的千分之一。脑机接口技术开始逐步走向成熟，如新一代植入脊柱的神经刺激装置能帮助重度脊髓损伤患者迅速恢复运动功能[5]，进一步接近临床应用；多款无芯片、无电池、超薄、无线传感器的开发标志着下一代传感器向更小、更薄、更灵活发展。

2. 健康维护向精准化、个体化迈进，疾病防治手段更加多样化

精准医学体系逐渐形成，大型人群队列不断升级，疾病精准分型研究持续突破，推动疾病精准防诊治方案的研发和推广。一方面，英国生物样本库（UK Biobank）等大型队列资源平台持续迭代升级。另一方面，多器官[6]、泛肿瘤[7]、单细胞[8]、多组学[9]疾病特征谱的绘制为疾病精准分型及精准防诊治方案的开发奠定了基础；而基于肿瘤免疫环境将不同肿瘤分为12种“免疫原型”的研究为疾病精准分型提供了新方式[10]。新型疾病诊断技术不断出现并优化，如基于表观遗传学的液体活检技术——细胞游离DNA片段的表观遗传表达推断（epigenetic expression inference from cell-free DNA-sequencing，EPIC-seq）技术、血浆分离核小体的表观遗传学（epigenetics of plasma-isolated nucleosomes，EPINUC）技术，能高灵敏、高特异地进行肿瘤的检测、分型及伴随诊断。

免疫检查点抑制剂疗法和免疫细胞疗法是当前癌症免疫疗法领域的重要热门方向。全球程序性死亡受体1/配体1（PD-1/L1）抑制剂已有十余款产品上市，新型免疫检查点抑制剂的开发、适应证选择及多靶点联合成为重要的研究方向。我国中山康方生物医药有限公司自主研发的全球首个程序性死亡受体1/细

---

5 Kim Y, Suh J M, Shin J, et al. Chip-less wireless electronic skins by remote epitaxial freestanding compound semiconductors[J]. Science, 2022, 377: 859-864.

6 Tabula Sapiens Consortium. The Tabula Sapiens: a multiple-organ, single-cell transcriptomic atlas of humans[J]. Science, 2022, 376: eabl4896.

7 Wu L Q, Yao H R, Chen H, et al. Landscape of somatic alterations in large-scale solid tumors from an Asian population[J]. Nat Commun, 2022, 13: 4264.

8 Reichart D, Lindberg E L, Maatz H, et al. Pathogenic variants damage cell composition and single-cell transcription in cardiomyopathies[J]. Science, 2022, 377: 1984.

9 Kuppe C, Flores R O R, Li Z J, et al. Spatial multi-omic map of human myocardial infarction[J]. Nature, 2022, 608 (7924): 766-777.

10 Combes A J, Samad B, Tsui J, et al. Discovering dominant tumor immune archetypes in a pan-cancer census[J]. Cell, 2022, 185: 184-203.

胞毒性T淋巴细胞相关抗原4（PD-1/CTLA-4）双特异性抗体药物卡度尼利获批上市；全球首款淋巴细胞活化基因3（LAG-3）抑制剂瑞拉利（Relatlimab）单抗获批上市，使LAG-3成为全球第四个有产品获批上市的免疫检查点。此外，以嵌合抗原受体T细胞免疫治疗（CAR-T）为代表的免疫细胞疗法在血液肿瘤领域取得了长期疗效验证；全球第六款、国内第二款CAR-T细胞疗法——南京传奇生物科技有限公司自主研发的西达基奥仑赛（Cilta-cel）获美国食品药品监督管理局（FDA）批准上市。CAR-T针对实体瘤的治疗也正逐步取得进展，科济药业控股有限公司开展了其自主研发的CAR-T——CT041的全球首个实体瘤疗法确证性Ⅱ期临床试验；美国宾夕法尼亚大学开发的CAR-T细胞疗法通过靶向前列腺特异性膜抗原（PSMA）可安全、有效地治疗去势抵抗型前列腺癌。美国斯坦福大学开发的靶向双唾液酸神经节苷脂2（GD2）的CAR-T细胞疗法可使H3K27M突变型弥漫性中线胶质瘤患者显著受益。除肿瘤领域外，美国宾夕法尼亚大学的科研人员通过向心衰小鼠体内注射编码嵌合抗原受体（CAR）的mRNA，成功编码出瞬时抗纤维化CAR-T细胞，实现了小鼠心脏功能的修复。

在基因治疗领域，全球当前已有多款产品获批，2022 年 7 月，由美国 PTC Therapeutics 公司开发的药物 Upstaza（eladocagene exuparvovec）获欧洲药品管理局（European Medicines Agency，EMA）上市许可，这是首个针对芳香族 L-氨基酸脱羧酶（L-amino acid decarboxylase，AADC）缺乏症的基因疗法。随后8月，由 BioMarin Pharmaceutical 公司开发的药物 ROCTAVIAN（valoctocogene roxaparvovec）获 EMA有条件批准上市，成为全球首个针对血友病 A 的基因疗法药物。11月，全球首个血友病 B 基因治疗产品也成功获美国 FDA 批准上市，为 UniQure/CSL Behring 公司开发的药物etranacogene dezaparvovec（Etrana-Dez）。美国 Vertex Phar-maceuticals 公司和瑞士 CRISPR Therapeutics 公司联合开发的规律间隔成簇短回文重复序列（CRISPR）基因编辑治疗产品 exa-cel 也进入上市申请阶段。在RNA 疗法领域，2022 年，全球第5款siRNA药物 Vutrisiran 先后获美国FDA和EMA 批准上市。继新冠mRNA 疫苗研发成功之后，美国宾夕法尼亚大学等开发出一种可编码所有已知 20 种甲型和乙型流感病毒亚型抗原的通用流感 mRNA 疫苗。

3. 大数据、人工智能与医疗深度融合，加速智能诊疗落地应用

大数据、人工智能与医疗深度融合，助力智能诊疗在多个应用场景落地应用，包括全生命周期健康管理、医院管理、药物研发等。迄今，美国FDA批准了300余个人工智能医疗器械上市，我国国内获批三类医疗器械注册证的人工智能辅助诊疗产品达到36个。手术机器人在微创或远程精细操作、获得细胞和分子信息的原位/在体表征，以及高精度开展靶向治疗等方向快速推进，智能组织自主机器人（STAR）、远程机器人系统相继被开发出来。我国开发的鸿鹄骨科手术机器人获得了美国FDA上市许可。人工智能推动新药研发多环节实现降本增效发展，至2022年6月，全球约有51个候选人工智能药物进入临床试验阶段，其中有4个已进入Ⅲ期临床试验[11]。

（二）技术进步

1. 组学技术革新为认识和解析生命奠定基础

三代测序技术的长读长特点在端粒到端粒、无缺口高质量基因组图谱的绘制中发挥着关键作用，端粒到端粒联盟构建了有史以来最完整的人类基因组序列T2T-CHM13。单细胞测序技术的进步为在时间维度上更好地理解生命过程的动态变化提供了强有力的手段，瑞士洛桑联邦理工学院等机构首创的活细胞转录组测序技术Live-seq实现了对活细胞基因表达的连续观测[12]。

空间组学快速发展，继空间转录组学技术被评为*Nature Methods* 2020年度技术之后，空间多组学技术入选*Nature* 2022年值得关注的七大年度技术[13]。2022年，聚合酶克隆索引文库测序技术（Pixel-seq）创新开启了单细胞或亚细胞水

---

11 智药局.《全球进入临床Ⅰ期的AI药物管线》统计表（统计日期：2015年1月1日-2022年6月20日）[EB/OL]. (2023-06-21) [2023-07-16]. https://mp.weixin.qq.com/s/n_IIzdQZ sox I-CsvG Toycw.

12 Chen W Z, Guillaume-Gentil O, Rainer P Y, et al. Live-seq enables temporal transcriptomic recording of single cells[J]. Nature, 2022, 608: 733-740.

13 Guilliams M, Bonnardel J, Haest B, et al. Spatial proteogenomics reveals distinct and evolutionarily conserved hepatic macrophage niches[J]. Cell, 2022, 185(2): 379-396.

平空间转录组学研究的变革，实现了高效率、高空间分辨率、低成本的空间测序，组蛋白修饰分析技术——空间靶向剪切及标记技术（spatial-CUT&Tag）和染色质可及性分析技术——空间染色质转座酶可及性测序技术（spatial-ATAC-seq）突破实现了发育和疾病相关表观调控的空间映射，新空间蛋白质组技术——基于有机溶剂的器官三维透明成像质谱分析技术（DISCO-MS）的开发还推动了空间组学分析从二维向三维发展。研究人员还利用大视场、超高分辨率空间增强分辨率组学测序技术（Stereo-seq）绘制了小鼠、斑马鱼、果蝇、拟南芥的发育时空图谱，从时间和空间维度上对发育过程中的基因和细胞变化过程进行超高精度解析[14]，并构建了首个蝾螈脑再生时空图谱[15]。

细胞图谱绘制从聚焦单个器官、组织向整合多个器官、组织的泛组织水平迈进，起始于2016年的“人类细胞图谱计划”于2022年发布重大成果，构建了迄今为止最为全面的人体泛组织细胞图谱，为人类健康和疾病提供了生物学新见解[16]。我国华大生命科学研究院主导，6国科学家合作完成了首个非人灵长类动物（猕猴）全身器官细胞图谱[17]，也从泛组织水平全面分析了不同组织、器官的细胞组成及其分子特征。

2. 生命的认知工具和研究更加深入与系统

超分辨率成像向高清、三维、实时、高效方向推进，为认识与解析生命赋能。通过升级超分辨率硬件、探针及其标记方法和数据处理算法，单分子及超高分辨率显微成像技术不断突破分辨率、时空性、活体细胞、成像效率等方面的限制。在哺乳动物组织中鉴定药物结合靶标位点的透明辅助组织点击化学

---

14 Cell Press. SpatioTemporal Omics Consortium (STOC)[EB/OL]. (2022-05-04)[2023-01-16]. https://www.cell.com/consortium/spatiotemporal-omics.

15 Wei X Y, Fu S L, Li H B, et al. Single-cell Stereo-seq reveals induced progenitor cells involved in axolotl brain regeneration[J]. Science, 2022, 377: eabp9444.

16 Human Cell Atlas. Multi-tissue cell atlases lead to leap of understanding of immunity and disease[EB/OL].(2022-05-12)[2023-01-16]. https://www.humancellatlas.org/multi-tissue-cell-atlases-lead-to-leap-of-understanding-of immunity-and-disease.

17 Han L, Wei X Y, Liu C Y, et al. Cell transcriptomic atlas of the non-human primate *Macaca fascicularis*[J]. Nature, 2022, 604: 723-731.

法、在超分辨率下实现细胞和组织的扩张显示技术（expansion revealing，ExR）、CRISPR介导的荧光原位杂交放大器（CRISPR FISHer）系统、基于DNA的纳米尺度点累积拓扑结构成像系统（DNA-based points accumulation for imaging in nanoscale topography，DNA-PAINT）、对大脑信号传播进行毫秒级无创跟踪的新型磁共振成像技术等成果相继面世。与此同时，以Omnipose等为代表的深度神经网络图像分割算法成功研发，能够应对显微镜图像定量分析所带来的巨大挑战。我国首次利用人工智能四维重建技术提升了时间分辨冷冻电镜的分析精度，并提出了深度学习显微成像技术的框架，实现了当前国际最快、成像时程最长的活体细胞成像。

人工智能的生物分子结构预测与设计能力不断增强。“创造性人工智能的快速发展”是*Science*评选的2022年度十大突破之一。研究人员现已能够利用人工智能预测或设计出蛋白质已有或全新的结构，并将之应用于疫苗等多个领域。继AlphaFold2和RoseTTAFold预测蛋白质结构取得突破后，蛋白质结构预测平台ColabFold开发了与上述两者相结合的同源搜索，将搜索速度提高了40～60倍；脸书（Facebook）旗下MetaAI公司所开发出的ESMFold通过简化训练模型和强化训练参数，高效、准确地预测出6亿多种难以表征的宏基因组蛋白。此外，利用人工智能技术还实现了预测人类核孔复合体的亚细胞结构、生成氨基酸序列、设计功能蛋白质等方向的突破。我国基于可预测稳定突变位点的3D自监督学习的卷积神经网络MutCompute框架，成功预测出目前最优秀的聚对苯二甲酸乙二醇酯（PET）水解酶。

随着冷冻电子显微镜（cryo-EM，以下简称“冷冻电镜”）等技术的不断进步，以及计算生物学的极大提升，结构生物学得到飞速发展。新型成像技术的开发，如“扩张显示”新技术[18]、透明辅助组织点击化学新方法[19]等为结构生物学研究提供了新工具。计算结构生物学与蛋白质的人工预测和构建成为研究

---

18 Sarkar D, Kang J, Wassie A T, et al. Revealing nanostructures in brain tissue via protein decrowding by iterative expansion microscopy[J]. Nature Biomedical Engineering, 2022, 6(9): 1057-1073.

19 Pang Z, Schafroth M A, Ogasawara D, et al. *In situ* identification of cellular drug targets in mammalian tissue[J]. Cell, 2022, 185(10): 1793-1805.

新思路，利用“幻化”和“图像修复”两种人工智能算法[20]构建出可能作为疫苗、癌症治疗，甚至是将碳污染物从空气中分离出来的工具的蛋白质；利用ProteinMPNN新算法可快速生成氨基酸序列[21]，并可用于生成在实验室中发挥作用的新蛋白质[22]；基于人工智能的预测，大量的人类核孔蛋白（NUP）及其亚复合物的结构模型[23]被构建出来，显示出前所未有的准确性。生物大分子与细胞机器的结构与功能解析上，首次从原子细节上可视化观察了抗生素如何影响细菌细胞内的蛋白质生产过程[24]；病原微生物的结构解析与免疫机制研究上，研究人员绘制了使丙型肝炎病毒（HCV）能够进入宿主细胞的病毒表面关键蛋白高分辨率结构[25]，从而开发出高效靶向这些位点的HCV疫苗；在重大复杂疾病机制的结构生物学分析上，研究人员利用冷冻电镜技术，发现溶酶体Ⅱ型跨膜蛋白TMEM106B也在人类大脑中形成淀粉样蛋白细丝[26]，并对名为STING的关键免疫蛋白进行了近原子分辨率成像[27]，有望带来疾病诊断和治疗的新方法。

表观遗传学的研究范围不断扩大，基础研究和机制解析持续深入。随着研究技术的变革和实验数据的集成，表观遗传学的研究范围已经覆盖DNA、RNA、染色质编辑，以及细胞外囊泡等器件，用于解析宏观、中观、微观环境中细胞的生理过程和病变原因。DNA修饰与染色质重塑上，贝勒医学院和得克萨斯大学联合发现了NANOG调节染色体重塑并激活细胞多能性的机制[28]；

---

20 Wang J, Lisanza S, Juergens D, et al. Scaffolding protein functional sites using deep learning[J]. Science, 2022, 377(6604): 387-394.

21 Dauparas J, Anishchenko I, Bennett N, et al. Robust deep learning-based protein sequence design using ProteinMPNN[J]. Science, 2022, 378(6615): 49-56.

22 Wicky B I M, Milles L F, Courbet A, et al. Hallucinating symmetric protein assemblies[J]. Science, 2022, 378(6615): 56-61.

23 Mosalaganti S, Obarska-Kosinska A, Siggel M, et al. AI-based structure prediction empowers integrative structural analysis of human nuclear pores[J]. Science, 2022, 376(6598): eabm9506.

24 Xue L, Lenz S, Zimmermann-Kogadeeva M, et al. Visualizing translation dynamics at atomic detail inside a bacterial cell[J]. Nature, 2022, 610(7930): 205-211.

25 Torrents de la Peña A, Sliepen K, Eshun-Wilson L, et al. Structure of the hepatitis C virus E1E2 glycoprotein complex[J]. Science, 2022, 378(6617): 263-269.

26 Schweighauser M, Arseni D, Bacioglu M, et al. Age-dependent formation of TMEM106B amyloid filaments in human brains[J]. Nature, 2022, 605(7909): 310-314.

27 Lu D, Shang G, Li J, et al. Activation of STING by targeting a pocket in the transmembrane domain[J]. Nature, 2022, 604(7906): 557-562.

28 Choi K J, Quan M D, Qi C, et al. NANOG prion-like assembly mediates DNA bridging to facilitate chromatin reorganization and activation of pluripotency[J]. Nat Cell Biol, 2022, 24(5): 737-747.

北卡罗来纳大学利用DNA甲基化测序和生物信息学分析绘制了人类印记控制区（imprinting control region，ICR）的全基因组定位图谱[29]；美国霍华德·休斯医学研究所发现了一种新的突触，能够直接向细胞核发送信号，诱导染色质变化[30]。在RNA修饰与非编码RNA调控上，美国国立卫生研究院（NIH）利用构建的新测序方式RedaC: T-seq，发现RNA 5′UTR的ac4C修饰能够抑制规范序列（canonical sequence）的翻译，进而降低蛋白质合成水平[31]。细胞外囊泡的技术不断更新，驱动相关研究呈现平台化、集成化的发展趋势。例如，沙特阿拉伯研究开发的“apta-magneticbiosensor”平台，从细胞培养物中进行外泌体的顺磁分离、预浓缩和定量分析，具有巨大的临床应用潜力[32]；基于新技术和新方法，麻省理工学院的研究人员在海洋常见的原绿球藻（*Prochlorococcus*）中发现了一种前所未见的水平基因转移方式[33]。同时，随着研究的推进，科学家综合汇聚了基因组、表观组、微生物组、营养与环境暴露等可测量的物理特征、化学特征和生物特征，提出了表型组（phenome）的概念[34]，对健康研究模式产生了深远的影响。

3. 生命改造、再生及模拟的能力不断增强

基因编辑技术持续迭代，技术更高效、更安全，操作更简单、更灵活。“先导编辑”技术持续优化，实现了完整长片段基因的精确删除、置换或插入，甚至多个基因位点的同步编辑。线粒体A-G碱基转换编辑器、人类胚胎中线粒体C-T碱基转换的突破，则扩展了线粒体基因编辑的范围；新型CRISPR系统Cas12a2可在切割靶标RNA的同时，降解细胞中的其他ssRNA、ssDNA和

---

29 Jima D D, Skaar D A, Planchart A, et al. Genomic map of candidate human imprint control regions: the imprintome[J]. Epigenetics, 2022, 17(13): 1920-1943.

30 Sheu SH, Upadhyayula S, Dupuy V, et al. A serotonergic axon-cilium synapse drives nuclear signaling to alter chromatin accessibility[J]. Cell, 2022, 185(18): 3390-3407, e18.

31 Arango D, Sturgill D, Yang R, et al. Direct epitranscriptomic regulation of mammalian translation initiation through N4-acetylcytidine[J]. Mol Cell, 2022, 82(15): 2797-2814, e11.

32 Chinnappan R, Ramadan Q, Zourob M. An integrated lab-on-a-chip platform for pre-concentration and detection of colorectal cancer exosomes using anti-CD63 aptamer as a recognition element[J]. Biosens Bioelectron, 2023, 220: 114856.

33 Hackl T, Laurenceau R, Ankenbrand M J, et al. Novel integrative elements and genomic plasticity in ocean ecosystems[J]. Cell, 2023, 186(1): 47-62, e16.

34 Bilder R M, Sabb F W, Cannon T D, et al. Phenomics: the systematic study of phenotypes on a genome-wide scale[J]. Neuroscience, 2009, 164(1): 30-42.

dsDNA，从而限制病毒复制，可进一步被改造开发为高灵敏CRISPR诊断工具。在应用方面，研究人员首次实现了哺乳动物完整染色体的可编程连接，创建出具有全新核型的小鼠[35]。同时，多项临床试验取得积极结果，截至2022年12月，全球已开展了77项基因编辑疗法临床试验。其中，CRISPR Therapeutics公司研发的exa-cel成为首个进入Ⅲ期临床试验的基因编辑疗法[36]，已获得美国FDA快速通道和孤儿药资格认定，进入上市申请阶段。首个体内基因编辑药物NTLA-2001也完成了Ⅰ期临床试验[37]；PACT Pharma公司开展的全球首款基因编辑TCR-T细胞疗法公布了Ⅰ期临床试验数据[38]，证实了其安全性，并实现了特异性靶向杀伤肿瘤。

干细胞转化进程加速。在基础研究方面，化学小分子诱导技术领域取得系列突破，陆续实现了人类成体细胞转变为多能干细胞[39]、小鼠多能干细胞转变为全能干细胞[40]、大鼠心脏的原位再生[41]，以及红细胞向巨核细胞和血小板的转化[42]。此外，在全能干细胞的构建方面，研究人员也陆续实现了人类8细胞期全能干细胞和小鼠2细胞期全能干细胞的构建。在应用研究方面，干细胞衍生的胰腺细胞实现了无须免疫抑制剂治疗糖尿病，成为寻找胰岛素生成细胞替代品20年进程中的重要突破；干细胞结合基因疗法治疗渐冻症的疗效和安全性也获得了

---

35 Wang L B, Li Z K, Wang L Y, et al. A sustainable mouse karyotype created by programmed chromosome fusion[J]. Science, 2022, 377: 967-975.

36 BioSpace. Vertex and CRISPR Therapeutics Announce Global exa cel Regulatory Submissions for Sickle Cell Disease and Beta Thalassemia in 2022[EB/OL]. (2022-09-27)[2023-01-16]. https://news.vrtx.com/news-releases/news-release details/vertex-and-crispr-therapeutics-announce-global-exa-cel.

37 Intellia. Intellia and Regeneron Announce Initial Data from the Cardiomyopathy Arm of Ongoing Phase 1 Study of NTLA-2001[EB/OL]. (2022-09-16)[2023-01-16]. https://ir.intelliatx.com/news-releases/news-release-details/intellia-and-regeneron-announce-initial-data-cardio-myopathy-arm.

38 Foy S P, Jacoby K, Bota D A, et al. Non-viral precision T cell receptor replacement for personalized cell therapy[J]. Nature, 2023, 615: 687-696.

39 Guan J Y, Wang G, Wang J L, et al. Chemical reprogramming of human somatic cells to pluripotent stem cells[J]. Nature, 2022, 605: 325-331.

40 Hu Y Y, Yang Y Y, Tan P C, et al. Induction of mouse totipotent stem cells by a defined chemical cocktail[J]. Nature, 2023, 617: 792-797.

41 Du J Y, Zheng L X, Gao P, et al. A small molecule cocktail promotes mammalian cardiomyocyte proliferation and heart regeneration[J]. Cell Stem Cell, 2022, 29: 545-558.

42 Qin J, Zhang J, Jiang J, et al. Direct chemical reprogramming of human cord blood erythroblasts to induced megakaryocytes that produce platelets[J]. Cell Stem Cell, 2022, 29: 1229-1245.

初步证实。截至2022年，全球批准及上市的干细胞产品已累计达到23种。

类器官技术水平快速提升，人脑类器官实现在大鼠体内成熟，并与大鼠大脑建立连接；人工构建小鼠早期胚胎也获得成功。在此基础上，类器官对组织器官生理、病理的模拟水平不断提升，如证实了干细胞衍生的胰岛与天然胰岛在功能、代谢和基因表达等方面的相似性；利用大脑类器官重现了人类大脑发育过程中的关键事件。

组织工程领域经过多年的发展，已经实现了在多种疾病治疗中的广泛应用。2022年，科研人员进一步利用猪的胶原蛋白制成人工角膜，使失明或视力受损的患者恢复了视力；此外，科研人员还开发出一种具有螺旋排列跳动心脏细胞的人类心室生物杂交模型，突破了复制心脏独特结构的瓶颈，朝着构建可用于移植的人类心脏的目标更近了一步。异种器官移植在2021年掀起新一轮热潮，2022年研究进程进一步推进，美国科学家首次将基因编辑的猪心脏移植给心脏病患者，成功使其存活了8周。

合成生物学作为使能技术不断突破。基于原核细胞的类真核合成细胞、超过100个菌株的合成肠道微生物群落等人工合成系统陆续被开发出来，基于DNA折纸技术的纳米级旋转马达、可用于体内成像的基因编码传感器等技术也相继面世，不断夯实合成生物学的应用基础。在合成生物学与工程生物学的支撑下，医药产品的生产手段越发丰富。抗癌药物长春碱的前体分子、潜在抗生素黑莫他丁、潜在镇痛药物河鲀毒素、抗糖尿病药物阿卡波糖、番木鳖碱等天然产物的生物合成途径均已构建完成，有望在此基础上建立规模化生产的细胞工厂。同时，合成生物学的不断发展为新材料的发现、设计和生产带来了新的可能，材料合成生物学这一新兴交叉领域应运而生，为创造出具有动态响应能力的复合活体材料提供了新思路。

（三）产业发展

生物经济展现出巨大的发展潜力，在推动经济社会转型与发展中发挥着越来越重要的作用，在技术创新、供给需求、资源保障、治理体系等领域均呈现出新特征。在技术创新方面，全球生物科技蓬勃发展，前沿技术、交叉融合技术、辅助技术不断突破；在供给方面，生物经济相关企业、产业快速发展，相关技术被广泛用于提高经济社会发展的质量和可持续性，供给质量不断提升；在需求方面，市场导向的发展路径更加明确，支持手段更加多元，需求空间持续拓展；在资源保障方面，动植物资源、人类遗传资源等传统生物资源的保护和生物大数据等新资源的开发并举；在治理体系方面，顶层设计、监测和评估、监管和支持、法律法规和公众沟通等举措多管齐下[43]。

目前，全球已有60多个国家和地区发布了与生物技术和生物产业相关的战略政策和规划，越来越多的经济体将发展生物经济纳入国家战略政策的主流。可以预见，生物经济将成为未来大国科技、经济竞争的主战场。特别是现代生物技术不断向医药、农业、化工、材料、能源等领域渗透应用，为人类解决疾病、环境污染、气候变化、粮食安全、能源危机等重大挑战提供了崭新的解决方案，在推动经济社会可持续发展方面发挥着重要的引领作用[44]。

1. 代表性领域现状与发展态势

德勤（Deloitte）公司在《2023年全球生命科学行业展望》[45]中提出，生命科学企业近期依然保持强势增长，但仍然面临重大挑战，比如日益激烈的市场竞争、不断变化发展的监管环境、持续增加的定价和报销压力，以及在管理健康福祉的过程中，患者和医疗服务提供方对更有效的药物和体验日益增长的需求。与此同时，地缘政治和经济大环境也充斥着不确定性。因此，在新一年的展望中探讨了生命科学行业为创造变革而投资的七大关键领域：①不断调整的投资组合和价值创造——在生命科学领域，企业如今正在考虑的投资组合关键决策产生于资金实力悬殊的时期。多种模式和投资组合选择涌现，包括开发潜在“重磅”药物、寻求新一代疗法及关注多元化布局。②研发——研发创新是91%的生命科学企业计划在2023年加大投资的首要行动之一，生命科学企业

43 陈曦，卞靖.全球生物经济发展现状与趋势研究［J］. 全球化，2023，122（3）：49-57，134.

44 人民论坛“特别策划”组．生物经济的时代价值及前景展望［J］. 人民论坛，2022，（17）：10-11.

45 德勤．2023年全球生命科学行业展望［R/OL］. (2023-04-26) [2023-07-16]. https://www2.deloitte.com/content/dam/Deloitte/cn/Documents/life-sciences-health-care/deloitte-cn-lshc-global-life-sciences-sector-outlook-2023-zh-230515.pdf.

将继续在研发领域取得进展，如转化医学、大数据分析和数字创新。③供应链再次提上首席执行官（CEO）议程——在地缘政治动荡影响航运和物流，以及通货膨胀率达到40年来最高水平的背景下，生物科技公司和制药公司开始放弃一板一眼的准确性规划，转而设计敏捷供应链，这种供应链可灵活变通、快速适应多变的环境和多样的场景。④定价和报销——全球药品定价和报销政策迎来历史性转变，企业竞争日益加剧。为应对这些商业压力，生命科学企业采用动态定价法，同时针对一系列疾病日益增加的专门疗法采取投资组合管理方法。⑤以患者为中心——如今，世界上3/4的人都有过针对全球性病毒居家自测的经验，企业获取、解读并根据数十亿患者数据点采取行动的能力也在日益提升，患者的期望及表达期望的能力均有所提高。⑥数字化转型——新冠疫情对生命科学领域产生了深远影响，包括大规模的数字化转型。⑦促进医疗公平——医疗系统中的不公平现象广泛分布，包括全球医疗服务资源、投资和获取医疗服务的机会存在显著差异，同时也更加本地化了，比如无意识偏见、缺乏信任和语言障碍。

在生物医药领域，艾昆纬公司在《2023年全球医药研发全景展望》[46]报告中描述了2022年全球生物医药行业的发展情况。在研发管线方面，2022年研发管线保持平稳，从临床Ⅰ期试验到药品注册来看，共有6147款产品正在积极研发。过去两年中，管线仅增长2%，但2017～2022年的复合年均增长率（CAGR）保持在8.3%。肿瘤、神经学药物和罕见病是研发管线的重点与焦点。医药行业不断进行科学创新，目前有2800多家公司/研究团体参与研发管线工作。新兴生物制药公司（EBP）占据了研发管线中的2/3，高于2017年的51%和2002年的1/3。在新药获批和上市方面，2022年，全球共有64种新型活性物质（NAS）上市，与前两年每年上市的80多种相比有所下降，但已恢复到了新型冠状病毒肺炎（COVID-19）疫情暴发之前的水平。下降的原因是COVID-19疫苗和治疗药物减少、美国加速批准减少，以及仅在中国上市的NAS减少等。

46 艾昆纬. 2023年全球医药研发全景展望［R/OL］. (2023-02-24) [2023-07-16]. https://www.iqvia.com/-/media/iqvia/pdfs/china/viewpoints/global-trends-in-r-and-d-2023-cn.pdf.

在2022年新上市的药物中，首创药所占的比例越来越高，这反映出对于患者，新药可用性日益提高。2022年，特药的上市数量也持续增长。在研发资金方面，继前两年的高涨之后，过去一年，美国生命科学行业投资又恢复到了新冠疫情前的水平。从投资规模来看，尽管美国重点生物医药投资从2021年的高点下降了39%，2022年的投资额为421亿美元，但从美国投资占全球投资的比例来看，仍比2019年高出25%。在过去5年中，交易活动所在的地区发生了变化，总部位于中国和韩国的公司越来越多，而总部位于欧洲的公司则越来越少。虽然北美公司的交易数量继续保持最多，但在5年间交易数量略有下降。大型制药公司的研发经费居高不下，2022年15家最大制药公司对研发的投入达到了创纪录的1380亿美元。在临床试验活动开展方面，即使在2022年新冠疫情肆虐的情况下，临床试验活动仍具有显著的复原力，非COVID-19的临床试验活动数量与2021年相比下降了2%，比2019年增长了8%。COVID-19临床试验在2020年急剧增加，但随着新冠疫情严重程度减弱，其已降至2020年水平的一半以下。2022年，mRNA疫苗的试验活动持续增加，主要是受COVID-19的影响，但也扩展到了其他多个疾病领域。肿瘤仍然是2022年临床试验活动最多的治疗领域，占启动试验的40%。与2021年相比，2022年启动的许多其他治疗领域的临床试验数量略有下降，但在大多数情况下，仍接近2019年的水平，表明其增长模式已恢复到新冠疫情前的水平。

在生物能源领域，从国际能源署（IEA）《2022可再生能源报告》[47]中的数据可以发现：①尽管成本上升，但2022年生物燃料的使用仍在扩大。预计2022年全球生物燃料需求将比2021年高出6%，即每年9.1亿升。由于美国和欧洲推出的政策，可再生柴油在这一同比增长中占最大份额。印度和巴西的混合要求和财政激励措施支持需求增长，印度尼西亚30%的生物柴油混合要求也促进了该国的生物柴油使用。②未来5年生物燃料需求的强劲增长将有助于实现气候和能源安全目标。预计，全球生物燃料总需求在2022～2027年扩大到35亿升。

47 IEA. Renewables 2022 [R/OL]. (2022-12-26) [2023-07-16]. https://iea.blob.core.windows.net/assets/ada7af90-e280-46c4-a577-df2e4fb44254/Renewables2022.pdf.

可再生柴油和生物航空燃料消费的增长几乎都在发达国家，乙醇和生物柴油的增长几乎都在新兴经济体。美国、加拿大、巴西、印度尼西亚和印度构成了全球生物燃料使用扩张份额的80%，因为这5个国家都有支持生物燃料增长的综合政策方案。③到2027年，生物航空燃料将占全球航空燃料的1%～2%。预计，生物航空燃料的需求扩大到3.9亿升（是2021年水平的37倍），占到喷气燃料总消费量的近1%。欧洲和美国计划增加的产能可以满足大部分生物航空燃料增加的需求，额外的供应主要来自新加坡。

在生物基材料领域，欧洲研究机构nova-Institute在《生物基单体和聚合物——2022—2027年全球产能、产量和趋势》[48]报告中提到，2021～2022年该行业的产能增长，主要是基于亚洲生物基环氧树脂和聚对苯二甲酸丙二醇酯（PTT）生产规模的扩大，以及欧洲聚乙烯（PE）和聚丙烯（PP）产能的增加。据报道，2022年聚乳酸（PLA）和聚酰胺（PA）的产能增加和在亚洲新建的工厂促使其产能不断提高，聚羟基脂肪酸酯（PHA）的产能也在全球范围内持续扩张。其中，特别是PHA、PLA、PA和PP的产能到2027年将继续显著增长，预计增幅为34%～45%。

2. 全球生命科学投融资与并购形势

从全球生命科学的投融资形势来看，普华永道公司（PwC）的《2022年全球并购行业趋势回顾及2023年展望》[49]表明，2022年，全球医疗健康行业的并购交易量和交易额分别比2021年下降了23%和46%。尽管今年交易量仍高于新冠疫情前的水平，但交易额受冲击尤其严重。在经历了充满挑战的2022年之后，医疗健康行业的创新能力和增长潜力对投资者的吸引力不断增强，预计并购市场有望在2023年回暖并重新回归正常水平。由于企业和私募股权基金资金充裕，买家竞相争夺具备创新能力的资产，这将成为推动2023年并购交易活动的

48 nova-Institute. Bio-based Building Blocks and Polymers - Global Capacities, Production and Trends 2022-2027[EB/OL]. (2023-02-09) [2023-07-16]. https://nova-institute.eu/press/?id=398.

49 普华永道公司. 2022年全球并购行业趋势回顾及2023年展望［R/OL］. (2023-02) [2023-07-16]. https://www.pwccn.com/zh/deals/global-ma-industry-trends-2023-outlook-hi.pdf.

关键因素。寻求并购交易机会实现业务转型或重新定位的企业能够为其利益相关者创造长期价值。在制药与生命科学领域，为实现业绩增长，企业将继续寻求并购机会。普华永道公司预计，大型制药公司将通过收购生物科技初创企业来填补其研发管线能力的缺口。在医疗服务领域，宏观经济环境压力较大、医疗人员短缺和通货膨胀可能会推动私立医院和护理院的并购交易。远程医疗、医疗科技和大数据分析能够缓解人员短缺压力，赋能医疗服务方实现降本增效，相关赛道持续具有吸引力。

参考动脉网数据和浙商证券股份有限公司[50]的分析可以发现：①投融资总额下滑，但单项目融资额提升。全球生物医药和医疗器械投融资总额同比降低，但新技术投融资热度或未降低。从投融资金额来看，2022年全球生物医药投融资总金额约346.08亿美元，同比降低约38%；从投融资事件数量上看，2022年全球生物医药投融资事件数量为1018个，同比降低约13.51%。环比来看，2022年全球生物医药投融资总额与事件数量月度数据均呈现明显震荡趋势，但总体依然呈下行趋势。不过，领域单项目融资额呈现上升趋势。2022年投融资事件数量降幅明显小于投融资总额降幅，平均单项目融资金额不降反升，尤其是优质项目的投融资热度或未降低。②合同研发外包服务（CRO）、合同定制研发生产外包服务（CDMO）、耗材等领域在这轮资本寒冬中受到青睐。在生物医药板块中，2022年生物制药投融资事件数量占比约为60%，同比减少8%；而化学制药和研发制造外包投融资事件数量占比同比分别提升2%和7%；保健品、中药及其他板块投融资事件数量占比持平。从绝对数量上看，2022年研发制造外包领域的投融资事件数量不降反升，化学制药的投融资事件数量持平。③早期轮次融资热度提升。早期轮次投融资事件数量稳中提升，B轮后融资事件数量降幅较大。A轮依旧是融资事件最多的轮次，2022年生物医药A轮融资事件占比达到35%，同比基本持平；B轮及以上的投资事件数量下降最明显，而天使轮/种子轮融资事件数量同比呈现上升趋势。2022年天使轮/种子轮融资数量同

---

50 孙建. 投资更偏早期，增速渐近拐点——2022年全球医药投融资年度回顾［R/OL］. (2023-01-06) [2023-07-16]. https://pdf.dfcfw.com/pdf/H3_AP202301061581760710_1.pdf?1673027719000.pdf.

比上升28.28%，占比同比提升7%；B轮和C轮融资数量降幅最大，同比降幅分别达40.02%及45.29%。

二、我国生命科学与生物技术发展态势

在国家政策的支持下，我国生命科学与生物技术发展迅速，技术快速革新，相关研究和应用进一步推进，推动了我国生命科学与生物技术产业持续突破。2022年，我国在脑科学、免疫学、再生医学、生命组学、合成生物学、表观遗传学、结构生物学等领域取得突破性成果。

（一）重大研究进展

1. 脑科学与神经科学基础研究不断突破，脑机接口技术持续推进

在政策支持下，我国在脑科学研究领域已有一定的基础和实力。随着“脑科学与类脑研究”重大项目的实施，我国持续开展国际脑计划（International Brain Initiative，IBI）非人灵长类动物大脑介观图谱研究，研究各种非人灵长类动物（尤其是猕猴和狨猴）的细胞类型及其在整个大脑中的空间分布和连接性，并在单细胞水平上绘制转录组和连接组图谱。当前，我国在脑科学与神经科学基础研究领域已取得多项突破。例如，中国科学院脑科学与智能技术卓越创新中心揭示了序列记忆在大脑中的存储机制[51]，可助力类脑智能的开发；中国科学院脑科学与智能技术卓越创新中心、华中科技大学等还建立了国际上最大的小鼠全脑介观神经联接图谱数据库[4]，为深入研究高级认知功能的神经机制奠定结构基础。脑机接口技术也是我国重点布局的领域之一，我国已开发出一系列新型的电极和芯片等脑机接口产品，成功实现了由机器人导航系统辅助的植

---

51 Xie Y, Hu P Y, Li J R, et al. Geometry of sequence working memory in macaque prefrontal cortex 375[J]. Science, 2022, 6581: 632-639.

入式脑机接口手术，并开展了植入式脑机接口临床试验。其中，中国科学院上海微系统与信息技术研究所开发了基于蚕丝蛋白的异质、异构、可降解微针贴片，形成免开颅微创植入式高通量柔性脑机接口系统[52]，获得了2021世界人工智能大会卓越人工智能引领者奖。

2. 免疫学机制研究与解析助力疫苗及免疫疗法的开发

近年来，免疫学基础研究领域不断取得创新成果，基础免疫学理论不断深入完善，推进了免疫学在感染性疾病、自身免疫病、肿瘤等多种疾病临床治疗工作中的应用。在免疫系统的新认识方面，中国医学科学院等的研究为未来探究免疫红细胞的性质及其在发育和疾病中发挥的作用提供了重要见解[53]；暨南大学等绘制了从新生到衰弱阶段的免疫细胞图谱，并初步揭示了非编码基因*NEAT1*的表达上调与免疫细胞老化密切相关[54]。在免疫识别、应答、调节的规律与机制解析方面，浙江大学等不仅详细揭示了沉默信息调节因子1（SIRT1）调控抗病毒固有免疫的具体机制，还为固有免疫衰老研究提供了新见解[55]；中国科学院等的研究揭示了Gasdermin A（GSDMA）蛋白同时作为病原菌感受器和宿主效应因子的机体免疫防御应答新机制，并为治疗化脓链球菌等致病菌感染引起的相关疾病提供了新方向[56]。在疫苗与抗感染应用研究方面，北京大学等机构通过其构建的计算模型对病毒未来突变演化方向进行了较准确的合理预测[57]，为预测病毒演化、开发广谱疫苗及抗体药物提供了重要的理论参考；江南大学等的研究为手性纳米材料在免疫学领域的使用提供了理论支撑，并为保护性疫苗

---

52 Wang Z J, Yang Z P, Jiang J J. Silk microneedle patch capable of on-demand multidrug delivery to the brain for glioblastoma treatment[J]. Advanced Materials, 2022, 34(1): e2106606.

53 Xu C, He J, Wang H, et al. Single-cell transcriptomic analysis identifies an immune-prone population in erythroid precursors during human ontogenesis[J]. Nat Immunol, 2022, 23(7): 1109-1120.

54 Luo O J, Lei W, Zhu G, et al. Multidimensional single-cell analysis of human peripheral blood reveals characteristic features of the immune system landscape in aging and frailty[J]. Nat Aging, 2022, 2: 348-364.

55 Qin Z, Fang X, Sun W, et al. Deactylation by SIRT1 enables liquid-liquid phase separation of IRF3/IRF7 in innate antiviral immunity[J]. Nat Immunol, 2022, 23(8): 1193-1207.

56 Deng W, Bai Y, Deng F, et al. Streptococcal pyrogenic exotoxin B cleaves GSDMA and triggers pyroptosis[J]. Nature, 2022, 602: 496-502.

57 Cao Y, Jian F, Wang J, et al. Imprinted SARS-CoV-2 humoral immunity induces convergent Omicron RBD evolution[J]. Nature, 2023, 614: 521-529.

及治疗性疫苗的研发开辟了新方向[58]。在肿瘤免疫研究方面，北京大学等全面揭示了肿瘤相关中性粒细胞（TAN）的表型和功能异质性[59]，为肝癌的基础研究和免疫治疗方法开发提供了重要的理论依据；中国人民解放军陆军军医大学等机构在肿瘤引流淋巴结内发现了具有特异性识别肿瘤抗原的记忆性$CD8^+$ T细胞TdLN-T_{TSM}，并揭示其在PD1免疫检查点治疗作用中发挥的关键作用，为提升肿瘤免疫治疗疗效提供了研究新视角[60]。

3. 干细胞基础研究和机制解析不断深入，并在类器官部分领域占据先机

我国在干细胞基础研究领域不断深耕，突破性成果快速产出，研究水平始终位居国际领先行列，同时在类器官领域的研究步伐也不断加快，在类器官芯片等新兴方向中已经占据发展先机。2022年，我国在干细胞基础研究方面取得了一系列进展，包括进一步优化了单倍体胚胎干细胞技术和化学重编程技术，揭示了不同干细胞干性维持和分化的多种新机制，在此基础上，实现了干细胞向多种细胞类型的分化，尤其是向早期胚胎样细胞的转化，更是为人类早期的发育研究奠定了基础。同时，我国干细胞疗法的转化进程逐渐加快。截至2022年，我国备案的干细胞临床试验数量已超过100例，批准设立的干细胞临床研究备案机构也近140家；而通过国家药品监督管理局药品审评中心（CDE）的渠道，2022年也新增受理干细胞相关药物临床试验申请21项。同时，我国在干细胞疗法临床应用研究方面也进一步取得了多项突破，为多种疾病的治疗开辟了新道路。我国类器官领域的发展速度不断加快，2022年在胰岛、脊髓、肺癌等正常生理和病理类器官的构建中获得突破，尤其是在类器官芯片这一新兴方向中，我国的研究进程已经走在国际前列。

---

58 Xu L, Wang X, Wang W, et al. Enantiomer-dependent immunological response to chiral nanoparticles[J]. Nature, 2022, 601: 366-373.

59 Xue R, Zhang Q, Cao Q, et al. Liver tumour immune microenvironment subtypes and neutrophil heterogeneity[J]. Nature, 2022, 612(7938): 141-147.

60 Yin E, Sun N, He J. Tumor-draining lymph node-derived tumor-specific memory $CD8^+$ T cells: a key player in PD-1/PD-L1 immunotherapy[J]. Signal Transduct Target Ther, 2023, 8(1): 111.

（二）技术进步

1. 生命组学技术推动分子与细胞图谱持续突破

我国生命组学分析技术不断突破。我国华大生命科学研究院主导，6国科学家合作完成了首个非人灵长类动物（猕猴）全身器官细胞图谱，从泛组织水平全面分析了不同组织器官的细胞组成及其分子特征。在生命组学分析技术开发方面，南方科技大学等开发了一种新型的、简单可靠的单细胞多组学技术ISSAAC-seq（*in situ* sequencing HEteRo RNA-DNA-hybrid after ATAC-seq）[61]；北京大学等提出单细胞多组学数据整合与调控推断新方法GLUE（graph-linked unified embedding）[62]；南京大学等构建了一种超高分辨率的工程化纳米孔，可以准确地识别所有RNA的核苷酸和发生在它们上的主要修饰[63]。在多组学联合分析方面，复旦大学等系统绘制了肝内胆管癌的多维分子图谱[64]、甲状腺髓样癌蛋白质基因组学全景图谱[65]；中国医学科学院北京协和医学院综合分析了食管鳞状细胞癌样本的全基因组、表观基因组、转录组和蛋白质组数据，将其分为4种分子亚型[66]，这些突破均为患者实现精准医疗提供了基础数据和思路。同时，我国也在空间组学上取得进步，我国华大生命科学研究院主导，联合6国科学家形成的时空组学联盟利用Stereo-seq大视场、超高分辨率空间转录组技术绘制小鼠、斑马鱼、果蝇、拟南芥4种模式生物的发育时空图谱，从时间和空间维度上对发育过程中的基因和细胞变化过程进行了超高精度解析[14]。

---

61 Xu W, Yang W, Zhang Y, et al. ISSAAC-seq enables sensitive and flexible multimodal profiling of chromatin accessibility and gene expression in single cells[J]. Nature Methods, 2022, 19(10): 1243-1249.

62 Cao Z J, Gao G. Multi-omics single-cell data integration and regulatory inference with graph-linked embedding[J]. Nature Biotechnology, 2022, 40(10): 1458-1466.

63 Wang Y, Zhang S, Jia W, et al. Identification of nucleoside monophosphates and their epigenetic modifications using an engineered nanopore[J]. Nature Nanotechnology, 2022, 17(9): 976-983.

64 Dong L, Lu D, Chen R, et al. Proteogenomic characterization identifies clinically relevant subgroups of intrahepatic cholangiocarcinoma[J]. Cancer Cell, 2022, 40(1): 70-87, e15.

65 Shi X, Sun Y, Shen C, et al. Integrated proteogenomic characterization of medullary thyroid carcinoma[J]. Cell Discovery, 2022, 8(1): 120.

66 Liu Z, Zhao Y, Kong P, et al. Integrated multi-omics profiling yields a clinically relevant molecular classification for esophageal squamous cell carcinoma[J]. Cancer Cell, 2023, 41(1): 181-195.

2. 合成生物学进展为新材料发现、设计和生产带来新可能

我国在合成生物学领域的研究能力和水平不断提高，论文发表量呈逐年攀升的态势，在基因组设计与合成、基因编辑、天然产物合成等方面取得了一系列成果。在基础研究方面，我国科研人员绘制了高精度生物全景时空基因表达地图[67]，绘制了近200种与DNA结合的蛋白质结构图等[68]，开发了哺乳动物染色体工程新技术[69]。在应用研究方面，我国通过工程化改造大肠杆菌，使其产生了367.8mg/L的黄芩素，这是迄今为止报道的最高产量[70]；基于工程菌与外膜囊泡设计了新型口服肿瘤疫苗[71]；利用电催化结合酿酒酵母发酵，实现了高效地将二氧化碳转化为葡萄糖和脂肪酸[72]；在微生物底盘中实现了甜菊糖稀有组分的定向、高效合成等。同时，我国在材料合成生物学前沿交叉领域也取得进展，聚焦于开发新型构建思路，以及基于构建思路进行新材料的探索等方面。例如，中国科学院深圳先进技术研究院的研究人员提出了一种全新的可快速修复的活体材料构建思路[73]，为可穿戴设备和生物传感器等领域的发展提供了新可能；等等。

3. 表观遗传学的前沿创新为针对性的疾病治疗提供新思路

我国表观遗传学前沿创新进一步推进。新核酸修饰的发现及表观调控揭示对于解释生命体系的复杂性和多样性有重要意义。例如，中国科学院上海

67 Chen A, Liao S, Cheng M, et al. Spatiotemporal transcriptomic atlas of mouse organogenesis using DNA nanoball-patterned arrays[J]. Cell, 2022, 185(10): 1777-1792, e21.

68 Yuan Q, Chen S, Rao J, et al. AlphaFold2-aware protein-DNA binding site prediction using graph transformer[J]. Briefings in Bioinformatics, 2022, 23: bbab564.

69 Wang L B, Li Z K, Wang L Y, et al. A sustainable mouse karyotype created by programmed chromosome fusion[J]. Science, 2022, 377: 967-975.

70 Ji D, Li J, Ren Y, et al. Rational engineering in *Escherichia coli* for high-titer production of baicalein based on genome-scale target identification[J]. Biotechnology & Bioengineering, 2022, 119(7): 1916-1925.

71 Yue Y, Xu J, Li Y, et al. Antigen-bearing outer membrane vesicles as tumour vaccines produced *in situ* by ingested genetically engineered bacteria[J]. Nature Biomedical Engineering, 2022, 6(7): 898-909.

72 Zheng T, Zhang M, Wu L, et al. Upcycling CO_2 into energy-rich long-chain compounds via electrochemical and metabolic engineering[J]. Nature Catalysis, 2022, 5: 388-396.

73 Chen B, Kang W, Sun J, et al. Programmable living assembly of materials by bacterial adhesion[J]. Nature Chemical Biology, 2022, 18: 289-294.

营养与健康研究所的研究人员建立了高分辨率DNA甲基化图谱，能够解析多种组织中细胞特异性的DNA甲基化变异[74]；中国科学院分子细胞科学卓越创新中心联合国际团队揭示了DNA主动去甲基化缺失引发的DNA损伤和神经元凋亡过程[75]。在RNA修饰与非编码RNA调控方面，北京大学药学院和生命科学学院开发了m^6A单碱基定量测序检测（glyoxal and nitrite-mediated deamination of unmethylated adenosine，GLORI）技术[76]，首次实现了高效率、高灵敏度、高特异性、无偏好单碱基的RNA的m^6A位点检测和绝对定量；中山大学肿瘤防治中心联合国际团队发现转录过程中RNA的m^6A修饰能够直接使邻近的DNA发生去甲基化修饰，进而增加染色质可及性及提升相关基因表达水平[77]。在细胞外囊泡研究中，我国研究人员关注其在重大疾病、关键生理活动中的表观遗传调控过程，并针对性地提出干预方案，为疾病治疗提出更多的新方向。

4. 结构生物学的交叉融合研究助力疫苗开发与药物设计

我国基于成像技术的创新应用与交叉融合，在生物大分子与细胞机器的结构与功能解析、病原微生物的结构解析与机制研究、基于结构生物学的药物设计筛选等领域取得重大突破。在技术开发方面，北京大学利用自主研发的深度学习高精度四维重建技术，发展了时间分辨冷冻电镜并将其应用到实践中[78]；中国科学院生物物理研究所等提出了一套合理化深度学习（rDL）显微成像技术框架[79]。在生物大分子及细胞机器结构与功能解析上，西湖大学的研究人员使用单颗粒冷冻电镜对来自非洲爪蟾卵母细胞核膜的完整核孔复合体（NPC）进行

---

74 Zhu T, Liu J, Beck S, et al. A pan-tissue DNA methylation atlas enables in silico decomposition of human tissue methylomes at cell-type resolution[J]. Nat Methods, 2022, 19(3): 296-306.

75 Wang D, Wu W, Callen E, et al. Active DNA demethylation promotes cell fate specification and the DNA damage response[J]. Science, 2022, 378(6623): 983-989.

76 Liu C, Sun H, Yi Y, et al. Absolute quantification of single-base m^6A methylation in the mammalian transcriptome using GLORI[J]. Nat Biotechnol, 2023, 41(3): 355-366.

77 Deng S, Zhang J, Su J, et al. RNA m^6A regulates transcription via DNA demethylation and chromatin accessibility[J]. Nat Genet, 2022, 54(9): 1427-1437.

78 Zhang S, Zou S, Yin D, et al. USP14-regulated allostery of the human proteasome by time-resolved cryo-EM[J]. Nature, 2022, 605(7910): 567-574.

79 Qiao C, Li D, Liu Y, et al. Rationalized deep learning super-resolution microscopy for sustained live imaging of rapid subcellular processes[J]. Nature Biotechnology, 2023, 41(3): 367-377.

成像[80]；上海科技大学确定并分析了人类苦味受体TAS2R46在马钱子碱结合形式或apo形式时与G蛋白结合在一起时的冷冻电镜结构[81]，首次提供了人类味觉受体的三维结构图。在病原微生物的结构解析与研究应用方面，中国科学院利用冷冻电镜技术对猴痘病毒DNA聚合酶的三维结构进行高分辨率（约2.8Å）分析[82]，武汉大学通过冷冻电镜分析发现与中东呼吸综合征冠状病毒（MERS-CoV）亲缘关系最接近的蝙蝠冠状病毒有效地与蝙蝠血管紧张素转化酶2（ACE2）受体结合[83]，为应对病毒大流行提供了方案。在基于结构生物学的药物设计筛选方面，中国科学院上海药物研究所分析了人类μ型阿片受体（μOR）的高分辨率结构[84]，剖析了G蛋白偶联受体119（GPR119）与临床阶段小分子候选药物APD668复合物的冷冻电镜结构和分子机制[85]，均为药物开发奠定了重要的结构基础。

（三）产业发展

生物技术不断向医药、农业、化工、材料、能源等领域融入应用，生物产品和服务、生物安全保障需求受到空前关注，为更好地解决经济社会可持续发展面临的重大问题提供了新路径。我国生物产业快速发展，生物医药、生物农业、生物制造、生物服务等生物产业规模持续增长。

1. 代表性领域与发展现状

生物医药产业是关系国计民生和国家安全的战略性新兴产业。近年来，伴随着国家层面产业利好政策的密集发布、产业改革围绕人民健康需求的持续深

80 Zhu X, Huang G, Zeng C, et al. Structure of the cytoplasmic ring of the *Xenopus laevis* nuclear pore complex[J]. Science, 2022, 376(6598): eabl8280.

81 Xu W, Wu L, Liu S, et al. Structural basis for strychnine activation of human bitter taste receptor TAS2R46[J]. Science, 2022, 377(6612): 1298-1304.

82 Peng Q, Xie Y, Kuai L, et al. Structure of monkeypox virus DNA polymerase holoenzyme[J]. Science, 2023, 379(6627): 100-105.

83 Xiong Q, Cao L, Ma C, et al. Close relatives of MERS-CoV in bats use ACE2 as their functional receptors[J]. Nature, 2022, 612(7941): 748-757.

84 Zhuang Y, Wang Y, He B, et al. Molecular recognition of morphine and fentanyl by the human μ-opioid receptor[J]. Cell, 2022, 185(23): 4361-4375, e19.

85 Xu P, Huang S, Guo S, et al. Structural identification of lysophosphatidylcholines as activating ligands for orphan receptor GPR119[J]. Nature Structural & Molecular Biology, 2022, 29(9): 863-870.

化、五大产业集聚区创新引领地位的持续提升、全球资本市场的广泛关注及投资加持，中国生物医药产业正驶入发展“快车道”，以国产创新药为代表的创新成果不断涌现。①总体来看，我国生物医药市场规模也呈稳定上升态势，2022年医药市场规模约达到16 586亿元，预计2023年我国医药市场规模将达到17 977亿元。同时，政策变化、审批改革、医保谈判等促使企业转向具有更高附加值的创新药物开发，多个政策鼓励和支持创新药企“出海”，同时也面临诸多挑战。目前，我国获得美国FDA特殊通道资格的国产创新药数量增长显著，2022年中国创新药/新技术license-out总交易金额达到历史最高，为174.2亿美元，较2021年增长22.8%，交易数量也较2021年增加。②在创新药物开发方面，随着我国各新药审评审批政策的协同执行，2021年新药审评审批全面加速，新药获批数目创历史新高，国家药品监督管理局（NMPA）批准注册的创新药数量达83个。2022年上市创新药数量回落为49款，其中进口新药有30款，国产新药有19款。多款全新机制新药获批上市，不仅标志着本土药企迎来了研发的收获期，也代表着中国创新药发展体系进一步靠近国际先进水平。③在医疗器械开发领域，2022年，NMPA共批准医疗器械首次注册、延续注册和变更注册11 942项，与2021年相比注册批准总数量增长5.5%；创新医疗器械获批数量快速增长，2022年，NMPA共批准55个创新医疗器械产品上市，与2021年相比增加了57.1%；2022年，NMPA共批准68个新冠病毒检测试剂，截至2022年底，共批准新冠病毒检测试剂136个，为新冠疫情防控工作提供了有力保障。

生物农业产业发展较快，市场规模不断扩大，产品技术和研发能力显著提升。①生物育种领域，我国在科技和研究领域与国际企业基本保持接近水准，但产业化应用方面则与国际领先水平有较大差距，为此，2022年以来，我国转基因相关政策频繁颁布，加快了转基因商业化进程。截至2022年，我国共批准13张玉米、4张大豆和2张水稻生产应用安全证书，我国生物安全证书储备丰富。②生物肥料产业持续、快速、稳定发展。我国生物肥料行业市场规模由2017年的816.9亿元增至2020年的1102.1亿元，复合年均增长率为10.5%，预测2022年我国生物肥料行业市场规模可达1357.6亿元；从生物肥料类型来看，微生物菌剂是登记数量最多的品种。③生物农药总体势头发展良好，且在减少化学农药使用、保障农产品质量安全和生态环境安全及特色农作物的有害生物防控中发挥了重要的积极作用，可以预见未来生物农药是保障农业绿色高质量发展的重要生产资料。④我国兽用生物制品市场空间巨大，根据中国兽药协会的预测，2022年国内兽用生物制品销售额约为182亿元；近年来，我国各家兽药企业积极研发，获批兽用生物制品占新兽药的比例较高。

在生物制造产业领域，在“双碳”背景下，基于可再生原料的绿色产品越发受到青睐，条件温和、绿色环保的生物加工过程受到业界更多关注。①生物基化学品是未来发展的主要趋势，生物基1,3-丙二醇、生物基1,4-丁二醇、生物基丁二酸等的相关产品持续推进。②生物基材料是我国战略性新兴产业的主攻方向，近年来行业新进入企业数量逐渐增多；2021年，我国生物基材料产能1100万吨（不含生物燃料），约占全球的31%，产量700万吨，产值超过1500亿元；根据我国《“十四五”生物经济发展规划》预测，未来10年35%的石油化工、煤化工产品可被生物制造产品替代，生物基材料下游应用领域不断壮大，将继续拉动我国生物基材料市场规模持续增长，未来市场集中度将进一步提升。③我国生物质能源年产量巨大，《3060零碳生物质能发展潜力蓝皮书》显示，当前我国生物质能的开发潜力约为4.6亿吨标煤，目前实际转化为能源的不足0.6亿吨标煤，占比较小。

生物服务的市场需求进一步加大，持续带动CXO产业［包含合同研发外包服务（CRO）、药物研发生产外包服务（CMO/CDMO）］稳步增长。截至目前，中国有超过20家相关CXO实现了“A＋H”两地上市。但与国外相比，中国CXO的发展规模还相对较小。①合同研发外包行业，我国2021年市场规模约为100亿美元，2021～2024年CAGR约为30.3%，占全球市场规模的比例稳定增长；国内临床CRO企业格局分为跨国CRO、国内大型临床CRO和国内中小型临床CRO，从行业竞争格局来看，杭州泰格医药科技股份有限公司（以下简称“泰格医药”）以11.0%占据龙头，无锡药明康德新药开发股份有限公司（以下简称“药明康德”）以4.4%位居第二，当前泰格医药全球及国内市场占有率处于较低位置，未来发展空间较大。②药物研发生产外包领域，尽管近期资本市场有所波动，我国CDMO产业仍发展迅猛，优势尚存，增势不减。从市场占比来看，我国CDMO市场规模在全球的占比也由2017年的5%提高到了2021年的13%，到2025年将占到全球市场的1/5；小分子在我国CDMO产业占据主导地位，市场规模由2018年的110亿元增长到了2021年的399亿元，预计2025年将达到742亿元。

人工智能（artificial intelligence，AI）技术的发展应用为新药研发带来了新的技术手段，AI制药成为全球关注的领域，我国也在AI制药领域快速布局。至2022年底，我国已有AI制药初创企业近80家，主要聚焦于北京、上海、深圳等区域，其中，我国初创企业英矽智能科技（上海）有限公司（以下简称“英矽智能”）跻身全球领先企业行列。AI制药投资热潮兴起，根据公开数据统计，2022年全年全球AI制药赛道相关的融资总事件达144起，总金额为62.02亿美元（约合人民币426.66亿元）。相较于2021年融资事件的73起，数量上基本翻番，而对比2021年的42亿美元融资总额，增长幅度也近50%，数量和金额实现双效提升。中国在AI制药行业投融资活动的活跃度仅次于美国、欧洲，居全球第三位，国内的投融资活动则主要集中于珠三角、京津冀及长三角等医药产业较为发达的地区。

随着技术的不断成熟，抗体偶联（ADC）药物的研发热度快速增长，我国研发进展快速。目前，我国研发管线数量已占到全球近40%；企业研发管线目前仍集中于如HER2等经验证的成熟靶点；在聚焦领域，主要基于重要在研靶点和高发癌种方面，并开始向自身免疫疾病等拓展。另据智慧芽新药情报库检索显示，国内159家企业/机构都在布局ADC这一赛道，涉及药物数量高达318款，我国ADC药物研发加速。

2. 中国生命科学投融资与并购形势

受宏观环境影响，2022年我国医疗健康产业投融资热度有所下降。整体来看，2022年，国内医疗健康行业共发生1218起投资事件、156亿美元投资金额，投资金额不到2021年投资金额的一半。从细分领域来看，生物医药仍是国内投融资重点关注的热点领域，生物医药领域以投融资事件数量为492件、投融资金额为89.05亿美元稳坐细分市场投融资热度第一的宝座，医疗器械领域紧随其后，数字健康领域融资热度较2021年明显降低，融资金额几乎与医疗服务领域持平；就生物医药具体细分领域来说，细胞治疗、CXO、人工智能辅助医疗健康、合成生物学等是2022年的热门赛道。从融资类型来看，国内医疗健康领域在A股、港股和美股上市的企业数量均较2021年有所减少。从区域来看，2022年，国内医疗健康融资事件发生最多的5个地区分别是江苏、上海、广东、北京和浙江，已初具产业集聚效应的江苏以248起融资事件领跑全国，反超上海，成为投资的热点区域，但从融资金额来看，依旧是上海融资金额最多；在投资领域方面，这5个地区的投资热点均是生物医药和医疗器械。此外，受资本市场热度减少的影响，国内医疗健康领域创新产品的授权交易数量也受到显著影响，2022年授权交易数量明显下降，且终止授权的事件数量也在逐步上升。

第二章 生命科学

一、生命组学与细胞图谱

（一）概述

生命组学分析技术加速发展，三代测序技术的长读长特点在端粒到端粒、无缺口高质量基因组图谱的绘制中发挥着关键作用，端粒到端粒联盟构建了有史以来最完整的人类基因组序列T2T-CHM13，纠正了此前各版本基因组图谱中的序列错误，新增了近2亿碱基对序列，长读长测序技术也被评为*Nature Methods* 2022年度技术。单分子蛋白质测序、单细胞代谢组学技术的优势日益凸显，入选*Nature* 2023年值得关注的七大技术，意味着相关技术有望在未来一年对科学发展产生巨大影响。与此同时，解密未知的蛋白质受到科学家的高度重视，2022年，包括中国在内的6国科研人员联合撰文，讨论实施“未充分研究的蛋白质计划”（Understudied Protein Initiative），拟解决蛋白质注释非均一性问题，加快、加深蛋白质研究。

细胞图谱绘制从聚焦单个器官、组织向整合多个器官、组织的泛组织水平迈进，起始于2016年的“人类细胞图谱计划”于2022年发布重大成果，构建了迄今为止最为全面的人体泛组织细胞图谱，将细胞图谱绘制工作从第一阶段主要是深入了解单个器官或组织的细胞类型推向整合揭示人体多个器官或组织中同类型细胞发挥的不同作用的新阶段。与此同时，我国华大生命科学研究院主导，6国科学家合作完成了首个非人灵长类动物（猕猴）全身器官细胞图谱，也从泛组织水平全面分析了不同组织或器官的细胞组成及其分子特征。

（二）国际重要进展

1. 生命组学分析技术

瑞士洛桑联邦理工学院等机构的研究人员发明了活细胞转录组测序技术Live-seq，通过对活细胞中的部分细胞质进行微创提取，并对极其微量的细胞质RNA进行扩增，能够在进行单细胞转录组测序后，依旧保持细胞的活性和功能，实现了对活细胞基因表达的连续观测[86]。该研究为在时间维度上更好地理解生命过程的动态变化提供了强有力的手段。

瑞士巴塞尔分子与临床眼科研究所等机构的研究人员开发出一种新的单细胞RNA测序技术FLASH-seq，与之前的Smart-seq3技术相比，能够实现更快速、更灵敏的单细胞测序，并缩短手动操作时间[87]。该研究为实现高效、稳定、模块化且经济实惠的全长单细胞RNA测序提供了新的技术方案。

美国哈佛大学等机构的研究人员开发了微生物高通量单细胞基因组分析技术Microbe-seq，利用微流控技术和定制的生物信息学分析手段，可从复杂微生物群落中获取成千上万个单细胞微生物的基因组信息，并组装出高质量的菌株水平基因组[88]。该技术适用于各种复杂的微生物群落分析，在微生物组研究中具有极大的市场应用潜力。

美国Quantum-Si公司等机构的研究人员开发了一种新的单分子蛋白质测序技术，基于半导体芯片和时域分析技术，通过在集成半导体芯片上测量荧光强度、持续时间，并结合动力学分析来注释氨基酸和鉴定肽序列[89]。该研究为单分

86 Chen W, Guillaume-Gentil O, Rainer P Y, et al. Live-seq enables temporal transcriptomic recording of single cells[J]. Nature, 2022, 608(7924): 733-740.

87 Hahaut V, Pavlinic D, Carbone W, et al. Fast and highly sensitive full-length single-cell RNA sequencing using FLASH-seq[J]. Nature Biotechnology, 2022, 40(10): 1447-1451.

88 Zheng W, Zhao S, Yin Y, et al. High-throughput, single-microbe genomics with strain resolution, applied to a human gut microbiome[J]. Science, 2022, 376(6597): eabm1483.

89 Reed B D, Meyer M J, Abramzon V, et al. Real-time dynamic single-molecule protein sequencing on an integrated semiconductor device[J]. Science, 2022, 378(6616): 186-192.

子蛋白质测序提供了一个高灵敏度的研究平台。

2. 多组学联合分析

德国法兰克福大学等机构的研究人员对急性髓系白血病患者骨髓活检样本进行蛋白质基因组分析，发现了5种具有特定生物学特征的疾病分子亚型，其中Mito-AML是一种独特的高危亚型，其特征是高表达线粒体蛋白，对靶向线粒体复合物Ⅰ的药物响应更为敏感[90]。该研究加深了对急性髓系白血病分子病理机制的理解，也为未来该疾病的精准诊断和治疗提供了更多的信息。

比利时根特大学等机构的研究人员结合细胞索引转录组和抗原决定簇测序（cellular indexing of transcriptomes and epitopes by sequencing，CITE-seq）、单核测序、空间转录组学和空间蛋白质组学技术，绘制了健康和肥胖人类与鼠类肝单细胞空间蛋白质基因组图谱，有效鉴定和定位各种肝细胞，解析肝组织的巨噬细胞的生态位[13]。该研究提供了关于肝组织中各种类型细胞相互作用，以及如何在特定的微环境中发挥功能的信息，为更好地了解不同物种的不同器官的细胞组成和功能奠定了基础。

英国牛津大学等机构的研究人员绘制了不同严重程度COVID-19患者血液多组学图谱，并与流感和败血症患者及健康志愿者进行了综合比较，鉴定了与COVID-19疾病严重程度相关的特异性血液标志物及免疫细胞亚群[91]。该研究为COVID-19药物开发、临床试验设计和个性化医学研究提供了重要的数据支持。

美国圣路易斯华盛顿大学医学院等机构的研究人员运用基于质谱的多组学策略，分析了200多个CRISPR介导的敲除特定基因的HAP1细胞系，监测这些细胞系的生长速度，并定量分析细胞系中8433种蛋白质、3563种脂质和218种代谢物的水平，探索特定基因在保持线粒体正常工作方面所起的作用[92]。该研究

---

90 Jayavelu A K, Wolf S, Buettner F, et al. The proteogenomic subtypes of acute myeloid leukemia[J]. Cancer Cell, 2022, 40(3): 301-317.

91 COVID-19 Multi-omics Blood ATlas (COMBAT) Consortium. A blood atlas of COVID-19 defines hallmarks of disease severity and specificity[J]. Cell, 2022, 185(5): 916-938.

92 Rensvold J W, Shishkova E, Sverchkov Y, et al. Defining mitochondrial protein functions through deep multiomic profiling[J]. Nature, 2022, 606(7913): 382-388.

有助于揭示各种孤儿线粒体蛋白质的重要生物作用，支持线粒体疾病的遗传诊断。

德国弗莱堡大学医学中心等机构的研究人员综合空间转录组学、代谢组学和蛋白质组学分析，表征了胶质母细胞瘤的基本分子特征，揭示了局部微环境对胶质母细胞瘤发生发展的影响[93]。该研究为进一步探索胶质母细胞瘤复发和产生治疗抗性机制提供了重要信息，有助于指导相关个性化疗法开发。

3. 分子和细胞图谱绘制

端粒到端粒联盟构建了有史以来最完整的人类基因组序列T2T-CHM13，不仅在过去的基础上增加了近2亿碱基对的遗传信息，还纠正了过往基因组序列的错误，并解锁了人类基因组中结构最为复杂的一些区域，以更好地开展基因变异和功能研究[94]。该研究是自人类参考基因组首次发布以来进行的最大改进。

美国纽约基因组中心等机构的研究人员利用高覆盖率全基因组测序扩展和更新了“千人基因组计划”资源，扩展后的队列由3202个样本组成，包括602个三人家庭，测序过程中也进一步提升了基因变异的发现能力和精确度[95]。该研究开发的公共资源有望成为未来群体遗传研究和方法开发的基准。

英国剑桥大学等机构的研究人员进行了迄今为止样本规模最大的一项全基因组测序研究，探索不同类型癌症的基因突变特征的共性和差异，并将常见的突变过程与人群中发生频率较低的罕见突变过程区分开[96]。在另一项研究中，美国加利福尼亚大学等机构的研究人员通过绘制癌症聚集性体细胞突变图谱，揭示了新的癌症驱动因素和生物标志物[97]。

---

93 Ravi V M, Will P, Kueckelhaus J, et al. Spatially resolved multi-omics deciphers bidirectional tumor-host interdependence in glioblastoma[J]. Cancer Cell, 2022, 40(6): 639-655.

94 Nurk S, Koren S, Rhie A, et al. The complete sequence of a human genome[J]. Science, 2022, 376(6588): 44-53.

95 Byrska-Bishop M, Evani U S, Zhao X, et al. High-coverage whole-genome sequencing of the expanded 1000 genomes project cohort including 602 trios[J]. Cell, 2022, 185(18): 3426-3440.

96 Degasperi A, Zou X, Amarante T D, et al. Substitution mutational signatures in whole-genome-sequenced cancers in the UK population[J]. Science, 2022, 376(6591): eabl9283.

97 Bergstrom E N, Luebeck J, Petljak M, et al. Mapping clustered mutations in cancer reveals APOBEC3 mutagenesis of ecDNA[J]. Nature, 2022, 602(7897): 510-517.

美国哈佛大学医学院等机构的研究人员利用单细胞测序技术对带有不同致病基因突变的扩张型心肌病和致心律失常性心肌病患者及对照健康供体的心脏组织进行了全面分析，识别出不同基因型心肌病患者心脏组织细胞谱系、细胞之间的相互作用、基因表达的共性特征和差异[98]。该研究阐明了不同基因型心肌病患者发生心力衰竭的细胞和分子机制，为心力衰竭的精准预防提供了重要的数据基础。

美国加利福尼亚大学等机构的研究人员绘制了自闭症谱系障碍患者大脑皮层转录组图谱，证明了转录失调在自闭症谱系障碍患者大脑皮层中广泛存在，且这种失调与皮层中特定细胞类型基因差异表达有关[99]。该研究有助于人们加深对自闭症谱系障碍分子病理学的全面了解，确定相关风险基因和潜在治疗靶点，加速相关治疗方法的开发。

美国西北大学等机构的研究人员绘制了人类血液蛋白质变体图谱，发现蛋白质变体数据能够很好地在蛋白质水平解释生物学机制，并证实临床上可将蛋白质变体特征作为标志物，用于区分正常肝移植和移植物排斥反应[100]。该研究证明了蛋白质变体图谱潜在的临床应用价值，有助于推进蛋白质水平精准诊断的发展。

英国维康桑格研究所等机构的研究人员发布了涵盖40多种癌症类型的949种人类癌细胞系的泛癌蛋白质组图谱，结合多组学、药物反应、CRISPR-Cas9功能基因筛选分析及深度学习技术，进一步揭示了数千种在转录水平上并不显著的癌症易感性蛋白质生物标志物[101]。该研究显著扩展了癌症分子特征，对癌症的科学研究及药物应用有深远意义。

起始于2016年的“人类细胞图谱计划”于2022年发布重大成果，构建了迄今为止最为全面的人体泛组织细胞图谱，涉及30多种人体组织类型、超过100万

---

98 Reichart D, Lindberg E L, Maatz H, et al. Pathogenic variants damage cell composition and single cell transcription in cardiomyopathies[J]. Science, 2022, 377(6606): eabo1984.

99 Gandal M J, Haney J R, Wamsley B, et al. Broad transcriptomic dysregulation occurs across the cerebral cortex in ASD[J]. Nature, 2022, 611(7936): 532-539.

100 Melani R D, Gerbasi V R, Anderson L C, et al. The Blood Proteoform Atlas: A reference map of proteoforms in human hematopoietic cells[J]. Science, 2022, 375(6579): 411-418.

101 Gonçalves E, Poulos R C, Cai Z, et al. Pan-cancer proteomic map of 949 human cell line[J]. Cancer Cell, 2022, 40(8): 835-849.

个细胞，涵盖500种细胞类型，总结了特定细胞类型在不同器官、组织的分布及组织特异性基因表达特征，为人类健康和疾病提供了新的生物学见解[102]。

美国华盛顿大学等机构的研究人员以果蝇为模型生物，构建了迄今为止最完整、最详细的动物胚胎发育单细胞图谱，分析了近100万个细胞的染色质可及性和50万个细胞的基因表达情况，跨越了果蝇胚胎发育的整个过程，并进一步结合深度神经网络，以更精细的分辨率预测每个细胞的精确发育时间[103]。该研究提供了对生物体生命周期中最初阶段细胞状态协调的广泛见解。

英国维康桑格研究所等机构的研究人员发布了人类胎儿肺细胞图谱，结合单细胞RNA和ATAC测序、高通量空间转录组学和单细胞成像分析，在受孕后5～22周内对胎儿上皮、间充质、内皮和红细胞/白细胞等进行全面的单细胞分析，表征生命早期的144种细胞类型和状态，追踪不同类型细胞的发育起源[104]。该研究提供了一个独特的资源，可作为健康肺部发育研究指南和研究肺部疾病如何起源的基线。

美国辛辛那提儿童医院医学中心等机构的研究人员对分离获得的人类胎儿小脑进行了单细胞转录组学分析，以确定细胞层次结构、过渡细胞状态及其在早期小脑发育过程中的谱系轨迹变化，揭示髓母细胞瘤的起源和发生机制，为髓母细胞瘤疗法开发提供了参考[105]。

（三）国内重要进展

1. 生命组学分析技术

南方科技大学等机构的研究人员开发了一种新型的、简单可靠的单细胞多

---

102 Liu Z D, Zhang Z M. Mapping cell types across human tissues[J]. Science, 2022, 376 (6594): 695-696.

103 Calderon D, Blecher-Gonen R, Huang X, et al. The continuum of *Drosophila* embryonic development at single-cell resolution[J]. Science, 2022, 377(6606): eabn5800.

104 He P, Lim K, Sun D, et al. A human fetal lung cell atlas uncovers proximal-distal gradients of differentiation and key regulators of epithelial fates[J]. Cell, 2022, 185(25): 4841-4860.

105 Luo Z, Xia M, Shi W, et al. Human fetal cerebellar cell atlas informs medulloblastoma origin and oncogenesis[J]. Nature, 2022, 612(7941): 787-794.

组学技术ISSAAC-seq（*in situ* sequencing hetero RNA-DNA-hybrid after assay for transposase-accessible chromatin-sequencing），能够在同一细胞内同时检测染色质可及性及基因表达情况[61]。该技术避免了同类方法中的多次细胞混合和分离过程，并进一步提高了建库效率，能够得到更高的数据质量，为更好地发现细胞异质性和理解细胞状态奠定了基础。

北京大学等机构的研究人员提出单细胞多组学数据整合与调控推断新方法GLUE，基于图偶联策略，实现了对百万级单细胞多组学数据的无监督精准整合与调控推断[62]。与同类工具相比，GLUE在细胞分辨率与叠合精度方面均具有显著的优势，为单细胞多组学数据准确高效整合提供了重要手段。

南京大学等机构的研究人员构建了一种超高分辨率的工程化纳米孔，可以准确地识别所有RNA的核苷酸和发生在它们上的主要修饰[63]。该技术适用于大量核苷酸、核苷酸修饰及核苷酸衍生物的检测，为快速定量分析天然RNA中的表观修饰提供了高分辨率单分子分析工具，并为发展纳米孔RNA表观遗传测序提供了重要的设计策略和研究方法。

中国科学院大连化学物理研究所等机构的研究人员开发了一种新型的非对称蛇形通道微流控芯片，结合脉冲电场诱导电喷雾电离高分辨质谱，实现了高通量单细胞代谢组分析[106]。该方法的用途广泛，具有良好的稳定性，为更好地获得单个细胞的代谢谱并揭示细胞异质性奠定了基础。

2. 多组学联合分析

复旦大学等机构的研究人员综合基因组、转录组、蛋白质组、磷酸化蛋白质组和微生物组等多组学多维度数据，首次系统性绘制了肝内胆管癌的多维分子图谱，为揭示肝内胆管癌的发生发展机制、精准分子分型、预后判断和个性化治疗策略提供了新思路[64]。

复旦大学等机构的研究人员绘制了甲状腺髓样癌蛋白质基因组学全景图谱，

---

106 Feng D, Li H, Xu T, et al. High-throughput single cell metabolomics and cellular heterogeneity exploration by inertial microfluidics coupled with pulsed electric field-induced electrospray ionization-high resolution mass spectrometry[J]. Analytica Chimica Acta, 2022, 1221: 340116.

通过全外显子组测序、RNA测序、DNA甲基化阵列、蛋白质组学和磷酸化蛋白质组学分析，发现了甲状腺髓样癌中新的致病基因，还首次提出了甲状腺髓样癌的三类分子分型，即代谢型、基底型和间质型，并指出了每种分子分型潜在的精准治疗方向[65]。

中国医学科学院北京协和医学院等机构的研究人员通过综合分析食管鳞状细胞癌样本的全基因组、表观基因组、转录组和蛋白质组数据，将其分为4种分子亚型，即细胞周期通路激活型（CCA）、NRF2通路激活型（NRFA）、免疫抑制型（IS）和免疫调节型（IM）。该研究表明每个亚型都具有特定的潜在治疗靶点和可用于诊断的生物标志物，为患者实现精准医疗提供了基础数据和思路[66]。

北京大学等机构的研究人员应用单细胞转录组学、血浆脂质组学、机器学习和质谱成像综合分析早期肺癌的脂代谢特征，开发了一套人工智能辅助的早期肺癌代谢检测方法，并揭示了相关的分子机制[107]。该研究的临床应用将有望使肺癌患者获益于早期、准确的诊断，进而提高肺癌患者的生存率。

中国医学科学院北京协和医学院等机构的研究人员通过多组学分析系统地研究了肺腺癌RNA剪接改变，全面探讨了RNA结合蛋白、体细胞突变和DNA甲基化对异常选择性剪接的具体调控作用，揭示了RNA剪接改变的生物学和临床意义[108]。该研究为肺腺癌发生和发展的分子机制提供了新的见解，并为开发肺腺癌剪接转换疗法奠定了基础。

中国医学科学院基础医学研究所等机构的研究人员通过对硅肺病小鼠模型进行包括转录组、蛋白质组和磷酸化蛋白质组的多组学分析，发现了硅肺病的潜在治疗靶点，并进一步证实福他替尼和吉非替尼这两种靶向药物能够有效地改善肺功能障碍并抑制炎症和纤维化进展[109]。该研究为治疗硅肺病提供了新颖可行的治疗策略。

---

107 Wang G, Qiu M, Xing X, et al. Lung cancer scRNA-seq and lipidomics reveal aberrant lipid metabolism for early-stage diagnosis[J]. Science Translational Medicine, 2022, 14(630): eabk2756.

108 Wu Q, Feng L, Wang Y, et al. Multi-omics analysis reveals RNA splicing alterations and their biological and clinical implications in lung adenocarcinoma[J]. Signal Transduction and Targeted Therapy, 2022, 7(1): 270.

109 Wang M, Zhang Z, Liu J, et al. Gefitinib and fostamatinib target EGFR and SYK to attenuate silicosis: a multi-omics study with drug exploration[J]. Signal Transduction and Targeted Therapy, 2022, 7(1): 157.

复旦大学等机构的研究人员开展了中国透明细胞肾癌患者的蛋白质基因组学分析，发现了中西方透明细胞肾癌关键致病基因突变谱的差异，并根据蛋白质基因组特征进行分子分型，为透明细胞肾癌的精准治疗提供了理论依据。该研究还揭示了代谢紊乱与透明细胞肾癌发生发展的因果关系，为阐明透明细胞肾癌的发生发展机制和精准治疗提供了全新视角[110]。

3. 分子和细胞图谱绘制

2022年，我国科学家构建完成了高质量的二倍体马铃薯基因组[111]、番茄图形泛基因组[112]、家蚕泛基因组[113]、燕麦参考基因组[114]等，发现了提高玉米和水稻产量的关键基因[115]，相关研究对加深物种进化的理解，加速育种优化具有重要意义。

清华大学等机构的研究人员利用翻译组与转录组联合测序技术，绘制了人类卵子向早期胚胎转变过程中的翻译图谱，揭示了人-鼠卵子及早期胚胎中翻译水平动态变化的差异，鉴定出一组人类合子基因组激活的关键调控因子[116]。该研究为将来探索人-鼠早期胚胎发育过程中生理功能的异同，以及临床评估胚胎质量和探索早期发育相关疾病提供了新的研究方向。

中国科学院动物研究所等机构的研究人员绘制了食蟹猴CS8～CS11时期胚胎的单细胞转录组图谱，揭示了原肠运动和三胚层分化过程中重要细胞类群的特征及其谱系发生和调控机制，并比较了啮齿类和灵长类早期胚胎发育事件的

---

110 Qu Y, Feng J, Wu X, et al. A proteogenomic analysis of clear cell renal cell carcinoma in a Chinese population[J]. Nature Communications, 2022, 13(1): 2052.

111 Tang D, Jia Y, Zhang J, et al. Genome evolution and diversity of wild and cultivated potatoes[J]. Nature, 2022, 606(7914): 535-541.

112 Zhou Y, Zhang Z, Bao Z, et al. Graph pangenome captures missing heritability and empowers tomato breeding[J]. Nature, 2022, 606(7914): 527-534.

113 Tong X, Han M J, Lu K, et al. High-resolution silkworm pan-genome provides genetic insights into artificial selection and ecological adaptation[J]. Nature Communications, 2022, 13(1): 5619.

114 Peng Y, Yan H, Guo L, et al. Reference genome assemblies reveal the origin and evolution of allohexaploid oat[J]. Nature Genetics, 2022, 54(8): 1248-1258.

115 Chen W, Chen L, Zhang X, et al. Convergent selection of a WD40 protein that enhances grain yield in maize and rice[J]. Science, 2022, 375(6587): eabg7985.

116 Zou Z, Zhang C, Wang Q, et al. Translatome and transcriptome co-profiling reveals a role of TPRXs in human zygotic genome activation[J]. Science, 2022, 378(6615): abo7923.

进化差异[117]。该研究填补了灵长类胚胎原肠运动至早期器官发育阶段的知识空白，为深入了解人类早期胚胎发育过程的调控机制及发育异常相关疾病的病理奠定了坚实的基础。

中国科学院生物物理研究所等机构的研究人员在人群水平对可移动元件插入（MEI）的基因组分布、突变特征、功能影响等进行了系统分析，构建了一个MEI资源库和针对中国人群的MEI图谱[118]。该资源将在探索人类MEI的新知识中发挥重要作用。

中国科学院上海营养与健康研究所等机构的研究人员建立了数学模型，将单细胞RNA测序的数据转换为DNA甲基化数据，建立了高分辨率DNA甲基化图谱，可用于解析多种组织中细胞类型特异的DNA甲基化变异[74]。该研究为更好地分析复杂组织的表观遗传数据，深入地认识细胞特异性DNA甲基化变异，以及这些变异如何受衰老、肥胖等疾病因素的影响奠定了基础。

中国科学院遗传与发育生物学研究所等机构的研究人员建立了血浆精准代谢组学分析方法，并将其应用于不同年龄段人群血浆代谢组的研究，揭示了多种与衰老相关的代谢特征，主要涉及类固醇代谢、氨基酸代谢、脂质代谢和嘌呤代谢[119]。该研究为预防和治疗与年龄有关的疾病提供了线索。

我国华大生命科学研究院主导，6国科研团队合作发布了首个非人灵长类动物全身器官细胞图谱[120]。该研究成果将被用于物种进化、人类疾病及药物评价和筛选等相关研究，为生物医学的发展提供基础性的资源和工具，助力疾病诊疗与靶向药物开发，使人类更好地探究生命的进化成为可能。

浙江大学等机构的研究人员对小鼠7个重要发育阶段的10个重要组织进行了单细胞转录组分析，跨越了胚胎早期到成年成熟期，获得超过520 000个单

117 Zhai J, Guo J, Wan H, et al. Primate gastrulation and early organogenesis at single-cell resolution[J]. Nature, 2022, 612(7941): 732-738.

118 Niu Y, Teng X, Zhou H, et al. Characterizing mobile element insertions in 5675 genomes[J]. Nucleic Acids Research, 2022, 50(5): 2493-2508.

119 Tian H, Ni Z, Lam S M, et al. Precise metabolomics reveals a diversity of aging-associated metabolic features[J]. Small Methods, 2022, 6(7): e2200130.

120 Han L, Wei X, Liu C, et al. Cell transcriptomic atlas of the non-human primate *Macaca fascicularis*[J]. Nature, 2022, 604(7907): 723-731.

细胞转录组数据，描绘了小鼠谱系发育和成熟过程的细胞状态流形图，并揭示了控制细胞命运决定的基因调控网络[121]。该研究为细胞命运决定的相关研究提供了全新见解，并为细胞“状态流形”的新理论提供了数据资源。

（四）前景与展望

生命组学技术将持续迭代优化，为更好地认识和解析生命奠定基础。三代长读长测序技术和单分子蛋白质测序技术等单分子测序技术的飞跃进步使得相关技术应用获得进一步推广，捕获更多信息、优化成本效益是当前亟待攻克的关键瓶颈问题之一。单细胞尺度、高空间分辨率的多组学联合分析将推动生命组学研究更好地在综合微环境和外界环境影响因素的基础上，阐明生物体中分子和细胞功能及它们之间的互作网络，进而加深人们对生命本质的认识。

二、脑科学与神经科学

（一）概述

国际脑科学与神经科学领域各大型计划积极推进中。国际脑计划（International Brain Initiative，IBI）的研究人员与日本通过综合神经技术进行疾病研究的脑图谱计划（Brain Mapping by Integrated Neurotechnologies for Disease Studies，Brain/MINDS）、战略性国际脑科学研究推进计划（Strategic International Brain Science Research Promotion Program，Brain/MINDS Beyond）的研究人员及国际神经信息学协调委员会（International Neuroinformatics Coordinating Facility，INCF）合作，召开了数据标准制定与共享方面的研讨会，研讨建立国际数据治理框架，并提出了未来发展方向[122]。

121 Fei L, Chen H, Ma L, et al. Systematic identification of cell-fate regulatory programs using a single-cell atlas of mouse development[J]. Nature Genetics, 2022, 54(7): 1051-1061.

122 US Brain Initiative. Recent Ibi Highlights [EB/OL]. (2023-03-10) [2023-03-10]. https://www.internationalbraininitiative.org/news/recent-ibi-highlights.

美国BRAIN2.0计划于2022年9月启动了3个大型研究项目：①建立综合的人脑细胞图谱；②构建哺乳动物大脑微连接性图谱；③研发精准靶向脑内各类细胞的工具箱和技术。检索BRAIN计划官网，2022年美国BRAIN计划共资助196个项目，比2021年的199项减少了3项；其中细胞图谱绘制100项、人类神经科学90项、综合方法104项、干预工具127项、监测神经活性126项、理论与数据分析工具93项[123]；艾伦脑科学研究所、波士顿大学、加利福尼亚大学圣地亚哥分校、西雅图华盛顿大学、加利福尼亚大学旧金山分校等机构承担了较多项目。

欧盟人脑计划继续开发和扩展其欧洲脑研究基础设施（EBRAINS），向全球神经科学界公开提供工具和服务。即使人脑计划（HBP）结束后，该设施也仍将运行。HBP教育项目为神经科学、信息和通信技术（ICT）与医学领域的硕士和博士生及早期博士后研究人员提供了创新的学习包。随着HBP接近尾声，预计为启动新的脑科学计划做准备，欧洲脑研究领域（European Brain Research Area）于2022年2月发布报告，盘点了欧盟框架计划［第七框架（FP7）和地平线2020（H2020）］、欧洲研究领域-神经科学研究网络（ERA-NET NEURON）、欧盟神经退行性疾病研究联合项目（JPND）和人脑计划（HBP）在2007～2019年资助的脑科学领域的项目，结果表明，这些计划资助的脑科学研究主题涵盖脑感知认知和行为、各类神经精神疾病及脑成像等研究工具的开发等各个方面，获得资助较多的研究主题是认知和行为、动物模型、神经功能和神经成像，而阿尔茨海默病（AD）及其他痴呆、帕金森病及相关疾病、脑卒中与自闭症等疾病研究获得的资助较多。欧盟脑科学研究团队和资源主要分布在德国、英国、法国、荷兰和意大利。

其他国家脑计划持续推进中。加拿大脑研究战略提出新的大脑与精神健康国家研究战略，并向下议院提交相关建议，建议加拿大政府投资的加拿大脑研究计划以大脑和心理健康作为优先研究领域[124]。澳大利亚脑计划在《澳大利亚季

123 每个项目被分到多个方向，因此分支方向存在重复统计。

124 Canadian Brain Research Strategy. A National Brain Research Initiative for the Health, Social, and Economic Advancement of Canada[EB/OL]. (2023-02-20) [2023-07-20]. https://canadianbrain.ca/wp-content/uploads/2023/02/2023-SRSR-Committee-International-Moonshot-Programs_CBRS-Brief.pdf.

刊》发文，提出要积极支持处于职业生涯中期和早期的脑科学研究人员，以确保澳大利亚研究和产业的未来可持续发展。

随着持续实施科技创新2030重大项目——“脑科学与类脑研究”，中国科学家正在领导IBI非人灵长类动物大脑介观图谱工作，在单细胞水平上对非人灵长类动物大脑进行转录组和连接组图谱绘制，通过国际合作，绘制各种非人灵长类动物（尤其是猕猴和狨猴）的细胞类型及其在整个大脑中的空间分布和连接性。在机构建设方面，我国国家卫生健康委员会于2022年7月29日公布，以北京大学第六医院和首都医科大学附属北京安定医院为联合主体设置国家精神疾病医学中心，以上海市精神卫生中心、中南大学湘雅二医院为主体设置国家精神疾病医学中心，共同构成国家精神疾病医学中心，形成南北协同、优势互补的模式，建立多中心协同工作机制，带动全国精神疾病领域建设与发展。

（二）国际重要进展

2022年，脑科学在新型神经元鉴定、脑图谱绘制、脑功能研究等基础领域，神经发育障碍、脑疾病等应用领域，以及以神经成像、脑机接口为代表的技术开发领域的研究均取得了一系列重要进展。

1. 基础研究

（1）新型神经元鉴定与神经元操控

德国马克斯·普朗克大脑研究所的研究人员对鬃狮蜥大脑的285 483个单细胞转录组进行了分析，识别并注释了233种不同类型的神经元，通过与小鼠的神经元数据根据区域和神经递质特性进行聚类整合，表明了哺乳动物大脑在发育起源和环路分配上都具有在进化上广泛保守的神经元类别[125]。

美国西北大学的研究人员识别出一种新型的视网膜神经节细胞（retinal ganglion cell），该细胞能编码视觉环境并将信息传回到大脑的神经元中，而且

---

125 Hain D, Gallego-Flores T, Klinkmann M, et al. Molecular diversity and evolution of neuron types in the amniote brain[J]. Science, 2022, 377(6610): eabp8202.

可能具有独特的传导机制，该研究对帮助诸如视网膜假体相关设备进行神经传导具有一定的意义[126]。

美国斯坦福大学的研究人员发现在小鼠大脑中一个称为“激怒中枢”（rage center）的区域，其中的一些神经元在小鼠打斗时和观看其他小鼠打斗时会放电，这类神经元被称为镜像神经元（mirror neuron），大多数关于镜像神经元的研究都集中在灵长类动物的大脑皮层中，该研究首次在小鼠下丘脑中发现了镜像神经元，提示镜像神经元的起源比以前认为的更原始[127]。

英国伦敦国王学院的研究人员发现大脑皮层连接（brain wiring）需要在特定突触类型水平控制局部蛋白质合成，对蛋白质合成的调节以高度特异的方式发生，并且确定了一种控制兴奋性锥体细胞与表达小清蛋白（parvalbumin）的抑制性中间神经元之间突触形成的信号通路，证实大脑连接过程对蛋白质合成的调节存在突触特异性[128]。

德国马克斯·普朗克大脑研究所的研究人员利用神经外科干预获得活体组织，应用三维电镜绘制了人类大脑样本中大约100万个突触，将中间神经元之间的网络几乎扩大了10倍，该研究提示这种抑制性中间神经元网络可以延长近期事件在神经元网络中的保存时间，扩大工作记忆[129]。

（2）脑结构解析与脑图谱绘制

澳大利亚西澳大学的研究人员开发出全球首个正常大脑细胞发育图谱，揭示了个体从出生前到成年后不同的大脑细胞类型所表现出的基因活性改变情况，有助于更加准确地识别出神经和精神疾病的改变状态，比如精神分裂症或脑癌等疾病的异常细胞状态[130]。

---

126 Wienbar S, Schwartz G W. Differences in spike generation instead of synaptic inputs determine the feature selectivity of two retinal cell types[J]. Neuron, 2022, 110(13): 2110-2123, e4.

127 Yang T, Bayless D W, Wei Y, et al. Hypothalamic neurons that mirror aggression[J]. Cell, 2023, 186(6): 1195-1211, e19.

128 Bernard C, Exposito-Alonso D, Selten M, et al. Cortical wiring by synapse type-specific control of local protein synthesis[J]. Science, 2022, 378(6622): eabm7466.

129 Loomba S, Straehle J, Gangadharan V, et al. Connectomic comparison of mouse and human cortex[J]. Science, 2022, 377: Issue 6602.

130 Herring C A, Simmons R K, Freytag S, et al. Human prefrontal cortex gene regulatory dynamics from gestation to adulthood at single-cell resolution[J]. Cell, 2022, 185(23): 4428-4447, e28.

英国剑桥大学的研究人员使用基于位置、尺度和形状的广义加法模型（generalized additive model for location，scale and shape，GAMLSS）首次绘制了人类大脑生长图谱，发现人脑皮层总表面积与整个生命周期中大脑总体积的变化密切相关[131]。

美国霍华德·休斯医学研究所的研究人员对斑马鱼大脑进行成像和分析，发现了一个多区域的后脑环路，该后脑环路通过位移记忆（displacement memory），介导斑马鱼从速度到行为的改变，揭示了脊椎动物后脑的自我定位和相关运动行为的神经系统控制，同时提示对神经活动的全脑成像可能对了解分布式认知功能的机制至关重要[132]。

（3）神经发生与发育

美国博德研究所的研究人员提出了一个全面的人类大脑皮质类器官发育的单细胞转录组学、表观遗传学和空间图谱，包括超过61万个细胞，从神经祖细胞的产生到分化的神经元和胶质亚型的产生均包括在内。该结果识别了在谱系建立中具有预测人类特异性作用的基因，并揭示了人类胼胝体神经元的早期转录多样性，可以作为初步研究人脑皮质发育机制的基础[133]。

日本东京大学的研究人员研究了小鼠的视觉系统发育，通过观察皮层区和丘脑区神经元网络在新生小鼠中的发育过程，揭示了视觉系统生长的机制，为未来治疗先天性失明的研究提供了参考[134]。

美国杜克大学的研究人员确定了一组被称为“人类祖先快速进化区域”（human ancestor quickly evolved region，HAQER）的DNA序列调节基因，HAQER以二价染色质状态富集，特别是在胃肠道和神经发育组织中，以及与神经发育疾病相关的遗传变异中。通过进一步开发一种多重单细胞体内增强实

131 Bethlehem R A L, Seidlitz J, White J, et al. Brain charts for the human lifespan[J]. Nature, 2022, 604(7906): 525-533.

132 Yang E, Zwart M F, James B, et al. A brainstem integrator for self-location memory and positional homeostasis in zebrafish[J]. Cell, 2022, 185(26): 5011-5027.

133 Uzquiano A, Kedaigle A J, Pigoni M, et al. Proper acquisition of cell class identity in organoids allows definition of fate specification programs of the human cerebral cortex[J]. Cell, 2022, 185(20): 3770-3788.

134 Murakami T, Matsui T, Uemura M, et al. Modular strategy for development of the hierarchical visual network in mice[J]. Nature, 2022, 608: 578-585.

验，发现HAQER的快速序列分歧在发育中的大脑皮层中产生了人类特有的增强子，提示缺乏多效性限制和高突变率使HAQER能够快速适应环境并且使人类对疾病具有易感性[135]。

瑞士苏黎世联邦理工学院的研究人员建立了人类大脑类器官（brain organoid）发育的多组学图谱，包括胚状体形成、神经外胚层诱导、神经上皮化、神经祖细胞模式和神经发生，揭示了发育层面和命运决定的关键阶段，以及类器官内每个细胞的分子指纹，并且首次证明了转录因子GLI3参与人类前脑模式的形成，为利用人脑模型系统和单细胞技术重建人类发育生物学提供了框架[136]。

（4）脑功能研究

美国洛克菲勒大学的研究人员发现情境记忆的联合表征存储在海马CA1区中，而构成情境记忆的组成特征（如视觉记忆、听觉记忆等）则存储在前额叶皮质的前扣带回（anterior cingulate）中。情境记忆的这种细节单独存储的特点，使其具有在不影响海马中记忆原始编码的情况下，对记忆进行更新、修改或重新分配的能力，对解析大脑记忆的工作方式提出了新的见解[137]。

美国斯坦福大学医学院的研究人员将年轻人的脑脊液直接注入衰老的大脑，发现可以改善其记忆功能。进一步对海马体的无偏转录组进行分析发现少突胶质细胞对这种脑脊液环境最敏感，同时确定Fgf17是恢复衰老大脑中少突胶质细胞功能的关键靶标[138]。

美国西北大学的研究人员发现单核细胞中脂质转运基因随着年龄的增长而上调，在认知受损的受试者中，单核细胞中脂质转运基因的下调伴随着$CD8^+$ T细胞的细胞因子信号转导的改变而发生，揭示了健康大脑在衰老和认知障碍期间脑脊液免疫失调的遗传变化，研究人员表示未来将继续探索这些免疫细胞在阿

---

135 Mangan R J, Alsina F C, Mosti F, et al. Adaptive sequence divergence forged new neurodevelopmental enhancers in humans[J]. Cell, 2022, 185(24): 4587-4603.

136 Fleck J S, Martina S, Jansen J, et al. Inferring and perturbing cell fate regulomes in human brain organoids[J]. Nature, 2022: 10.1038/s41586-022-05279-8.

137 Nakul Y, Noble C, Niemeyer J E, et al. Prefrontal feature representations drive memory recall[J]. Nature, 2022, 608(7921): 153-160.

138 Iram T, Kern F, Kaur A, et al. Young CSF restores oligodendrogenesis and memory in aged mice via Fgf17[J]. Nature, 2022, 605(7910): 509-515.

尔茨海默病等神经退行性疾病中的作用，并将扩展到如肌萎缩侧索硬化（ALS）等其他疾病中[139]。

2. 应用研究

（1）神经发育障碍

美国贝勒医学院的研究人员发现肥胖症是一种神经发育障碍，生命早期大脑发育的分子机制可能是肥胖风险的主要决定因素。大脑的下丘脑弓状核（AHR）在出生后早期经历了广泛的表观遗传成熟（epigenetic maturation），这一时期对体重调节的发育程序非常敏感，表明肥胖症可能是表观遗传成熟失调的结果[140]。

美国索尔克生物研究所的研究人员开发了一个细胞培养系统，确定了一种由星形胶质细胞产生的胰岛素样生长因子（insulin like growth factor，IGF）的蛋白分子，该分子干扰了雷特综合征、脆性X染色体综合征和唐氏综合征中的正常神经元发育，指出阻断该分子可以减少小鼠大脑中的疾病迹象[141]。

美国贝勒医学院的研究人员利用小鼠模型发现大脑中产生的多肽分子——催产素，能驱动一系列事件从而导致神经环路的可塑性发生，证明了催产素受体信号转导促进新整合的成年新生神经元的突触成熟，该研究扩展了对大脑可塑性的理解，提出了治疗人类特定的神经发育障碍并修复损伤的大脑环路的潜在靶点[142]。

（2）脑肿瘤及创伤性脑损伤

西班牙国家心血管研究中心的研究人员发现中性粒细胞的β1-肾上腺素能受

---

139 Piehl N, Olst L V, Ramakrishnan A, et al. Cerebrospinal fluid immune dysregulation during healthy brain aging and cognitive impairment[J]. Cell, 2022, 185(26): 5028-5039, e13.

140 MacKay H, Gunasekare C J, Yam K Y, et al. Sex-specific epigenetic development in the mouse hypothalamic arcuate nucleus pinpoints human genomic regions associated with body mass index[J]. Science Advances, 2022, 8(39): eabo3991.

141 Caldwell A L M, Sancho L, Deng J, et al. Aberrant astrocyte protein secretion contributes to altered neuronal development in multiple models of neurodevelopmental disorders[J]. Nature Neuroscience, 2022, 25: 1163-1178.

142 Pekarek B T, Kochukov M, Lozzi B, et al. Oxytocin signaling is necessary for synaptic maturation of adult-born neurons[J]. Genes & Development, 2022, 36: 21-24.

体（β1-AR）选择性阻滞剂——美托洛尔，可以通过靶向中性粒细胞来改善脑损伤，这种保护作用与显著减少神经炎症、更好地保存血脑屏障完整性和减少胶质瘢痕形成有关，提出β1-AR可以作为改善脑卒中患者预后新的治疗靶点[143]。

荷兰乌特勒支大学的研究人员验证了使用鼻内途径将间充质干细胞（mesenchymal stromal cell，MSC）递送到小鼠脑内后治疗受损区域的安全性和有效性，并进一步对10名围产期脑卒中（perinatal stroke）的新生儿进行了鼻内滴注，三个月后进行大脑随访核磁共振扫描显示损伤比预期少，证明这种干细胞疗法能有效修复围产期脑卒中后患者的大脑损伤[144]。

（3）神经退行性疾病

英国爱丁堡大学的研究人员发现小胶质细胞的免疫细胞对于维持髓鞘健康至关重要，小胶质细胞缺失导致的髓鞘健康丧失与脂质代谢改变的髓鞘化少突细胞状态的出现有关，强调小胶质细胞可能是衰老和神经退行性疾病的潜在治疗靶点[145]。

美国弗吉尼亚大学的研究人员发现小胶质细胞活化的关键调节因子脾酪氨酸激酶（SYK）的靶向缺失导致阿尔茨海默病小鼠模型脑中的淀粉样β（Aβ）沉积加剧，进而导致神经病理学加重和认知缺陷，该研究拓展了对关键先天免疫信号分子的理解，提出大脑自身的免疫系统可能是治疗神经退行性疾病的关键途径[146]。

荷兰阿姆斯特丹自由大学的研究人员比较了来自阿尔茨海默病（AD）患者和健康个体的3.2万个外显子组测序数据，发现多个新型基因和特定突变与AD患病风险显著相关，其中包括两个罕见的、可预测的变异位点ATP8B4和

---

143 Moragon A C, Oliver E, Calle D, et al. Neutrophil β1 adrenoceptor blockade blunts stroke-associated neuroinflammation[J]. British Journal of Pharmacology, 2023, 180(4): 459-478.

144 Baak L M, Wagenaar N, Aa N, et al. Feasibility and safety of intranasally administered mesenchymal stromal cells after perinatal arterial ischaemic stroke in the Netherlands (PASSIoN): a first-in-human, open-label intervention study[J]. Lancet Neurology, 2022, 21(6): 528-536.

145 McNamara N B, Munro D A D, Bestard-Cuche N, et al. Microglia regulate central nervous system myelin growth and integrity[J]. Nature, 2023, 613(7942): 120-129.

146 Ennerfelt H, Frost E L, Shapiro D A, et al. SYK coordinates neuroprotective microglial responses in neurodegenerative disease[J]. Cell, 2022, 185(22): 4135-4152.

ABCA1，该结果提示除主要的Aβ前体蛋白加工、Aβ聚集、脂质代谢和小胶质细胞功能对AD的影响外，还有额外的风险因素[147]。

美国罗格斯大学的研究人员利用人诱导多能干细胞（human iPSC）的大脑类器官和嵌合鼠模型，发现Hsa21编码的Ⅰ型干扰素受体（IFNAR）在唐氏综合征大脑发育过程和对病理性tau蛋白的反应中发挥重要作用，降低IFNAR的表达可以改善小胶质细胞的异常功能，揭示了Ⅰ型干扰素信号在AD患者中调控小胶质细胞的机制[148]。

美国波士顿大学医学院的研究人员通过转录组学分析揭示了星形胶质细胞和小胶质细胞中人特异性APOE4驱动的脂质代谢失调，APOE4会引发神经胶质细胞特异性的细胞和非细胞自主失调，从而导致AD风险增加，提示恢复神经胶质脂质稳态和炎症的治疗方法可能对AD患者有益，特别是针对携带APOE4的AD患者[149]。

（4）心理健康/精神疾病

美国加利福尼亚大学洛杉矶分校的研究人员对来自自闭症谱系障碍（ASD）患者的大脑样本进行了RNA测序分析，发现ASD患者的皮层发生了广泛的转录组变化，其中初级视觉皮层的差异最大，该分子特征反映了细胞类型特异性基因表达的变化，特别是影响了兴奋性神经元和神经胶质细胞[150]。

奥地利维也纳医科大学脑研究中心的研究人员发现海马体CA1区中的神经胶质状细胞（neurogliaform cell，NGFC）是调节大脑区域之间信息传输的特定细胞，帮助将当前的感知与过去的经验相关信息进行单独或综合处理，同时确保信息不被混淆，为精神分裂症和自闭症等这些信息调节受损的疾病提供了新的治疗方向[151]。

---

147 Holstege H, Hulsman M, Charbonnier C, et al. Exome sequencing identifies rare damaging variants in ATP8B4 and ABCA1 as risk factors for Alzheimer's disease[J]. Nature Genetics, 2022, 54(12): 1786-1794.

148 Jin M M, Xu R J, Wang L, et al. Type-I-interferon signaling drives microglial dysfunction and senescence in human iPSC models of down syndrome and Alzheimer's disease[J]. Cell Stem Cell, 2022, 29(7): 1135-1153.

149 Tcw J, Qian L, Pipalia N H, et al. Cholesterol and matrisome pathways dysregulated in astrocytes and microglia[J]. Cell, 2022, 185(13): 2213-2233, e25.

150 Gandal, M J, Haney J R, Wamsley B, et al. Broad transcriptomic dysregulation occurs across the cerebral cortex in ASD[J]. Nature, 2022, 611: 532-539.

151 Sakalar E, Klausberger T, Lasztoczi B. Neurogliaform cells dynamically decouple neuronal synchrony between brain areas[J]. Science, 2022, 377: 324-328.

3. 技术开发

在成像技术方面，韩国成均馆大学等多家机构的研究人员开发出了利用磁共振成像（MRI）对大脑信号的传播进行毫秒级无创跟踪的新方法——神经元活动直接成像（direct imaging of neuronal activity，DIANA），并在小鼠身上进行了测试，该技术可能会让人们对大脑如何发挥作用产生新的认识[152]。西班牙阿利坎特神经科学研究所首次开发出大脑神经炎症的成像技术——无创扩散加权磁共振成像（noninvasive diffusion-weighted MRI），可以对胶质细胞的形态变化进行可视化成像，并且使用神经炎症、变性和脱髓鞘的大鼠模型验证了该技术可以区分单纯炎症反应和伴随神经变性的炎症反应[153]。美国莱斯大学开发了一个多参数高通量平台来优化双光子显微镜的电压指标，可以在不遗漏信号的情况下对大脑活动进行成像，并且比以往的方法可以更深入大脑皮层，成像时间也更长[154]。

在脑类器官方面，美国斯坦福大学的研究人员在体外培养人类皮层类器官，并将它们移植到发育中的啮齿动物大脑内，通过解剖和功能追踪显示，移植的类器官能接受丘脑皮层和皮质皮层信号输入，这些输入可以在人类细胞中产生感觉反应，该方法有助于检测自闭症和癫痫相关罕见遗传性疾病患者不易被发现的脑细胞表型[155]。

在脑机交互技术方面，斯坦福大学的研究人员通过将激光诱导的石墨烯纳米纤维网络嵌入到弹性基质中，开发了一种基于石墨烯的柔性可拉伸的神经化学生物传感器Neuro String，实现了同时针对性地实时检测大脑和肠道内的多种神经递质动力学，研究人员表示未来将进一步研究如何将传感器与无线电子设

---

152 Toi P T, Jang H J, Min K, et al. *In vivo* direct imaging of neuronal activity at high temporospatial resolution[J]. Science, 2022, 378: 160-168.

153 Garcia-Hernandez R, Cerda A C, Carpena A T, et al. Mapping microglia and astrocyte activation *in vivo* using diffusion MRI[J]. Science Advances, 2022, 8(21): eabq2923.

154 Liu Z H, Lu X Y, Villette V, et al. Sustained deep-tissue voltage recording using a fast indicator evolved for two-photon microscopy[J]. Cell, 2022, 85(18): 3408-3425, e29.

155 Revah O, Gore F, Kelley K W, et al. Maturation and circuit integration of transplanted human cortical organoids[J]. Nature, 2022, 610(7931): 319-326.

备集成以验证其长期植入的性能[156]。

（三）国内重要进展

1. 基础研究

中国科学技术大学的一个研究团队发现光敏性视网膜神经节细胞（intrinsically photosensitive retinal ganglion cell，ipRGC）介导的光感觉促进了各个皮层和海马锥体神经元的突触生成，该现象依赖于ipRGC的激活，并由视上核（supraoptic nucleus，SON）和室旁核（paraventricular nucleus，PVN）释放催产素进入脑脊液介导，该结果强调了生命早期光感对学习能力发展的重要性[157]。中国科学技术大学另一研究团队使用在体电生理记录、深部钙成像、病毒示踪及神经调控等方法，揭示了声音促进镇痛的神经机制[158]。

中国科学院脑科学与智能技术卓越创新中心的研究人员建立了目前最大的小鼠全脑神经联接图谱，并首次发现小鼠前额叶皮层中存在64类神经元投射亚型，揭示了其空间分布规律，为深入研究认知功能的神经机制奠定了结构基础[4]。

北京生命科学研究所等机构的研究人员首次绘制了小鼠从肠道到大脑的防御反应的神经通路，随后还研究了化疗药物是否会激活相同的神经通路，为了解呕吐的分子和细胞机制及开发更有效的抗呕吐药物奠定了基础[159]。

中国深圳华大基因科技有限公司、武汉大学等机构的研究人员使用空间增强分辨率组学测序技术，分析了墨西哥蝾螈大脑的6个发育阶段及7个损伤诱导再生阶段端脑切片的一组空间转录组数据，为进一步研究大脑发育、再生和

---

156 Li J X, Liu Y X, Yuan L, et al. A tissue-like neurotransmitter sensor for the brain and gut[J]. Nature, 2022, 606(7912): 94-101.

157 Hu J X, Shi Y M, Zhang J M, et al. Melanopsin retinal ganglion cells mediate light-promoted brain development[J]. Cell, 2022, 185(17): 3124-3137, e15.

158 Zhou W J, Ye C G, Wang H T, et al. Sound induces analgesia through corticothalamic circuits[J]. Science, 2022, 377: 198-204.

159 Xie Z Y, Zhang X Y, Zhao M, et al. The gut-to-brain axis for toxin-induced defensive responses[J]. Cell, 2022, 185(23): 4298-4316, e21.

进化提供了有效数据[160]。

2. 应用研究

南京医科大学的研究人员发现了一个全新的可以快速有效抗抑郁的靶点，并且无氯胺酮类似的副作用，还可能克服第三代抗抑郁药物依赖于5-羟色胺自身受体脱敏的缺陷，有望发展成为新一代的抗抑郁症药物[161]。

浙江大学医学院的研究人员发现通过物理阻断方式封闭小鼠单侧嗅觉输入后，其封闭侧大脑嗅球中肿瘤的体积缩小，证明了嗅觉刺激是通过胰岛素样生长因子1（insulin-like growth factor 1，IGF-1）信号通路调控胶质瘤发生的[162]。

清华大学的研究人员首次报道了一种可以特异性降解固态蛋白聚集体的自噬受体CCT2，可以通过非泛素依赖的方式结合聚集体蛋白，并与自噬体膜上的关键蛋白LC3相互作用，来介导自噬体对聚集体的识别与降解，为治疗神经退行性疾病提供了重要的靶点[163]。

3. 技术开发

北京生命科学研究所的研究人员通过定向进化策略，开发了一系列能够在体内和体外高效侵染小胶质细胞的新型重组腺相关病毒载体，实现了对小胶质细胞的标记、在体观测和基因编辑[164]。

复旦大学的研究人员发现人星形胶质细胞可以通过OCT4的过表达、p53的抑制和一些小分子直接重编程为早期神经外胚层细胞，并被诱导形成具有特异性功能神经元的脊髓类器官。在脊髓完全损伤小鼠中，将该类器官移植到损伤

---

160 Wei X Y, Fu S L, Li H B, et al. Single-cell Stereo-seq reveals induced progenitor cells involved in axolotl brain regeneration[J]. Science, 2022, 377: Issue 6610.

161 Sun N, Qin Y J, Xu C, et al. Design of fast-onset antidepressant by dissociating SERT from nNOS in the DRN[J]. Science, 2022, 378(6618): 390-398.

162 Chen P X, Wang W, Liu R, et al. Olfactory sensory experience regulates gliomagenesis via neuronal IGF1[J]. Nature, 2022, 606: 550-556.

163 Ma X Y, Lu C J, Chen Y T, et al. CCT2 is an aggrephagy receptor for clearance of solid protein aggregates[J]. Cell, 2022, 185(8): 1325-1345, e22.

164 Lin R, Zhou Y T, Yan T, et al. Directed evolution of adeno-associated virus for efficient gene delivery to microglia[J]. Nature Methods, 2022, 19: 976-985.

部位可以分化为脊髓神经元，并与宿主神经元形成突触，为修复中枢神经系统损伤提供了新方案[165]。

中国科学院精密测量科学与技术创新研究院的研究人员开发了一种基于磁共振成像（MRI）的方法，以监测活体动物的全脑或区域特异性星形胶质细胞，有助于了解不同病理生理条件下神经元和神经胶质网络的复杂性[166]。

（四）前景与展望

未来，借助新型神经元标记技术、神经成像、神经监测与调控、神经操纵技术（如光遗传）等，脑科学与神经科学各个方向快速发展。此外，相关数据治理和伦理安全监管问题将越来越受到重视。

在脑认知方面，研究人员将在脑区、神经环路、神经元等不同尺度观测与解析神经信息编码机制，揭示脑感知认知功能发挥的机制；在神经元、神经环路水平探索脑发育机制[167]。

在脑疾病方面，随着人工智能等使能技术的深度融合，将实现从基因—脑网络—个体—群体和全生命周期角度阐释脑疾病发生发展机制；构建疾病预测模型，再利用多能干细胞体外诱导形成脑类器官，实现脑疾病模拟；构建脑疾病定量化评价指标体系，提高脑疾病诊断的精准度；利用脑机接口、神经刺激技术等多通道方法，构建脑疾病的感知-干预闭环神经调控系统，结合药物的使用，实现对单病/共病的治疗。

在技术开发方面，未来将开发出更加灵敏的探针，以便实时、精准地监测神经元活动。光学、电子器件和传感器芯片等领域的发展将推动神经成像技术在分辨率、速度和通量等核心指标上不断突破技术边界，各类成像技术将不断交叉融合，并且与数字/人工智能技术结合，实现更快速，甚至自动化的数据

---

165 Xu J H, Fang S, Deng S X, et al. Generation of neural organoids for spinal-cord regeneration via the direct reprogramming of human astrocytes[J]. Nature Biomedical Engineering, 2022, 7(3): 253-269.

166 Li M, Liu Z, Wu Y, et al. *In vivo* imaging of astrocytes in the whole brain with engineered AAVs and diffusion-weighted magnetic resonance imaging[J]. Molecular Psychiatry, 2022, 1: 19.

167 张学博，袁天蔚，张丽雯，等. 2022年脑科学与类脑智能发展态势［J］. 生命科学，2023，35（1）：9-17.

分析[168]。光遗传学与基因编辑技术相结合，有望实现神经元的精准靶向和功能调控[169]。类脑计算和脑机智能将从“由脑结构启发”向“兼顾脑结构启发和脑功能启发”转型，“感知智能”和“认知智能”协同发展。类脑计算和脑机智能将在各行业引发新一轮变革。

在脑科学与神经科学数据治理方面，国际脑计划已经讨论了相关框架，各国脑计划实施机构也持续开展脑科学数据治理与伦理安全讨论。在伦理安全方面，目前各国已经采取了初步行动，我国已于2022年发布了《关于加强科技伦理治理的意见》。未来，各国脑科学领域将进一步重视数据治理，并制定出全球统一、协调的数据治理原则和框架，伦理安全监管将更加规范化并实现全球共识。

三、合成生物学

（一）概述

合成生物学领域的快速发展使DNA合成和测序等生物工程操作的成本显著降低，增加了部署可持续、可扩展和创新生物制造解决方案的机会。美国总统拜登在2022年9月签署了《关于推进生物技术和生物制造创新以实现可持续、安全和可靠的美国生物经济的行政命令》，旨在协调整个联邦政府推进生物技术和生物制造发展[170]。美国工程生物学研究联盟（EBRC）也在2022年发布了《气候与可持续发展的工程生物学研究路线图》，这是EBRC自2019年以来发布的第4份工程生物学相关路线图；本次路线图首次围绕工程生物学在缓解

---

168 习雯蕙．“大脑地图”的数字探秘［EB/OL］．(2021-06-24) [2023-07-20]. https://www.cas.cn/kx/kpwz/202106/t20210624_ 4794651.shtml.

169 Yu Y, Wu X, Guan N, et al. Engineering a far-red light-activated split-Cas9 system for remote-controlled genome editing of internal organs and tumors[J]. Science Advances, 2020, 6(28): eabb1777.

170 The White House. Advancing biotechnology and biomanufacturing innovation for a sustainable, safe, and secure american bioeconomy[J]. Presidential Documents, 2022, 87(178): 56849-56860.

和适应气候变化中的作用，提出了在未来短期、中期、长期实现的相关目标和愿景，这将有助于减少温室气体排放，降低和消除环境污染，促进生物多样性和生态系统保护；同时，还提出了在食品和农业领域、交通和能源领域、材料和工业领域中利用工程生物学使能技术实现可持续发展的机遇和方向[171]。2022年11月，韩国将合成生物学作为国家关键战略技术之一，并宣布将启动“国家合成生物学倡议”，以提高其生物制造的创新能力。

在项目布局方面，美国联邦政府为了响应行政令，宣布将进行一系列新的资源投入，投入超过20亿美元的资金启动美国国家生物技术和生物制造的倡议，为合成生物学等技术扩展制造基地，实现降低药价、创造就业机会、加强供应链、改善健康结局及减少碳排放等目标。美国国防部高级研究计划局（DARPA）于2022年发布了两个合成生物学领域的新项目：“老化混凝土建筑的仿生修复”（BRACE）和“谷神星”（Ceres），前者的目标是通过整合“血管系统”的修复方法，开发一种能使混凝土持续性自我修复的技术；后者旨在通过利用植物及相关微生物群落降解土壤中的有毒污染物，在不需常规人工干预的情况下修复土壤，并清除土壤中的燃料及炸药残留。此外，我国2022年度“合成生物学”重点专项，围绕人工基因组合成与高版本底盘细胞、人工元器件与基因线路、特定功能的合成生物系统等3个任务部署，支持18个项目，拟安排国拨经费概算1.86亿元。

全球合成生物学领域投融资有所减少，根据Synbiobeta数据统计，2022年合成生物学领域初创公司融资103亿美元，2021年同期为218亿美元，减少了115亿美元。英国于2022年推出了新的投资工具SynBioVen，专注于投资支持合成生物学的科研人员和初创企业[172]。2022年，我国合成生物学赛道相对活跃，多家头部投资机构纷纷布局；北京微构工场生物技术有限公司（以下简称“微构工场”）、北京未名拾光生物技术有限公司、上海贻如生物科技有限公司、百

171 Engineering Biology Research Consortium. Engineering biology for climate & sustainability: a research roadmap for a cleaner future[J]. 2022. http://roadmap.ebrc.org. doi: 10.25498/E4SG64.

172 SynBioVen. SBV will fund SynbiCITE’s research programme with £5.5m over the next five years[J]. 2022. https://www.synbioven.com.

葵锐生物科技有限公司、北京擎科生物科技股份有限公司（以下简称“擎科生物”）、森瑞斯生物科技（深圳）有限公司、北京蓝晶微生物科技有限公司等企业相继完成融资，甚至有多家企业在一年中完成2轮或2轮以上融资；蓝晶微生物更是以8亿的融资额刷新了我国国内合成生物学领域的纪录。

（二）国际重要进展

2022年，合成生物学领域出现了多项突破性的学术成果，在基因线路、元件、合成系统、底盘细胞改造及应用研究领域也都取得了一些重要进展和突破。

1. 元件开发与基因线路设计

人工智能（AI）给蛋白质设计领域带来了巨大变革，AlphaFold算法可以快速预测蛋白质的复杂三维结构，从而有助于理解蛋白质功能和识别药物靶标。2022年，DeepMind公司与欧洲生物信息研究所合作，利用AlphaFold预测出超过100万个物种的2.14亿个蛋白质结构，几乎涵盖了地球上所有已知蛋白质，这一突破将加速新药开发，并为基础科学带来全新革命[173]。美国华盛顿大学的研究人员设计出了具有一系列内径的环状蛋白质拓扑结构（转子），以适应设计的轴状结构[174]，这种具有内部自由度的蛋白质结构是蛋白质计算设计的一项突出挑战，使研究人员离设计可遗传编码的纳米机器更近了一步。华盛顿大学的研究人员利用设计-构建-测试的方法，结合计算设计和实验验证对大环膜肽渗透性和口服生物利用度进行了研究，最终设计、合成和验证了84个具有优异渗透性的结构多样的大环化合物；这些化合物中很多都与以往大环分子设计中的发现不同，证明了通过精确控制结构能够稳定设计出多种膜渗透性好的全新的大环肽分子，或对未来的药物开发有潜在帮助[175]。

---

173 Callaway E. ‘The entire protein universe’: AI predicts shape of nearly every known protein[J]. Nature, 2022, 608: 15-16.

174 Courbet A, Hansen J, Hsia Y, et al. Computational design of mechanically coupled axle-rotor protein assemblies[J]. Science, 2022, 376(6591): 383-390.

175 Bhardwaj G, O’Connor J, Rettie S, et al. Accurate *de novo* design of membrane-traversing macrocycles[J]. Cell, 2022, 185(19): 3520-3532, e26.

工程化改造的植物根系能够优化水和养分获取能力，以进一步提高产量或促进抗逆性能。斯坦福大学的研究人员为植物开发了一系列合成转录调节因子，并将其构建成基因线路，以用于可预测地改变根结构。这些线路通过执行布尔逻辑运算来控制基因表达，在模式生物拟南芥及烟草中测试了8个不同的逻辑门，重新设计了其根发育，用于定量控制侧根密度，表明了合成基因线路在控制跨组织基因表达和重新编程植物生长方面的潜力[176]。

在多细胞生物中合成的哺乳动物群体感应基因线路有望利用种群控制原理来扩展细胞疗法。美国加利福尼亚理工学院的研究人员利用植物激素生长素实现了哺乳动物细胞间的正交通信和群体感应，通过将生长素通路设计为哺乳动物细胞的“私人通信通道”，构建了不同架构的合成种群控制线路。研究人员设计了一个矛盾的种群控制回路“Paradaux”，其中不同浓度的生长素刺激或抑制净细胞生长，这个系统或能被应用于未来几代工程细胞疗法中[177]。

2. 合成系统

为了满足不断增长的粮食需求，人工光合系统被提出作为一种替代途径来捕获二氧化碳以提高产量。加利福尼亚大学河滨分校的研究人员开发了一种两步的二氧化碳电催化系统，将二氧化碳、电和水转化为乙酸盐，其可直接用于酵母、产蘑菇的真菌和光合绿藻的异养培养，并且在黑暗中不需光合作用输入。将该系统应用于包括莴苣、水稻、豌豆、油菜、番茄、胡椒、烟草等9种农作物，发现外源乙酸盐中的碳可通过主要代谢途径结合到生物质中。将这种方法与现有的光伏系统相结合，可以将太阳能到食物的能量转换效率提高约4倍，从而减少所需的太阳能，为太空农业提供了新思路，人工光合作用也有望将农业从对太阳的完全依赖中解放出来[178]。

---

176 Brophy J A N, Magallon K J, Duan L, et al. Synthetic genetic circuits as a means of reprogramming plant roots[J]. Science, 2022, 377(6607): 747-751.

177 Ma Y, Budde M W, Mayalu M N, et al. Synthetic mammalian signaling circuits for robust cell population control[J]. Cell, 2022, 185(6): 967-979, e12.

178 Hann E C, Overa S, Harland-Dunaway M, et al. A hybrid inorganic-biological artificial photosynthesis system for energy-efficient food production[J]. Nature Food, 2022, 3(6): 461-471.

无细胞生物传感器是监测人类和环境健康的强大平台。然而，传统的无细胞生物传感器仅包含基于RNA或蛋白质的生物传感层和报告构建输出层，缺乏信息处理层，因此无法对信息做出判断。美国西北大学的研究人员开发了DNA链可编程相互作用与无细胞传感平台连用的基因线路系统。该系统采用了立足点介导的DNA链置换（TMSD）方法，构建了允许微调的RNA-DNA混合线路，并使用该系统构建了12个不同的基因线路。同时，研究团队还展示了一个类似于模数转换器的线路，创建一系列二进制输出并实现数字化，大大提高了生物传感器的检测速度和实用性，为智能诊断建立了一条新途径，也为无细胞系统中其他类型的分子计算打开了大门[179]。

DNA非常适合作为体内分子记录的媒介。然而，现存基于DNA的存储设备在同时记录不同符号的数量，以及捕捉事件发生的顺序方面受到限制。华盛顿大学的研究人员描述了一种用于体内分子记录的"DNA打字机"，其空白记录介质（称为"DNA磁带"）由CRISPR-Cas9部分靶点的串联阵列组成。研究团队利用"DNA打字机"展示了数千个符号、复杂事件历史和短文本消息的记录和解码，构建了能够记录多达20个连续事件的"长磁带"，并利用"DNA打字机"结合单细胞测序重建了3257个细胞的单系谱系，展示了一个能在活真核细胞内运行的人工数字系统[180]。

3. 底盘细胞的设计与改造

对底盘细胞进行多维度的改造与构建，是实现"建物致知"和"建物致用"目标的重要手段，也将为医药、工业等多个领域的应用生产提供优良的细胞工厂。英国布里斯托大学的研究人员利用原核细胞为基础材料，自下而上设计构建了一种新型人造合成细胞，这种人工生产的新细胞继承了多种不同的生物成分，能表现出一定的生命特征，可以进行基因表达，有糖酵解过程和酶催化的

---

179 Jung J K, Archuleta C M, Alam K K, et al. Programming cell-free biosensors with DNA strand displacement circuits[J]. Nature Chemical Biology, 2022, 18: 385-393.

180 Choi J, Chen W, Minkina A, et al. A time-resolved, multi-symbol molecular recorder via sequential genome editing[J]. Nature, 2022, 608(7921): 98-107.

现象，这是首次利用活性原核细胞构建类真核细胞体系，对未来的工程生物学和生物技术领域有很大帮助[181]。丹麦科技大学和加利福尼亚大学伯克利分校合作，通过56次基因编辑对酵母细胞进行改造，涉及30个合成步骤，是目前为止利用微生物作为细胞工厂进行生物合成的最长合成线路，这种工程化酵母可以用来进行重要抗癌药物长春碱和长春新碱的生物合成，未来可以作为一种生产平台生产更多的其他分子[182]。加利福尼亚大学圣地亚哥分校的研究人员利用原生大肠杆菌作为底盘进行功能性改造，工程化的原生大肠杆菌在给药几个月后会改变宿主的相关功能，继而影响其生理机能和逆转病理现象，这为未来实现活细菌移植到肠道、应用活菌疗法逆转宿主发生的疾病奠定了基础[183]。目前的化工生产微生物工艺几乎都是采用单一菌株的纯培养来保证稳定生产，而韩国浦项科技大学的研究人员利用遗传线路作为微生物的“向导”，开发了一种“种群引导器”，并将其引入共培养联合体，诱导微生物之间的合作以提高生产力，这种合成微生物群落未来或可作为工业生产的强大平台[184]。

数字化细胞的构建可以加速科研人员探索生命基本单位的运行规律。伊利诺伊大学厄巴纳香槟分校的研究人员实现了有史以来最完整的活细胞计算机模拟。研究团队所建模的细胞JCVI-syn3A是由J. Craig Venter研究所开发的最简细胞（JCVI-3.0）的新版本；随着数字化细胞的生长和分裂，模型中发生了数千次的模拟生化反应，这一过程揭示了每个分子的具体行为及随时间发生的变化。模拟过程得到的结果与活的JCVI-syn3A细胞的许多测量结果吻合。此外，研究人员还预测了许多此前在实验室中未注意到的细胞特征，如细胞如何分配其能量预算及信使RNA分子降解的速度等，这些都促进了研究人员对细胞基因调控的理解[185]。

---

181 Xu C, Martin N, Li M, et al. Living material assembly of bacteriogenic protocells[J]. Nature, 2022, 609: 1029-1037.

182 Zhang J, Hansen L G, Gudich O, et al. A microbial supply chain for production of the anti-cancer drug vinblastine[J]. Nature, 2022, 609: 341-347.

183 Russell B J, Brown S D, Siguenza N, et al. Intestinal transgene delivery with native *E. coli* chassis allows persistent physiological changes[J]. Cell, 2022, 185: 3263-3277, e15.

184 Kang C W, Lim H G, Won J, et al. Circuit-guided population acclimation of a synthetic microbial consortium for improved biochemical production[J]. Nature Communications, 2022, 13: 6506.

185 Thornburg Z R, Bianchi D M, Brier T A, et al. Fundamental behaviors emerge from simulations of a living minimal cell[J]. Cell, 2022, 185(2): 345-360, e28.

4. 应用研究领域

合成生物学在医疗健康领域的应用潜力日益广泛，如利用基因编辑技术治疗遗传疾病，设计细胞行为和表型精确调控的免疫细胞治疗肿瘤，开发快速、灵敏的诊断试剂，改造微生物和合成人工噬菌体来治疗疾病，改造微生物生产医疗耗材和药物成分等[186]。瑞士伯尔尼大学和苏黎世联邦理工学院基于CRISPR的记录系统Record-seq连续记录了肠道菌群中基因表达的历史，Record-seq提供了一个可扩展的、无创的平台，有助于阐明细菌在肠道中的动态响应，为体内微生物相互作用如何促进哺乳动物宿主的健康提供了新的思路[187]。美国加利福尼亚大学旧金山分校的研究人员采用临床驱动的设计过程来构建受体以自主控制治疗细胞，开发了具有可调节传感能力和转录应答能力的合成膜内蛋白水解受体（SNIPR），并通过工程化人类原代T细胞进行多抗原识别和产生与疾病治疗相关的、具有生物活性的有效载荷剂量，证明了受体平台的治疗潜力[188]。该研究的设计框架可以用来开发完全人源化的和可定制的转录受体，对于适合临床转化的治疗细胞进行编程提供了范式。

随着保护自然环境、减少碳排放成为全球共识，合成生物学家也在进行“碳负”生产的探索与研究。麻省理工学院等机构利用两步法实现了混合塑料废物的增值，通过调整微生物代谢工程，实现了将混合塑料废物转化为具有商业价值的化学品，这是一种允许回收商跳过分拣步骤的解决方案[189]。LanzaTech公司与美国西北大学合作，经过高通量构建工程菌株、组学分析与建模、发酵放大和生命周期分析后，最终达到异丙醇和丙酮的高效生产，扩大60倍的现场生产试验结果显示，气体发酵过程中产生的丙酮和异丙醇的温室气体排放量分别为−1.78kg CO_2 e/kg和

186 Tan X, Letendre J H, Collins J J, et al. Synthetic biology in the clinic: engineering vaccines, diagnostics, and therapeutics[J]. Cell, 2021, 184(4): 881-898.

187 Schmidt F, Zimmermann J, Tanna T, et al. Noninvasive assessment of gut function using transcriptional recording sentinel cells[J]. Science, 2022, 376 (6594): eabm6038.

188 Zhu I, Liu R, Garcia J M, et al. Modular design of synthetic receptors for programmed gene regulation in cell therapies[J]. Cell, 2022, 185(8): 1431-1443, e16.

189 Sullivan K P, Werner A Z, Ramirez K J, et al. Mixed plastics waste valorization through tandem chemical oxidation and biological funneling[J]. Science, 2022, 378(6616): 207-211.

−1.17kg CO_2 e/kg，实现了二者中试规模的“碳负”生产[190]。美国能源部、斯坦福大学等多家机构合作发现了一种细菌酶，其是烯酰辅酶A羧化酶/还原酶（ECR）家族的成员，这种酶不仅可以促进碳固定的过程，还可以产生抗生素[191]。

（三）国内重要进展

2022年，我国合成生物学领域在基础研究和应用研究等方面也取得了一系列成果，包括基因组设计与合成、基因编辑、天然产物合成等。

1. 基因线路工程及元件挖掘

中国科学院深圳先进技术研究院的研究人员通过研究细菌-噬菌体在空间上共同生长迁移的动力学过程，并基于定量理解，开发了空间噬菌体辅助连续定向进化系统（SPACE），实现了合成生物元件的大规模平行进化。该系统在现有连续定向进化方法的基础上，通过实验与模型模拟相结合的方式定量研究了宿主细菌的空间迁移运动对其噬菌体进化的作用规律，并由此利用空间维度发展了蛋白质等生物分子的连续定向进化方法，提供了定量合成生物学的研究范式。SPACE 可以在普通实验室中实现生物元件的大规模平行进化改造，为合成生物学在化工、医疗等领域的应用提供了丰富的元件库[192]。

三萜化合物是具有广泛生物活性的一大类天然产物，武汉大学联合东京大学与波恩大学发现了多个三萜化合物都是由Ⅰ型萜类合酶催化而来的新酶机制，颠覆了长期以来陆续揭示的所有三萜化合物都是以角鲨烯为唯一起始单元合成的固有认知，填补了这一庞大类群的天然产物合成机制多样性的认知空白，拓宽了新型三萜化合物深度挖掘和精准发现的空间[193]。中国农业科学院的研

---

190 Liew F E, Nogle R, Abdalla T, et al. Carbon-negative production of acetone and isopropanol by gas fermentation at industrial pilot scale[J]. Nature Biotechnology, 2022, 40(3): 335-344.

191 DeMirci H, Rao Y, Stoffel G M, et al. Intersubunit coupling enables fast CO_2-fixation by reductive carboxylases[J]. ACS Central Science, 2022, 8(8): 1091-1101.

192 Wei T, Lai W S, Chen Q, et al. Exploiting spatial dimensions to enable parallelized continuous directed evolution[J]. Molecular Systems Biology, 2022, 18(9): e10934.

193 Tao H, Lauterbach L, Bian G, et al. Discovery of non-squalene triterpenes[J]. Nature, 2022, 606(7913): 414-419.

究人员通过筛选不同转录因子对水稻光强和氮供应的响应性，鉴定了一种受光照和低氮状态诱导的转录因子，该转录因子与光合作用、氮利用和开花密切相关。在水稻中过表达该转录因子后，水稻氮利用率明显提高、开花期提前、产量大幅提升，有望成为未来作物改良策略的靶标，以实现更高效的作物育种和更可持续的粮食生产[194]。

2. 使能技术创新

基因编辑技术正在快速迭代升级，上海科技大学的研究人员开发了一种新型基因靶向技术——用于扰动的诱导型镶嵌动物（inducible mosaic animal for perturbation，iMAP），并用该技术快速鉴定了39种组织中90个基因的基本功能，构建了世界首张小鼠“基因扰动图谱”，该技术能够原位实现CRISPR靶向整个小鼠体内至少100个平行基因，使将来了解整个生物体的基因功能成为可能[195]。中国科学院遗传与发育生物学研究所的研究人员通过改造引导编辑器蛋白开发了一系列新的变体，每处修改都独立地将植物细胞中的引导编辑效率提高了1.8～3.4倍；包含两处修改的工程植物引导编辑器（ePPE）与原始植物引导编辑器（PPE）相比，各个内源位点的碱基替换、缺失和插入的效率平均提高了5.8倍，且没有副产物或脱靶率显著增加。研究团队使用ePPE开发了磺酰脲类和咪唑啉酮类除草剂的耐受水稻植株，编辑效率为11.3%，而使用PPE的编辑效率仅为2.1%[196]。

随着DNA测序与合成技术的发展，基于DNA的存储能力的挖掘也在不断加深。通过将DNA合成技术与纠错编码结合，天津大学的研究人员把10幅敦煌壁画信息写入DNA中，实现了高密度的数据存储，并设计了基于de Bruijn图理论的序列重建算法来解决DNA断裂等问题以实现长期保存[197]。我国华大生命科

194 Wei S B, Li X, Lu Z F, et al. A transcriptional regulator that boosts grain yields and shortens the growth duration of rice[J]. Science, 2022, 377(6604): eabi8455.

195 Liu B, Jing Z Y, Zhang X M, et al. Large-scale multiplexed mosaic CRISPR perturbation in the whole organism[J]. Cell, 2022, 185(16): 3008-3024, e16.

196 Zong Y, Liu Y, Xue C, et al. An engineered prime editor with enhanced editing efficiency in plants[J]. Nature Biotechnology, 2022, 40(9): 1394-1402.

197 Song L, Geng F, Gong Z Y, et al. Robust data storage in DNA by de Bruijn graph-based *de novo* strand assembly[J]. Nature Communications, 2022, 13: 5361.

学研究院联合多家机构发布了全球首批生命时空图谱，利用“超广角百亿像素生命照相机”的时空组学技术Stereo-seq，绘制了小鼠、斑马鱼、果蝇、拟南芥等4种模式生物胚胎发育或器官的时空图谱，这是从时间和空间维度上对生命发育过程中的基因和细胞变化过程进行超高精度解析，为认知器官结构、生命发育、人类疾病和物种演化提供了全新方向[67]。

3. 底盘细胞的设计与改造

目前，越来越多的植物次生代谢物已经实现了利用工程微生物的生物合成。华东理工大学与中国科学院分子植物科学卓越创新中心合作，使得工程化改造的大肠杆菌可产生367.8mg/L的黄芩素，这是迄今为止报道的最高产量。这一工作将系统生物学研究与合成生物学研究相结合，进一步提升了黄芩素在大肠杆菌中的合成效率，对指导如何理性设计高效率的天然产物异源合成体系提供了一个成功的例子，也进一步推进了基于合成生物技术的黄芩素的工业化生产[70]。

人工设计非天然的合成途径，是通过细胞工厂实现生产目标产物的另外一种思路。北京化工大学的研究人员利用逆向工程，将三七素生物合成途径分为了3个模块：L-DAP 生物合成模块、草酰辅酶A生物合成模块及三七素生物合成模块，分别进行了从头合成途径的人工设计，并最终实现了96h 1.29g/L浓度的三七素的生产[198]。

4. 应用研究领域

肿瘤疫苗是有前景的个性化肿瘤免疫疗法，但复杂的胃肠道环境和肠上皮屏障限制了口服肿瘤疫苗的设计和有效性。中国科学院纳米科学卓越创新中心的研究人员报道了一种基于工程菌与外膜囊泡（OMV）的新型口服肿瘤疫苗。OMV与肿瘤抗原融合并由摄入的基因工程细菌在肠道中产生，其作为肿瘤疫苗在小鼠中测试有效，该研究提出的转基因共生菌原位生产OMV策略也为开发其

198 Li W, Zhou Z, Li X, et al. Biosynthesis of plant hemostatic dencichine in *Escherichia coli*[J]. Nature Communications, 2022, 13(1): 5492.

他口服疫苗和疗法提供了新思路[71]。

在实现碳中和目标方面，电子科技大学、中国科学院深圳先进技术研究院和中国科学技术大学合作，首次利用电催化结合酿酒酵母发酵，实现了高效地将二氧化碳转化为葡萄糖和脂肪酸。该系统首先利用纳米结构的铜催化剂，通过电解反应稳定催化乙酸的产生。利用删除己糖激酶和异源过表达葡萄糖-1-磷酸酶的酿酒酵母在乙酸中发酵，可使葡萄糖产量达2.2g/L，提高了30%。此外，研究人员表示该策略可进一步拓展应用到生产其他产品，如脂肪酸。这些结果阐明了由可再生电力驱动的制造业的可能性[72]。

在天然产物合成方面，中国科学院分子植物科学卓越创新中心的研究人员首次报道了冬凌草的高质量基因组，揭示了冬凌草的药效成分冬凌草甲素的生物合成机制，这是冬凌草甲素合成途径解析的重要突破，深化了对于对映-贝壳杉烷二萜氧化修饰的合成途径及其遗传基础的理解，为进一步利用合成生物学开发和创新对映-贝壳杉烷型四环二萜类化合物奠定了基础[199]。江南大学的研究人员采用多代谢工程方法，研究了解脂亚洛酵母在白藜芦醇生物合成中的潜力，并最终在5L发酵罐、144h内将白藜芦醇产量提高至22.5g/L，葡萄糖收率至65.5mg/g，产率至0.16g/（L·h）。这是迄今为止报告的微生物制造白藜芦醇的最高产量与效率[200]。

在新能源开发利用方面，中国科学院微生物研究所、中国科学院天津工业生物技术研究所和中国科学院青岛生物能源与过程研究所合作，抽提出了海洋微生物生态系统的基本结构，制造了一个由4种微生物组成的太阳能电池。此由太阳能充电的“海洋电池”是一个由初级生产者（蓝藻）、初级分解者（大肠杆菌）和终端消费者（希瓦氏菌和地杆菌）组成的合成微生物组，可用于人工生物光电转化[201]。在这种仿生电池中再现海洋微生物生态系统的光电转换功能，克服了电子传递缓慢和网络状的问题，展现了合成微生物生态系统的生物技术潜力。

---

199 Sun Y W, Shao J, Liu H L, et al. A chromosome-level genome assembly reveals that tandem-duplicated CYP706V oxidase genes control oridonin biosynthesis in the shoot apex of *Isodon rubescens*[J]. Molecular Plant, 2023, 16(3): 517-532.

200 Liu M, Wang C, Ren X, et al. Remodelling metabolism for high-level resveratrol production in *Yarrowia lipolytica*[J]. Bioresource Technology, 2022, 365: 128178.

201 Zhu H, Xu L, Luan G, et al. A miniaturized bionic ocean-battery mimicking the structure of marine microbial ecosystems[J]. Nature Communications, 2022, 13: 5608.

（四）前景与展望

合成生物学已经进入了蓬勃发展阶段，随着技术的发展与进步，合成生物学的应用领域也将日趋成熟，尤其是低成本、高速率的DNA合成技术为DNA储存等新的研究和产业带来了机遇。然而，合成生物学目前在理性设计方面还存在很多不足，绝大部分人工生物系的改造仍然依赖于大量重复的试错工作。2021年召开的“定量合成生物学”主题香山科学会议也指出，当前合成生物学的最主要瓶颈在于缺乏对生命系统的理性设计，下一阶段的目标是“在对生命过程的‘真理解’基础上建立模型、设计合成，提高实现预期目标的效率”[202]。

合成生物学领域在过去几年涌现出大量初创公司，投融资规模也在稳定增长，但合成生物学行业整体仍然处于早期发展阶段，多数合成生物学初创企业也还在技术研发阶段[203]。此外，生物合成学技术和产品的升级，必然带来监管的新挑战，相关安全评估、准入标准、管理措施等都需依据技术的特点、发展趋势及应用的变化发展及时做出更新和调整，识别不同技术、方法和产品的关键风险点，确保对合成生物学技术及成果转化或产品应用的安全性进行科学的评估和监管[204]。

四、表观遗传学

（一）概述

表观遗传学（epigenetics）是一门研究调控基因表达和改变细胞命运的可遗传变化的学科，这类变化并不影响DNA序列，而是通过化学修饰来调控或沉默DNA表达。表观遗传调控是决定细胞命运和染色质景观的重要调节机制[205]。随

202 赵国屏，刘陈立，赵广立．我国迎来定量合成生物学发展重要契机［N］．中国科学报，2021-12-06（004）．

203 刘晓，张学博，陈大明，等．2022年合成生物学发展态势［J］．生命科学，2023，35（1）：63-71.

204 刘晓，汪哲，陈大明，等．合成生物学时代的生物安全治理［J］．科学与社会，2022，12：1-14.

205 Abdulla A Z, Salari H, Tortora M M C, et al. 4D epigenomics: deciphering the coupling between genome folding and epigenomic regulation with biophysical modeling[J]. Curr Opin Genet Dev, 2023, 79: 102033.

着研究技术的变革和实验数据的集成，表观遗传学的研究范围已经覆盖DNA、RNA、染色质编辑，以及细胞外囊泡等器件，用于解析宏观、中观、微观环境中细胞的生理过程和病变原因。

作为后基因组时代的关注重点之一，表观遗传学是各国科学资助的重点领域之一。美国“共同基金”逐年增加表观遗传学相关的研究经费。在“人类基因组计划”完成后，NIH提出了“超越人类基因组计划”（Beyond Human Genome Project，BHG），关注从DNA到RNA的转录过程，研究非编码基因的生物功能。在第11届全球常见疾病表观基因组学会议中，科学家强调需求导向的表观遗传学研究，关注流行病、物种进化等领域的表观遗传学机制。

随着研究的推进，科学家综合汇聚了基因组、表观组、微生物组、营养与环境暴露等可测量的物理特征、化学特征和生物特征，提出了表型组（phenome）的概念[34]。各国研究人员构建了基因组、表观组、表型组等健康数据云，对健康研究模式产生了深远的影响，开启了有史以来医疗健康领域最重大的“范式转换”[206]。中、美、英等国的科学家成立了国际人类表型组研究协作组（International Human Phenome Consortium，IHPC），聚焦“新冠肺炎和其他重大疾病的表型组学研究”“表型组研究技术体系与科研基础设施构建”“表型组学研究中的标准操作程序（SOP）”三大方向，协同绘制人类表型组导航图，持续推动表型组学的前沿创新。

（二）国际重要进展

1. DNA修饰与染色质重塑

DNA修饰与染色质重塑是最常见的一类表观遗传调控，通过化学修饰改变DNA可及性和染色质结构，从而调节基因表达模式[207]。针对不同细胞中的DNA

206 陈静，陶韡烁，刘晗. 中美科学家团队将打造“四大支柱”推进人类表型组大科学计划迈向新阶段[EB/OL]. (2022-06-06) [2023-04-26]. https://news.sciencenet.cn/htmlnews/2022/6/480436.shtm.

207 Fernandez J A, Patnaik M M. Germline abnormalities in DNA methylation and histone modification and associated cancer risk[J]. Curr Hematol Malig Rep, 2022, 17(4): 82-93.

修饰，研究人员提出若干影响疾病发生和细胞命运的新机制，以及若干健康干预新措施。

胚胎干细胞转录因子（NANOG）能够不依赖于LIF/STAT3通路参与调控胚胎干细胞的自我更新和多能性维持。贝勒医学院和得克萨斯大学的联合团队发现NANOG可以形成寡聚体，调节基因组内DNA与DNA元件之间的交互作用，调节染色体重塑并激活细胞多能性[28]。NANOG在195～240氨基酸位置的色氨酸重复区域对寡聚体的形成至关重要，贝勒医学院的研究人员利用单分子荧光共振能量转移（single molecule fuorescence resonance energy transfer，smFRET）技术发现该区域能够促进DNA元件之间的结合。得克萨斯大学的研究人员在体内实验中发现野生型NANOG通过结合DNA结构域来结合H3K27ac丰度较低的染色质区域。突变体NANOG缺失了直接结合DNA结构域的能力，倾向于结合H3K27ac高丰度区域。利用Hi-C 3.0系统，研究人员在三维基因组水平上验证了NANOG会干扰远距离的DNA环结合。

印记基因通常成簇地分布在染色体区域，印记基因等位位点专一性的抑制通常由印记控制区（imprinting control region，ICR）调控。北卡罗来纳大学的研究团队利用DNA甲基化测序和生物信息学分析绘制了人类ICR的全基因组定位图谱，构建了门户网站（https://humanicr.org），创建了“印记组”（imprintome）以探索人类表观遗传的起源[29]。人类“印记组”中包含1488个半甲基化顺式作用的CpG位点，332个ICR显示亲本特异性，其中209个跨越了DNase Ⅰ超敏区域。332个ICR可以调节500多个印记基因的表达，其中大部分参与环磷酸腺苷（cAMP）合成、胰高血糖素反应、G蛋白偶联受体信号转导等代谢活动。

染色质重塑复合物（chromatin remodeling complex）通过水解ATP获取能量来影响核小体中DNA与组蛋白之间的相互作用，改变染色质的组成与结构。美国霍华德·休斯医学研究所的研究人员在神经元表面的初级纤毛（primary cilia）中发现了一种新的突触，其能够直接向细胞核发送信号，诱导染色质变化[30]。其中，神经递质血清素（serotonin）从轴突释放到纤毛的受体上，引发了级联信号反应，打开了受体细胞的染色质结构。相比于从轴突到树突的信号传递，这种由纤毛突触传递的信号持续时间更长，也可能导致神经元的长期变化。

DNMT3A是两种从头（*de novo*）甲基转移酶之一，通过向CpG二核苷酸中未甲基化的胞嘧啶中添加甲基，来建立基因组的DNA甲基化模式。贝勒医学院的研究人员发现DNMT3A1在小鼠出生后的发育阶段具有亚型特异性作用，需要N端来调节DNA甲基化，进而影响大脑皮层中的基因表达[208]。N端作为关键调节域，也可能微调癌症中异常的DNA甲基组，或逆转人类生长障碍中由DNMT3A1功能突变导致的高甲基化。麻省理工学院的研究人员发现唐氏综合征会破坏神经祖细胞的结构与转录组，表现出类似衰老的特征，联合使用抗衰老药物达沙替尼和槲皮素能够减轻这一变化，提供一种治疗唐氏综合征和抗衰老的新思路[209]。

在小细胞肺癌（small cell lung cancer，SCLC）中，不同亚型具有不同的动态可塑性和治疗脆弱性。英国曼彻斯特大学描述了一种全基因组游离DNA（cfDNA）的甲基化分析方法，能够灵敏地检测SCLC的亚型分型和疾病进展[210]。研究团队构建了富集前样品多重检测方法（T7-MBD-seq），能够基于低至1ng的DNA样品绘制甲基化图谱。研究团队使用4061个差异甲基化区域（differentially methylated region，DMR）来训练"肿瘤/健康分类器"，根据基因组的平均甲基化水平得出每个cfDNA样本的SCLC甲基化评分，以反映SCLC患者的总生存期。经验证，cfDNA甲基化分析和SCLC的分子亚型能够纵向监测疾病进展，为患者提供了一种准确、广泛适用的诊断方法，以及超越传统临床分期的预后信息。

得克萨斯大学的研究人员发现严重急性呼吸综合征冠状病毒（SARS-CoV-2）能够影响细胞核内染色质结构和免疫相关基因的表达[211]。通过在肺上皮来源细胞（A549）中表达新型冠状病毒受体ACE2来模拟新型冠状病毒的感染过程，研究人员发现，新型冠状病毒的急性感染能特异性地引起染色质A区室

---

208 Gu T, Hao D, Woo J, et al. The disordered N-terminal domain of DNMT3A recognizes H2AK119ub and is required for postnatal development[J]. Nat Genet, 2022, 54(5): 625-636.

209 Meharena H S, Marco A, Dileep V, et al. Down-syndrome-induced senescence disrupts the nuclear architecture of neural progenitors[J]. Cell Stem Cell, 2022, 29(1): 116-130, e7.

210 Chemi F, Pearce S P, Clipson A, et al. cfDNA methylome profiling for detection and subtyping of small cell lung cancers[J]. Nat Cancer, 2022, 3(10): 1260-1270.

211 Kee J, Thudium S, Renner D M, et al. SARS-CoV-2 disrupts host epigenetic regulation via histone mimicry[J]. Nature, 2022, 610(7931): 381-388.

弱化、AB区室混合、拓扑结构域内互作减弱等三维结构变化。新型冠状病毒感染导致促炎因子（IL-6、CXCL8等）启动子区域的H3K4me3显著增加，促使相关基因的转录上调，可能引起细胞因子风暴等病症。瑞典林雪平大学的研究人员发现SARS-CoV-2感染的细胞产生了独特的DNA甲基化模式，影响了*INS*、*HSPA4*、*SP1*、*ESR1*、*TP53*和*FAS*等基因。通过通路分析发现相关基因介导了Wnt信号转导、乙酰胆碱受体信号转导、促性腺激素释放激素受体等通路，对小鼠的气味感知有负面影响[212]。

不良生活习惯导致的表观遗传变化揭示了生命晚期部分疾病的发生原因。弗吉尼亚大学的队列研究表明，大麻导致基因组的低甲基化修饰，显著增加了使用者的表观遗传衰老指数DNAmGrimAge和DunedinPoAm[213]。伊利诺伊大学芝加哥分校的研究人员发现，青春期的酗酒可能导致晚年的焦虑和神经障碍，这主要源于*Arc*基因增强子区域的表观修饰变化导致啮齿动物和人类杏仁核中的*Arc*表达水平降低[214]。

2. RNA修饰与非编码RNA调控

RNA修饰参与mRNA选择性剪接、翻译和出核等加工过程，进而调控细胞的分化、胚胎发育和疾病发生等生物学功能。借助高通量检测技术，m^6A、m^1A、m^5C、假尿嘧啶修饰（pseudouridylation，ψ）等RNA修饰的分布特点和生物学功能得到了深入的解析。ac4C-RNA乙酰化修饰是继m^6A之后又一受关注的RNA修饰。美国NIH的研究团队构建了新测序方式RedaC: T-seq，即在cDNA合成过程中诱导C到T的碱基错配[31]。利用RedaC: T-seq，研究人员发现RNA 5′ UTR的ac4C修饰能够抑制规范序列（canonical sequence）的翻译，进而降低蛋白质合成水平。

---

212 Huoman J, Sayyab S, Apostolou E, et al. Epigenetic rewiring of pathways related to odour perception in immune cells exposed to SARS-CoV-2 *in vivo* and *in vitro*[J]. Epigenetics, 2022, 17(13): 1875-1891.

213 Allen J P, Danoff J S, Costello M A, et al. Lifetime marijuana use and epigenetic age acceleration: A 17-year prospective examination[J]. Drug Alcohol Depend, 2022, 233: 109363.

214 Bohnsack J P, Zhang H, Wandling G M, et al. Targeted epigenomic editing ameliorates adult anxiety and excessive drinking after adolescent alcohol exposure[J]. Sci Adv, 2022, 8(18): eabn2748.

Polycomb家族（PRC1和PRC2）主要通过介导转录沉默来抑制细胞分化和发育相关的基因。哈佛医学院的研究人员发现含有H3K27me3和H2AK119ub1两种组蛋白修饰的基因能够招募蛋白复合体Rixosome到启动子区域进行新生RNA（nascent RNA）降解，进而抑制Polycomb的表达[215]。Rixosome是导致染色质沉默的关键。PRC1的RING1B亚基中出现的点突变能够破坏PRC1和Rixosome的互作，导致沉默减少。RNA内切酶、核糖核酸激酶，以及下游的XRN2外切核糖核酸酶也是转录沉默的必需因子。

RNA及其化学修饰在疾病检测和干预治疗中发挥重要作用。例如，在早衰综合征（progeroid syndrome）中，阿布杜拉国王科技大学的研究人员发现长散在重复序列-1（long interspersed nuclear element-1，LINE-1）能够抵御机体的过早衰老。早衰综合征患者细胞中LINE-1的RNA丰度增加，负向调节SUV39H1的酶活性，导致异染色质缺失和衰老表型的发生[216]。小鼠实验显示，阻断LINE-1表达或使用反义寡核苷酸（ASO）降解LINE-1能够逆转衰老过程，延长小鼠的寿命，因此以LINE-1异常表达为靶向的干预方案可能为延长人类预期寿命提供新策略。在抗肿瘤方案的研发中，韩国庆北大学的研究人员从表达IL2的工程化T细胞中获得了细胞外囊泡（IL2-sEV），其中携带miR-181a-3p和miR-223-3p。这两种miRNA能够增加$CD8^+$ T细胞的抗肿瘤能力，下调黑色素瘤细胞及其外泌体中PD-L1的表达量，为增强免疫疗法的效果提供了一种创新手段[217]。

3. 细胞外囊泡

细胞外囊泡（extracellular vesicle，EV）是一种由细胞膜片段或内质网疏泄产生、释放至胞外基质、具有脂质双层结构的小囊泡，内部通常包含蛋白

215 Zhou H, Stein C B, Shafiq T A, et al. Rixosomal RNA degradation contributes to silencing of Polycomb target genes[J]. Nature, 2022, 604(7904): 167-174.

216 Della Valle F, Reddy P, Yamamoto M, et al. LINE-1 RNA causes heterochromatin erosion and is a target for amelioration of senescent phenotypes in progeroid syndromes[J]. Sci Transl Med, 2022, 14(657): eabl6057.

217 Jung D, Shin S, Kang S M, et al. Reprogramming of T cell-derived small extracellular vesicles using IL2 surface engineering induces potent anti-cancer effects through miRNA delivery[J]. J Extracell Vesicles, 2022, 11(12): e12287.

质、RNA等生物分子，参与细胞通信、迁移、增殖和血管生成等过程[218]。外泌体（exosome）是最常见的细胞外囊泡，其直径为30～100nm，能够通过循环系统到达其他细胞与组织，发挥远程调控的作用。

近几年，关于细胞外囊泡的技术不断更新，驱动相关研究呈现平台化、集成化的发展趋势。沙特阿拉伯的研究人员开发了“apta-magnetic biosensor”平台，从细胞培养物中进行外泌体的顺磁分离、预浓缩和定量分析，具有巨大的临床应用潜力[32]。奥地利萨尔茨堡大学和德国哈根大学基于共聚焦和广角荧光显微镜的受衍射极限限制的光斑检测原理，开发开源插件EVAnalyzer，能够从影像数据中自动定量并分析单个囊泡[219]。加拿大的研究人员整理了源自人类生物体液和体外研究的EV-DNA数据库（www.evdnadatabase.com），从已发表文献中提取并汇总了23种疾病患者8种人体体液中的胞外囊泡DNA数据，为相关研究提供了基础信息平台[220]。

基于新技术和新方法，麻省理工学院的研究人员在海洋常见的原绿球藻（*Prochlorococcus*）中发现了一种前所未见的水平基因转移方式[33]。原绿球藻中存在丰富的遗传因子tycheposon，这是一类新发现的DNA序列，包括一个位点特异性的酪氨酸重组酶，以及其他完整基因和周围序列，能够自发地从基因组中分离出来，通过囊泡载体运输至其他生物。原绿球藻和海洋中的噬菌体中均含有丰富的tycheposon，解释了大范围（跨海域）水平基因转移的路径。

细胞外囊泡因其稳定性和生物相容性，在疾病干预方面拥有巨大的研发价值。美国杰克森实验室的研究人员发现肺间充质细胞可通过外泌体样囊泡将脂质传递给肿瘤细胞和自然杀伤（NK）细胞，重塑肿瘤前微环境并促进乳腺癌肺转移。在乳腺癌模型中，肺间充质细胞在白细胞介素-1β（IL-1β）和缺氧诱导

---

218 Kalluri R, LeBleu V S. The biology, function, and biomedical applications of exosomes[J]. Science, 2020, 367(6478): eaau6977.

219 Schürz M, Danmayr J, Jaritsch M, et al. EVAnalyzer: High content imaging for rigorous characterisation of single extracellular vesicles using standard laboratory equipment and a new open-source ImageJ/Fiji plugin[J]. J Extracell Vesicles, 2022, 11(12): e12282.

220 Tsering T, Li M, Chen Y, et al. EV-ADD, a database for EV-associated DNA in human liquid biopsy samples[J]. J Extracell Vesicles, 2022, 11(10): e12270.

脂滴相关蛋白（HILPDA）的介导下积累了大量中性脂质，HILPDA还能抑制肺间充质细胞中脂肪甘油三酯脂肪酶（ATGL）的活性，最终提高肿瘤细胞的生存、增殖和转移能力，引发NK细胞功能障碍[221]。美国国家老龄化研究所基于细胞外囊泡验证了烟酰胺核苷（nicotinamide riboside，NR）对阿尔茨海默病的积极作用。NR摄入会增加神经元来源的细胞外囊泡中NAD^+含量，后者与阿尔茨海默病相关的Aβ和tau负向关联[222]。

通过小鼠实验，研究人员已经开发并验证了多种细胞外囊泡的治疗功效。皇家墨尔本理工大学发现诱导多能干细胞衍生的小细胞外囊泡（iPSC-sEV）具有较强的抗衰老能力，其中包含丝氨酸/苏氨酸激酶AKT1和钙调蛋白（CALM）等活性因子，可激活内皮一氧化氮合酶（eNOS）并上调衰老内皮细胞中的sirtuin 1（Sirt1）[223]。长期注入iPSC-sEV能够持续改善小鼠的血脑屏障（blood-brain barrier，BBB）衰老，也能减轻由脑卒中导致的BBB损伤，减少外周白细胞的后续浸润和白细胞促炎因子的释放，抑制神经元死亡。范德堡大学证明了弱迁移能力的乳腺癌细胞通过与基质细胞的通信，实现远端转移。弱迁移细胞能够释放富含组织转谷氨酰胺酶2（Tg2）的微泡，激活小鼠成纤维细胞诱导癌细胞迁移，此外这类微泡还能够在体内诱导肿瘤硬化和成纤维细胞活化[224]。韩国庆北大学的研究人员从表达IL2的工程化T细胞中获得了细胞外囊泡（IL2-sEV），并发现IL2- sEV增加了T细胞介导的细胞毒性、降低了肿瘤细胞PD-L1的表达，是一种增强免疫疗法的创新手段[217]。

细胞外囊泡的研究成果已经进入转化和应用阶段。2022年11月，美国FDA已批准Brexogen公司启动BRE-AD01的Ⅰ期临床试验。BRE-AD01是通过干细胞由化合物刺激产生外泌体，与传统的Janus激酶（JAK）抑制剂相比具有积极

221 Gong Z, Li Q, Shi J, et al. Lipid-laden lung mesenchymal cells foster breast cancer metastasis via metabolic reprogramming of tumor cells and natural killer cells[J]. Cell Metab, 2022, 34(12): 1960-1976, e9.

222 Vreones M, Mustapic M, Moaddel R, et al. Oral nicotinamide riboside raises NAD^+ and lowers biomarkers of neurodegenerative pathology in plasma extracellular vesicles enriched for neuronal origin[J]. Aging Cell, 2023, 22(1): e13754.

223 Li Q, Niu X, Yi Y, et al. Inducible pluripotent stem cell-derived small extracellular vesicles rejuvenate senescent blood-brain barrier to protect against ischemic stroke in aged mice[J]. ACS Nano, 2023, 17(1): 775-789.

224 Schwager S C, Young K M, Hapach L A, et al. Weakly migratory metastatic breast cancer cells activate fibroblasts via microvesicle-Tg2 to facilitate dissemination and metastasis[J]. Elife, 2022, 11: e74433.

的治疗效果。Brexogen公司希望BRE-AD01能够成功抑制2型免疫反应，调节IL-31R，促进皮肤屏障恢复[225]。

4. 相关技术突破

近年来，表观遗传学的研究技术迅速发展。DNA甲基化谱系分析、转录组测序、基因组构象捕获、单细胞测序等技术进步，为深入理解表观遗传学调控机制提供了更全面、更精确的工具和方法。过去一年中，研究人员又提出若干表观遗传的新型检测技术。

牛津纳米孔技术（Oxford nanopore technologies，ONT）是一种典型的三代测序平台，不需复杂的样品处理过程就能对DNA甲基化进行快速便携的处理。在希伯来大学医学院的多模态研究中，研究人员展示了一种即时的全基因组测序技术，能够快速检测癌症患者循环肿瘤DNA的甲基化水平、拷贝数变化、核小体足迹等[226]。使用基于Illumina的测序和全基因组亚硫酸氢盐测序完成相似的工作需要花费更长时间，消耗更多样品，因此ONT有望被快速应用于紧急卫生事件的检测与处理。

为了检测假尿嘧啶修饰（ψ），芝加哥大学开发了BID-seq（bisulfite induced deletion sequencing）方法[227]，对mRNA上的Ψ修饰进行单碱基分辨率的定量测序，揭示人类细胞系和动物组织mRNA上大量显著性Ψ位点［>10%修饰化程度（modification fraction）］和高修饰Ψ位点（>50%修饰化程度）。ψ修饰是哺乳动物mRNA中的第二大修饰，其丰度接近m^6A。研究团队基于重亚硫酸盐（bisulfite，BS）化学反应机制，筛选出能够将Ψ修饰完全转化为Ψ-BS复合物的

225 Brexogen. Brexogen's Exosome Therapy for Atopic Dermatitis, 'BRE-AD01' Accepted for Phase 1 Clinical Trials by US FDA[EB/OL]. (2022-11-2) [2023-4-26]. https://www.drugs.com/clinical_trials/brexogen-s-exosome-therapy-atopic-dermatitis-bre-ad01-accepted-phase-1-clinical-trials-us-fda-20501.html#: ～: text=Brexogen%27s%20Exosome%20Therapy%20for%20Atopic%20Dermatitis%2C%20%27BRE-AD01%27%20Accepted,%27BRE-AD01%27%2C%20an%20exosome-%20based%20therapy%20for%20atopic%20dermatitis.

226 Katsman E, Orlanski S, Martignano F, et al. Detecting cell-of-origin and cancer-specific methylation features of cell-free DNA from nanopore sequencing[J]. Genome Biol, 2022, 23(1): 158.

227 Dai Q, Zhang L S, Sun H L, et al. Quantitative sequencing using BID-seq uncovers abundant pseudouridines in mammalian mRNA at base resolution[J]. Nat Biotechnol, 2023, 41(3): 344-354.

化学反应条件，并进一步优化反转录酶活性，构成Ψ-BS位点的碱基缺失信号（deletion signature），实现了Ψ修饰的单碱基分辨率测序。利用BID-seq，研究团队鉴定了mRNA上Ψ修饰的“书写蛋白”，证实哺乳动物mRNA的终止密码子上天然存在Ψ修饰，发现了高丰度的Ψ修饰对mRNA代谢的影响。

耶鲁大学的研究人员开发了一种全新的空间组学技术spatial-CUT&Tag，能够无需解离处理，就在冷冻组织切片上在空间分辨率水平进行全基因组上的组蛋白修饰分析[228]。随后，该研究团队联合卡洛琳斯卡研究所利用空间条形码和Tn5转位等技术对染色质进行整个基因组规模的空间分辨测序（spatial-ATAC-seq和spatial-CUT&Tag）[229]。研究人员对小鼠胚胎（E13）进行spatial ATAC-RNA-seq分析，成功分辨了小鼠胚胎的各个器官，分析了从放射状胶质细胞到有丝分裂后的早期神经元的分化轨迹。在产后22天小鼠大脑中，研究人员发现利用空间分辨测序几乎能够分析整个小鼠半脑的空间表观遗传组和转录组，并发现某些随着时间的表观遗传特征。

美国纽约基因组中心的研究人员介绍了多模式检测方法scCUT&Tag-pro和单细胞ChromHMM，前者能够分析蛋白质与DNA的相互作用及单细胞中表面蛋白的丰度，后者能够根据组合组蛋白修饰模式推断和注释染色质状态[230]，快速反映出细胞染色质状态的异质性。

针对特定基因与蛋白质的作用，Fred Hutchinson癌症中心介绍了一种逆转录和标记（RT&Tag）方法，可以简单、快速地研究“RNA-蛋白质”相互作用和RNA修饰[231]。RT&Tag方法首先利用抗体将oligo（dT）-adapter-B复合物绑定到靶标蛋白质，随后通过偶联了adapter-A的pA-Tn5转座体结合到抗体上。在逆转录酶的作用下，oligo（dT）-adapter-B作为引物在RNA的3′端产生RNA/

---

228 Deng Y, Bartosovic M, Kukanja P, et al. Spatial-CUT&Tag: Spatially resolved chromatin modification profiling at the cellular level[J]. Science, 2022, 375(6581): 681-686.

229 Deng Y, Bartosovic M, Ma S, et al. Spatial profiling of chromatin accessibility in mouse and human tissues[J]. Nature, 2022, 609(7926): 375-383.

230 Zhang B, Srivastava A, Mimitou E, et al. Characterizing cellular heterogeneity in chromatin state with scCUT&Tag-pro[J]. Nat Biotechnol, 2022, 40(8): 1220-1230.

231 Khyzha N, Henikoff S, Ahmad K. Profiling RNA at chromatin targets *in situ* by antibody-targeted tagmentation[J]. Nat Methods, 2022, 19(11): 1383-1392.

cDNA 杂合链，Tn5转座酶能够识别RNA/cDNA杂合链，打断后插入adapter-A用于下游PCR扩增。RT&Tag技术已经被用于“RNA-RBP”互作、染色质结合RNA、m^6A修饰的研究中。

面向临床应用，斯坦福医学院的研究人员通过评估循环游离DNA（cfDNA）的片段特征，构建了关联基因组表达水平的预测模型[232]。研究人员设计了EPIC-seq方法，基于混合捕获的cfDNA中TSS侧翼区域的定向深度测序与预测RNA表达的机器学习方法，能够推测不同非小细胞肺癌亚型的基因谱。EPIC-seq的精确度和敏感性显著高于其他cfDNA片段检测技术。

（三）国内重要进展

1. DNA 修饰

目前，生物DNA上已经被鉴定出至少17种化学修饰，对基因转录调控、细胞命运的决定、生长发育及响应环境信号等过程起到关键的调控作用。发现新的核酸修饰并揭示其表观调控作用对于解释生命体系的复杂性和多样性具有重要的科学意义。例如，南京农业大学的研究人员在高等植物（拟南芥、水稻、玉米）和动物（人、小鼠）基因组DNA中鉴定了胞嘧啶乙酰化修饰（N^4-acetyldeoxycytosine，4acC），并在拟南芥中发现4acC修饰主要分布于常染色质区域，与活性组蛋白标记（如H3K4me2/3、H3K36me3、H3K9ac等）显著共定位，其修饰丰度与基因转录表达水平呈显著正相关[233]。中国科学院上海营养与健康研究所的研究人员建立了高分辨率DNA甲基化图谱，能够解析多种组织中细胞特异性的DNA甲基化变异[74]。研究人员构建了一种数学模型，将单细胞RNA测序的数据转换为DNA甲基化数据，由此建立了13种组织和40种细胞的高分辨率DNA甲基化图谱，用于揭示癌变细胞和精神分裂症患者神经细胞的DNA甲基化

---

232 Esfahani M S, Hamilton E G, Mehrmohamadi M, et al. Inferring gene expression from cell-free DNA fragmentation profiles[J]. Nat Biotechnol, 2022, 40(4): 585-597.

233 Wang S, Xie H, Mao F, et al. N^4-acetyldeoxycytosine DNA modification marks euchromatin regions in *Arabidopsis thaliana*[J]. Genome Biol, 2022, 23(1): 5.

异常。

美国国家肿瘤研究所联合中国科学院分子细胞科学卓越创新中心的研究人员揭示了DNA主动去甲基化缺失引发的DNA损伤和神经元凋亡过程。研究团队开发了名为OxEND-seq的检测方法，可在低通量的情况下绘制全基因组水平单碱基分辨率的5fC/5caC修饰图谱，并结合基因编辑技术，发现了胸腺嘧啶DNA糖基化酶（TDG）能够介导DNA的主动去甲基化修饰，去除氧化甲基胞嘧啶（5fC/5caC）所产生的单链断裂中间体。TDG和DNA主动去甲基化的缺失都会引起细胞功能特化异常，在胞嘧啶类似物等化疗药物的作用下导致DNA损伤应答和细胞凋亡[75]。

同济大学的研究人员发现小鼠植入前胚胎过程中的DNA甲基化维持需要H3K9me3修饰。在H3K9me3和DNA甲基化共同标记的CpG富集区域（CHM），研究人员鉴定出22个潜在的印记控制区域（ICR）[234]。对其中5个长度较短的ICR进行功能验证发现，这类基因的缺失可能造成囊胚发育迟缓，其中父源特异性mCHM_177的敲除严重影响了胚胎发育。复旦大学的研究人员发现转录因子MESP1可与PRC1核心蛋白的RING1A相互作用，协同结合并激活人类心脏早期发育相关基因（中胚层形成基因*WNT5A*、*NCAM1*、*LEF1*、*ZEB2*、*MEIS1*、*MEIS2*、*PDGFRA*、*GATA6*等，以及心脏谱系基因*MYOCD*和*MEF2C*）的表达[235]。RING1A缺失会导致人类心肌体外分化效率、收缩蛋白表达量、钙处理能力等下降，产生主动脉骑跨、室间隔缺损、肺动脉狭窄、致密化心室壁变薄等先天性心脏病表型。

载脂蛋白E（APOE）可以与胆固醇等脂质结合形成脂蛋白颗粒，介导中枢神经系统和外周组织中的脂质转运，影响阿尔茨海默病、血管动脉粥样硬化等疾病的发生与发展。中国科学院动物研究所和中国科学院北京基因组研究所的联合团队首次报道了细胞核中APOE可与内层核膜蛋白LBR、Emerin及异染色

234 Yang H, Bai D, Li Y, et al. Allele-specific H3K9me3 and DNA methylation co-marked CpG-rich regions serve as potential imprinting control regions in pre-implantation embryo[J]. Nat Cell Biol, 2022, 24(5): 783-792.

235 Liang Q, Wang S, Zhou X, et al. Essential role of MESP1-RING1A complex in cardiac differentiation[J]. Dev Cell, 2022, 57(22): 2533-2549, e7.

质蛋白KAP1形成蛋白复合物，促进核纤层及异染色质蛋白的自噬性降解，破坏核周异染色质稳定性，导致人类干细胞的衰老[236]。功能型研究表明，在多种人类细胞模型中降低APOE表达水平则能够延缓细胞衰老。

中山大学附属第六医院的研究人员发现SARS-CoV-2感染产生的一系列表观遗传修饰可能改变患者的生理年龄，加速患者衰老，导致更高的重症风险和更严重的COVID-19后综合征[237]。研究人员使用EPIC甲基化阵列分析232名健康个体和413名COVID-19患者血液样本的DNA甲基化水平，结合表观遗传时钟和端粒长度估计器推算个体的表观遗传年龄。结果显示，严重COVID-19患者存在显著的DNA甲基化年龄加速和DNA甲基化端粒长度损耗加速，在连续血样检测中，严重COVID-19患者的表观遗传学老化和端粒损耗的速度更快。

2. RNA修饰与非编码RNA调控

mRNA的m^6A修饰不仅影响mRNA本身的稳定性及其翻译成蛋白质的效率，还可能逆向调控DNA的表观遗传修饰。中山大学肿瘤防治中心和美国希望城国家医疗中心的联合团队发现转录过程中RNA的m^6A修饰能够直接使邻近的DNA发生去甲基化修饰，进而增加染色质可及性及相关基因表达水平[77]。在体外培养的细胞中，研究人员发现RNA在转录的同时产生m^6A，m^6A的识别蛋白FXR1能够募集去甲基转移酶TET1，使邻近的DNA发生去甲基化修饰。在食管癌细胞系中，敲除*METTL3*、*TET1*或*FXR1*基因，都会导致定位区域染色质可及性改变，影响相应区域的基因转录，发挥抑制食管癌细胞增殖、侵袭和迁移的作用。

结直肠癌手术后的化疗方案主要采用奥沙利铂等第三代铂化合物，但这类药物容易产生耐药性，严重影响治疗效果。广东省医学科学院首次发现了一种来源于ATG4B的circRNA。这种名为circATG4B的环状RNA能够编码新蛋白

---

236 Zhao H, Ji Q, Wu Z, et al. Destabilizing heterochromatin by APOE mediates senescence[J]. Nat Aging, 2022, 2: 303-316 .

237 Cao X, Li W, Wang T, et al. Accelerated biological aging in COVID-19 patients[J]. Nat Commun, 2022, 13(1): 2135.

circATG4B-222aa，与TMED10竞争并阻止TMED10对ATG4B功能的抑制，从而导致自噬增加和诱导化学抗性，最终降低了肿瘤细胞的化学敏感性，影响化疗药物的效果[238]。

北京大学药学院和生命科学学院的研究人员开发了GLORI技术[76]（glyoxal and nitrite-mediated deamination of unmethylated adenosine），突破了传统技术的局限，首次实现了高效率、高灵敏度、高特异性、无偏好单碱基的RNA的m^6A位点检测和绝对定量。GLORI不需要抗体，仅通过乙二醛和亚硝酸盐的催化反应，对未甲基化的腺苷进行脱氨并形成肌苷（A-to-I，>98%），肌苷在测序过程中被读成鸟苷（G），形成A-to-G的转化，m^6A测序后仍被读成A，最终实现对m^6A的单碱基识别。研究团队在HEK293T细胞的转录组中验证了GLORI技术，发现了176 642个m^6A位点，且检测能力尚未饱和。

3. 细胞外囊泡

自然状态下，细胞外囊泡（EV）是癌细胞、脂肪细胞、间充质干细胞、免疫细胞等之间的通信载体，具有较高的生物相容性和稳定性。随着技术的发展，研究人员可以根据不同的目的对EV进行工程化改造，使其成为新的药物递送载体[239,240]。过去的一年中，我国研究人员比较关注重大疾病、关键生理活动中的表观遗传调控过程，并针对性地提出干预方案，为疾病治疗提出更多的新方向。

在肿瘤细胞中，PD-L1可能出现异常的转录、转录后翻译、细胞内转运，从而影响肿瘤细胞表面PD-L1的表达水平，抑制T细胞免疫应答，促进肿瘤细胞免疫逃逸。昆山杜克大学发现了PD-L1持续内吞的作用途径，即细胞膜表面PD-L1依赖于Rab5和网格蛋白（clathrin）转运到早期内体中，再转运至循环

238 Pan Z, Zheng J, Zhang J, et al. A novel protein encoded by exosomal CircATG4B induces oxaliplatin resistance in colorectal cancer by promoting autophagy[J]. Adv Sci (Weinh), 2022, 9(35): e2204513.

239 Li B, Cao Y, Sun M, et al. Expression, regulation, and function of exosome-derived miRNAs in cancer progression and therapy[J]. FASEB J, 2021, 35(10): e21916.

240 Fang Y, Ni J, Wang Y S, et al. Exosomes as biomarkers and therapeutic delivery for autoimmune diseases: Opportunities and challenges[J]. Autoimmun Rev, 2023, 22(3): 103260.

内体、晚期内体、多囊泡体、溶酶体或者外泌体中[241]。小分子化合物6J1则能够持续激活Rab5和Rab27活性，诱导PD-L1在内体的累积和分泌至胞外，增加杀伤性T细胞的肿瘤浸润，诱导抗肿瘤免疫效果。中国医科大学附属第一医院的研究人员提出了一种免疫原性纳米囊泡串联增强策略，提取肿瘤来源细胞外囊泡（tumor-derived extracellular vesicle，TDEV）与多柔比星脂质体（DOX-Lip）进行杂化，获得具有癌症归巢特性的人工杂合免疫原性囊泡T-DOX。T-DOX可通过促进肿瘤特异性抗原暴露和上调PD-L1，提高肿瘤细胞对检查点阻断剂（ICI）的敏感性，配合优化的给药顺序和间隔方案，进一步逆转免疫抑制微环境，提高癌症免疫治疗的有效性及安全性[242]。

恢复内质网内稳态是实现糖尿病牙周组织再生治疗的关键。重庆医科大学的研究人员发现二甲双胍可以上调P2X7R介导的外泌体释放，减少细胞内miR-129-3p的积累，恢复内质网稳态，挽救受损的牙周膜干细胞[243]。研究人员设计了一种在牙周组织中持续局部给药的二甲双胍纳米载体Met@HALL。该载体具有较高的细胞相容性和促成骨活性，在大鼠中有效促进牙周组织重塑。

在营养健康方面，细胞外囊泡可能是植物摄入影响人类健康的生物途径之一。西南医科大学提取并鉴定了葛根来源外泌体的抗炎作用。巨噬细胞在摄取葛根来源外泌体后，促炎基因（*IL-6*、*IL-1β*、*TNF-α*、*MCP-1*和*CD11c*）的mRNA水平明显降低，*IL-10*、*YM1*和*CD206*则相对上调[244]。

（四）前景与展望

随着研究成果的不断转化、单细胞测序技术和试剂盒的更新迭代，表观遗

---

241 Ye Z, Xiong Y, Peng W, et al. Manipulation of PD-L1 endosomal trafficking promotes anticancer immunity[J]. Adv Sci (Weinh), 2023, 10(6): e2206411.

242 Sun M, Shi W, Wu Y, et al. Immunogenic nanovesicle-tandem-augmented chemoimmunotherapy via efficient cancer-homing delivery and optimized ordinal-interval regime[J]. Adv Sci (Weinh), 2022, 10(1): e2205247.

243 Zhong W, Wang X, Yang L, et al. Nanocarrier-assisted delivery of metformin boosts remodeling of diabetic periodontal tissue via cellular exocytosis-mediated regulation of endoplasmic reticulum homeostasis[J]. ACS Nano, 2022, 16(11): 19096-19113.

244 Wu J, Ma X, Lu Y, et al. Edible *Pueraria lobata*-derived exosomes promote M2 macrophage polarization[J]. Molecules, 2022, 27(23): 8184.

传学研究受到生物医药市场越来越多的青睐，有望为疾病干预和药物开发提供更丰富的生物靶点。从商业化市场来看，表观遗传学拥有巨大的价值和潜力。据咨询公司Markets and Markets估算，2022年全球表观组学市场已达到17亿美元，并将以18.1%的复合年均增长率在2027年增至39亿美元。

经历几十年的积累，科研团队对于表观遗传调控的理解取得了巨大进展，国际人类表观基因组联盟（IHEC）组织绘制了多种染色质数据集和表观遗传调控元件资源。未来，表观遗传学研究将在准确性和规模化的基础上，关注个性化需求，根据不同人群的遗传特征开展通用标准研究和个性化研究，助推基于表观遗传学的精准医疗应用[245]。与此同时，表观遗传学还将与基因组学、蛋白质组学、代谢组学等微观因素，以及环境暴露、生活方式、流行病学等宏观因素相互融合，为医学、健康、能源、农业等领域提供新的思路和技术手段。

五、结构生物学

（一）概述

随着X射线晶体学、核磁共振、电子显微学及冷冻电镜技术的不断进步，以及计算生物学在算据、算法、算力方面的极大提升，结构生物学得到飞速的发展，使得越来越多的生物大分子结构能够被解析或预测出来。最新的成像技术可以在细胞不同生理环境中对蛋白质复合物与亚细胞器等结构进行直接三维可视化，从而实现对细胞中分子水平结构与组成的定量化解析，为蛋白质机器等生物大分子结构及其在细胞原位的功能行使提供新的模型与学说。基于成像技术的创新应用与交叉融合，国内外研究机构在生物大分子和细胞机器的结构与功能解析、病原微生物的结构解析与机制研究、重大复杂疾病机制的结构生物学分析等领域取得了重大突破。

---

245 Breeze C E, Beck S, Berndt S I, et al. The missing diversity in human epigenomic studies[J]. Nat Genet, 2022, 54(6): 737-739.

（二）国际重要进展

1. 成像技术的创新应用与交叉融合

美国麻省理工学院的研究人员开发了一种名为“扩张显示”（expansion revealing，ExR）的新技术[18]，能够在保持蛋白质完整性的同时扩张组织。利用这项新技术将会进一步发现以前未见的细胞和组织内的纳米结构，从而帮助解答许多有关突触蛋白功能障碍的生物学问题。

美国斯克里普斯研究所的研究人员开发出一种名为透明辅助组织点击化学（clearing-assisted tissue click chemistry）的新方法[19]，将荧光标签附着在药物分子上，并使用化学技术来改善荧光信号，可以在不同的组织中以比以往更高的精度对药物与身体中靶标结合的地方进行成像，后续有望成为药物开发的一个常规工具。

2. 计算结构生物学与蛋白质的人工预测和构建

美国华盛顿大学医学院和哈佛大学的研究人员使用来自蛋白质数据库（Protein Data Bank）的信息训练了多个神经网络，开发出名为“幻化”（hallucination）和“图像修复”（inpainting）的两种人工智能算法[20]，并利用它们构建出可能作为疫苗、癌症治疗，甚至是将碳污染物从空气中分离出来的工具蛋白。

美国华盛顿大学医学院的研究人员设计了一种名为ProteinMPNN的新算法来生成氨基酸序列[21]。该方法不仅运行时间快至1s，比此前最好的软件快200多倍，而且其结果优于之前的工具，不需要专家定制即可运行。通过AlphaFold的独立评估，科学家证实组合使用新的机器学习工具能够可靠地生成在实验室中发挥作用的新蛋白[22]。

德国马克斯·普朗克生物物理研究所、欧洲分子生物学实验室等机构的研究人员使用基于人工智能的预测，生成了大量的人类核孔蛋白（NUP）及其亚复合物的结构模型[23]。所产生的模型涵盖了迄今为止在结构上尚未表征的多种结构域和界面，与以前的和未发表的X射线、低温电镜结构进行比对，显示出前所未有的准确性。

美国哈佛医学院和波士顿儿童医院等研究机构的研究人员使用非洲爪蟾卵母细胞作为结构表征的模型系统，使用单颗粒冷冻电镜分析在不同平台倾斜角度下收集的数据，进行三维重建，并使用AlphaFold进行结构预测以建立模型[246]，加深了人们对核孔复合体中分子相互作用的理解。

3. 生物大分子和细胞机器的结构与功能解析

欧洲分子生物学实验室、德国马克斯·普朗克生物物理研究所等机构的研究人员首次从原子细节上可视化观察了抗生素如何影响细菌细胞内的蛋白质生产过程[24]，标志着科学家首次在细胞内直接观察到活跃的翻译复合物（translation machinery）在原子水平上的结构变化。

德国法兰克福大学、英国牛津大学和德国马克斯·普朗克生物物理研究所的研究人员合作，首次成功地可视化观察了一种与抗原结合在一起的膜结合T细胞受体复合物的结构[247]，将用低温电镜捕获的抗原结合时的T细胞受体结构与没有抗原结合时的T细胞受体结构进行比较，发现了其激活机制的首批线索。

瑞典卡罗林斯卡学院和斯德哥尔摩大学的研究人员利用冷冻电镜技术，描绘出制造线粒体核糖体的复杂分子机器的结构图示[248]与重要关键角色，该成果为未来开发出更具特异性的抗生素和新型癌症药物带来了希望。

美国哥伦比亚大学和卡内基梅隆大学的研究人员将冷冻电镜技术与复杂的数据分析相结合，首次揭示了谷氨酸与它的受体iGluR结合在一起时的详细结构图[249]。该研究结果开辟了一条全新的研究路线，有助于开发更好的药物来治疗与谷氨酸受体相关的疾病。

美国加利福尼亚理工学院的研究人员利用电子显微镜和X射线结晶学等成

---

246 Fontana P, Dong Y, Pi X, et al. Structure of cytoplasmic ring of nuclear pore complex by integrative cryo-EM and AlphaFold[J]. Science, 2022, 376(6598): eabm9326.

247 Sušac L, Vuong M T, Thomas C, et al. Structure of a fully assembled tumor-specific T cell receptor ligated by pMHC[J]. Cell, 2022, 185(17): 3201-3213, e19.

248 Itoh Y, Khawaja A, Laptev I, et al. Mechanism of mitoribosomal small subunit biogenesis and preinitiation[J]. Nature, 2022, 606(7914): 603-608.

249 Yelshanskaya M V, Patel D S, Kottke C M, et al. Opening of glutamate receptor channel to subconductance levels[J]. Nature, 2022, 605(7908): 172-178.

像技术，确定了核孔复合体（NPC）的外表面结构[250]，并阐明了特殊蛋白质像分子胶一样将NPC固定在一起的机制[251]。上述成果代表了科学家对人类NPC如何构建及如何发挥作用的理解有了新的飞跃，并有望进一步开发新型疗法。

4. 病原微生物的结构解析与免疫机制研究

美国斯克里普斯研究所、荷兰阿姆斯特丹大学和英国南安普敦大学的研究人员绘制了使丙型肝炎病毒（HCV）能够进入宿主细胞的病毒表面关键蛋白高分辨率结构[25]，从而开发出高效靶向这些位点的HCV疫苗。

德国弗莱堡大学、美国哈佛医学院等机构的研究人员公布了IgM型B细胞抗原受体的确切分子结构[252]，表明B细胞表面的IgM型受体与其他受体相互作用，从而控制其信号转导。该成果有助于进一步促进疫苗的开发。

英国伦敦大学学院等研究机构的研究人员利用冷冻电镜技术，首次解析出让抗生素抗性基因在细菌之间传播的运输装置——Ⅳ型分泌系统的结构[253]，发现了一种帮助阻止抗生素耐药性传播的新途径。

美国加利福尼亚大学圣地亚哥分校的研究人员借助冷冻电镜和断层扫描技术，对一个尚未充分研究的“巨型噬菌体”（jumbo phage）家族及它们针对细菌的明显进化的防御措施进行了深入研究[254]，有望揭开噬菌体在与细菌持续冲突中的进化策略的奥秘。

5. 重大复杂疾病机制的结构生物学分析

英国剑桥医学研究理事会分子生物学实验室和美国印第安纳大学等机构的

---

250 Bley C J, Nie S, Mobbs G W, et al. Architecture of the cytoplasmic face of the nuclear pore[J]. Science, 2022, 376(6598): eabm9129.

251 Petrovic S, Samanta D, Perriches T, et al. Architecture of the linker-scaffold in the nuclear pore[J]. Science, 2022, doi: 10.1126/science.abm9798.

252 Dong Y, Pi X, Bartels-Burgahn F, et al. Structural principles of B cell antigen receptor assembly[J]. Nature, 2022, 612(7938): 156-161.

253 Macé K, Vadakkepat A K, Redzej A, et al. Cryo-EM structure of a type Ⅳ secretion system[J]. Nature, 2022, 607(7917): 191-196.

254 Laughlin T G, Deep A, Prichard A M, et al. Architecture and self-assembly of the jumbo bacteriophage nuclear shell[J]. Nature, 2022, 608(7922): 429-435.

研究人员利用冷冻电镜技术，发现溶酶体Ⅱ型跨膜蛋白TMEM106B也在人类大脑中形成淀粉样蛋白细丝[26]，但独特的是，它以年龄依赖的方式形成，可能与疾病类型无关。在另一项由美国加利福尼亚大学等机构牵头的研究中，研究人员在额颞叶变性4种不同亚型（FTLD-TDP）的4名患者的大脑中提取了淀粉样蛋白纤维，并通过冷冻电镜确定其近原子分辨率的结构[255]，表明与FTLD-TDP相关的淀粉样蛋白是TMEM106B蛋白。

美国得克萨斯大学的研究人员对名为STING的关键免疫蛋白进行近原子分辨率的成像[27]，发现了它的一个以前未被认识的结合位点，该结合位点对发起免疫攻击至关重要。这些研究结果有助于开发操纵STING的新方法，以促进更强的免疫反应或阻止它在自身免疫性疾病中的作用。

德国柏林神经退行性疾病中心和美国得克萨斯大学等机构的研究人员利用冷冻电镜设备，首次捕捉到了与一种神经细胞表面受体结合在一起时的自身抗体的结构图片[256]，揭示了一种神经系统自身免疫疾病背后的物理机制，有望带来诊断和治疗自身免疫性疾病的新方法。

美国得克萨斯大学的研究人员利用冷冻电镜设施，捕捉到了一种用于Wnt脂化的酶的结构图片[257]，揭示了Wnt信号转导的激活功能背后的机制，有望加速针对晚期实体瘤的新型抗癌药物的开发。

（三）国内重要进展

1. 成像技术的创新应用与交叉融合

北京大学的研究人员利用自主研发的深度学习高精度四维重建技术，发展了时间分辨冷冻电镜并将其应用到实践中[78]，阐明了原子水平人源蛋白酶体动

---

255 Jiang Y X, Cao Q, Sawaya M R, et al. Amyloid fibrils in FTLD-TDP are composed of TMEM106B and not TDP-43[J]. Nature, 2022, 605(7909): 304-309.

256 Noviello C M, Kreye J, Teng J, et al. Structural mechanisms of GABAA receptor autoimmune encephalitis[J]. Cell, 2022, 185(14): 2469-2477, e13.

257 Liu Y, Qi X, Donnelly L, et al. Mechanisms and inhibition of porcupine-mediated Wnt acylation[J]. Nature, 2022, 607(7920): 816-822.

力学调控和构象重编程机制。这是首次将人工智能四维重建技术用于提升时间分辨冷冻电镜分析精度，针对重大疾病靶蛋白复合体，实现原子水平功能动力学观测的国际领先原创成果，展示了一类新型的蛋白质复合动力学研究范式。

中国科学院生物物理研究所联合清华大学等机构的研究人员提出了一套合理化深度学习（rDL）显微成像技术框架[79]，将光学成像模型及物理先验与神经网络结构设计相融合，实现了当前国际最快（684Hz）、成像时程最长的活体细胞成像性能。

2. 生物大分子和细胞机器的结构与功能解析

西湖大学的研究人员使用单颗粒冷冻电镜对来自非洲爪蟾卵母细胞核膜的完整NPC进行成像[80]，对非洲爪蟾细胞质环（CR）亚基的核心区域和核孔蛋白358区域的重建达到了5～8Å的平均分辨率，从而可以识别二级结构元件。与已报道的脊椎动物CR亚基的复合模型相比，极大地提高了分子量。

上海科技大学和中国科学院昆明植物研究所的研究人员确定并分析了人类苦味受体TAS2R46以马钱子碱结合形式或apo形式与G蛋白结合在一起时的冷冻电镜结构[81]，首次提供了人类味觉受体的三维结构图，为进一步探索其他苦味受体及其治疗应用提供了基础。

浙江大学医学院等机构的研究人员利用冷冻电镜结合蛋白质组学方法，揭示了单细胞生物四膜虫（tetrahymena）的电子传递链[258]，发现其通过呼吸作用消耗氧气来产生能量。该成果填充了人们在生物多样性方面的盲点，也显示了新方法在结构生物学中作为发现工具的巨大潜力。

3. 病原微生物的结构解析、免疫机制研究与药物研发

中国科学院、清华大学和北京大学的研究人员利用冷冻电镜技术对猴痘病毒DNA聚合酶的三维结构进行高分辨率（约2.8Å）分析[82]，发现猴痘病毒DNA

---

258 Zhou L, Maldonado M, Padavannil A, et al. Structures of tetrahymena's respiratory chain reveal the diversity of eukaryotic core metabolism[J]. Science, 2022, 376(6595): 831-839.

聚合酶的结合方式在许多方面与其他病毒物种中其他B家族聚合酶中发现的DNA聚合酶相似，从而有助于开发针对猴痘病毒的治疗方法和疫苗。

武汉大学、中国科学院生物物理研究所等机构的研究人员通过冷冻电镜分析，发现与人类中东呼吸综合征冠状病毒（MERS-CoV）亲缘关系最接近的蝙蝠冠状病毒有效地与蝙蝠ACE2受体结合[83]，从而进入宿主细胞。该成果为防止蝙蝠冠状病毒NeoCoV和冠状病毒PDF-2180在未来通过人畜共患传播做好了准备。

4. 基于结构生物学的药物设计筛选

中国科学院上海药物研究所的研究人员通过冷冻电镜技术，分析了人类μ型阿片受体（μOR）的高分辨率结构[84]，从而首次揭示了芬太尼和吗啡诱发μOR的识别与激活机制。该研究加深了对μOR信号转导的调节机制的理解，并可能促进开发副作用更小的下一代阿片类镇痛药。

中国科学院上海药物研究所联合临港实验室的研究人员剖析了GPR119与临床阶段小分子候选药物APD668复合物的冷冻电镜结构，并阐明了受体偶联下游Gs信号蛋白的分子机制[85]，发现了GPR119独特的结构特征和潜在的别构调节剂的结合位点，为靶向GPR119的代谢性疾病药物开发奠定了重要的结构基础。

（四）前景与展望

众所周知，用传统的方法解析一个蛋白质的结构并不容易，需要付出高昂的经济成本与时间成本，但人工智能可以很快地根据基因序列对蛋白质的三维结构进行预测。随着计算领域技术的进步，人工智能在生物学中的应用日益广泛，因此用计算的方法从蛋白质序列出发预测结构是非常必要的。不过，生物学的构象是动态的，存在着各种各样的蛋白质相互作用，以及与小分子的相互作用，这是一个非常复杂的过程。随着端到端机器学习方法得到改进并被更广泛的结构生物学界所掌握，对很大一部分蛋白质及复合物仅从其氨基酸序列进行建模将成为常规，同样，将这些新方法扩展到预测核酸结构，特别是RNA，以及它们与蛋白质形成的复合物结构是未来结构预测领域重要的前进方向。要实现这些拓展，一个主要挑战是整理足够的实验数据来训练和验证机器学习方法。未来计算和实验方法将更紧密地结合，基于人工智能的结构预测算法和分子模拟技术相结合，从冷冻电镜数据中提取大分子复合物结构异质性信息[259]。

六、免疫学

（一）概述

免疫学是研究免疫系统结构和功能的科学，主要探讨免疫系统识别抗原后发生免疫应答及清除抗原的规律，阐明免疫功能异常所致疾病的病理过程及其机制，并致力于为多种疾病提供免疫预防或治疗手段。2022年，研究人员在免疫学的基础研究和临床研究方面都取得了重要成果。

在基础研究方面，单细胞测序、空间转录组学、高分辨率成像技术及冷冻电镜等技术手段在免疫学领域的应用推动了对免疫系统的新认识，包括免疫系统的发育、组织及年龄特异性、免疫细胞的新功能、免疫细胞新亚群的鉴定、免疫分子的结构解析等。此外，在免疫识别及调控机制方面的研究成果也为抗病毒感染及肿瘤免疫奠定了理论基础。同时，肠道微生物对肠道免疫稳态的调控作用正受到越来越多的关注。

在临床应用方面，新冠病毒、艾滋病病毒（HIV）、呼吸道合胞病毒（respiratory syncytial virus，RSV）及流感病毒等传染病给人类健康和生命安全带来了重大威胁，2022年，研究人员在针对这些病毒的疫苗研发上取得多项突破性成果，将为更多人群提供有效保护。其中，英国葛兰素史克公司和美国辉瑞公司分别开发的RSV疫苗均已通过了Ⅲ期临床试验，并被纳入2022年度*Science*十大科学突破，2023年5月葛兰素史克公司的RSV疫苗Arexvy已成功获FDA批准上市。

---

259 曹卫，潘宪明.蛋白质结构预测进展［J］. 生物化学与生物物理进展，2023，50（5）：1190-1194.

此外，通用型疫苗的开发也为快速应对突发疫情提供了新策略。除疫苗研发外，北京大学的曹云龙因预测新冠变异趋势而成功入选2022年度*Nature*十大人物，其成果为抗击新冠疫情做出了重要贡献。近年来以免疫检查点抑制剂疗法和免疫细胞疗法为主的肿瘤免疫治疗已在多种疾病领域被成功应用。研究人员近期在肿瘤免疫逃逸机制、免疫微环境、T细胞工程化改造等方面取得的进展有望为肿瘤免疫治疗提供更多的潜在靶点和治疗手段，以及实现免疫治疗效果的提升。

（二）国际重要进展

1. 免疫系统新认识

英国维康桑格研究所等机构的研究人员通过单细胞RNA测序、T细胞和B细胞受体测序及空间转录组学技术对9个产前组织进行整合分析，绘制了一个跨产前造血、淋巴和非淋巴外周器官发育中的人类免疫细胞图谱，在涵盖的90余万个细胞中确定了百余种细胞状态。经研究分析发现，巨噬细胞和自然杀伤细胞从孕中期开始获得免疫效应功能，并揭示了单核细胞和T细胞从骨髓和胸腺迁移到外周组织之前的增殖与成熟过程，还扩展了对传统造血器官（卵黄囊、肝和骨髓）是免疫细胞发育唯一场所的认识，最后，对产前B1细胞进行了首次表征。该成果不仅为免疫学研究提供了丰富的数据资源和新的生物学见解，还将促进对体外细胞工程、再生医学和先天免疫性疾病的探究[260]。

英国维康桑格研究所等机构的研究人员基于来自12个捐赠者16个组织的免疫细胞的单细胞测序结果，构建了跨组织免疫细胞图谱。研究人员开发了用于免疫细胞自动注释的CellTypist算法，识别出101种细胞类型，并深入分析揭示了免疫系统的组织特异性特征，极大地拓展了对免疫系统作为综合跨组织网络运行的理解。该研究在加深对组织部位特异性疾病的理解、疾病治疗及疫苗递

260 Suo C, Dann E, Goh I, et al. Mapping the developing human immune system across organs[J]. Science, 2022, 376(6597): eabo0510.

送等方面具有重要意义[261]。

美国斯坦福大学等机构的研究人员在人体内发现并鉴定出$CD8^+$ T细胞的一个新亚群——表达杀伤细胞免疫球蛋白样受体（killer cell immunoglobulin-like receptor，KIR）的KIR^+CD8^+ T细胞，通过进一步研究发现在自身免疫性疾病和新冠病毒等病毒感染患者中丰度较高的该类细胞可通过在体内抑制致病性$CD4^+$ T细胞维持免疫稳态[262]。该研究有望为治疗自身免疫性疾病及“长新冠”导致的自身免疫反应等提供重要的治疗靶点。

澳大利亚墨尔本大学等机构的研究人员发现边缘区（marginal zone，MZ）B细胞表达的补体受体2（complement receptor 2，CR2）通过识别补体3（component 3，C3），与经典树突状细胞（conventional dendritic cell，cDC）表面pMHCII-C3复合物相结合，介导MZ B细胞通过胞啃作用将该复合物呈现在其表面发挥抗原呈递作用。该研究为充分利用MZ B细胞的功能提供了新的理论基础[263]。

2. 免疫调控新机制

美国康奈尔大学等机构的研究人员发现3型天然淋巴细胞（group 3 innate lymphoid cell，ILC3）可以通过主要组织相容性复合体Ⅱ类和整合素蛋白ITGAV来调控表达类视黄醇相关孤儿受体γt（RORγt）的肠道微生物特异性调节性T细胞，从而在肠道中建立正常的微生物免疫耐受。该研究为肠道炎症患者的临床治疗提供了新的理论思路[264]。

美国耶鲁大学等机构的研究人员发现$CD8^+$ T细胞上的跨膜蛋白CD8α与髓系细胞上的配体蛋白PILRα的相互作用可积极维持幼稚和记忆$CD8^+$ T细胞处于静止状态，避免$CD8^+$ T在没有暴露于抗原的情况下活化并死亡。该研究为在正

---

261 Domínguez Conde C, Xu C, Jarvis L B, et al. Cross-tissue immune cell analysis reveals tissue-specific features in humans[J]. Science, 2022, 6(6594): abl5197.

262 Li J, Zaslavsky M, Su Y, et al. KIR^+CD8^+ T cells suppress pathogenic T cells and are active in autoimmune diseases and COVID-19[J]. Science, 2022, 376(6590): eabi9591.

263 Schriek P, Ching A C, Moily N S, et al. Marginal zone B cells acquire dendritic cell functions by trogocytosis[J]. Science, 2022, 5(6581): eabf7470.

264 Lyu M, Suzuki H, Kang L, et al. ILC3s select microbiota-specific regulatory T cells to establish tolerance in the gut[J]. Nature, 2022, 610: 744-751.

常和病理条件下维持外周淋巴器官中 $CD8^{+}$ T细胞持续存在带来了新认识[265]。

美国得克萨斯大学等机构的研究人员发现小分子化合物C53和第二信使分子cGAMP与干扰素基因刺激蛋白（stimulator of interferon gene，STING）的共同结合可促进STING蛋白的寡聚化和活化，STING蛋白复合物结构显示，STING跨膜结构域中位于二聚体两个亚基之间的一个口袋是C53与STING结合的关键位点。该研究为开发对抗传染病或自身免疫性疾病的药物提供了新的位点[27]。

瑞士洛桑联邦理工学院等机构的研究人员发现高尔基体中磷酸化的STING被衔接蛋白复合物1（adaptor protein complex 1，AP-1）包裹在网格蛋白包被的囊泡中，并被运送至溶酶体后发生降解，STING信号终止。该研究揭示了AP-1介导的STING信号转运和负向调控机制，为治疗STING相关自身免疫疾病提供了新的思路[266]。

德国维尔茨堡大学等机构的研究人员发现病毒编码的miR-aU14通过选择性干扰宿主几种miR-30家族的microRNA的成熟，并经miR-30-p53-DRP1轴这一信号途径诱导线粒体发生断裂，继而破坏Ⅰ型干扰素的产生，从而激活潜伏的疱疹病毒。该研究揭示了病毒microRNA通过抑制宿主microRNA使其重新激活的机制，并为预防疱疹病毒再激活提供了新的治疗靶点[267]。

3. 疫苗与抗感染

美国加利福尼亚理工学院等机构的研究人员通过将来自8种不同β冠状病毒刺突蛋白上的受体结合域部分作为抗原随机嵌入蛋白质纳米颗粒上，开发出一种名为Mosaic-8的新型纳米颗粒疫苗，在动物实验中证实该疫苗能够有效地刺激免疫系统产生针对多种β冠状病毒感染的广谱中和抗体[268]。该研究构建的通用

265 Zheng L, Han X, Yao S, et al. The CD8α-PILRα interaction maintains CD8 T cell quiescence[J]. Science, 2022, 376(6596): 996-1001.

266 Liu Y, Xu P, Rivara S, et al. Clathrin-associated AP-1 controls termination of STING signalling[J]. Nature, 2022, 610(7933): 761-767.

267 Hennig T, Prusty A B, Kaufer B B, et al. Selective inhibition of miRNA processing by a herpesvirus-encoded miRNA[J]. Nature, 2022, 605(7910): 539-544.

268 Cohen A A, van Doremalen N, Greaney A J, et al. Mosaic RBD nanoparticles protect against challenge by diverse sarbecoviruses in animal models[J]. Science, 2022, 377(6606): eabq0839.

型疫苗有望为应对未来冠状病毒新变种提供新策略。

美国宾夕法尼亚大学等机构的研究人员利用mRNA技术制备出一种可编码所有20种已知甲型和乙型流感病毒的血凝素抗原的通用型流感疫苗20-HA mRNA-LNP。通过进一步研究证实，接种该疫苗后的小鼠和雪貂体内产生了针对所有这些抗原的特异性抗体，而且能够维持4个月以上[269]。该研究为针对其他传染病开发通用型mRNA疫苗提供了开发策略借鉴。

美国拉霍亚免疫学研究所等机构的研究人员的一项研究表明，在12天内以剂量递增的方式向恒河猴体内递送HIV包膜蛋白Env，可显著增加生发中心B细胞数量，并使生发中心B细胞持续至少6个月，且产生的记忆B细胞可识别更广泛的靶标。该研究揭示了缓慢递送的免疫策略有助于针对快速变异病毒的疫苗开发[270]。

美国国立卫生研究院等机构的研究人员的一项Ⅰ期临床试验研究显示，HIV疫苗eOD-GT8 60mer成功诱导97%的受试者产生了针对HIV的VRC01类广泛中和抗体B前体细胞，概念性地证明了种系靶向疫苗的安全性和有效性。该研究为后续继续开发免疫增强方案奠定了基础，并为其他病毒疫苗设计提供了新思路[271]。

英国葛兰素史克公司开发的RSV疫苗RSVPreF3 OA[272]和美国辉瑞公司开发的双价RSV疫苗RSVpreF[273]的Ⅲ期临床结果分别显示，60岁以上老年人接种后均能有效预防RSV病毒感染引起的呼吸道疾病。此外，RSVpreF的另一项Ⅲ期临床试验数据显示，女性在妊娠期间接种该疫苗可使其胎儿在出生后90天内

---

269 Arevalo C P, Bolton M J, Le Sage V, et al. A multivalent nucleoside-modified mRNA vaccine against all known influenza virus subtypes[J]. Science, 2022, 378(6622): 899-904.

270 Lee J H, Sutton H J, Cottrell C A, et al. Long-primed germinal centres with enduring affinity maturation and clonal migration[J]. Nature, 2022, 609(7929): 998-1004.

271 Leggat D J, Cohen K W, Willis J R, et al. Vaccination induces HIV broadly neutralizing antibody precursors in humans[J]. Science, 2022, 378(6623): eadd6502.

272 GSK. GSK's older adult respiratory syncytial virus (RSV) vaccine candidate shows 94.1% reduction in severe RSV disease and overall vaccine efficacy of 82.6% in pivotal trial[EB/OL]. (2022-10-13) [2023-07-20]. https://www.gsk.com/en-gb/media/press-releases/gsk-s-older-adult-respiratory-syncytial-virus-rsv-vaccine-candidate.

273 Pfizer. Pfizer Announces Positive Top-Line Data from Phase 3 Trial of Older Adults for its Bivalent Respiratory Syncytial Virus (RSV) Vaccine Candidate [EB/OL]. (2022-04-25) [2023-07-20]. https://www.pfizer.com/news/press-release/press-release-detail/pfizer-announces-positive-top-line-data-phase-3-trial-older.

有效避免严重性RSV相关下呼吸道疾病[274]。两款疫苗的上市申请目前均已获得FDA的优先评审资格，其获批后将为婴儿和老人面对RSV病毒提供有效的保护手段。

4. 肿瘤免疫

美国基因泰克公司等机构的研究人员利用高分辨率成像技术结合活细胞功能分析技术发现癌细胞分泌的内吞体分选转运复合体（endosomal sorting complexes required for transport，ESCRT）可修复由细胞毒性T淋巴细胞（cytotoxic T lymphocyte，CTL）分泌的穿孔素在质膜形成的孔洞，进而延迟或抑制CTL分泌的颗粒酶（granzyme）进入胞内，从而实现免疫逃逸。该研究揭示的肿瘤免疫逃逸方式为抗肿瘤药物研发提供了潜在新靶点[275]。

瑞士洛桑联邦理工大学等机构的研究人员发现敲除小鼠中表达脆性X智力迟滞蛋白（fragile X mental retardation protein，FMRP）的基因可显著抑制肿瘤生长，通过进一步研究发现肿瘤中高表达的FMRP通过抑制促炎因子的表达及促进免疫抑制因子的表达介导肿瘤免疫逃逸[276]。该发现为提升抗肿瘤免疫活性提供了潜在新方法。

美国麻省总医院的研究人员发现在实体瘤中干扰素γ受体（interferon-γ receptor，IFNgR）信号通路通过促进细胞黏附提升CAR-T细胞疗效，而在白血病等血液瘤中则无此影响[277]。该研究表明CAR-T细胞治疗对于实体瘤和血液瘤拥有不同的作用机制，为改善CAR-T细胞治疗实体瘤提供了新理论。

美国哈佛大学等机构的研究人员设计开发出一种癌症疫苗，其诱导的抗体可通过抑制肿瘤切割其表面的应激蛋白MICA和MICB，增加肿瘤细胞表面

274 Pfizer. Pfizer Announces Positive Top-Line Data of Phase 3 Global Maternal Immunization Trial for its Bivalent Respiratory Syncytial Virus (RSV) Vaccine Candidate[EB/OL]. (2022-11-01) [2023-07-20]. https://www.pfizer.com/news/press-release/press-release-detail/pfizer-announces-positive-top-line-data-phase-3-global.

275 Ritter A T, Shtengel G, Xu C S, et al. ESCRT-mediated membrane repair protects tumor-derived cells against T cell attack[J]. Science, 2022, 376(6591): 377-382.

276 Zeng Q, Saghafinia S, Chryplewicz A, et al. Aberrant hyperexpression of the RNA binding protein FMRP in tumors mediates immune evasion[J]. Science, 2022, 378(6621): eabl7207.

277 Larson R C, Kann M C, Bailey S R, et al. CAR T cell killing requires the IFNγR pathway in solid but not liquid tumours[J]. Nature, 2022, 604: 563-570.

MICA和MICB蛋白的密度，进而激活T细胞和NK细胞对肿瘤的协同攻击，并在小鼠和恒河猴体内初步证明了该疫苗的有效性和安全性[278]。该研究为其他肿瘤疫苗的设计开发提供了新思路。

美国Gritstone Bio公司等机构的研究人员基于异源黑猩猩腺病毒载体ChAd68和自扩增mRNA（self-amplifying mRNA，samRNA）开发了一种可诱导持久的新抗原特异性$CD8^+$ T细胞反应的个体化新抗原疫苗，Ⅰ期临床试验中期结果显示，其与纳武利尤单抗和伊匹木单抗联合使用，显著改善了免疫检查点抑制剂在实体瘤中的疗效，且具有良好的安全性和耐受性[279]。该研究有望为癌症患者提供更好的临床治疗方案。

美国PACT Pharma公司等机构的研究人员利用基于非病毒载体的CRISPR技术，在患者T细胞中插入新抗原特异性TCR（neoantigen-specific TCR），生成的个体化neoTCR T细胞在一项Ⅰ期临床试验中显示针对实体瘤患者取得了良好的安全性和有效性[38]。该研究证实了基于非病毒载体基因编辑技术实现癌症个体化治疗及临床制造能力的可行性，并为进一步改造T细胞功能提供了有效方法。

法国国家健康与医学研究院等机构的研究人员发现淋巴瘤患者接受CD19靶向的CAR-T细胞治疗后的临床反应、总生存期和毒性反应与治疗前免疫微环境的免疫特征有关。该研究将有助于改进相关的生物标志物及优化CAR-T疗法[280]。

（三）国内重要进展

1. 免疫系统新认识

中国医学科学院等机构的研究人员对来自人类卵黄囊、胎儿肝、早产和足

278 Badrinath S, Dellacherie M O, Li A, et al. A vaccine targeting resistant tumours by dual T cell plus NK cell attack[J]. Nature, 2022, 606: 992-998.

279 Palmer C D, Rappaport A R, Davis M J, et al. Individualized, heterologous chimpanzee adenovirus and self-amplifying mRNA neoantigen vaccine for advanced metastatic solid tumors: phase 1 trial interim results[J]. Nat Med, 2022, 28(8): 1619-1629.

280 Scholler N, Perbost R, Locke F L, et al. Tumor immune contexture is a determinant of anti-CD19 CAR T cell efficacy in large B cell lymphoma[J]. Nat Med, 2022, 28(9): 1872-1882.

月儿童脐带血及成人骨髓的红细胞进行单细胞转录组分析，发现并鉴定了一个有核红细胞新功能群体——免疫调控红细胞亚群。与普通红细胞相比，这类细胞具有不同的分化轨迹，且拥有红细胞和免疫调节双重调控网络。该研究为未来探究免疫红细胞的性质及其在发育和疾病中发挥的作用提供了重要见解[53]。

暨南大学等机构的研究人员对来自新生儿、年轻人、健康老年人和衰弱老年人的人类外周免疫细胞进行单细胞转录组和TCR测序分析，绘制了从新生到衰弱阶段的免疫细胞图谱，并初步揭示了非编码基因*NEAT1*的表达上调与免疫细胞老化密切相关[54]。该成果为全面理解免疫衰老提供了丰富的信息。

西湖大学等机构[281]及哈尔滨工业大学等机构[282]的研究人员利用冷冻电镜分别解析了由mIgM和Igα/Igβ结合形成的人源IgM B淋巴细胞受体（B cell receptor，BCR）复合物的结构。此外，哈尔滨工业大学的研究人员还解析了人源IgG BCR复合物的结构。这两项研究均揭示了BCR在未结合抗原的静息态下的重要结构特征，B细胞受体的组装、识别机制为未来理解B细胞活化、开发疫苗和癌症疗法及预防自身免疫性疾病奠定了基础。

2. 免疫识别、应答、调节的规律与机制

浙江大学等机构的研究人员发现在先天抗病毒免疫过程中，去乙酰化酶SIRT1通过使干扰素调节因子IRF3/IRF7发生液液相分离诱导Ⅰ型干扰素的生成，进一步证实SIRT1激动剂可恢复衰老细胞和老年小鼠受损的先天免疫应答[55]。该研究不仅详细揭示了SIRT1调控抗病毒固有免疫的具体机制，还为固有免疫衰老研究提供了新见解。

中国科学院等机构的研究人员发现A族链球菌（group A *Streptococcus*，GAS）分泌的毒力因子SpeB（streptococcal pyrogenic exotoxin B）通过切割GSDMA蛋白第246位氨基酸产生的N端片段，可触发细胞焦亡。该研究揭示了GSDMA同时作为病原菌感受器和宿主效应因子的机体免疫防御应答新机制，并

---

281 Su Q, Chen M, Shi Y, et al. Cryo-EM structure of the human IgM B cell receptor[J]. Science, 2022, 377(6608): 875-880.

282 Ma X, Zhu Y, Dong D, et al. Cryo-EM structures of two human B cell receptor isotypes[J]. Science, 2022, 377(6608): 880-885.

为治疗化脓链球菌等致病菌感染引起的相关疾病提供了新方向[56]。

中国科学院等机构的研究人员发现核分枝杆菌（*Mycobacterium tuberculosis*，Mtb）分泌的蛋白酪氨酸磷酸酶PtpB通过与宿主泛素结合，使宿主质膜上的磷脂酰肌醇去磷酸化，从而抑制GSDMD蛋白介导的细胞焦亡过程[283]。该研究揭示了Mtb的病原免疫逃逸新机制，为治疗结核病提供了新思路和潜在新靶标。

中国科学院物理研究所的研究人员发现肠道上皮细胞新亚群Tuft-2细胞通过犁鼻器受体Vmn2r26识别细菌代谢产物十一烷基甘氨酸（*N*-undecanoylglycine，N-C11-G），GPCR-PLCγ2-Ca^{2+}信号轴被激活，并促进了前列腺素D2（prostaglandin D2，PGD2）的分泌，进而刺激肠道杯状细胞分泌黏液，抵抗细菌感染[284]。该研究揭示了Tuft-2细胞发挥抗肠道细菌感染的新机制，为相关研究提供了理论依据。

3. 疫苗与抗感染

北京大学等机构的研究人员发现新冠病毒呈现出"趋同演化"的趋势，且具有极强的中和抗体逃逸能力，通过进一步研究发现体液"免疫印迹"的存在使得奥密克戎变异株的突破感染降低了中和抗体表位的多样性，集中的免疫压力加速了病毒的趋同进化。在此基础上，研究人员还通过其构建的计算模型对病毒未来突变演化方向进行了较准确的合理预测[57]。该研究为预测病毒演化、开发广谱疫苗及抗体药物提供了重要的理论参考。

江南大学等机构的研究人员利用偏振光研制出的强手性纳米佐剂，能够与抗原呈递细胞表面的G蛋白偶联受体家族的分化簇97（cluster-of-differentiation 97，CD97）、表皮生长因子样模块受体等分子特异性结合，进入细胞，激活炎症小体通路，促进细胞因子表达，并在H9N2流感病毒感染的小鼠模型中验证了与右手性相比，左手性免疫佐剂能够有效促进细胞免疫应答和体液免疫应答。该研究为手性纳米材料在免疫学领域的使用提供了理论支撑，并为保护性

283 Chai Q, Yu S, Zhong Y, et al. A bacterial phospholipid phosphatase inhibits host pyroptosis by hijacking ubiquitin[J]. Science, 2022, 378(6616): eabq0132.

284 Xiong Z, Zhu X, Geng J, et al. Intestinal Tuft-2 cells exert antimicrobial immunity via sensing bacterial metabolite *N*-undecanoylglycine[J]. Immunity, 2022, 55(4): 686-700, e7.

疫苗及治疗性疫苗的研发开辟了新方向[58]。

复旦大学等机构的研究人员针对新冠病毒刺突蛋白上两个不同的保守表位开发了一种可以雾化吸入的广谱双特异性全人源纳米抗体bn03，其能够高效中和包括奥密克戎在内的各种新冠病毒流行变异株，并在新冠病毒感染的轻症和重症小鼠模型中显现出显著疗效[285]。该研究有望为新冠病毒感染带来新的治疗方法，同时发现的隐藏保守表位为其他广谱疫苗的研发带来了新启示。

4. 肿瘤免疫

北京大学等机构的研究人员利用单细胞转录组测序研究并首次定义了肝癌的5种免疫微环境亚型（TIMELASER），全面揭示了肿瘤相关中性粒细胞（tumour-associated neutrophil，TAN）的表型和功能异质性，并在小鼠肝癌模型中证明肿瘤相关中性粒细胞有望成为肝癌免疫治疗的新靶点[59]。该研究成果为肝癌的基础研究和免疫治疗方法开发提供了重要的理论依据。

中国人民解放军陆军军医大学等机构的研究人员将在肿瘤引流淋巴结内发现的具有特异性识别肿瘤抗原的记忆性 $CD8^+$ T 细胞命名为肿瘤引流淋巴结抗原特异性记忆 $CD8^+$ T细胞（tumor draining lymph node derived tumor specific memory T cell，$TdLN\text{-}T_{TSM}$），并进一步揭示了 $TdLN\text{-}T_{TSM}$ 在PD1免疫检查点治疗作用中发挥的关键作用[286]。该研究丰富了对肿瘤特异性 $CD8^+$ T细胞亚群的认识，并为提升肿瘤免疫治疗疗效提供了研究新视角[60]。

中国人民解放军陆军军医大学等机构的研究人员通过谱系追踪发现CD45阳性红系前体细胞（$CD45^+$ EPC）在肿瘤诱导下分化为红系来源髓系细胞（erythroid-derived myeloid cell，EDMC），并抑制T细胞抗肿瘤免疫反应，降低免疫检查点抑制剂疗效[287]。该研究为开发新型免疫疗法提供了潜在靶点。

---

285 Li C, Zhan W, Yang Z, et al. Broad neutralization of SARS-CoV-2 variants by an inhalable bispecific single-domain antibody[J]. Cell, 2022, 185(8): 1389-1401, e18.

286 Huang Q, Wu X, Wang Z, et al. The primordial differentiation of tumor-specific memory $CD8^+$ T cells as bona fide responders to PD-1/PD-L1 blockade in draining lymph nodes[J]. Cell, 2022, 185(22): 4049-4066, e25.

287 Long H, Jia Q, Wang L, et al. Tumor-induced erythroid precursor-differentiated myeloid cells mediate immunosuppression and curtail anti-PD-1/PD-L1 treatment efficacy[J]. Cancer Cell, 2022, 40(6): 674-693, e7.

中国科学技术大学等机构的研究人员发现下丘脑-垂体轴在介导肿瘤诱导的髓系造血和免疫抑制中发挥关键作用，其产生的α-促黑素细胞激素（α-MSH）通过黑皮质素受体MC5R参与该过程，抑制MC5R可增强抗肿瘤免疫疗效。该研究揭示了一种肿瘤抑制的神经内分泌通路，并为肿瘤免疫治疗提供了潜在靶点[288]。

中国科学院等机构的研究人员基于大肠杆菌设计了一种口服肿瘤疫苗，在阿拉伯糖诱导下，该疫苗在肠道内生成的携带肿瘤抗原的外膜囊泡（outer membrane vesicle，OMV），穿过肠上皮细胞到达固有层，并被抗原呈递细胞识别，进而激活肿瘤抗原特异性免疫反应。该研究为其他口服疫苗和药物的开发提供了新策略[71]。

浙江大学等机构的研究人员利用非病毒递送的CRISPR/Cas9基因编辑技术实现了CAR-T细胞的*PD-1*基因敲除及*CD19 CAR*基因的定点整合，构建出的CAR-T细胞PD1-19bbz在临床试验中显示出了对B细胞非霍奇金淋巴瘤更高的安全性及有效性[289]。该研究从技术上证明了非病毒定点整合T细胞临床应用的可行性，为更多T细胞工程化改造提供了借鉴。

北京大学等机构的研究人员发布的一项Ⅰ期临床试验结果显示Claudin18.2靶向的CAR-T细胞疗法CT041在消化系统癌症患者中取得了安全、有效的疗效[290]。该研究是国际上首次针对Claudin18.2评估CAR-T疗法在胃癌中的应用，将加速推动CAR-T治疗应用于实体瘤。

（四）前景与展望

面对免疫学这一重要基础研究领域，国际上正相继持续推出前沿计划，如2022年美国重启的癌症登月计划，这为免疫学的基础和临床研究提供了新发展

288 Xu Y, Yan J, Tao Y, et al. Pituitary hormone α-MSH promotes tumor-induced myelopoiesis and immunosuppression[J]. Science, 2022, 377(6610): 1085-1091.

289 Zhang J, Hu Y, Yang J. Non-viral, specifically targeted CAR-T cells achieve high safety and efficacy in B-NHL[J]. Nature, 2022, 609(7926): 369-374.

290 Qi C, Gong J, Li J. Claudin18.2-specific CAR T cells in gastrointestinal cancers: phase 1 trial interim results[J]. Nat Med, 2022, 28(6): 1189-1198.

机遇。未来，围绕免疫学基础问题的深入研究、跨学科融合加深及前沿免疫学技术的开发和应用将进一步促进更全面、更系统及更精细的免疫系统认识。在此基础上，加强免疫识别与调控机制等的理论研究将有助于推动临床免疫相关疾病的研究，并加速为传染病及肿瘤等重大疾病提供新的防治手段。

七、干细胞

（一）概述

干细胞经过多年的发展，已经在多种疾病治疗中展现出巨大的应用价值。近年来，一系列通用技术在干细胞领域的广泛应用，推动其不断突破创新，人们对干细胞机制的认识不断深入，临床转化进程也不断加快。同时，干细胞衍生的类器官领域也逐渐发展成熟，展现出可观的应用前景。我国在干细胞基础研究领域不断深耕，突破性成果快速产出，研究水平始终位居国际领先行列。而在类器官领域，我国的研究步伐也不断加快，在类器官芯片等新兴方向中已经占据发展先机，研究水平国际领先。

（二）国际重要进展

1. 干细胞机制研究得到进一步推进

科研人员通过基因组、转录组等分析，进一步深化了对干细胞的认识；同时还鉴定并发现了多个干细胞定向分化的关键调控通路，实现了干细胞向多种细胞类型的稳定分化；同时，生殖系细胞的构建及胚胎中特定类型干细胞的构建还为研究生殖和发育奠定了基础。

美国哈佛大学等机构的研究人员对143个人胚胎干细胞（hESC）品系进行了全基因组测序，进而评估了这些细胞品系的单核苷酸和结构遗传变异情况，以及与癌症及其他疾病相关的变异情况；同时建立了可用于hESC品系挑选的数据库，为hESC的研究和转化提供了资源[291]。

美国加利福尼亚大学洛杉矶分校的研究人员建立了从妊娠早期到出生的人类造血组织的单细胞转录组图谱，识别出造血干细胞在体内出现、发育和成熟的位置迁移情况，以及转录组的变化情况，揭示了表面分子标志物在整个发育过程中的演化特征，该图谱为在实验室中构建功能齐全的造血干细胞提供了蓝图[292]。

英国巴布拉汉研究所的研究人员在原始胚胎干细胞中发现了人类8细胞样细胞（eight-cell-like cell，8CLC）亚群，其能够表达合子基因组激活（ZGA）标记，同时其转录组特征等与人类8细胞胚胎非常相似。该成果为人类胚胎发生的早期事件提供了重要的见解[293]。

美国格莱斯顿研究所的研究人员发现关闭产生Brahma蛋白的基因*Brm*，能够使本应分化为心脏前体细胞的干细胞改变分化方向，转变成为脑前体细胞，该成果为进一步深入了解干细胞如何转化为成体细胞，并在成熟时保持其身份奠定了基础[294]。

芬兰赫尔辛基大学的研究人员对干细胞生成的胰岛β细胞进行了系统的功能特征分析，通过与成人天然胰岛细胞进行对比，发现两者在电生理、信号转导和胞吐功能方面均相似，同时尽管在糖酵解和葡萄糖代谢方面存在差异，但前者仍然显示出了胰岛素分泌功能，同时也实现了在小鼠体内的成熟。该成果为了解干细胞衍生β细胞的特性及糖尿病治疗策略的开发奠定了基础[295]。

日本东京大学等机构的研究人员成功将大鼠多能干细胞（PSC）诱导成为功能性的原始生殖细胞样细胞（PGCLC），在将其移植入没有生殖细胞的大鼠

---

291 Merkle F T, Ghosh S, Genovese G, et al. Whole-genome analysis of human embryonic stem cells enables rational line selection based on genetic variation[J]. Cell Stem Cell, 2022, 29(3): 472-486.

292 Calvanese V, Capellera-Garcia S, Ma F, et al. Mapping human haematopoietic stem cells from haemogenic endothelium to birth[J]. Nature, 2022, 604: 534-540.

293 Taubenschmid-Stowers J, Rostovskaya M, Santos F, et al. 8C-like cells capture the human zygotic genome activation program *in vitro*[J]. Cell Stem Cell, 2022, 29(3): 449-459, E6.

294 Hota S K, Rao K S, Blair A P, et al. Brahma safeguards canalization of cardiac mesoderm differentiation[J]. Nature, 2022, 602: 129-134.

295 Balboa D, Barsby T, Lithovius V, et al. Functional, metabolic and transcriptional maturation of human pancreatic islets derived from stem cells[J]. Nat Biotechnol, 2022, 40: 1042-1055.

的生精管中后，能够自然发育成为成熟的功能性精子，并具有繁殖出可存活后代的能力。该成果为阐明配子发生的机制奠定了基础[296]。

日本千叶大学等机构的研究人员建立了胚胎内胚层细胞的培养体系，从而构建出小鼠原始内胚层干细胞（PrESC），这些干细胞能够产生所有胚胎外原始内胚层组织，同时还能够与胚胎干细胞（ESC）和滋养层干细胞（TSC）相互作用，在子宫内产生具有卵黄囊样结构的后代。该成果将有助于阐明原始内胚层的特化机制，以及胚胎植入前和植入后的发展过程[297]。

2. 干细胞临床转化进程不断加快

在干细胞疾病治疗的临床转化研究方面，多种疾病的干细胞疗法都得到进一步推进，尤其是对于衰老的干预和逆转，近年来已经获得多项研究的验证，并展现出应用潜力。同时，干细胞疗法与基因疗法的深度融合还为糖尿病等常见病和早发染性脑白质营养不良（MLD）等罕见病的治疗带来了全新的希望。

美国索尔克生物研究所的研究人员研究了细胞重编程对小鼠衰老的影响，结果发现，对小鼠体内的衰老细胞进行长期的部分重编程，能够使肾和皮肤等组织中出现年轻小鼠的表观遗传模式，受伤时皮肤愈合得也更快；同时，小鼠体内没有出现血细胞或神经系统的变化，也没有出现肿瘤，提示这种方法将可能成为一种新工具，为组织和机体健康的恢复提供新策略[298]。

美国约翰霍普金斯大学等机构的研究人员使用肌原祖细胞（MPC）特异性荧光报告系统，证明了人类多能干细胞来源的MPC在移植入局部损伤小鼠和抗肌萎缩蛋白（MDX）缺乏小鼠体内后，保留了自主再生能力，能够促进小鼠肌纤维再生。该成果为未来基于人类多能干细胞的肌肉疾病细胞治疗提供了机制

296 Oikawa M, Kobayashi H, Sanbo M, et al. Functional primordial germ cell-like cells from pluripotent stem cells in rats[J]. Science, 2022, 376(6589): 176-179.

297 Ohinata Y, Endo T A, Sugishita H, et al. Establishment of mouse stem cells that can recapitulate the developmental potential of primitive endoderm[J]. Science, 2022, 375(6580): 574-578.

298 Browder K C, Reddy P, Yamamoto M, et al. *In vivo* partial reprogramming alters age-associated molecular changes during physiological aging in mice[J]. Nature Aging, 2022, 2: 243-253.

证明[299]。

美国西达赛奈医疗中心的研究人员将转导了神经营养因子（GDNF）的人神经祖细胞（CNS10-NPC-GDNF）移植至肌萎缩侧索硬化（ALS）患者一侧的腰椎脊髓中，结果显示这些CNS10-NPC-GDNF可以转化为新的支持性神经胶质细胞，并释放GDNF，可以促进运动神经元的存活，从而减轻症状，且这种效果可以在移植后42个月内安全稳定维持。该成果为ALS的治疗提供了新策略[300]。

美国CRISPR Therapeutics公司和ViaCyte公司的研究人员共同针对干细胞移植过程中的免疫排斥问题进行了深入探索，首次利用经过基因编辑的干细胞衍生胰腺细胞，实现了在不使用免疫抑制剂的情况下成功对糖尿病患者进行移植治疗[301]，成为寻找胰岛素产生细胞替代品20年进程中的重要突破。

意大利圣拉斐尔科学研究所的研究人员利用一种包含自体造血干细胞和祖细胞的基因疗法（ARSA-cel）开展了MLD治疗的1/2期临床试验，结果显示，该疗法能够保持大多数患者的认知功能和运动发育，并减缓脱髓鞘和脑萎缩，尤其是对于症状出现前患者的治疗效果最好。该成果为MLD提供了新型的干细胞疗法[302]。

3. 干细胞构建类器官

（1）类器官的仿生性不断提升

近年来，干细胞来源类器官的仿生性不断提升，这也是该领域现阶段发展的重点。2022年，科研人员进一步优化了脑、胃、小肠、泪腺等多种类器官的培养体系，在拓展类器官种类的同时，也完善了这些类器官的结构和功能。此外，科研人员还进一步开发出类器官芯片等新型类器官构建技术，为更好地模

---

299 Sun C, Kannan S, Choi I Y, et al. Human pluripotent stem cell-derived myogenic progenitors undergo maturation to quiescent satellite cells upon engraftment[J]. Cell Stem Cell, 2022, 29(4): 610-619.

300 Baloh R H, Johnson J P, Avalos P, et al. Transplantation of human neural progenitor cells secreting GDNF into the spinal cord of patients with ALS: a phase 1/2a trial[J]. Nat Med, 2022, 28(9): 1813-1822.

301 Dolgin E. Diabetes cell therapies take evasive action[J]. Nat Biotechnol, 2022, 40: 291-295.

302 Fumagalli F, Calbi V, Sora M G N, et al. Lentiviral haematopoietic stem-cell gene therapy for early-onset metachromatic leukodystrophy: long-term results from a non-randomised, open-label, phase 1/2 trial and expanded access[J]. Lancet, 2022, 399(10322): 372-383.

拟组织器官之间的关联提供了新的解决方案。

美国斯坦福大学等机构的研究人员利用人类诱导多能干细胞（iPSC）构建出人脑皮质类器官，并将其移植入新生无胸腺大鼠的初级躯体感觉皮层中。结果显示，大鼠的体内环境显著促进了人脑类器官的发育、成熟，而且在大鼠大脑中，类器官中的人类神经元能够与大鼠的神经元形成突触连接，还能影响大鼠的行为。该研究实现了跨物种异体类器官的成功移植，极大地提升了大脑类器官的应用潜力[303]。

美国加利福尼亚理工学院的研究人员利用小鼠胚胎干细胞（ESC）、滋养层干细胞（TSC）和诱导获得的胚胎内胚层干细胞（iXENC）在体外组装出合成胚胎（sEmbryo）模型，再现了受精后8.5天子宫内天然小鼠胚胎的发育，其中发育出前脑和中脑区域的头褶、跳动的心脏、体节组成的躯干、包含神经中胚层祖细胞的尾芽和肠管。该成果证实ESC和其他两种胚胎外干细胞具有自组织能力，可以重建哺乳动物从原肠胚形成到早期器官发生的发育过程[304]。

美国辛辛那提儿童医院医学中心的研究人员利用人类多能干细胞（PSC）衍生的肠神经胶质细胞、间充质细胞和上皮前体细胞生成了人类胃窦和胃底组织，其中包含由平滑肌层包裹的腺体，并具有能够控制胃窦组织收缩的功能性肠神经元。利用该系统，研究人员还发现人肠神经嵴细胞（ENCC）能够促进胃窦类器官间质发育和腺体形态发生。这些模型为研究哺乳动物的发育和早期器官发生过程提供了全新的工具平台[305]。

荷兰胡布勒支研究所等机构的研究人员优化了人类小肠类器官（hSIO）的培养体系，在保持干细胞活性的同时，使其分化为小肠所有的细胞类型，包括成熟的帕内特细胞，在此前构建的小肠类器官中不存在这种细胞。研究表明，白细胞介素-22（IL-22）在促进帕内特细胞的产生中发挥了关键作用。该成果

303 Revah O, Gore F, Kelley K W, et al. Maturation and circuit integration of transplanted human cortical organoids[J]. Nature, 2022, 610(7931): 319-326.

304 Amadei G, Handford C E, Qiu C, et al. Synthetic embryos complete gastrulation to neurulation and organogenesis[J]. Nature, 2022, 610(7930): 143-153.

305 Eicher A K, Kechele D O, Sundaram N, et al. Functional human gastrointestinal organoids can be engineered from three primary germ layers derived separately from pluripotent stem cells[J]. Cell Stem Cell, 2022, 29(1): 36-51.

提升了小肠类器官的应用潜力[306]。

日本大阪大学等机构的研究人员在人类多能干细胞培养的二维眼样器官中，鉴定出具有泪腺原基特征的细胞，将这种细胞分选分离，进而培养形成了三维泪腺样器官，其中具有导管和腺泡，进一步分析显示，泪腺类器官来源于多能性眼表上皮干细胞。这些类器官在形态、免疫标记特征和基因表达模式上与天然泪腺有显著的相似之处，当移植到大鼠眼睛附近时，它们会发生功能成熟，形成腔体并产生泪膜蛋白。该成果为泪腺发育研究，甚至再生疗法带来了希望[307]。

瑞士洛桑联邦理工学院的研究人员开发了一种生物工程策略，利用水凝胶引导建立具有可控初始尺寸和形状的类器官，从而使类器官能够形成可预测的结构。利用这种方法，科研人员构建了肠道类器官，并基于其可重复性和可预测性确定了肠道上皮发生的潜在机制。该成果为类器官的标准化培养提供了新策略，同时相比非一致性的类器官，该技术更能促进各类生理机制的研究[308]。

美国哥伦比亚大学的研究人员将带有微环境的成熟心脏、骨骼、肝和皮肤类器官通过“血管”实现了在“芯片”上的相互连通，并通过可选择性渗透的内皮屏障使这些类器官相互隔离，使其能够始终在各自独特的微环境中培养。该成果为构建更加仿生的类器官提供了新策略[309]。

（2）利用类器官模拟疾病的生理和病理机制

在类器官技术不断优化、类器官结构不断完善的基础上，类器官作为一种全新的生物模型为多种生理、病理机制的探索提供了全新的工具，并带来了巨大机遇。

美国哈佛大学的研究人员利用大脑类器官构建了一个全面的人类皮质类器官发育的单细胞转录组学、表观遗传学的空间图谱，其中包括超过610 000个

306 He G W, Lin L, DeMartino J, et al. Optimized human intestinal organoid model reveals interleukin-22-dependency of Paneth cell formation[J]. Cell Stem Cell, 2022, 29(9): 1333-1345.

307 Hayashi R, Okubo T, Kudo Y, et al. Generation of 3D lacrimal gland organoids from human pluripotent stem cells[J]. Nature, 2022, 605(7908): 126-131.

308 Gjorevski N, Nikolaev M, Brown T E, et al. Tissue geometry drives deterministic organoid patterning[J]. Science, 2022, 375: 6576.

309 Ronaldson-Bouchard K, Teles D, Yeager K, et al. A multi-organ chip with matured tissue niches linked by vascular flow[J]. Nature Biomedical Engineering, 2022, 6: 351-371.

细胞，覆盖了从神经祖细胞的产生到分化的神经元和胶质亚型的产生。利用该图谱，进一步揭示了人类大脑发育中的关键事件。该成果为研究人类脑皮质发育机制提供了重要资源[310]。

瑞士苏黎世联邦理工学院的研究人员生成了人类大脑类器官发育过程中的单细胞转录组和单细胞染色质分析数据，涵盖了2个月的发育过程。研究人员还开发了一个框架程序Pando，结合多组学数据和对转录因子结合位点的预测，以推断类器官发育的整个基因调控网络，进而首次证明了转录因子GLI3参与人类前脑模式的形成。该研究为如何利用人体模型系统和单细胞技术开展人类发育生物学研究提供了框架[311]。

美国哈佛大学的科研人员利用来自不同供体的诱导多能干细胞（iPSC）构建了人类大脑皮层的类器官模型，发现在不同供体的细胞系中，*SUV420H1*、*SUV420H1*和*CHD8*三种自闭症风险基因都能够导致γ-氨基丁酸释放神经元和深层兴奋性投射神经元这两种主要的皮层神经元谱系的异常发育，但其分子机制不同，且其表达程度受到个体基因组环境的影响，该成果为自闭症研究奠定了基础[312]。

奥地利科学院的研究人员利用来源于结节性硬化症（TSC）患者的细胞培养出疾病特异性大脑类器官，并识别出一种尾部晚期中间神经元祖细胞（CLIP细胞），证实其过度增殖是TSC患者产生脑肿瘤和皮质畸形等症状的根源；在此基础上，还进一步发现了基于表皮生长因子受体抑制的TSC潜在治疗策略。该成果为TSC的疗法开发奠定了基础[313]。

西班牙巴塞罗那科学技术学院的研究人员利用患者来源的肿瘤细胞构建了结直肠癌类器官，并利用该类器官研究了癌症化疗后的复发机制，结果发现，

---

310 Uzquiano A, Kedaigle A J, Pigoni M, et al. Proper acquisition of cell class identity in organoids allows definition of fate specification programs of the human cerebral cortex[J]. Cell, 2022, 185(20): 3770-3788.

311 Fleck J S, Jansen S M J, Wollny D, et al. Inferring and perturbing cell fate regulomes in human brain organoids[J]. Nature, 2022, doi: 10.1038/s41586-022-05279-8.

312 Paulsen B, Velasco S, Kedaigle A J, et al. Autism genes converge on asynchronous development of shared neuron classes[J]. Nature, 2022, 602: 268-273.

313 Eichmuller O L, Corsini N S, Vertesy A, et al. Amplification of human interneuron progenitors promotes brain tumors and neurological defects[J]. Science, 2022, 375: 6579.

具有 Mex3a 蛋白活性的肿瘤干细胞是结直肠癌化疗后复发的关键。该成果为结直肠癌的治疗提供了新线索[314]。

（三）国内重要进展

1. 干细胞基础研究

2022年，我国在干细胞基础研究方面取得了一系列进展，包括进一步优化了单倍体胚胎干细胞技术和化学重编程技术，揭示了不同干细胞干性维持和分化的多种新机制，在此基础上，实现了干细胞向多种细胞类型的分化，尤其是向早期胚胎样细胞的转化，更是为人类早期的发育研究奠定了基础。

中国科学院分子细胞科学卓越创新中心的研究人员建立了一种新型单倍体胚胎干细胞培养策略——基于Src和Gsk3β的两种替代抑制剂的两步法策略（a two-step alternative two inhibitors of Src and Gsk3β，TSa2i），利用该策略建立的小鼠孤雄单倍体胚胎干细胞，在体外传代培养过程中能够稳定维持父源印记，在培养60代后，仍然能够通过注射入卵母细胞产生健康的小鼠[315]。

北京大学的研究人员首次实现了将人类体细胞重编程至一种中间可塑性状态的多能干细胞（chemically induced pluripotent stem cell，CiPS），其表现出人胚胎干细胞的关键特征。该技术为人类多能干细胞的产生和应用提供了平台，并为开发再生治疗策略奠定了基础[39]。

华东师范大学的研究人员对造血干细胞（HSPC）协调干性维持和分化的机制开展了研究，揭示了ATF7IP/SETDB1介导的H3K9me3沉积和染色质重塑在控制造血干细胞扩增与多种血细胞分化中的一个重要调控机制，为急性髓系白血病及其他人类疾病的干预提供了新策略[316]。

---

314 Alvarez-Varela A, Novellasdemunt L, Barriga F M, et al. Mex3a marks drug-tolerant persister colorectal cancer cells that mediate relapse after chemotherapy[J]. Nat Cancer, 2022, 3: 1052-1070.

315 Zhang H, Li Y, Ma Y, et al. Epigenetic integrity of paternal imprints enhances the developmental potential of androgenetic haploid embryonic stem cells[J]. Protein & Cell, 2022, 13: 102-119.

316 Wu J, Li J, Chen K, et al. Atf7ip and Setdb1 interaction orchestrates the hematopoietic stem and progenitor cell state with diverse lineage differentiation[J]. Proc Natl Acad Sci USA, 2022, 120(1): e2209062120.

西湖大学等机构的研究人员对肿瘤的发病机制进行了研究，发现TP53缺失会导致人胚胎干细胞（hESC）分化异常，进而发现TP53能通过调控细胞纤毛发生和Hedgehog信号通路，从而促进人胚胎干细胞的定向分化。该成果对于TP53突变引发的肿瘤的发病机制提出了新的见解，为癌症的发病机制研究及治疗方案开发提供了新视角[317]。

上海交通大学等机构的研究人员发现罕见的表达*prrx1*的细胞在成年小鼠的骨骼、白色脂肪组织和真皮中发挥干细胞的功能，促进这些组织的稳态和修复。单细胞分析揭示了这些细胞的更新和多能性特征，并通过移植实验进一步证实了这些细胞的干性。这些发现扩大了对结缔组织稳态和再生的认识，并有助于改进基于干细胞的治疗方法[318]。

中国科学院广州生物医药与健康研究所等机构的研究人员建立了一种无转基因、快速、可控的方法，能够将人类多能干细胞转化为8细胞样细胞（8CLC），并进一步证实了8CLC在体外或体内能够以囊胚和复杂畸胎瘤的形式产生胚胎和胚外细胞谱系。该成果为揭示早期人类胚胎发生的分子过程提供了重要资源[319]。

中山大学的研究人员利用重塑着丝粒周围异染色质和重建全能特异性H3K4me3结构域的方法，实现了干细胞从多能向全能的转变。利用该方案构建的全能样干细胞（TLSC）与小鼠2细胞胚胎的特征非常接近，同时能够产生胚胎和胚外细胞谱系。该成果为干细胞全能性和胚胎研究提供了一个有价值的资源[320]。

清华大学的研究人员通过将TTNPB、1-Azakenpaullone和WS6三种小分子组合，把小鼠多能干细胞诱导成为2细胞期胚胎细胞样全能干细胞（totipotent

---

317 Sivakumar S, Qi S, Cheng N, et al. TP53 promotes lineage commitment of human embryonic stem cells through ciliogenesis and sonic hedgehog signaling[J]. Cell Reports, 2022, 38(7): 110395.

318 Liu H, Zhang S, Xiang J, et al. Prrx1 marks stem cells for bone, white adipose tissue and dermis in adult mice[J]. Nature Genetics, 2022, 54: 1946-1958.

319 Mazid M A, Ward C, Luo Z, et al. Rolling back of human pluripotent stem cells to an 8-cell embryo-like stage[J]. Nature, 2022, 605: 315-324.

320 Yang M, Yu H, Yu X, et al. Chemical-induced chromatin remodeling reprograms mouse ESCs to totipotent-like stem cells[J]. Cell Stem Cell, 2022, 29(30): 400-418.

stem cell，TotiSC），并实现在体外的长期维持。这种细胞在转录组、表观基因组和代谢组水平上与小鼠2细胞胚胎期的全能细胞相似，并表现出双向发育潜力，能够在体外和畸胎瘤中产生胚胎细胞和胚外细胞。该成果迈出了探索生命起源的重要一步，为后续研究开辟了巨大的机遇[40]。

2. 临床转化

近年来，我国干细胞疗法的转化进程逐渐加快。截至2022年，我国备案的干细胞临床试验数量已超过100例，批准设立的干细胞临床研究备案机构也近140家。而通过国家药品监督管理局药品审评中心（CDE）的渠道，2022年也新增受理干细胞相关药物临床试验申请21项，其中获得临床试验默示许可的药物有15项。与此同时，我国在干细胞疗法临床应用研究方面也进一步取得了多项突破，不仅为多种疾病的治疗开辟了新道路，而且基于干细胞的胰岛β细胞、巨核细胞、血小板等的体外制造策略的开发，为干细胞疗法的临床大规模推广应用奠定了基础。

北京大学和复旦大学联合研究发现了由5种化学小分子组成的化合物，能够诱导成年大鼠的心肌细胞重新进入细胞周期，进行分裂，从而促进成年大鼠心脏细胞的原位再生；在将其注射入心肌梗塞大鼠体内后，还能够有效减少心肌纤维化。该成果为理解心肌细胞再生机制奠定了基础，并为心脏修复开辟了新途径[41]。

中山大学等机构的研究人员针对间充质干细胞（MSC）减轻克罗恩病的机制及MSC如何影响肠道微生物的机制开展了研究，发现MSC治疗可调节结肠炎小鼠代谢通路失调，使异常菌群功能恢复到正常对照组水平。这项研究为治疗克罗恩病提供了一种新的途径[321]。

军事医学科学院等机构的研究人员利用4种小分子将人脐带血红细胞重编程为巨核细胞，并证实其功能与天然巨核细胞类似，能够产生血小板前体。该

321 Yang F, Ni B, Liu Q, et al. Human umbilical cord-derived mesenchymal stem cells ameliorate experimental colitis by normalizing the gut microbiota[J]. Stem Cell Research & Therapy, 2022, 13(1): 475.

方法为这两种细胞人工大规模制备奠定了基础[42]。

北京大学等机构的研究人员对干细胞向胰岛细胞的分化方案进行了进一步优化，利用化学诱导多能干细胞生成了结构和功能更加仿生的胰腺β细胞，单剂量门静脉输注这种细胞，能够有效恢复糖尿病非人灵长类动物的内源性胰岛素分泌，并改善血糖控制状况。该研究标志着化学诱导多能干细胞衍生的胰岛在临床前治疗糖尿病具有可行性，标志着其在临床转化方面迈出了实质性的一步[322]。

3. 类器官

我国类器官领域发展速度不断加快，2022年在胰岛、脊髓、肺癌等正常生理和病理类器官的构建中获得突破，尤其是在类器官芯片这一新兴方向中，我国的研究进程已经走在国际前列。

中国科学院分子细胞科学卓越创新中心的研究人员建立了分离小鼠胰岛祖细胞及在体外长期扩增小鼠胰岛类器官的方法，构建的胰岛类器官主要由β细胞组成，也含有少量的α、δ和胰腺多肽细胞，能够感知葡萄糖，并分泌胰岛素。该方法为β细胞的体外生成提供了新策略，同时也为研究胰岛再生和疾病提供了类器官系统[323]。

复旦大学的研究人员将人类星形胶质细胞直接重编程为早期神经外胚层细胞，并进一步将其培养成为具有背侧和腹侧特异性功能神经元的脊髓类器官。将该类器官移植到脊髓完全损伤的小鼠中，显示其能够在小鼠体内存活，并分化出脊髓神经元，并与宿主神经元形成突触连接。该成果为修复中枢神经系统损伤提供了新策略[324]。

广东省人民医院的研究人员从107例患者中构建了212个肺癌类器官，并利

---

322 Du Y, Liang Z, Wang X, et al. Human pluripotent stem-cell-derived islets ameliorate diabetes in non-human primates[J]. Nat Med, 2022, 28: 272-282.

323 Wang J, Wang D, Chen X, et al. Isolation of mouse pancreatic islet Procr (+) progenitors and long-term expansion of islet organoids *in vitro*[J]. Nature Protocols, 2022, 17: 1359-1384.

324 Xu J, Fang S, Deng S, et al. Generation of neural organoids for spinal-cord regeneration via the direct reprogramming of human astrocytes[J]. Nature Biomedical Engineering, 2022, 7: 253-269.

用这些类器官开展了药物敏感性测试，证实其能够准确预测肺癌靶向或化疗的临床疗效。这项研究也是目前国际上肺癌类器官预测药物疗效的最大样本量真实世界研究，为肺癌的药物开发提供了重要工具[325]。

中国科学院大连化学物理研究所的研究人员构建出肝-胰岛联合类器官芯片，其包含两个由微通道连接的两个区域，能够在循环灌注的条件下，对肝和胰岛类器官进行3D共培养。在培养的30天内，两种类器官均表现出良好的生长和功能状态，并表现出代谢相关信号通路的激活。同时科研人员还利用其模拟了人体肝-胰岛轴及其在生理和病理条件下的糖刺激响应，为糖尿病等代谢性疾病研究和相关药物开发提供了新平台[326]。

（四）前景与展望

随着学科交叉融合的日趋深入，以及生物技术的不断进步，对干细胞相关机制将获得越来越全面和深刻的认识，将为干细胞疗法的研发提供更加充足的证据，同时也为研究人类早期发育、衰老等关键问题提供更多的新思路。在此基础上，干细胞领域的发展路径也不断拓展，尤其是干细胞疗法与免疫疗法、基因疗法等新型疗法的联用将发挥协同效应，为疾病治疗提供更多的潜在解决方案。未来，随着各国对干细胞疗法临床转化和产业化发展更加重视，干细胞疗法的转化进程还将进一步加快，因此，干细胞药物规模化制造研究和相关卫生经济学研究也将成为未来该领域发展的重要研究方向之一。

此外，类器官领域的技术发展也将不断成熟，在国际上对实验动物使用减少、优化和替代原则（“3R”原则）的呼声越来越高涨的背景下，类器官将有望成为动物模型的补充甚至替代，进而变革药物研发、药物评估和疾病研究等领域的发展模式。此外，随着类器官血管化、大型化等问题的攻克，其作为人体替代器官的发展方向也值得期待。

---

325 Wang H M, Zhang C Y, Peng K C, et al. Using patient-derived organoids to predict locally advanced or metastatic lung cancer tumor response: A real-world study[J]. Cell Report Medicine, 2023, 4(2): 100911.

326 Tao T, Deng P, Wang Y, et al. Microengineered multi-organoid system from hiPSCs to recapitulate human liver-islet axis in normal and type 2 diabetes[J]. Adv Sci, 2022, 9(5): e2103495.

八、新兴前沿与交叉技术

（一）空间组学

1. 概述

生物体内分子和细胞只有在特定的空间位置与微环境进行协同才能发挥其特有的生物学功能，获取空间维度上的信息对于理解相关生物学机制至关重要。继空间转录组学技术被评为*Nature Methods* 2020年度技术之后，空间多组学技术入选了*Nature* 2022年值得关注的七大年度技术。2022年，空间组学技术取得多项突破性进展，超高分辨率空间转录组测序技术Pixel-seq创新开启单细胞或亚细胞水平空间转录组学研究的变革，实现了高效率、高空间分辨率、低成本的空间测序；时空转录组学技术Stereo-seq进一步助力器官图谱、疾病病理、个体发育和生命演化等研究领域的深入探索；空间组蛋白修饰分析技术spatial-CUT&Tag和染色质可及性分析技术spatial-ATAC-seq的提出，突破性实现了发育和疾病相关表观调控的空间映射；新空间蛋白质组技术——基于有机溶剂的器官三维透明成像质谱分析技术（three-dimensional imaging of solvent-cleared organs profiled by mass spectrometry，DISCO-MS）、计算工具——空间转录组学实验的概率对齐（probabilistic alignment of spatial transcriptomics experiments，PASTE）的开发还推动了空间组学分析从二维向三维发展。

2. 国际重要进展

（1）空间组学技术研究

美国华盛顿大学等机构的研究人员开发出全新的高密度、以聚丙烯酰胺为基底的DNA芯片，并基于该芯片发明了超高分辨率空间转录组测序技术Pixel-seq，该技术创新开启了单细胞或亚细胞水平空间转录组学研究的变革，实现了高效率、高空间分辨率、低成本的空间测序[327]。

美国西奈山伊坎医学院等机构的研究人员开发了一种新的空间功能基因组学分析方法Perturb-map，结合原位CRISPR筛选、多重成像和空间转录组学技术，识别控制肺部肿瘤生长、免疫疗法应答及肿瘤微环境的遗传因素[328]。该研究在保留空间结构的情况下，在单细胞分辨率水平建立了组织内功能基因组学分析方法，为更好地识别肿瘤微环境调控因子提供了重要参考。

美国哈佛大学等机构的研究人员提出了一种空间测序技术Light-seq，在固定细胞和组织中使用光定向DNA条形码对完整生物样本进行空间标记，再进行进一步的测序，其能够在不破坏样本的情况下，实现了对组织中难以分离的细胞或罕见的细胞类型进行深度测序分析[329]。

美国耶鲁大学等机构的研究人员将微流控技术、蛋白质-DNA互作关系研究技术靶向剪切及标记（cleavage under targets and tagmentation，CUT&Tag）与下一代测序技术相结合，开发了可在空间和全基因组尺度进行组蛋白修饰分析的spatial-CUT&Tag技术[228]。该技术能够在空间和全基因组水平分析组织发育的表观遗传机制，实现与发育和疾病相关的表观调控的空间映射，为空间组学增加了一个新维度。

美国耶鲁大学等机构的研究人员开发了空间染色质可及性分析技术spatial-ATAC-seq，利用基于微流体的空间条形码标记技术，结合原位Tn5转座技术对组织切片进行空间分辨染色质可及性分析[229]。该研究是空间表观遗传分析技术又一个新的突破，有助于进一步加深对细胞身份、细胞状态和细胞命运决定的理解。

美国普林斯顿大学等机构的研究人员开发了一种新计算工具PASTE，其整合了同一组织样本的多张相邻切片上的空间转录组数据，提供了肿瘤或器官内

---

327 Fu X, Sun L, Dong R, et al. Polony gels enable amplifiable DNA stamping and spatial transcriptomics of chronic pain[J]. Cell, 2022, 185(24): 4621-4633, e17.

328 Dhainaut M, Rose S A, Akturk G, et al. Spatial CRISPR genomics identifies regulators of the tumor microenvironment[J]. Cell, 2022, 185(7): 1223-1239.

329 Kishi J Y, Liu N, West E R, et al. Light-seq: light-directed *in situ* barcoding of biomolecules in fixed cells and tissues for spatially indexed sequencing[J]. Nature Methods, 2022, 19(11): 1393-1402.

基因表达的3D视图[330]。该研究推动了空间组学分析从二维向三维发展，进一步优化了对组织内不同细胞类型和基因差异表达的识别。

德国亥姆霍兹慕尼黑研究中心等机构的研究人员开发了新空间蛋白质组技术DISCO-MS，该技术将组织及生物体透明化和成像技术、基于深度学习的图像分析技术、智能组织提取技术及超高灵敏度质谱技术巧妙地结合起来，能够对组织样本进行无偏的3D空间蛋白质组学分析[331]。该技术将加速从癌症到代谢紊乱等复杂疾病的研究，帮助识别复杂疾病的诊断和治疗靶点。

（2）空间组学技术的应用

英国牛津大学等机构的研究人员基于空间转录组学分析，描绘了肿瘤和共存的良性组织中拷贝数变异情况[332]。识别良性组织到恶性组织的转变是改善癌症早期诊断的基础，该研究为癌症分子病理学的研究提供了思路，同时也为癌症的早期检测、靶向治疗及患者预后改善奠定了基础。

德国亚琛工业大学等机构的研究人员通过整合空间转录组学、单细胞基因表达和染色质可及性数据，从多个层面对心肌梗死后不同时间点和不同部位的样本进行了比较，详细描述了心肌梗死后心脏重塑过程的细胞和分子特征[9]。该研究绘制了心脏梗死患者心脏组织的空间多组学图谱，为研究心肌梗死机制和开发新疗法提供了重要参考。

比利时鲁汶大学等机构的研究人员结合单细胞和空间转录组学、谱系追踪和定量建模分析，揭示了黑色素瘤细胞状态的多样性和时空变化，发现细胞致瘤能力与血管周围生态位有关，只有特定的细胞才能够支持肿瘤生长和转移[333]。该研究为开发黑色素瘤早期检测方法和及早阻止其扩散的治疗策略提供了重要参考。

德国路德维希-马克西米利安大学等机构的研究人员使用空间蛋白质组学方

---

330 Zeira R, Land M, Strzalkowski A, et al. Alignment and integration of spatial transcriptomics data[J]. Nature Methods, 2022, 19(5): 567-575.

331 Bhatia H S, Brunner A D, Öztürk F, et al. Spatial proteomics in three-dimensional intact specimens[J]. Cell, 2022, 185(26): 5040-5058, e19.

332 Erickson A, He M, Berglund E, et al. Spatially resolved clonal copy number alterations in benign and malignant tissue[J]. Nature, 2022, 608(7922): 360-367.

333 Karras P, Bordeu I, Pozniak J, et al. A cellular hierarchy in melanoma uncouples growth and metastasis[J]. Nature, 2022, 610(7930): 190-198.

法阐明了由人类诱导多能干细胞衍生的神经干细胞和神经元中心体的蛋白质互作网络，证实中心体蛋白质的组成及功能随细胞类型而异[334]。该研究为进一步探索中心体功能障碍与多种神经发育疾病相关性及分子机制奠定了重要基础。

美国斯坦福大学医学院等机构的研究人员综合单细胞多组学和空间多组学分析方法，探索了癌症相关的成纤维细胞（cancer-associated fibroblast，CAF）的异质性，扩展了对CAF的生物学认识，确定了CAF分化的调控途径，阐明了新的CAF特异性治疗靶点[335]。该研究为癌症生物学研究提供了空间多组学分析框架。

3. 国内重要进展

我国华大生命科学研究院主导，联合6国科学家形成的时空组学联盟利用Stereo-seq大视场、超高分辨率空间转录组技术绘制了小鼠、斑马鱼、果蝇、拟南芥4种模式生物的发育时空图谱，从时间和空间维度上对发育过程中的基因和细胞变化过程进行超高精度解析[14]，还利用该技术构建了首个蝾螈脑再生时空图谱[336]，为揭示脊椎动物脑再生分子机制奠定了重要基础。

西湖大学等机构的研究人员开发了一种简单、便捷、稳定、可重复的空间蛋白质组学分析方法ProteomEx，其首先使用“吸水后能膨胀到原来*N*倍”的水凝胶放大实际样品，再结合4D蛋白质组学技术实现微量样本的蛋白质组学分析[337]。该研究提出的ProteomEx技术为开展亚纳升体积的组织的空间蛋白质组学分析提供了一种简单实用的替代方法。

北京大学等机构的研究人员利用单细胞和空间转录组学技术，在单细胞精度定义了肝癌的5种免疫微环境亚型，探究了其细胞组成、空间分布、基因组特征和趋化因子受体-配体网络，全面揭示了肿瘤相关中性粒细胞的异质性，

334 O'Neill A C, Uzbas F, Antognolli G, et al. Spatial centrosome proteome of human neural cells uncovers disease-relevant heterogeneity[J]. Science, 2022, 376(6599): eabf9088.

335 Foster D S, Januszyk M, Delitto D, et al. Multiomic analysis reveals conservation of cancer-associated fibroblast phenotypes across species and tissue of origin[J]. Cancer Cell, 2022, 40(11): 1392-1406.

336 Wei X, Fu S, Li H, et al. Single-cell Stereo-seq reveals induced progenitor cells involved in axolotl brain regeneration[J]. Science, 2022, 377(6610): eabp9444.

337 Li L, Sun C, Sun Y, et al. Spatially resolved proteomics via tissue expansion[J]. Nature Communications, 2022, 13(1): 7242.

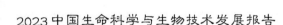

并进一步证明靶向肿瘤相关中性粒细胞有望形成新的肝癌免疫治疗方案[59]。该研究为肝癌的基础研究和临床诊疗提供了关键信息。

东方肝胆外科医院等机构的研究人员构建了原发性肝癌的高分辨率空间转录组图谱，包含来自7例患者的21个组织样本中的84 823个空间测序位点，确定了肿瘤微环境空间特征[338]。该研究为认识肝癌复杂的生态系统提供了新的见解，并为肝癌的个体化预防和药物发现提供了参考。

上海交通大学医学院等机构的研究人员运用单细胞多组学、空间转录组测序及免疫荧光成像等手段解析结直肠癌的肿瘤微环境，揭示结直肠癌中成纤维细胞与巨噬细胞互作模式[339]。该研究对指导免疫治疗不敏感的结直肠癌用药具有重要意义。

4. 前景与展望

空间组学研究目前正值爆发期，近年来，相关技术已被应用于生物体生长发育、癌症发生发展等多个领域的研究，展现出了惊人的应用潜力。未来，随着技术的进步，空间组学研究将在已有商业化产品的空间转录组、空间蛋白质组技术的基础上，进一步向表观组学水平分析等新方向衍生，并将分辨率提升到单细胞甚至是亚细胞水平，与此同时，攻克芯片大小或者成像视野局限对单次检测样本尺寸的限制、三维结构重塑过程复杂、质量无法保证等问题，使得空间组学能够在更多场景中获得推广应用。

（二）脑机接口

1. 概述

脑机接口（brain-computer interface，BCI）是在人或动物脑与外部电子设

338 Wu R, Guo W, Qiu X, et al. Comprehensive analysis of spatial architecture in primary liver cancer[J]. Science Advances, 2021, 7(51): eabg3750.

339 Qi J, Sun H, Zhang Y, et al. Single-cell and spatial analysis reveal interaction of FAP^+ fibroblasts and $SPP1^+$ macrophages in colorectal cancer[J]. Nature Communications, 2022, 13(1): 1742.

备之间建立的、全新通信和控制技术。脑机接口既是脑科学前沿研究的重要工具，又是脑疾病的重要干预手段，在医学、教育、娱乐和军事等领域拥有重要的应用前景，是事关国家安全和发展全局的核心领域之一。按信号采集方式分类，脑机接口技术主要分为侵入式及非侵入式，目前非侵入式脑机接口技术在市场占主导地位，侵入式脑机接口还处于研发中。

近年来，由于脑机接口技术的战略与医疗意义，美国、欧盟等国家和地区纷纷布局脑机接口领域。美国“通过推动创新型神经技术开展大脑研究”（Brain Research through Advancing Innovative Neurotechnologies，BRAIN）的优先领域之一是开发监测和刺激人脑的设备[340]，并通过国防部高级研究计划局（DARPA）先后资助了“脑电库”“革命性假肢”“智能神经接口”和“可靠神经接口技术”等项目。欧盟脑计划和欧盟“地平线2020”计划都资助了脑机接口项目。澳大利亚大脑联盟发展了神经刺激与神经调节技术（包括脑机接口）、神经形态芯片、脑启发的学习算法等[341]。

我国对脑机接口技术的布局较晚，但近年来加大了研究资助。《中华人民共和国国民经济和社会发展第十四个五年规划和2035年远景目标纲要》提出，人工智能和脑科学为国家战略科技力量，脑机接口技术是其中的底层关键技术之一。正在实施的科技创新2030重大项目——“脑科学与类脑研究”重点布局的领域之一是脑机接口，具体包括新型无创脑机接口技术、柔性脑机接口、面向癫痫诊疗的反应性神经调控脑机交互技术、面向运动和意识障碍康复的双向-闭环脑机接口等[342]。

近年来，脑机接口技术在电极和传感器开发、机器人等相关外设研发、医疗场景应用等方面取得了重要进展。

---

340 Brain Initiative. BRAIN 2025 — a Scientific Vision[EB/OL]. (2014-06-05) [2023-07-20]. http://www.braininitiative.nih.gov/pdf/BRAIN2025_508C.pdf.

341 Australasian Neuroscience Society. The Australian Brain Alliance[EB/OL]. [2023-07-20]. http://ans.org.au/resources/issues/about-the-australian-brain-alliance.

342 科技部国家科技管理信息系统公共服务平台. 科技创新2030——“脑科学与类脑研究”重大项目2021年度项目申报指南［EB/OL］. (2021-09-16) [2023-07-20]. https://service.most.gov.cn/kjjh_tztg_all/20210916/4583.html.

2. 国际重要进展

（1）信号采集电极和传感器开发

美国斯坦福大学和韩国首尔国立大学等机构的研究人员开发了一个由无线信号收发模块和一块纳米级网络组成的新型智能皮肤，同时开发了一种随时间变化的对比学习算法，可以区分不同的未标记运动信号。然后，这些元学习的信息用于快速适应各种用户和任务，包括命令识别、键盘打字和对象识别。未来如果能将这类智能皮肤进一步推广到脸上，还能更精准、高效、低成本地识别用户表情[343]。

美国加利福尼亚大学圣地亚哥分校的研究人员使用铂金纳米棒开发出一种新的大脑传感器阵列PtNRGrids，其具有密集的网格，由1024或2048个嵌入式皮质电图（ECoG）传感器组成，可以在大鼠桶状皮层（barrel cortex）中以亚毫米分辨率记录数千个通道。PtNRGrids可以在1mm空间分辨率下识别癫痫手术患者癫痫放电的空间分布和动态，包括直接电刺激诱导的活动，该研究证明PtNRGrids可以在临床环境中，记录患者在清醒状态执行抓取任务时皮层表面的精细、复杂的动态信息[344]。

瑞士联邦理工学院的研究人员设计了比传统电极更长、更宽的植入物，并且用计算机模型预测植入物在每个患者脊髓上的理想位置，以设定的模式激活电极，从而产生站立和踏步等动作。典型的硬膜外植入物会产生均匀、重复的电脉冲。该模式化刺激可能有助于重新训练受损的脊髓神经网络，以便更好地接收和解释脊髓损伤后保存下来的大脑信号[345]。

（2）脑机接口相关外设研发

美国匹兹堡大学的研究人员使用双向脑机接口记录了运动皮层的神经活动，

---

343 Kim K K, Kim M, Pyun K, et al. A substrate-less nanomesh receptor with meta-learning for rapid hand task recognition[J]. Nature Electronics, 2023, 6: 64-75.

344 Tchoe Y, Bourhis A M, Cleary D R, et al. Human brain mapping with multithousand-channel PtNRGrids resolves spatiotemporal dynamics[J]. Science Translational Medicine, 2022, 14: Issue 628.

345 Rowald A, Komi S, Demesmaeker R, et al. Activity-dependent spinal cord neuromodulation rapidly restores trunk and leg motor functions after complete paralysis[J]. Nature Medicine, 2022, 28(2): 260-271.

开发了一套可实现感觉反馈的机器人假肢系统，并通过体感皮层的皮质内微刺激来产生触觉，以补充视觉反馈提供的有限信息，当用户使用该系统抓取物品时，运动皮层植入物感受到大脑内的神经信号，进而控制假肢完成相关运动，同时假肢上的触觉传感器可以将触觉通过脑机接口反馈，形成真实的触感[346]。

（3）脑机接口医学应用

德国杜本根大学的研究人员在肌萎缩侧索硬化（ALS）患者大脑的运动皮层内植入两个微植入物，每个植入物都有64个针状电极用于检测神经信号，患者根据听觉反馈调节神经放电率，该研究证明了即使身体在完全无法行动的状态下，仅靠基于大脑的意志也可以进行交流[347]。

美国斯坦福大学的研究人员首次解码了与书写有关的神经信号，并且通过将人工智能软件与脑机接口设备结合起来，帮助一名因脊髓损伤而手部瘫痪的患者实现在线打字速度达到每分钟90个字符，原始准确率为94.1%，而后使用通用自动更正功能进一步实现了离线打字准确率超过99%，该研究结果为BCI开辟了一种新的方法，而且证明了在瘫痪多年后实现准确解码快速灵巧动作的可行性[348]。

3. 国内重要进展

近年来，我国多个团队开展脑机接口研发，并取得了一系列进展，主要表现在如下几个方面。

（1）脑电信号采集电极与芯片开发

清华大学拥有多个脑机接口研发团队。清华大学医学院洪波团队通过手术前的功能磁共振影像精准定位中颞视觉区域（middle temporal visual area，MT），

346 Flesher S N, Downey J E, Weiss J M, et al. A brain-computer interface that evokes tactile sensations improves robotic arm control[J]. Science, 2021, 372(6544): 831-836.

347 Chaudhary U, Vlachos L, Zimmermann J B, et al. Spelling interface using intracortical signals in a completely locked-in patient enabled via auditory neurofeedback training[J]. Nature Communications, 2022, 13: 1236.

348 Willett F R, Avansino D T, Hochberg L R, et al. High-performance brain-to-text communication via handwriting[J]. Nature, 2021, 593: 249-254.

只用3个颅内电极即实现了微创植入脑机接口打字，速度可达每分钟12个字符，每个电极的等效信息传输率达到20bit/min，为颅内BCI拼写的更高信息传递速率铺平了道路[349]。清华大学李路明团队研发出可进行实时蓝牙传输的神经刺激器，该刺激器能够在植入脑后同步采集多通道的局部场电位信号，并通过蓝牙传输的方式传送至体外分析平台。随后，研究人员开展了临床试验，在一名帕金森病患者完成脑起搏器手术后14个月在丘脑底核植入脑机接口，实现了基于丘脑底核运动信息的脑机接口控制范例，是首次实现的基于脑深部核团局部场电位运动信息的全植入式脑机接口[350]。清华大学集成电路学院任天令团队利用柔性激光直写（laser-scribed）石墨烯（LSG）制成机械传感器，研发出了“可穿戴喉咙”，通过准确识别佩戴者喉咙处的细微振动及模糊的话语，将之合成为正常的语音，平均识别准确率超过90%[351]。

北京理工大学等机构的研究人员利用光纳米材料调节神经活动，实现将脑机接口设备微器件化，并且使用寿命可控，可以无线交互信息，这一脑机接口未来将被应用于神经康复领域[352]。

首都医科大学附属北京天坛医院、斯坦福大学、天津大学的研究人员共同提出了“可以紧密贴合在大脑不规则区域的柔性微阵列电极”，将由2μm大小的电极点组成的新型柔性电极放到大脑上，医生就能精确分辨出大脑的神经核团、皮层功能区等，有利于最大限度地保护大脑功能、降低手术致残致死概率[353]。这是目前世界上精度最高的柔性可拉伸微阵列电极。

中国科学院上海微系统与信息技术研究所的研究人员开发出基于蚕丝蛋白的异质、异构、可降解微针贴片，可同时携带3种药物，药物的释放顺序和

---

349 Liu D K, Xu X, Li D Y, et al. Intracranial brain-computer interface spelling using localized visual motion response[J]. Neuroimage, 2022, 258: 119363.

350 Chen Y, Zhang G K, Guan L X, et al. Progress in the development of a fully implantable brain-computer interface: the potential of sensing-enabled neurostimulators[J]. National Science Review, 2022, 9(10): nwac099.

351 Yang Q S, Jin W Q, Zhang Q H, et al. Mixed-modality speech recognition and interaction using a wearable artificial throat[J]. Nature Machine Intelligence, 2023, 5: 169-180.

352 Huang Y X, Cui Y T, Deng H J, et al. Bioresorbable thin-film silicon diodes for the optoelectronic excitation and inhibition of neural activities[J]. Nature Biomedical Engineering, 2022, 4: 22.

353 Jiang Y, Zhang Z, Wang Y X, et al. Topological supramolecular network enabled high-conductivity, stretchable organic bioelectronics[J]. Science, 2022, 375(6587): 1411-1417.

周期能够匹配临床用药规范的差异性要求，具备术中快速止血、术后长期化疗抑制肿瘤细胞、按需定时启动靶向抑制血管生成等功能[52]，该免开颅微创植入式高通量柔性脑机接口系统于2021年获得世界人工智能大会（WAIC）最高奖项——卓越人工智能引领者（super AI leader，SAIL）奖，目前正在开展人体临床试验。深圳先进技术研究院李骁健团队与华中科技大学科学家团队经研究发现，引入具有良好导电性、黏合性和生物相容性的聚合物聚（5-硝基吲哚）[poly（5-nitroindole），PIN-$5NO_2$] 实现聚（3,4-乙烯二氧噻吩）[poly（3,4-ethylenedioxythiophene)，PEDOT] 与金属电极之间的良好连接，通过实验表明，由Au、PIN-$5NO_2$、PEDOT复合而成的电极，能够灵敏地捕捉小鼠脑内的触觉电生理信号[354]。中国科学院半导体研究所裴为华团队开发出了预置凝胶半干电极，中国科学院过程工程研究所[355]和中国科学院长春应用化学研究所的研究团队各自创新研发出了新型植入式水凝胶电极[356]。

（2）脑电信息编码技术

天津大学的研究人员基于P300、运动诱发电位（motion-onset visual evoked potential，mVEP）和稳态视觉诱发电位（steady-state visual evoked potential，SSVEP）3种脑电特征的新型混合编码范式，开发了216指令高速率BCI系统，实现了快速脑控打字应用，首次突破200指令大关，在线平均信息传输速率（information transfer rate，ITR）达到300bit/min以上，是目前国际上指令集最大的脑机接口系统[357]。

（3）脑机接口医学应用

浙江大学的研究人员报道了一个由机器人导航系统辅助的植入式脑机接口

---

354 Yang M, Yang T T, Deng H J, et al. Poly(5-nitroindole) thin film as conductive and adhesive interfacial layer for robust neural interface[J].Advanced Functional Materials, 2021, 31(49): 2105857.1-2105857.11.

355 Han Q, Zhang C, Guo T, et al. Hydrogel nanoarchitectonics of a flexible and self-adhesive electrode for long-term wireless electroencephalogram recording and high-accuracy sustained attention evaluation[J]. Advanced Materials, 2023, 35(12): e2209606.

356 孟含琪．脑机接口新技术为脑疾病诊疗提供新思路［EB/OL］. (2023-01-16) [2023-07-20]. https://www.cas.cn/cm/ 202301/t20230116_4872330.shtml.

357 Han J, Xu M P, Xiao X L, et al. A high-speed hybrid brain-computer interface with more than 200 targets[J]. Journal of Neural Engineering, 2023, 20: 016025.

手术成功案例，用于一位由颈椎脊髓损伤引起的四肢瘫痪的高龄患者。在运动成像功能磁共振定位的基础上，选择左侧初级运动皮层植入微电极阵列。手术过程中采用机器人导航系统，操作精确稳定，并且在1年的随访中发现神经信号良好，患者能够控制义肢的三维运动，且无任何并发症[358]。

4. 前景与展望

全球脑机接口技术正处于发展初期，尤其是侵入式脑机接口。未来随着各国对脑机接口技术的重视程度越来越高，投入资金越来越多，该领域将持续快速发展，并有更多的产品上市。具体来说，脑电信号采集设备将小型化、无线化[359]，机器学习算法被应用于脑电信号处理提升脑电信号编解码的效率和质量，不仅能修复脑卒中、瘫痪患者的受损功能，还有望用于改善和增强健康人群的身体机能。脑机接口不仅被应用于医疗领域，还将在消费、教育等领域被广泛应用，形成庞大的产业。此外，脑机接口的伦理、安全问题将越来越受重视，相关监管政策将逐步完善。

（三）材料合成生物学

1. 概述

合成生物学的不断发展为新材料的发现、设计和生产带来了新的可能，包括用于各种应用的新型、智能、功能化和混合的材料。基于此，科学家提出了材料合成生物学这一新兴交叉领域，借鉴并融合合成生物学和材料科学的工程原理，一方面借助合成生物学技术驯化、改造生命，结合理性设计的材料模块并利用基因逻辑线路调控细胞动态、智能地合成材料；另一方面将功能定制改造的生命体与人工合成材料（如水凝胶、半导体、混凝土等）合为整体，赋予

358 Jiang H J, Wang R, Zheng Z, et al. Short report: surgery for implantable brain-computer interface assisted by robotic navigation system[J]. Acta Neurochirurgica, 2022, 164(9): 2299-2302.

359 陈小刚，杨晨，陈菁菁，等. 脑机接口技术发展新趋势——基于2019—2020年研究进展［J］. 科技导报，2021，39（19）：56-65.

传统材料不具有的动态生命特征，从而创造出具有动态响应能力的复合活体材料。2018年，英国发布了“新型先进材料的合成生物学路线图”，提出了合成生物材料从研究到应用的新范式。2021年，美国工程生物学研究联盟（EBRC）发布了《工程生物学与材料科学：跨学科创新研究路线图》，讨论了合成生物学和材料科学领域的趋势和创新，确定了与新型材料及材料特性交叉融合的合成生物学的挑战与瓶颈。

在项目布局方面，欧洲创新理事会（EIC）的探路者计划支持了“工程活体材料”项目，旨在开发新技术与平台，实现生产具有多种可预测动态功能、形状和比例的按需定制的活体材料。美国国防部高级研究计划局（DARPA）自2016年起先后布局了多项材料合成生物学领域项目，包括工程活体材料（ELM）、礁防御（Reefense）、资源再利用（Resource）、环境微生物作为生物工程资源（EMBER）、老化混凝土建筑的仿生修复（BRACE）等，这些项目旨在充分利用生物资源，探索和拓展材料合成生物学的军事用途。我国的国家重点研发计划“合成生物学”专项在2020年支持了“生物活体功能材料的构建及应用”项目，旨在开发具有细胞基因操纵功能的生物构筑材料和智能活体材料，实现活体材料在生物修复、生物医药和生物能源领域的应用推广。

2. 国际重要进展

美国加利福尼亚大学伯克利分校的研究人员通过将降解酶包裹在聚合材料中，并将数十亿个纳米颗粒嵌入塑料树脂珠中，开发出了一种新型可降解塑料。当接触到热量和水时，降解酶会脱离聚合物的保护层，开始将塑料聚合物分解成聚乳酸的组成部分，只要约一周的时间，80%的聚乳酸塑料可以被完全降解成乳酸，并为堆肥中的土壤微生物提供养分[360]。这一成果推动了可降解塑料“可堆肥”目标的实现。

美国圣路易斯华盛顿大学的研究人员通过改变蛛丝蛋白形成β-纳米晶体的

360 DelRe C, Jiang Y, Kang P, et al. Near-complete depolymerization of polyesters with nano-dispersed enzymes[J]. Nature, 2021, 592: 558-563.

氨基酸序列，提高了同等分子量蛋白拉丝后的机械性能。研究人员将蛛丝高强度的影响因素——“多聚丙氨酸”的序列替换为几类不同结构的淀粉样蛋白序列，设计出多种淀粉样聚合蛋白。制造出的淀粉样聚合蛋白纺织的纤维丝展现出比相同分子量蛛丝蛋白更高的强度（2.8～3.4倍）和韧性（1.5～2.6倍）[361]。该成果为未来可再生超高强度纤维类材料的设计、优化和工业化生产提供了新的思路。

英国帝国理工学院和美国麻省理工学院的研究人员受发酵茶“康普茶”中共生关系的启发，利用细菌和酵母配制成的混合物开发出了坚硬的功能材料。研究人员将经过配制的细菌和酵母共生菌体作为平台，通过嵌入酶的纤维素开发了细菌纤维素基功能材料，这类材料具有感应环境污染物的功能，可用于检测病原体、降解污染物和净化水质等[362]。这一成果推动了智能活性材料的研究进程，研究中所使用的新型生产平台在实现生物活性材料的大规模生产方面同样具有潜力。

美国哥伦比亚大学的研究人员基于蘑菇菌丝体的活性复合材料的工程设计、共生培养的真菌-细菌复合体开发了大型可塑且可再生的生物活性结构材料。研究人员首先从真菌复合材料的微生物组分析中鉴定出了主要细菌成分，随后进一步对此细菌进行工程改造和工具开发，使其能够作为合成生物学的研究底盘。研究人员随后将工程化的具有人造感应能力的细菌成分引入天然真菌生物复合材料中，同时利用模具的不同组装类型制造了与人类相同规模大小的生物复合结构[363]。这一进展有望进一步促进具有新特性和功能的活体生物材料的开发。

瑞士苏黎世联邦理工学院的研究人员设计了一种利用真菌菌丝的新兴特性来创造生物活性复合材料的方法，从而赋予材料的自我修复、再生和环境适应等特性，从而使得材料更好地满足特定的工程使用目的。研究人员将微生物的活性与3D打印技术的成型能力相结合，负载微生物的水凝胶可塑造为功能性结

---

361 Li J, Zhu Y, Yu H, et al. Microbially synthesized polymeric amyloid fiber promotes β-nanocrystal formation and displays gigapascal tensile strength[J]. ACS Nano, 2021, 15: 11843-11853.

362 Gilbert C, Tang T C, Ott W, et al. Living materials with programmable functionalities grown from engineered microbial co-cultures[J]. Nature Materials, 2021, 20: 691-700.

363 McBee R M, Lucht M, Mukhitov N, et al. Engineering living and regenerative fungal-bacterial biocomposite structures[J]. Nature Materials, 2022, 21: 471-478.

构，并为生物物种的生长提供足够的环境。水凝胶中生物体的代谢活动为材料带来了生物特性[364]。这一基于3D打印构建复杂适应性特性材料的策略为设计制作功能性的生物材料提供了新的思路。

3. 国内重要进展

近年来，我国在材料合成生物学领域的进展大多聚焦于开发新型构建思路，并基于构建思路进行新材料的探索等方面。

中国科学院深圳先进技术研究院的研究人员提出了一种全新的可快速修复的活体材料构建思路，并进一步将这种思路转化成一种普适的活体材料组合方法。研究人员受抗原和抗体分子结构互补性的启发，构建了表面展示有抗原和纳米抗体的两种工程菌株，并以一定比例将两种菌株混合，通过抗原-抗体间的快速相互作用，制备出了稳定的、具有高效自修复能力的前体材料。这一新型材料具有超强的自修复能力及智能编程能力[73]。这一自修复材料的开发为可穿戴设备和生物传感器等领域的发展提供了新的可能。

中国科学院深圳先进技术研究院和美国杜克大学的研究人员合作提出了一种全新的可模块化、多样化融合蛋白组分的活体半互穿网络聚合物的构建思路。研究人员以壳聚糖微凝胶为基质材料，设计包裹含有工程化大肠杆菌的生物活体功能材料，这一材料可自发表达、原位形成具有锚定功能蛋白的半互穿网络结构。当半互穿网络聚合物中融合了β-内酰胺酶功能蛋白时，该活体材料可保护小鼠在抗生素扰动下维持较为稳定的肠道菌群组成，并可有效减少给药次数[365]。这一成果有望推广至不同功能活体材料的设计，并进一步融合其他治疗性蛋白从而实现疾病的诊断及治疗。

中国科学院青岛生物能源与过程研究所的研究人员开发出了一种新型的功能化纳米细菌纤维素的制备方法。研究人员通过将6-羧基荧光素修饰的葡萄

---

364 Gantenbein S, Colucci E, Käch J, et al. Three-dimensional printing of mycelium hydrogels into living complex materials[J]. Nature Materials, 2023, 22: 128-134.

365 Dai Z, Yang X, Wu F, et al. Living fabrication of functional semi-interpenetrating polymeric materials[J]. Nature Communications, 2021, 12: 3422.

糖作为底物，利用微生物原位发酵产生具有非自然特征荧光功能性的纳米细菌纤维素。这一新方法验证了微生物发酵原位合成功能性材料的可行性，实现了荧光功能纤维素材料的微生物合成，成功地将合成生物学拓展到材料功能化领域[366]。该成果不仅为生物合成功能性材料提供了新的方法，也为通过微生物原位合成其他功能材料提供了思路。

清华大学和微构工场以盐单胞菌为底盘菌，通过开发二醇-PHA（polyhydroxyalkanoate，聚羟基脂肪酸酯）转化平台，合成了不同比例的多种新型PHA材料，其中部分材料具备良好的延展性和硬度及高透明度。研究人员使用非直接碳源（1,5-戊二醇和葡萄糖）合成了3-羟基丁酸酯和5-羟基戊酸酯的共聚物。为构建该聚合物的合成通路，研究人员通过生物信息学手段在盐单胞菌中找到了内源的醇脱氢酶和醛脱氢酶，可将1,5-戊二醇高效地催化为5-羟基戊酸酯单体，基因组过表达上述基因后转化率可达84%[367]。PHA具有化工塑料的理化特性，但又有生物可降解性、生物相容性、光学活性、气体相隔性等一系列独特性质，PHA的研究对于绿色生物降解型塑料等新材料的探索具有重要意义。

4. 前景与展望

随着各种生物技术的发展及技术的不断融合，材料合成生物学新兴领域也将出现前所未有的新机遇，与此同时，这一新兴领域也将面临新的挑战。当前，材料合成生物学的大部分工作局限于模式生物的开发和使用，大肠杆菌这类模式微生物尽管易于工程设计，然而由于缺乏通用的材料修饰或分泌代谢途径，在多数情况下并不是材料合成最合适的宿主。所以，未来材料合成生物学的基因操作工具的发展应当向可生产高附加值材料的非模式生物倾斜，如家蚕、蘑菇等高等生物。目前发展的杂合活体材料中，细胞与水凝胶仅仅是简单的封装，而成熟的产品通常需要在更高的程度上将生命成分与非生命材料有机

366 Gao M, Li J, Bao Z, et al. A natural *in situ* fabrication method of functional bacterial cellulose using a microorganism[J]. Nature Communications, 2019, 10: 437.

367 Yan X, Liu X, Yu L P, et al. Biosynthesis of diverse α, ω-diol-derived polyhydroxyalkanoates by engineered *Halomonas bluephagenesis*[J]. Metabolic Engineering, 2022, 72: 275-288.

结合在一起。未来在机器学习和人工智能的帮助下，活体系统和人工材料的无缝集成可能将很快成为现实。并且，考虑到现实应用与产业化的需要，还应解决合成生物学技术目前在可扩展性和安全性方面存在的问题。尽管材料合成生物学领域尚未开发完全，还有很多难题与挑战需要逐步破解，但这一跨学科新兴领域蕴藏着的巨大潜力，不仅为创建具有定制形态和功能的新型材料提供了可能性，还为生物医药、能源环境、国防军事等领域提供了全新的发展思路[368]。

368 Tang T C, An B, Huang Y, et al. Materials design by synthetic biology[J]. Nature Reviews Materials, 2021, 6: 332-350.

第三章 生物技术

一、医药生物技术

（一）新药研发

2022年，NMPA批准了18款由我国自主研发的新药上市，包括7款化学药、7款生物制品和4款中药（表3-1）。其中，有17款是我国自主研发的1类创新药。

表3-1 2022年NMPA批准上市的中国自主创制的创新药及中药新药

序号	通用名	商品名	上市许可持有人/生产单位	适应证	注册分类
1	替戈拉生片	泰欣赞	山东罗欣药业集团股份有限公司	治疗胃食管反流病	化学药1类
2	瑞维鲁胺片	艾瑞恩	江苏恒瑞医药股份有限公司	适用于治疗高瘤负荷的转移性激素敏感性前列腺癌（mHSPC）	化学药1类
3	多格列艾汀片	华堂宁	华领医药技术（上海）有限公司	适用于改善成人2型糖尿病患者的血糖控制	化学药1类
4	盐酸托鲁地文拉法辛缓释片	若欣林	山东绿叶制药有限公司	适用于抑郁症的治疗	化学药1类
5	林普利塞片	因他瑞	上海璎黎药业有限公司	适用于既往接受过至少两种系统性治疗的复发或难治的滤泡性淋巴瘤成人患者	化学药1类
6	甲苯磺酰胺注射液	—	天津红日健达康医药科技有限公司	用于治疗严重气道阻塞的中央型非小细胞肺癌	化学药1类
7	艾诺米替片	复邦德	江苏艾迪药业股份有限公司	用于治疗成人HIV-1感染初治患者	化学药1类

续表

序号	通用名	商品名	上市许可持有人/生产单位	适应证	注册分类
8	派安普利单抗注射液*	安尼可	正大天晴康方（上海）生物医药科技有限公司	用于治疗至少经过二线系统化疗的复发或难治性经典型霍奇金淋巴瘤成人患者；联合紫杉醇和卡铂适用于局部晚期或转移性鳞状非小细胞肺癌（NSCLC）的一线治疗	生物制品1类
9	舒格利单抗注射液*	择捷美	基石药业（苏州）有限公司	用于治疗放化疗后未进展、不可切除、Ⅲ期NSCLC的患者	生物制品1类
10	奥木替韦单抗注射液	迅可	华北制药集团新药研究开发有限责任公司	用于成人狂犬病毒暴露者的被动免疫	生物制品1类
11	斯鲁利单抗	汉斯状	上海复宏汉霖生物制药有限公司	用于治疗不可切除或转移性微卫星高度不稳定（MSI-H）的成人晚期实体瘤经治患者	生物制品1类
12	普特利单抗	普佑恒	乐普生物科技股份有限公司	用于治疗既往接受一线及以上系统治疗失败的高度微卫星不稳定型（MSI-H）或错配修复缺陷型（dMMR）的晚期实体瘤患者	生物制品1类
13	卡度尼利单抗注射液	开坦尼	中山康方生物医药有限公司	适用于治疗既往接受含铂化疗治疗失败的复发或转移性宫颈癌患者	生物制品1类
14	重组新型冠状病毒蛋白疫苗（CHO细胞）	智克威得	安徽智飞龙科马生物制药有限公司	适用于预防新型冠状病毒感染所致的疾病	生物制品1类
15	黄蜀葵花总黄酮口腔贴片	—	杭州康恩贝制药有限公司	用于心脾积热所致轻型复发性口腔溃疡，症见口腔黏膜溃疡，局部红肿、灼热疼痛等	中药1.2类
16	芪胶调经颗粒	—	湖南安邦制药股份有限公司	用于治疗上环所致经期延长中医辨证属气血两虚证	中药6.1类
17	广金钱草总黄酮胶囊	—	武汉光谷人福生物医药有限公司	用于治疗输尿管结石中医辨证属湿热蕴结证患者	中药1.2类
18	参葛补肾胶囊	—	新疆华春生物药业股份有限公司	适用于治疗轻、中度抑郁症中医辨证属气阴两虚、肾气不足证患者	中药1.1类

资料来源：国家药品监督管理局药品审评中心官网，《2022年度药品审评报告》

“*”为新增适应证品种，不纳入2022年统计范围

1. 新化学药

2022年，NMPA批准了7款我国自主研发的1类新化学药。

1）替戈拉生片（国药准字H20220008），商品名为“泰欣赞”，山东罗欣药业集团股份有限公司为本品的药品上市许可持有人。替戈拉生（Tegoprazan）是H^+/K^+ ATP酶抑制剂，抑制K^+转运，从而用于治疗胃食管反流病。替戈拉生和拉唑类药物同是质子泵抑制剂，但作用于K^+位点，这类药物在抑制胃酸分泌方面具有很大的优势，起效速度快，抑酸强度和平稳度都较高。

2）瑞维鲁胺片（国药准字H20220016），商品名为“艾瑞恩”，江苏恒瑞医药股份有限公司为本品的药品上市许可持有人。瑞维鲁胺（Rezvilutamide）是雄激素受体（AR）的拮抗剂，用于高瘤负荷的转移性激素敏感性前列腺癌（mHSPC）的治疗。相较比卡鲁胺，服用瑞维鲁胺发生影像学进展的风险降低、生存时间显著延长、死亡风险降低，瑞维鲁胺同样也表现出优异的安全性。在瑞维鲁胺以前，针对前列腺癌的治疗方案通常是由欧美制定的，而瑞维鲁胺则是给转移性激素敏感性前列腺癌治疗提供了“中国方案”。

3）多格列艾汀片（国药准字H20220024），商品名为“华堂宁”，华领医药技术（上海）有限公司为本品的药品上市许可持有人。多格列艾汀（Dorzagliatin）是全球首创、中国首发的首款葡萄糖激酶激活剂（GKA）类药物，是过去10年来糖尿病领域首款全新机制的原创新药，用于改善成人2型糖尿病患者的血糖控制。多格列艾汀获批了两个适应证：一是单药配合饮食控制和运动，可以改善成人2型糖尿病患者的血糖；二是与盐酸二甲双胍联合使用，在单独使用盐酸二甲双胍血糖控制不佳时，多格列艾汀可与盐酸二甲双胍联合使用，配合饮食和运动改善成人2型糖尿病患者的血糖控制。多格列艾汀不适用于治疗1型糖尿病、糖尿病酮症酸中毒或高血糖高渗状态。此外，对于肾功能不全患者，多格列艾汀不需调整剂量。

4）盐酸托鲁地文拉法辛缓释片（国药准字H20220028、H20220029），商品名为“若欣林”，山东绿叶制药有限公司为本品的药品上市许可持有人。盐酸托鲁地文拉法辛（toludesvenlafaxine hydrochloride）是5-羟色胺重摄取抑制剂、多巴胺重摄取抑制剂、肾上腺素重摄取抑制剂，靶点为5-羟色胺转运体（SERT）、去甲肾上腺素转运体（NET）和多巴胺转运体（DAT），用于抑郁症的治疗。临床试验研究结果表明，盐酸托鲁地文拉法辛缓释片不仅可以全面且稳定地改善抑郁症状，特别是能够快速改善焦虑状态，明显改善快感缺失和认知功能，而且不引起嗜睡，不影响性功能、体重和脂代谢。

5）林普利塞片（国药准字H20220030），商品名为“因他瑞”，上海璎黎药业有限公司为本品的药品上市许可持有人。林普利塞（Linperlisib）是我国首款获批上市的高选择性PI3Kδ抑制剂，它能抑制PI3Kδ蛋白的表达，降低AKT蛋白磷酸化水平，从而诱导细胞凋亡，以及抑制恶性B细胞和原发肿瘤细胞的增殖，适用于既往接受过至少两种系统性治疗的复发或难治的滤泡性淋巴瘤成人患者。

6）甲苯磺酰胺注射液（国药准字H20220031），天津红日健达康医药科技有限公司为本品的药品上市许可持有人。甲苯磺酰胺（tolsulfamide）适用于严重气道阻塞的中央型非小细胞肺癌，对肿瘤细胞具有高度选择性，是我国首次批准的经纤维支气管镜肿瘤内局部注射的化学消融药物，也是首款适应证为减轻中央型非小细胞肺癌成人患者的重度气道阻塞的药物，填补了呼吸介入药物治疗的空白。其靶点尚不明确。

7）艾诺米替片（国药准字H20220033），商品名为“复邦德”，江苏艾迪药业股份有限公司为本品的药品上市许可持有人。本品为艾诺韦林（Ainuovirine）、拉米夫定（Lamivudine）和富马酸替诺福韦二吡呋酯（tenofovir disoproxil fumarate）组成的复方制剂，核心成分艾诺韦林为第三代非核苷类逆转录酶抑制剂（NNRTI），通过非竞争性结合并抑制 HIV 逆转录酶活性，从而阻止病毒转录和复制；拉米夫定和富马酸替诺福韦二吡呋酯为治疗HIV的核苷类逆转录酶抑制剂（NRTI）。艾诺米替片填补了国产创新成分单片复方制剂领域的空白，成为国内首款获批的具有真正自主知识产权的抗HIV复方制剂，主要用于治疗成人HIV-1感染初治患者。

2. 新生物制品

2022 年，NMPA 批准了7款我国自主研发的生物制品上市。

1）派安普利单抗注射液（国药准字S20210033），商品名为“安尼可”，正大天晴康方（上海）生物医药科技有限公司为本品的药品上市许可持有人。派安普利单抗注射液用于治疗至少经过二线系统化疗的复发或难治性经典型霍奇金淋巴瘤成人患者，也可以联合紫杉醇和卡铂适用于一线治疗局部晚期或转移性鳞状非小细胞肺癌（NSCLC）。作为第五个上市的国产PD-1药物，派安普利单抗的差异化优势明显，是全球唯一采用IgG1亚型并对Fc段改造的新型PD-1单抗。

2）舒格利单抗注射液（国药准字S20210053），商品名为“择捷美”，基石药业（苏州）有限公司为本品的药品上市许可持有人。适用于一线治疗联合培美曲塞和卡铂用于表皮生长因子受体（EGFR）基因突变阴性和间变性淋巴瘤激酶（ALK）阴性的转移性非鳞状非小细胞肺癌（NSCLC）患者，以及联合紫杉醇和卡铂用于治疗转移性鳞状非小细胞肺癌患者。

3）奥木替韦单抗注射液（Ormutivimab injection）（国药准字S20220003），商品名为“迅可”，华北制药集团新药研究开发有限责任公司为本品的生产单位。奥木替韦单抗注射液含高效价的抗狂犬病毒单克隆抗体NM57（IgG1亚型），能特异地中和狂犬病毒糖蛋白保守抗原位点Ⅰ中的线性中和抗原表位，从而阻止狂犬病毒侵染组织细胞，发挥预防狂犬病的作用。该药品为我国自主研发的重组人源抗狂犬病毒单抗注射液，用于成人狂犬病毒暴露者的被动免疫。

4）斯鲁利单抗（国药准字S20220013），商品名为“汉斯状”，上海复宏汉霖生物制药有限公司为本品的生产单位。该药品是由我国自主研发的创新型PD-1药物，为利用DNA重组技术由中国仓鼠卵巢（CHO）细胞制得的重组抗程序性死亡受体1人源化单克隆抗体，适用于治疗不可切除或转移性微卫星高度不稳定（MSI-H）的成人晚期实体瘤经治患者。关键注册临床研究显示，该药品治疗晚期结直肠癌患者的客观有效率达46.7%，12个月总生存率超过80%，高于同类进口产品（非头对头对比研究）的临床数据，安全性良好。

5）普特利单抗（国药准字S20220022），商品名为“普佑恒”，乐普生物科技股份有限公司为本品的生产单位。普特利单抗是针对人PD-1的人源化IgG4单抗，可高亲和力地与PD-1结合，以通过阻断PD-1与其配体PD-L1及PD-L2的结合来恢复免疫细胞杀死癌细胞的能力。该药品适用于治疗既往接受一线及以上系统治疗失败的高度微卫星不稳定型（MSI-H）或错配修复缺陷型（dMMR）的晚期实体瘤患者。同时，普特利单抗采用抗体工程技术，于Fc区引入突变，以提高FcRn的结合亲和力，从而大幅延长其半衰期，提高患者的临床疗效及药物依从性。在Ⅰ期临床试验中，单次给药半衰期为17～24天，稳定后半衰期为18～38天。多中心Ⅱ期临床研究结果显示，客观缓解率为47.67%，疾病控制率为75.58%，部分患者（77%）发生了与治疗相关的不良事件。

6）卡度尼利单抗注射液（国药准字S20220018），商品名为“开坦尼”，中山康方生物医药有限公司为本品的药品上市许可持有人。卡度尼利单抗（Candonilimab）是一种靶向人PD-1和CTLA-4的双特异性抗体，可阻断PD-1和CTLA-4与其配体PD-L1/PD-L2和B7.1/B7.2的相互作用，从而阻断PD-1和CTLA-4信号通路的免疫抑制反应，促进肿瘤特异性的T细胞免疫活化，进而发挥抗肿瘤作用。本品为我国自主研发的创新双特异性抗体，适用于治疗既往接受含铂化疗治疗失败的复发或转移性宫颈癌患者。

7）重组新型冠状病毒蛋白疫苗（CHO细胞），安徽智飞龙科马生物制药有限公司为本品的药品上市许可持有人。该疫苗的原理是将新冠病毒S蛋白受体结合区（RBD）的基因重组到CHO细胞基因内，在体外表达形成RBD二聚体，并加用氢氧化铝佐剂以提高免疫原性。该疫苗是首款获批的国产重组新冠病毒蛋白疫苗，适用于预防新型冠状病毒感染所致的疾病。

3. 新中药

2022年，NMPA批准了4款中药上市。

1）黄蜀葵花总黄酮口腔贴片（国药准字Z20220006），杭州康恩贝制药有限公司为本品的药品上市许可持有人。黄蜀葵花总黄酮口腔贴片的主要成分是黄蜀葵花总黄酮提取物，为单味药黄蜀葵花中提取的有效成分，功能主治清心泄热。作为中药1.2类创新药，黄蜀葵花总黄酮口腔贴片为国内首款中药双层口腔贴片，用于心脾积热所致轻型复发性口腔溃疡，症见口腔黏膜溃疡，局部红肿、灼热疼痛等。

2）芪胶调经颗粒（国药准字Z20220007），湖南安邦制药股份有限公司为本品的药品上市许可持有人。该药品由黄芪、阿胶、党参、白芍等9味药组方，具有益气补血、止血调经的功效，用于治疗上环所致经期延长中医辨证属气血两虚证。

3）广金钱草总黄酮胶囊（国药准字Z20220003），武汉光谷人福生物医药有限公司为本品的药品上市许可持有人。该药的主要成分是从广金钱草中提取得到的总黄酮类成分，属于中药1.2类创新药。适应证为清除湿热、利尿排石，用于治疗湿热蕴结所致的淋沥涩痛、输尿管结石和上述证候者。

4）参葛补肾胶囊（国药准字Z20220008），新疆华春生物药业股份有限公司为本品的药品上市许可持有人。参葛补肾胶囊的成分取材于太子参、淫羊藿等，属于中药1.1类创新药。该药品益气、养阴、补肾，适用于治疗轻、中度抑郁症中医辨证属气阴两虚、肾气不足证者。

（二）诊疗设备与方法

2022年2月，上海安翰医疗技术有限公司自主研发的国内外首个消化道振动胶囊系统获批上市。该产品由一次性使用消化道振动胶囊（简称胶囊）、配置器和VCP软件（VCP2.1）组成，适用于药物治疗效果欠佳的成人功能性慢性传输型便秘的症状缓解。本产品通过振动对结肠壁进行刺激，促进结肠蠕动，为药物治疗效果欠佳的成人功能性慢性传输型便秘提供了一种全新的治疗办法，开创了微机器人治疗便秘的新时代。本产品的创新点：一是胶囊具备加速度检测能力，可以通过监测加速度数值的变化情况进而启动胶囊；二是产品属于非药物治疗，可作为功能性便秘人群的另一种治疗方案。这项研究也是中国医疗器械创新研发和临床研究的又一个里程碑，引起了国内外同行和媒体的广泛关注。

2022年3月，佛山瑞加图医疗科技有限公司研发的移动式头颈磁共振成像系统获批上市。该产品是全球首款可移动并满足临床诊断需求的磁共振成像系统，产品由永磁磁体、梯度放大器、梯度匀场线圈、射频放大器、射频发射线圈、头线圈（可选）、头颈联合线圈（可选）、谱仪、温度控制器、数字匀场单元、移动装置、屏蔽罩、病床、报警单元组成，供头部、颈部临床MRI诊断。其具有可移动、体积小、质量轻、结构一体化的特点。它可被部署于固定屏蔽室外的医疗机构内部，外接220V AC/10A网电源使用；也可移动至医疗机构的不同场地，对患者进行抵近检查，扩大了磁共振产品的安装范围。

2022年7月，航天泰心科技有限公司自主研发的植入式左心室辅助系统HeartCon（“火箭心”）获批上市。该产品采用泵机一体化设计、磁液悬浮、内流道优化、驱动双冗余等主要核心技术，具有体积小、质量轻、温升低、溶血好、质量稳定的特点，是国内首个采用磁液悬浮技术的植入式左心室辅助系统。于2020年8月获准进入临床试验，联合全国11家知名医院首次开展多中心临床试验，是国内首个按照临床试验方案完成50例临床试验的心室辅助产品，在国内同类产品中植入数量排名第一，产品安全性和有效性得到充分验证。对于患有终末期心力衰竭且面临死亡风险患者的短期辅助、过渡到恢复和过渡到移植的治疗发挥了重要作用。

2022年8月，上海联影医疗科技股份有限公司生产的磁共振成像系统获批上市，此次获批的产品为上海联影医疗科技股份有限公司所研发的全球首款5.0T人体全身磁共振系统。该产品是世界首款5.0T人体全身磁共振系统，采用全身临床5.0T超导磁体，首次在超高场磁共振系统中将全身体激发线圈应用于临床扫描，突破了超高场磁共振局限于脑部成像的限制，实现了超高场全身临床成像，可以提升图像信噪比和图像空间分辨率，并实现了超高场体部成像。在神经系统成像方面，更是比肩更高场设备，可为脑小血管疾病与退行性病变提供更多的诊断信息。其还搭载了uAIFI Technology技术平台，凝聚多项全球首创核心技术，全链条革新磁共振硬件、软件设计，实现了系统性能、扫描智能化、成像速度与信噪比的大幅提升，同时赋予患者更舒适的检查体验，开启磁共振“类脑”时代。

2022年8月，杭州亚慧生物科技有限公司研发的医用黏合剂获得国家药品监督管理局（NMPA）批准上市，该产品由人血白蛋白溶液、聚乙二醇衍生物、无菌溶剂、一次性使用无菌双联混药包4个部件组成。产品所用人血白蛋白溶液以市售药品级20%人血白蛋白为原料，在其中加入少量磷酸二氢钠-碳酸钠缓冲盐调节pH。聚乙二醇衍生物为万级车间生产产品，分子量约为4000Da，分装后经电子束辐照灭菌。该产品可被应用于肺实质切除术中，用标准缝合/钉合法等常规方法闭合创面后，利用浸没式气漏测试法观察脏层胸膜仍存在的2级漏气，可在闭合后的脏层胸膜漏气部位使用本产品进行辅助封合。该产品是国内首个用于封合肺实质漏气的黏合剂医疗器械。

2022年9月，上海艾普强粒子设备有限公司自主研发的国内首个质子治疗系统获批上市。该产品是“十三五”期间科技部重点研发计划“数字诊疗装备专项”的重点支持项目，也是我国首台获准上市的国产质子治疗系统。该产品的获批上市，标志着我国高端医疗器械装备国产化又迈出一步，对于提升我国医学肿瘤诊疗手段和水平具有重大意义。该产品由加速器系统和治疗系统两部分组成。其中加速器系统包括注入器系统、低能传输系统、主加速器系统、高能束流传输系统和辅助电气系统，治疗系统包括固定束治疗系统、180° 旋转束治疗系统和治疗计划系统。该产品提供质子束进行放射治疗，在实现肿瘤部位高剂量的同时，可降低周围正常组织的剂量，特别是靶区后组织的剂量，适用于治疗全身实体恶性肿瘤和某些良性疾病。

2022年10月，爱博诺德（北京）医疗科技股份有限公司研发的非球面衍射型多焦人工晶状体获批上市。非球面衍射型多焦人工晶状体为一件式/后房人工晶状体，可折叠，襻形为改良L型。该产品主体及支撑部分均由丙烯酸乙酯、甲基丙烯酸乙酯共聚物材料制成，添加了紫外线吸收剂，表面经肝素改性。该产品的创新点在于其光学部采用衍射分光和非球面相结合的设计，衍射技术是实现多焦点的核心，属于国际领先、国内首创，这是国内企业首次进入高端人工晶体领域，填补了国内的一项空白，打破了进口多焦点人工晶体的垄断局面，为国内各层医疗机构提供物美价廉的多焦点人工晶体。该产品用于成年白内障患者的视力矫正，预计可提供远、近两个焦点，在一定程度上弥补了单焦点人工晶状体视力不佳的不足。该产品的上市将为患者带来新的治疗选择。

2022年11月，江苏百优达生命科技有限公司自主研发和生产的人工血管“VASOLINE”获得NMPA批准上市。VASOLINE是我国首个经NMPA批准上市的国产人工血管，其被用于主动脉及其分支血管的置换或旁路手术。VASOLINE主要由PET线编织制成，涂覆有牛胶原蛋白和甘油。该产品的聚酯编织采用创新编织工艺，外层经纱采用弹性纱线［涤纶低弹丝拉伸变形纱线（DTY）］，中间层采用非弹性纱线［涤纶全拉伸纱线（FDY）］，纬纱采用由弹性纱线、非弹性纱线组成的复合纱线。该编织工艺使织物具有更小且更均匀的孔隙，预期将改进成品的渗血性能。此次国产人工血管的上市，将打破海外巨头垄断市场多年的局面，解决疫情加剧国内市场供不应求、人工血管“卡脖子”等问题。

2022年12月，上海微创电生理医疗科技股份有限公司研发的一次性使用压力监测磁定位射频消融导管获批上市。该产品由射频消融导管、连接尾线和尾线连接盒组成。其中导管主体包含高扭矩管身和可弯曲的头部，头部装有铂铱电极、1个头端电极和3个环形电极。该产品在医疗机构中与上海微创电生理医疗科技股份有限公司生产的三维心脏电生理标测系统和心脏射频消融仪配合使用，用于药物难治性、复发性、症状性阵发性房颤的治疗。该产品采用了基于应变片原理的压力传感技术、磁场定位技术、头端多孔盐水灌注技术与三维电生理标测系统，可为房颤患者的治疗提供整体解决方案，是国产首个具有压力感知功能的心脏射频消融导管。与传统心脏类射频消融导管相比，该产品可以实时测量导管头端和心壁之间的触点压力值，更好地辅助术者完成手术，有效防止术中导管与组织贴靠力过大造成的蒸汽爆裂或过小引起的消融不完全，可缩短医生学习曲线，达到更优的远期治疗成功率。该产品的获批上市有利于该技术的临床应用推广和降低临床治疗费用，使更多房颤患者受益。

（三）疾病诊断与治疗

随着医药生物技术的快速发展及其与大数据、人工智能等前沿技术的交叉融合，相关领域涌现出一系列创新技术和产品，为疾病的诊断与治疗提供了新的思路和方法。

1. 疾病诊断

2022年3月，杭州深睿博联科技有限公司研发的儿童手部X射线影像骨龄辅助评估软件通过NMPA审核，获批第三类医疗器械注册证。该软件整合了医学影像、人工智能等多学科前沿技术，包括由影像浏览和处理模块、基于深度学习的骨龄分析模块、生长发育评估模块、骨骺列表模块等组成的Web端软件，以及由服务器管理模块、系统配置模块、操作监控模块、用户管理模块组成的服务器软件两部分，通过测量分析儿童手腕部X射线影像，可自动进行骨骺等级评估和骨龄计算，快速提供评估报告。

2022年4月，数坤（北京）网络科技股份有限公司（数坤科技）研发的头颈CT血管造影图像辅助评估软件（CerebralDoc）通过NMPA审核，获批第三类医疗器械注册证。该产品依托医疗影像图像处理技术和AI图像算法，实现3min完成头颈动脉CT血管造影影像显示、处理、分析，可用于头颈动脉血管狭窄辅助评估，且能智能地输出结构化报告，极大地提升了医生诊断效率和准确率，对临床辅助诊断，尤其是急诊具有较好的应用价值。

2022年6月，成都齐碳科技有限公司（以下简称“齐碳科技”）发布自主研发的纳米孔基因测序仪QNome-3841hex。该产品为一款桌面式测序仪，小巧便携，支持6个测序任务独立运行，测序过程中可自由组合测序芯片，灵活可控，不需凑样，可最大限度地降低开机成本。该测序仪搭载全新升级测序芯片QCell-384，单张芯片可产出3G数据量，在6张芯片同时运行的环境中，一次测序可获取18G数据，满足了更高通量的测序需求，且准确率高，读长范围广，可满足多类场景需求。目前，该仪器已经投入量产，并面向市场正式发售。

2022年7月，杭州可帮基因科技有限公司（以下简称“可帮基因”）推出肿瘤组织起源基因检测试剂盒（PCR荧光探针法）。该产品是国内首个获得国家药品监督管理局（NMPA）批准的泛癌种、多基因mRNA检测试剂盒，适用于检测分化程度较低或疑似转移的实体瘤患者的肿瘤组织样本。该检测试剂盒与分析软件配合使用，可用于判别肺癌、肠癌、胃癌、乳腺癌等常见癌症肿瘤样本的组织起源及肿瘤分型。

2022年11月，卡尤迪生物科技（北京）有限公司（以下简称“卡尤迪”）研发的闪测新品——Flash10全自动核酸检测分析系统通过NMPA审核，获批第三类医疗器械注册证。该检测分析系统集样本信息录入、进样、核酸提取、扩增检测、数据分析、自动化报告为一体，具有4个独立反应模块，独立运行，互不干扰，样本随到随检，单样本检测20min即可完成，实现了“样本进，结果出”、全流程一体化，为医疗机构疾病诊疗、疫情防控、入境口岸快速通关检测等提供了更加便捷的核酸检测系统。

2. 疾病治疗

上海交通大学等机构的研究人员发现肺组织中的神经纤毛蛋白1（neuropilin-1，Nrp1）是由肺源性转化生长因子β1（TGFβ1）诱导并维持的。Nrp1是肺2型固有淋巴样细胞（ILC2）的组织特异性标记物，可作为肺纤维化的潜在治疗靶点。相关研究成果于2022年1月在*Nature Immunology*杂志发表。

2022年1月，华北制药集团有限责任公司研发的治疗性生物Ⅰ类新药奥木替韦单抗注射液（商品名为“迅可”）获NMPA批准上市，用于成人狂犬病毒暴露者的被动免疫。奥木替韦单抗注射液含高效价的抗狂犬病毒单克隆抗体NM57（IgG1亚型），能特异地中和狂犬病毒糖蛋白保守抗原位点Ⅰ中的线性中和抗原表位，从而阻止狂犬病毒侵染组织细胞，发挥预防狂犬病的作用。相关研究成果入选了“2022年中国医药生物技术十大进展”。

2022年2月，美国食品药品监督管理局（FDA）正式批准强生（中国）有限公司（以下简称“强生”）旗下西安杨森制药有限公司与金斯瑞生物科技股份有限公司（以下简称“金斯瑞”）旗下南京传奇生物科技有限公司（以下简称“传奇生物”）合作研发的靶向B细胞成熟抗原（BCMA）的嵌合抗原受体T（CAR-T）细胞产品西达基奥仑赛（Cilta-cel，商品名为“Carvykti”）上市，该药物是中国首个获美国FDA批准的细胞治疗产品，也是全球第二款获批的靶向BCMA的CAR-T细胞免疫疗法，用于治疗复发或难治性多发性骨髓瘤（RR/MM）。相关研究成果入选了“2022年中国医药生物技术十大进展”。

2022年6月，中山康方生物医药有限公司（以下简称“康方生物”）自主研发的PD-1/CTLA-4双特异性抗体肿瘤免疫治疗药物卡度尼利单抗注射液（商品名为“开坦尼”）获NMPA批准上市，用于治疗既往接受含铂化疗治疗失败的复发或转移性宫颈癌。卡度尼利单抗是康方生物自主研发的新型首创PD-1/CTLA-4双特异性抗体，可阻断PD-1和CTLA-4与其配体PD-L1/PD-L2和B7.1/B7.2的相互作用，从而阻断PD-1和CTLA-4信号通路的免疫抑制反应，促进肿瘤特异性的T细胞免疫活化，进而发挥抗肿瘤作用。相关研究成果入选了“2022年中国医药生物技术十大进展”。

2022年11月，山东绿叶制药有限公司研发的Ⅰ类创新药盐酸托鲁地文拉法辛缓释片获NMPA批准上市，该药为我国自主研发并拥有自主知识产权的创新药，适用于抑郁症的治疗。其抗抑郁作用可能与通过抑制5-羟色胺（5-HT）、去甲肾上腺素（NE）的再摄取而增强中枢神经系统的5-HT、NE效应有关。该药品的上市为抑郁症患者提供了更多的治疗选择。

2022年11月，山东博安生物技术股份有限公司自主研制的地舒单抗注射液正式获NMPA批准上市，用于治疗骨折高风险的绝经后妇女的骨质疏松症。在绝经后妇女中，本品可显著降低椎体、非椎体和髋部骨折的风险。该药物是全球首个获批上市的普罗力®生物类似药，活性成分为核因子κB受体活化因子（RANK）配体的免疫球蛋白G2全人源单克隆抗体。相关研究成果入选了“2022年中国医药生物技术十大进展”。

3. 疾病预防

2022年3月，国药集团中国生物北京生物制品研究所研发的Sabin株（Vero细胞）脊髓灰质炎灭活疫苗（sIPV）通过世界卫生组织（WHO）预认证，被正式纳入联合国相关机构的药品采购目录。该疫苗采用了基于片状载体的生物反应器培养工艺，率先解决了逐级放大的技术难题，突破了产能瓶颈，实现了规模化生产，填补了国内外空白，是第七个通过WHO预认证的国产疫苗。

2022年3月，玉溪泽润生物技术有限公司研发的重组二价人乳头瘤病毒（HPV）疫苗（毕赤酵母）获NMPA批准上市，用于预防由人类乳头瘤病毒HPV16/18型感染引发的宫颈癌及癌前病变等疾病。该疫苗是继厦门万泰沧海生物技术有限公司二价HPV疫苗（大肠杆菌）后我国批准上市的第二款国产HPV疫苗。

2022年5月，江苏中慧元通生物科技股份有限公司自主研发的四价流感病毒亚单位疫苗（慧尔康欣HRX-X®）获NMPA批准上市。该疫苗用于预防由甲型H1N1和H3N2与乙型BV和BY四种流感病毒引起的流行性感冒，适用于3岁及以上人群，该疫苗是国内首个获批上市的四价流感病毒亚单位疫苗。

2022年8月，厦门大学与厦门万泰沧海生物技术有限公司联合研发的首支国产二价宫颈癌疫苗馨可宁获得泰国食品与药品监督管理局审批认证。同期，该疫苗的5.5年随访结果显示：在18～45岁女性符合方案人群中，馨可宁预防HPV16/18型相关高级别生殖器癌前病变终点的保护率高达100%，并可诱导高水平抗体。相关研究成果于2022年8月在*The Lancet Infectious Disease*杂志发表。

2022年10月，艾美疫苗股份有限公司研发的EV71-CA16二价手足口病灭活疫苗（人二倍体细胞）获得国家药品监督管理局药品审评中心（CDE）临床试验批准。EV71-CA16二价手足口病在研疫苗同时针对EV71及CA16病毒株，是国内首个进入临床阶段的二价手足口疫苗。

二、工业生物技术

（一）生物催化技术

几丁质和壳聚糖具有广泛的生物活性，但由于难溶于水，其应用受到限制。作为几丁质和壳聚糖的寡聚物，甲壳低聚糖（chitooligosaccharide，COS）易溶于水，可被广泛应用于医药、食品和农业等领域。根据结构特征，COS可被划分为壳寡糖（CSOS）和几丁质寡糖（CTOS），不同结构的COS具有不同的生物功能。2022年1月，江南大学未来食品科学中心和生物工程学院刘龙教授课题组报道了在枯草芽孢杆菌中从头合成结构明确的几丁质寡糖的研究进展。该团队利用组合途径工程实现了CTOS在枯草芽孢杆菌中的从头合成，构建的最优重组菌株在3L罐补料分批发酵中，CTOS产量达到4.82g/L，CTOS5、CTOS4、CTOS3和CTOS2的占比分别为85.6%、7.5%、5.3%和1.6%。该研究证明了通过合成生物学从头合成结构明确的CTOS的可行性，为进一步工程改造以实现其商业化生产奠定了良好的基础。该成果被发表在期刊*Metabolic Engineering*上。

苯乙醇是一种被广泛使用的大宗化学品，可用于航空燃料助推剂和抗菌剂中，在航空和医药领域应用广泛。2022年1月，湖北大学生命科学学院陈守文教授团队报道了利用地衣芽孢杆菌实现苯乙醇香精香料绿色生物制造的研究进展。该团队通过模块化代谢工程手段，对地衣芽孢杆菌的中心代谢途径、莽草酸合成代谢途径、苯乙醇竞争途径和葡萄糖转运系统进行系统改造，使得苯乙醇合成途径的碳代谢通量大幅提高。通过发酵工艺优化，最终实现了苯乙醇的高效合成，产量达到6.24g/L。该方法有望替代苯乙醇的传统化学合成法和植物提取法，为其绿色、可持续生产提供了新思路。该成果被发表在期刊*Metabolic Engineering*上。

开发新技术实现CO_2的转化是应对全球能源和环境危机的重要手段。2022年2月，南开大学陈瑶课题组报道了利用烯烃键合的共价有机框架（olefin-linked covalent organic framework）进行光酶还原CO_2的研究进展。该团队基于对辅酶（NADH）依赖型甲酸脱氢酶（FDH）的结构和功能特性分析，设计合成了适配介孔乙烯基COF（NKCOF-113）载体与Rh基电子媒介偶联的光催化功能性载体，将FDH高效负载，创制了催化元件一体化协同的高效“光-酶”催化剂。该体系实现了辅酶再生，可循环使用，具有良好的鲁棒性，为光驱动CO_2的高效生物催化转化提供了新的思路和解决方案。该成果被发表在期刊*Angewandte Chemie International Edition*上。

氨基酸是构成生命体蛋白质的基本单元，被广泛应用于饲料、食品、医药和日化等领域。2022年2月，中国科学院天津工业生物技术研究所的孙际宾和郑平团队报道了氨基酸高产菌种的从头设计的进展。该研究以氨基酸工业中的主力菌种谷氨酸棒状杆菌和高附加值氨基酸L-脯氨酸为研究对象，综合应用代谢途径设计、基因组编辑、关键酶改造、基因精细表达调控及新型功能元件挖掘等技术，实现了无质粒、无抗生素抗性标记和不需诱导剂的L-脯氨酸高产菌PRO-19的从头设计。在5L罐中进行分批补料发酵，L-脯氨酸产量达到142.4g/L，时空产率为2.90g/（L·h），转化率达到0.31g/g。该成果被发表在期刊*Nature Communications*上。

细胞色素P450是一类被应用广泛的氧化酶，在各种生物体中发挥重要作用。2022年3月，江西师范大学陈其宾和高洁课题组与西南大学邹懿课题组报道了一项关于细胞色素P450协同催化高度氧化和重排的二萜类索达啉烷

（sordarinane）结构合成的研究进展。该团队详细揭示了真菌中二萜骨架代表性化合物索达啉烷的酶促合成途径，并发现了4个能够高效催化环烷烯转化为粪壳前素（sordaricin）的细胞色素P450。研究结果证实了SdnB和SdnF是具有新功能的细胞色素P450，其中SdnB是首个能够催化环氧碳-碳键断裂生成二醛的氧化酶，而SdnF可以特异性地将其中一个醛基氧化为羧基，并促进后续的Diels-Alder环化反应。此外，研究团队构建并优化了真菌细胞色素P450多酶复合体系的体外协同催化平台，实现了索达啉烷类化合物及其衍生物的酶促全合成。该成果被发表在期刊*Journal of the American Chemical Society*上。

碳-碳键的形成是有机分子构建的基础，通过连接较小的亚结构来构建复杂的有机分子。该反应一直是化学领域面临的重要难题之一，通常需要在苛刻的条件下进行反应。2022年3月，上海交通大学瞿旭东团队报道了β-酮酰基ACP合成酶Ⅲ同系物对阿苏霉素中聚酮类化合物生物合成进行编程的进展。该研究团队通过解析结节链霉菌阿苏霉素中三烯链的形成机制，发现了一类新的聚酮合酶。虽然这种聚酮合酶与Ⅱ型聚酮合酶类似，都由多个游离的酶组成，但它们在本质上存在着差异。这种聚酮合酶利用一对特殊的β-酮酰基ACP合成酶Ⅲ（KASⅢ）同源蛋白（AsuC3、AsuC4）作为碳-碳键合成工具，催化聚酮碳链的形成。经过基因组分析发现，类似的聚酮合酶在许多微生物基因组中也存在，表明这一发现具有广泛的适用性。该成果被发表在期刊*Angewandte Chemie International Edition*上。

“长寿维生素”麦角硫因是一种含硫的天然氨基酸，作为高效的抗氧化剂，与多种氧化应激疾病密切相关，如心血管疾病和神经退行性疾病。麦角硫因磺酸盐是麦角硫因在发挥其氧化功能后形成的代谢产物之一。2022年4月，华南师范大学的张新帅研究员和黄华研究员课题组报道了麦角硫因代谢研究的最新进展。该团队运用“基因组酶学”策略，首次揭示了麦角硫因磺酸盐的完整代谢途径。在研究中发现了参与麦角硫因磺酸盐代谢的新型酶家族——还原脱磺酸基酶，并成功在放射形土壤杆菌（*Agrobacterium radiobacter*）K84菌株中编码了麦角硫因磺酸盐的完整代谢途径。进一步的生物信息分析表明，包括α-变形菌、γ-变形菌和放线菌在内的许多土壤细菌具备代谢麦角硫因磺酸盐衍生物的能力，并在土壤硫循环中发挥重要作用。该成果被发表在期刊*ACS Catalysis*上。

二氧化碳电还原技术利用清洁电能将温室气体二氧化碳转化为具有高附加值的化学品，对于缓解资源短缺问题具有重要意义。2022年4月，电子科技大学材料与能源学院夏川课题组报道了在二氧化碳还原合成葡萄糖和脂肪酸方面取得的进展。该团队通过电催化的方式，将二氧化碳和水转化为高纯度乙酸，然后利用乙酸和乙酸盐作为碳源，通过生物发酵过程合成葡萄糖和脂肪酸等长碳链分子，实现了“用二氧化碳和水合成葡萄糖和脂肪酸”的完整过程。研究人员首先利用Ni-N-C单原子催化剂将二氧化碳转化为一氧化碳中间体，然后通过脉冲电化学还原工艺将收集到的一氧化碳与晶界铜催化剂反应，形成乙酸。电合成获得的高纯度乙酸溶液作为酿酒酵母的碳源，最终葡萄糖产量达到了2.2g/L。将该系统用于脂肪酸体内合成，浓度达到448.5mg/L。该成果被发表在期刊*Nature Catalysis*上。

立体选择性合成光学纯化合物在制药、食品和农业工业中均有应用，在现代合成化学中占有越来越重要的位置。催化前手性化合物立体选择性去对称以得到有价值的手性分子具有良好的研究前景。2022年5月，遵义医科大学药学院的万南微教授团队利用生物催化去对称策略高效合成了手性环氧化合物。该团队利用卤代烃脱卤酶催化2-取代-1,3-二氯-2-丙醇（2SDCP）不对称反应，成功合成了各种手性2,2-二取代环氧化合物和5,5-二取代恶唑烷酮，并解析了卤代烃脱卤酶催化不对称脱卤反应的立体选择性机制。这些发现将拓宽手性环氧化合物和恶唑烷酮的不对称合成方法。该成果被发表在期刊*ACS Catalysis*上。

聚羟基脂肪酸酯（PHA）作为绿色环保高分子材料，在生物制造领域一直备受关注，聚羟基丁酸酯（PHB）是PHA最为常见的分子形式之一，中国科学院天津工业生物技术研究所江会锋研究员团队报道了一项关于通过化学-生物杂合过程驱动二氧化碳合成生物塑料PHB的研究进展。该团队首先利用化学还原过程将二氧化碳加氢转化为甲醇，并以甲醇为底物合成PHB。在途径的设计中，研究人员筛选并定向进化了关键酶元件，优化了反应体系中酶的比例和辅因子的添加量，以降低副产物乙酸的积累，最终实现了从二氧化碳到PHB的全新合成路径，PHB的产量达到5.96g/L，生产效率达到1.19g/（L·h）。在整个过程中，二氧化碳的碳利用率达到71.8%，其中生物催化过程的碳利用效率高达93.8%。这一研究突破了天然代谢途径的理论碳利用效率。该成果被发表在期刊*Green Chemistry*上。

真菌二萜糖苷类产物sordarin可以抑制蛋白质合成过程中延伸因子EF-2的活性，具有成为抗真菌药物的潜力。2022年6月，南京大学戈惠明团队报道了对sordarin生物合成的研究，揭示了降冰片烯骨架形成的机制。该研究团队通过一系列实验手段，包括基因敲除、中间体结构鉴定、生物转化、异源表达及体外酶学实验，全面阐述了从cycloaraneosene到sordarin的生物合成途径。研究结果证明4个P450氧化酶（SdnB、SdnE、SdnF和SdnH）在降冰片烯骨架形成过程中的重要功能。此外，研究团队还鉴定了一种新型的Diels-Alder酶（SdnG），它负责催化降冰片烯骨架的生成，进一步拓展了自然界中酶催化的Diels-Alder反应类别。该成果被发表在期刊*Angewandte Chemie International Edition*上。

甲醇生物转化路线具有实现高选择性生产结构复杂的长链含氧化学品的能力。然而，在传统的糖基发酵碳源中，甲醇及其代谢产物甲醛的高生物毒性成为限制微生物利用的障碍。2022年7月，中国科学院大连化学物理研究所周雍进团队报道了改造毕赤酵母实现甲醇高效合成脂肪酸衍生物的进展。该团队通过对毕赤酵母的中心代谢与辅酶供应进行全局优化，过表达内源磷酸二羟丙酮合酶，强化了甲醛同化过程，显著降低了细胞甲醛积累与ROS水平，提高了脂肪酸产量。最终，工程菌株在1L生物反应器中以甲醇为唯一碳源实现了23.4g/L的脂肪酸积累，达到理论得率的24%。此外，通过代谢流切换策略，该团队将脂肪酸生产菌株快速改造为脂肪醇生产菌株，以甲醇为唯一碳源进行分批补料发酵，脂肪醇产量达到2.0g/L，为目前甲醇生物转化的最高水平。该成果被发表在期刊*Proceedings of the National Academy of Sciences of the United States of America*上。

1-芳基四氢-β-咔啉（THβC）是一种非常重要的*N*-杂环结构，作为核心结构单元广泛存在于活性天然产物和药物中。2022年7月，上海交通大学瞿旭东教授课题组报道了1-芳基-β-咔啉及其*N*-甲基化产物的高效酶法合成的进展。

该团队以1-苯基-二氢-β-咔啉（DHβC）亚胺为底物，筛选得到具有较高活性和选择性的IR45酶，其转化率和对映体过量（e.e.）值均大于99%。随后，对亚胺还原酶IR45进行理性设计和改造，获得了一组突变体可以催化DHβC苯环取代衍生物，转化率大于99%。在此基础上，该团队进一步设计了一条串联酶催化合成策略，通过应用来自日本黄连（*Coptis japonica*）的*N*-甲基转移酶，可以将亚胺还原酶（IRED）催化合成的1-芳基-四氢-β-咔啉（THβC）完全转化成*N*-甲基化产物。该成果被发表在期刊*ACS Catalysis*上。

聚-2-羟基丁二酸酯（P2HBD）是一种新型短链水溶性PHA，其在可降解塑料、医用材料和环境领域具有广泛的应用。传统以葡萄糖有氧发酵生产P2HBD的方法存在CO_2损失和生物质积累问题，导致不同菌株P2HBD得率仅为0.4～0.6g/g葡萄糖。2022年8月，西南大学邹祥课题组报道了乙醇驱动水溶性P2HBD的碳经济高效合成的进展。该团队设计了以高还原性底物乙醇为唯一底物的P2HBD生物合成路径，并通过组合代谢工程模块精细调控等手段，采用乙醇静息细胞培养模式实现了P2HBD高效经济合成，乙醇得率达到0.87g/g葡萄糖，相比其他糖质底物，以乙醇为底物的P2HBD得率提升了30%以上。该成果被发表在期刊*Green Chemistry*上。

在蛋白质中人工设计和引入非天然活性中心构建人工酶，可以极大地拓展酶的催化反应性能。然而，受到自然进化的影响，大多数生物酶都是基于热化学驱动的活化机制，而受光驱动的天然光酶非常罕见。2022年9月，华中科技大学的钟芳锐教授、吴钰周教授团队与西北大学的陈希教授团队报道了一项关于三重态光酶催化［2+2］-环不对称加成反应的研究进展。该研究团队基于有机合成、基因工程、蛋白质工程、酶理论计算和结构生物学等多个学科，通过基因密码子拓展技术，将合成化学中发展的二苯甲酮类优异光敏剂定点插入特定蛋白质的手性空腔中，构建了含有非天然催化活性中心的人工光酶TPe。随后，研究团队通过优化酶中的氨基酸残基和反应空腔结构，成功进行了光酶的定向进化，最终获得了出色的突变体TPe4.0。该光酶能够高效催化吲哚衍生物分子内［2+2］光环加成反应，生成具有高立体选择性的环丁烷并吲哚啉类产物（单一手性异构体的产率高达99%）。该成果被发表在期刊*Nature*上。

由于其特殊的理化性质、独特的除草机制和较低的环境压力等优点，草铵膦（PPT）已被广泛应用于农业和非农业领域的杂草控制。商业化的草铵膦通常由D-草铵膦和L-草铵膦的混合物组成，但只有L-草铵膦具有除草活性。2022年10月，中南大学资源加工与生物工程学院的曾伟民教授课题组报道了一项关于工程化改造D-氨基酸氧化酶以高效绿色合成除草剂精草铵膦的研究进展。该团队通过计算机辅助模拟酶分子与底物的结合过程，确定了位于活性口袋附近的10个氨基酸残基，并利用亲水性氨基酸替换、定点饱和测试和迭代定点突变策略（CAST/ISM），对红酵母来源的D-氨基酸氧化酶（DAAO）进行定向进化实验。最终，他们获得了最佳突变体（N54T/M213T/S335Q），其对D-PPT的催化活性提高了超过2000倍，为目前报道活性最高的突变体。并且该突变体具有良好的温度和pH稳定性。该成果被发表在期刊*Angewandte Chemie International Edition*上。

谷氨酸脱氢酶（GluDH）严格的底物特异性，限制了其在非天然氨基酸合成中的广泛应用。2022年10月，浙江大学杨立荣教授团队报道了基于计算指导改造谷氨酸脱氢酶以高效合成非天然L-氨基酸的研究进展。该团队选择来自艰难梭菌（*Clostridium difficile*）的谷氨酸脱氢酶和4种底物（包括一种天然底物和三种非天然底物）作为模型，研究了GluDH的底物识别机制，并开发了计算机辅助蛋白质工程改造策略，通过减少口袋空间位阻、调节酶-底物之间的静电相互作用和H-π相互作用，对底物结合口袋进行系统的重新设计，以适应不同的底物。最后，通过模拟工业催化反应测试了突变体的还原胺化效率。结果表明，K71A、A145G/P144A/V143A等突变体在制备L-正缬氨酸、L-草铵膦和L-高苯丙氨酸中效果显著。该成果被发表在期刊*ACS Catalysis*上。

环丙烷作为一种常见的药效结构单元，在新药开发中具有重要的地位。目前，生物大分子催化烯烃环丙烷化主要利用基于P450BM3和肌红蛋白等血红素蛋白改造的人工金属酶。然而，迄今报道的绝大多数该类人工金属酶都具有α-螺旋蛋白骨架，这极大地限制了其催化底物的范围。2022年10月，华南理工大学化学与化工学院何春茂教授团队报道了基于不同类型蛋白骨架的生物催化体系的研究进展。该团队以β-桶状蛋白质nitrophorin 2（NP2）骨架为基础，通过理性设计和定点突变，筛选获得了三个突变体NP2（L122V/L132V/I120V）。这些突变体具有高催化效率和优异的选择性［非对映体过剩率（d.e.）为99%，e.e.值为 99.9%］。此外，在细胞裂解液水平或规模制备中，该酶仍能保持其高立体选择性和高产率，展现出极大的应用潜力。该成果被发表在期刊*ACS Catalysis*上。

莽草酸是许多药物和工业化产品的重要前体，包括抗流感药物磷酸奥司他韦、芳香族氨基酸与吲哚衍生物、生物碱和手性化学品。2022年11月，江南大学刘立明课题组报道了利用系统工程改造大肠杆菌以提高莽草酸产量的研究进展。该团队以大肠杆菌作为生产平台，利用酶约束代谢模型进行分子动力学模拟，并成功筛选出10个莽草酸合成的关键靶点。随后，利用代谢工程和蛋白质工程优化生产途径并提高限速酶的活性。此外，还开发了智能压力响应开关动态调控莽草酸耐酸靶点的表达，提高了生产效率。最终，通过使用廉价的葡萄糖作为唯一碳源发酵48h，莽草酸产量达到126g/L，产率为0.5g/g葡萄糖，时空产率为2.63g/（L·h）。该成果是大肠杆菌莽草酸生产宿主中的最高水平，具有极高的工业化生产潜力。该成果被发表在期刊*Metabolic Engineering*上。

龙涎香是重要的名贵高级香料，价格昂贵，目前主要来自抹香鲸，抹香鲸濒临灭绝使得龙涎香的获取面临挑战。2022年11月，中国科学院大连化学物理研究所周雍进研究员团队报道了龙涎香的主要成分二萜香紫苏醇高效生物合成的进展。该团队以酿酒酵母为细胞工厂，系统改造其中心代谢，实现了以葡萄糖为原料高效合成香紫苏醇，产量达到11.4g/L，为目前二萜类的最高产量。为了节省细胞工厂构建流程，该团队发展了代谢切换策略，将前期构建的高产脂肪酸菌株快速切换为香紫苏醇合成细胞工厂，节约了18步基因操作，大大缩短了细胞工厂的构建时间。此外，该团队还借助转录组学和代谢流分析技术揭示了二萜高效合成菌株的代谢流调控规律，为构建高效萜类合成细胞工厂提供了理论指导。该成果被发表在期刊*Metabolic Engineering*上。

聚对苯二甲酸乙二醇酯（PET）是一种被广泛应用于服装、包装、医药等领域的塑料。PET具有极强的物理和化学稳定性，其在自然环境中难以降解。2022年11月，天津大学生命科学学院王泽方教授课题组报道了一项工程化全细胞酵母催化剂用于高效降解高结晶度PET的研究进展。该团队通过表面共展示技术，将人工设计的吸附模块疏水蛋白HFBI和降解模块PETase固定在毕赤酵母细胞表面，并通过优化实现了两者在酵母细胞表面的最佳组合。这种全细胞催化系统表现出较高的稳定性，在长达10天的反应条件下，与野生型PETase相比，对高结晶度PET（hcPET）的转化率从0.003%提高到约10.9%。该成果被发表在期刊*Nature Communications*上。

L-苏氨酸醛缩酶（LTA）是一种磷酸吡哆醛（PLP）依赖酶，它能催化甘氨酸和醛生成多种具有两个手性中心的β-羟基-α-氨基酸。β-羟基-α-氨基酸是一类重要的手性中间体，被广泛应用于制药领域，如氟苯尼考、氯霉素和屈昔多巴的合成。然而，野生LTA对β-羟基-α-氨基酸的β碳原子非对映体的选择性低，阻碍了其工业化应用。2022年12月，浙江大学化学工程与生物工程学院吴坚平团队报道了基于“突变景观”的L-苏氨酸醛缩酶改造揭示遵循Prelog规则的碳-碳键不对称合成机制的进展。该团队以*Cellulosilyticum* sp.来源的L-苏氨酸醛缩酶（CpLTA）为研究对象，以催化对甲砜基苯甲醛和甘氨酸生成L-syn/anti-对甲砜基苯丝氨酸为模式反应，在突变景观的指导下使用组合活性中心饱和突变/迭代饱和突变（CAST/ISM）策略进行酶分子工程，实现了该酶非对映体选择性的提升和反转。研究表明，路径假说和Prelog规则对指导转醛酶、转酮醇酶等催化碳-碳键不对称合成酶的立体选择性改造具有普适性。该成果被发表在期刊*Angewandte Chemie International Edition*上。

细胞色素P450（P450）是一类以血红素为辅基的酶，然而使用全细胞进行底物转化时，会存在血红素辅基供给不足的情况，严重限制了P450全细胞催化效率。2022年12月，江南大学未来食品科学中心赵鑫锐课题组报道了可以精准调控血红素合成的大肠杆菌底盘细胞的进展。该团队选择大肠杆菌C41（DE3）和高拷贝数质粒（pRSFDuet-1）作为P450的最佳表达体系，并确定了含有强诱导启动子（T7lac）的中低拷贝数质粒（pCDFDuet-1）表达血红素受体蛋白chuA，通过整合表达血红素生物合成途径进一步增强了胞内血红素供应。最后，运用血红素供给精准调控大肠杆菌制备的全细胞P450催化剂进行反应。单组分P450 BM3催化苯酚合成化学中间体对苯二酚的效率提高了1.4倍；

三组分P450 sca-2催化美伐他汀合成药物普伐他汀的效率提高了7.9倍；三组分CYP105D7催化黄豆苷原合成天然产物7,3′,4′-三羟基异黄酮的效率提高了8.1倍。该成果被发表在期刊*Advanced Science*上。

（二）生物制造工艺

南京工业大学郭凯教授牵头完成的“生物基聚氨酯及其关键制造技术”项目荣获2022年度中国石油与化学工业联合会技术发明一等奖。该项目揭示了生物基多元醇分子结构对高端聚氨酯材料性能的影响规律，并利用低质生物质油脂为原料，成功发明了5种高性能的生物基多元醇新产品。此外，该项目还创新发明了生物基多元醇微化工生产新技术，并配套研发了相关设备，建成了年产5万吨的工业装置。同时，还研制了生物基多元醇系列产品的成套技术，并成功开发了5种高性能新产品，包括生物基聚氨酯防腐涂料、软质泡沫材料、建筑结构胶、电子灌封胶和特种结构胶。该项目的整体技术达到国际一流水平，在生物基聚氨酯多元醇微化工合成方面处于国际领先地位。

三蚁科技创始人、葵花药业研究院董事肖永坤博士及团队主持的“生物转化精准制备人参稀有皂苷功效成分的关键技术与应用”荣获2022年中国轻工业联合会科学技术发明二等奖。这是一种高效、定向富集中草药天然产物功效活性成分的生物转化精准制备技术。该技术可以产业化生产药品级别纯度的单体稀有人参皂苷，纯度达到98%以上。同时，利用生物转化方法，突破了传统植物提取有效成分含量低，难以应用的问题。稀有人参皂苷CK、Rh2、Rg3、CMx，实现了10万倍浓缩。三蚁科技凭借酶转化法生产人参稀有皂苷技术、分子中药技术等可以帮助中医药和化妆品原料市场实现从植物提取物向分子中药、植物分子的进化，从而更高效、快速地绘制出植物成分分子图谱，找到植物药、化妆品植物活性原料的核心成分，通过分子生物学定向合成实现功效成分的产业化生产。

山西杏花村汾酒厂股份有限公司杜小威、江南大学徐岩等完成的“微生态发酵技术及其在清香型白酒生产中糠味物质精准调控的应用”项目荣获2022年中国轻工业联合会科学技术发明二等奖。该项目首次以调控不良特征风味为导向，综合采用现代前沿风味化学，微生物组学等多学科交叉的基本理论和实验技术，解析白酒中土霉气味化合物的产生机制及相应酿造微生态结构和功能变换机制。最终阐明清香型白酒中土霉气味物质与清茬、红心、后火制曲过程中链霉菌呈正相关，实现了土霉异味物质跟踪检测、预测与控制。针对制曲过程中土味素产生菌的时空分布特征，从大曲中筛选出6株在低含水量条件下可以快速生长且对链霉菌生长存在抑制作用的微生物，分别属于曲霉菌属（*Aspergillus*）、根霉属（*Rhizopus*）、丝孢酵母属（*Trichosporon*）、横梗霉属（*Lichtheimia*）和芽孢杆菌属（*Bacillus*）。其土味素抑制率最高可达91.06%。运用微生态发酵技术，强化由上述6株酿造功能微生物组成的土味素抑制菌剂。在保持大曲群落结构相对稳定的情况下，通过改变原有菌群互作关系，抑制产生土味素的链霉菌的生物量，实现ng/L级别阈值土味素的精准抑制。根据控制策略研究结果，指导制曲过程、基酒组合等白酒生产过程，实现了降低酒中土味素不良风味物质浓度的目的，确保了汾酒产品风味协调，批次稳定。

中国科学院青岛生物能源与过程研究所吕雪峰研究员等完成的“降血脂药物辛伐他汀的绿色全生物合成技术”项目荣获2022年山东省技术发明二等奖。该项目针对辛伐他汀绿色全生物合成，综合运用合成生物技术、代谢工程技术和酶工程技术，构建丝状真菌新型细胞工厂、挖掘新型水解酶和开发全细胞催化剂，取得了突破性进展。项目通过两条路线，即“细胞工厂”和“全细胞催化”，成功打通了重要降血脂药物辛伐他汀的全生物合成路径。该项目的主要技术创新包括：①开发了土曲霉工业菌株高效遗传操作平台；②构建了土曲霉细胞工厂合成辛伐他汀平台；③挖掘和鉴定新型辛伐他汀合成元件；④建立了洛伐他汀直接一步生产辛伐他汀的高效全细胞催化工艺。该项目首创了两条辛伐他汀绿色全生物合成技术路线，对于辛伐他汀产业具有重要的技术革新意义。

南京工业大学的徐虹教授牵头完成的“微生物源生物刺激素的制备关键技术与应用”项目荣获2022年度中国石油与化学工业联合会科学技术进步一等奖。该项目建立了基于环境胁迫效应和植物表型成像技术相耦合的功能菌株筛选平台，成功获得了200多株具有促生抗逆功能的工业菌株；研发出了以微生物多糖为主的新型生物刺激素，其中泛菌多糖的发现是国际上首次，为生物刺激素领域拓宽了范围；同时，采用模块化通路改造策略，开发了发酵优化工艺，实现了微生物多糖生物刺激分子量的可控制备；此外，还建立了基于细胞表面工程的微胶囊智能封存工艺，成功克服了液体菌剂贮藏耐受性差的技术难题。研究团队还研发了微生物源组合生物刺激素技术（MCBT），实现了定制化生产配方产品。该成果的总体技术达到了国际先进水平，尤其在新型生物刺激素的筛选、生产和微生物源组合生物刺激素技术方面处于国际领先水平。

浙江科技学院生物与化学工程学院黄俊教授主持申报的“γ-氨基丁酸高效生物合成关键技术创新及产业化示范”项目获得中国轻工业联合会科技进步一等奖，项目组基于具有自主知识产权的短乳杆菌菌株，以高效合成γ-氨基丁酸（GABA）为研究目标，阐明了短乳杆菌谷氨酸脱羧酶（GAD）系统中关键蛋白的转录调控机制及其在细胞抵御环境酸胁迫、GABA合成过程中的具体作用。综合应用蛋白质工程、代谢工程、合成生物学及发酵过程优化等手段创制了多个具有高效合成GABA能力的工程菌株及工程酶，建立了4条GABA生物催化、提取加工生产示范线，开发了3个GABA饲料添加剂新产品，不仅使得GABA的发酵水平及生产效率超过了国外发达国家水平，还取得了显著的经济和社会效益。项目核心技术获得授权中国发明专利15项，在*Biotechnol. Bioeng.*、*J. Agric. Food Chem.*等杂志发表学术论文39篇，构筑了具有自主知识产权的生产技术体系。

嘉必优生物技术（武汉）股份有限公司领衔的“微生物来源脂质营养素高效生产关键技术及应用”项目荣获中国轻工业联合会科技进步一等奖。该项目通过微生物资源的发掘，整合了生物制造的全技术链条，成功实现了花生四烯酸（ARA）、二十二碳六烯酸（DHA）和β-胡萝卜素（BC）等脂质营养素产品的产业化。在成本降低、品质提升和应用多样化三个方面，构建了脂质营养素的生产和应用技术体系。通过开发菌种选育和精细调控技术，实现了产能升级和成本降低。创新性地引入胞壁动态调控和低温物理精炼等核心工艺技术，建立了微生物来源脂质营养素安全、高效和绿色制备体系。此外，采用微胶囊技术提高了产品的包埋率和稳定性，克服了功能脂质易氧化和分散性差等技术难题。该项目的实施能够有效保障中国婴幼儿口粮关键原料ARA/DHA的品质和供应，对于解决传统发酵产业的技术共性问题和推动产业升级起到了重要作用。同时，促进了微生物来源脂质营养素全产业链的发展。中国科学院等离子体物理研究所的科研团队在工业微生物菌株诱变育种方面发挥了关键作用，通过离子束注入诱变和原生质体融合等技术，获得了一批高产花生四烯酸、二十二碳六烯酸、β-胡萝卜素和番茄红素的工业微生物菌株，为该项目提供了源头菌种技术支持。

内蒙古金达威药业有限公司、华东理工大学和厦门金达威集团股份有限公司合作完成的项目“辅酶Q10发酵生产全链条关键技术开发与产业化”荣获中国轻工业联合会科技进步一等奖。辅酶Q10是一种存在于高等动植物及微生物细胞中亚细胞结构线粒体电子传递链的辅酶。这一项目的成功实施标志着国内首次采用工业微生物学和生物技术手段开发出辅酶Q10的发酵新工艺，并实现了产业化上市新产品。该成果的获得不仅具有重要的科学意义，也将在医药领域产生重大的经济和社会效益。

（三）生物技术工业转化研究

华南理工大学轻工科学与工程学院徐峻教授等参与的项目“林木废弃纤维绿色高效高值利用关键技术及产业化”获得中国轻工业联合会科技进步二等奖。该项目的研究目标是针对木屑、低次木材、废旧木料等木质剩余物资源进行高效转化和高值化利用。通过创新性研发木屑低碱高温微爆预处理技术、次级木片无硫碱性高压预处理耦合压力中浓热磨清洁制浆技术等高得率清洁制浆新技术，成功创建了以碱炉热电联产为核心的制浆造纸有机污染物资源化处理模式。项目建立了国内首条高得率木屑制浆生产线，并实现了整套系统的国产化，其生产的瓦楞原纸产品性能达到优等品AAA级指标要求。此外，该项目还解决了传统技术无法利用次级木片生产优质纸浆的难题，开发出具有木质纹理的高强度牛卡纸产品，成功实现了对进口产品的替代。该项目的实施不仅突破了废纸“零进口”和“以纸代塑”的产业瓶颈，同时还产生了显著的社会环境效益和经济效益。

欧诗漫生物股份有限公司杨安全等完成的项目“多靶点美白珍珠多肽原料制备技术”荣获2022年中国轻工业联合会科技进步二等奖。该项目以药用级珍珠为原料，采用超微粉体技术、大孔树脂色谱和RP-18反相色谱技术进行提取和提纯，成功制备出抑制黑色素产生的珍珠多肽活性组分，并且具有先进可控

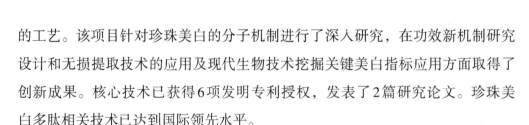

的工艺。该项目针对珍珠美白的分子机制进行了深入研究，在功效新机制研究设计和无损提取技术的应用及现代生物技术挖掘关键美白指标应用方面取得了创新成果。核心技术已获得6项发明专利授权，发表了2篇研究论文。珍珠美白多肽相关技术已达到国际领先水平。

华东理工大学田锡炜等完成的“菌种高效筛选及工业应用关键技术创新与装备研制”项目荣获2022年度中国轻工业联合会科技进步二等奖。该项目开发了基于光谱信息和图像信息协同的高通量检测新方法；研制了基于多参数微-小型反应器系统的高通量培养新装备；建立了以过程优化设计（DoE）为指导的菌种适配工艺快速优化新技术。该项目形成的完整技术体系应用于葡萄糖酸、头孢菌素C等工业生产菌种的高通量筛选过程，在山东福洋生物科技股份有限公司、国药集团威奇达药业有限公司等企业实现了工业化生产。此外，该项目研制的多参数微型高通量反应器系统和小型平行反应器系统在上海国强生化工程装备有限公司实现了商业化生产。近三年累计为企业新增产值27.11亿元，新增利润2.32亿元。相关技术和装备显著提升了我国种质源头创新的核心竞争力，为实现绿色生物制造做出了重要贡献。

福瑞达生物股份有限公司领衔完成的“植物源生物活性物研发及功能美妆产品产业化”项目荣获2022年中国轻工业联合会科技进步二等奖。该项目是福瑞达生物股份有限公司在生物活性物质研发和产业化转化方面经持续努力所取得的成果之一。该项目以荷叶为原料，提取出具有生物活性功效的物质。荷叶黄酮是其中之一，具有抗氧化和美白功效，抗氧化活性甚至高于维生素C。除荷叶黄酮外，该项目还开发了其他创新成果，如褐藻中活性成分的发酵提取及硅烷化透明质酸制备等，这些成果具有高效保湿、抗衰老、修复和美白等功效。目前，植物源美妆原料已被成功应用于瑷尔博士酵萃系列产品和颐莲玻尿酸活颜焕亮精华液中，并受到广大消费者的好评。其中，瑷尔博士酵萃水乳还荣获第十八届时尚COSMO美容大奖。

广东肇庆星湖生物科技股份有限公司开发的“呈味核苷酸二钠（I+G）高活性酶法转化清洁生产新技术及其产业化项目”荣获2022年度中国轻工业联合会科技进步二等奖。该项目通过创新性的设计，构建了高活性磷酸转移酶菌株，并开发了高效酶法转化工艺，成功建立了高效分离纯化和副产物综合利用的系统集成工艺。该工艺具有温和的反应条件、强大的专一性和高转化率，反应介质环保且绿色，有效减少了化学法带来的大量废物排放，具有显著的环保效益。星湖科技建立了中国首条绿色高效的酶法制备I+G工业化生产线。该科技成果生产的I+G主要用作食品添加剂，被广泛应用于食品领域，具有巨大的应用潜力。该技术在节能环保、提升科技竞争力、促进科技发展和带动产业经济发展等方面具有显著的经济效益和社会效益。截至2022年底，星湖科技已获得国内专利共计233项，其中包括113项发明专利、102项实用新型专利和18项外观设计专利，此外还获得了8项软件著作权。

宁夏伊品生物科技股份有限公司与中国科学院微生物研究所合作实施的科技攻关重大专项项目“L-赖氨酸最适底盘工程菌的构建及发酵条件控制优化”荣获中国轻工业联合会科技进步三等奖。该项目采用谷氨酸棒杆菌作为起始菌株，通过基因工程和生物学技术与方法，成功建立了适用于工业生产的高效遗传操作系统和具有不同转录活性的启动子库，实现了对赖氨酸生产菌基因表达的精细调控；同时，重构了赖氨酸生产菌基因规模代谢网络模型，预测了除现有专利保护外的关键基因改造靶点；并构建了含有伊品特异标签的自主知识产权赖氨酸基因工程菌。此外，通过调整氮源流加速率、CO_2含量、pH等因素，对发酵条件和工艺进行优化，提高了赖氨酸的产量和糖酸转化率。在480m^3工业化生产规模发酵罐中，经过42h的发酵，赖氨酸产酸水平从180g/L提高到270g/L以上，糖酸转化率从65%提高到73%，提取收率也从97%提高到98.5%。这些指标均超过了韩国希杰公司的国际领先水平（产酸水平240g/L，糖酸转化率约为68%）。企业生产成本降低了约20%。此外，该项目还获得了3项授权专利，并申请了1项《专利合作条约》（PCT）专利。

华东理工大学鲁华生物技术研究所魏东芝教授团队与浙江上虞永农生物科学有限公司合作完成的“新型农药精草铵膦绿色生物制造技术及其应用”项目荣获2022年上海市科学技术进步一等奖。该项目旨在研发针对全球第二大除草剂消旋体草铵膦的升级产品——精草铵膦（L-草铵膦），并取得了重要突破。该项目创新地应用酶理性发掘和人工定制等新方法，开创了大规模、低成本、无抗生素添加的生物催化生产案例，并创建了纯水相生物催化反应技术。在全球范围内，成功实现了拥有极具成本优势的首条年产5000t L-草铵膦原药的绿色生物制造生产线。该项目在生产用地、设备投资和废水处理等方面具备颠覆性的技术，成为推动“双碳”目标实现的成功案例。经由8位院士和7位业内专家组成的鉴定委员会的高度评价，该项目被认为是生物制造农药品种成功的典范，而大规模生物法制造精草铵膦更是国际首创。该项目成果已实现产业化，浙江上虞永农生物科学有限公司成为全球首家精草铵膦生物法生产企业，不仅创造了巨大的经济效益，还在农药品质升级和“减施增效、减量控害”等方面具有重大的社会效益。该项目对我国农药产业结构调整和国际竞争力的提升将产生深远影响。

佛山科学技术学院的黄桂东等完成的“微生物发酵法高效转化高量生产γ-氨基丁酸关键技术突破及应用”项目荣获2022年度广东省科技进步二等奖。该项目成功建立了快速、高通量的定量检测γ-氨基丁酸（GABA）的预染纸色谱-分光光度法；筛选获得了具有完全自主知识产权的高产GABA短乳杆菌NCL912，其GABA产量达到206g/L。该项目还通过引物部分重叠PCR基因组步移技术，成功获取了短乳杆菌NCL912的GABA合成系统，首次阐明了NCL912高产GABA的分子机制与耐酸机制。此外，该项目还提出了发酵参数模块化优化与调控策略，以提高优化效率和准确性。通过这些技术突破，实现了25t连续分批规模化发酵生产GABA，成为国内产能最大的GABA发酵生产线；同时，采用多种工艺方法结晶纯化GABA，使其纯度达到99%。该成果在高效转化和大规模生产GABA的微生物发酵领域取得了重要突破，为GABA产业的发展做出了贡献。

三、农业生物技术

（一）分子培育与品种创制

1. 农作物分子设计与品种创制

2022年，中国的农业科技研究人员在作物产量、免疫机制及环境适应性方面取得了显著的进展，为培育高产、绿色、优质的农作物种源提供了重要保障。特别是，在玉米和水稻中鉴定的趋同选择基因*KN2*和在水稻中发现的高产基因*OsDREB1C*，为大幅度提高玉米、水稻、小麦等主要粮食作物的产量提供了理论依据。基于对小麦中鉴定的协助条锈菌感染的感病基因*TaPsIPK*，以及从辣椒中鉴定的抗番茄斑萎病毒基因*Tsw*等抗病基因的功能解析，揭示了全新的作物免疫新机制，为抗病农作物育种提供了新理论和新思路。水稻抗高温新基因位点*TT3*中两个基因*TT3.1*和*TT3.2*以拮抗的方式调控水稻耐高温性，以及玉米中通过转座子-反向重复序列平衡玉米抗旱性和产量的新机制等，揭示了作物动态适应环境胁迫的新机制。上述研究成果也为通过转基因或者基因编辑的方法培育高产多抗的农作物新品种提供了新的基因资源和思路。

随着农作物基础研究的持续深入和生物育种技术的不断进步，农作物育种也进入了业务变革和信息技术（IT）治理驱动的智能设计育种时代。智能设计育种的本质是大数据、机器学习等人工智能技术与多组学技术、基因编辑、合成生物学等生物技术的深度融合，以实现作物新品种的定向、智能、高效设计和培育。其中，基因组、表型组、转录组、蛋白质组和代谢组等多维组学大数据，是利用机器学习等人工智能技术精准挖掘关键基因和分子模块进行基因组智能设计育种的基础。2022年6月，*Nature*杂志“背靠背”发表的两项关于马铃薯泛基因组和番茄泛基因组的研究成果，展示了泛基因组在农作物基因挖掘和基因组育种上的巨大应用潜力。2022年11月，*Nature Genetics*发表的玉米首个多组学（三维基因组、转录组、翻译组及蛋白质互作组）整合网络图谱，展示了多组学整合图谱在新基因发掘、基因调控网络研究及玉米基因组进化分析等多方面的实用价值，为玉米智能育种提供了重要的研究工具和数据库。

（1）农作物基因编辑技术的应用研究

2022年4月，*Nature Biotechnology*杂志在线发表了中国科学院遗传与发育生物学研究所利用基因编辑技术改造水稻株型调控的主效基因*IPA1*（ideal plant architecture 1）的启动子区域，提高水稻产量的重要研究进展。*IPA1*编码一个含有SBP-box结构域的植物特异转录因子，其功能获得基因型*ipa1-1D*和*ipa1-*

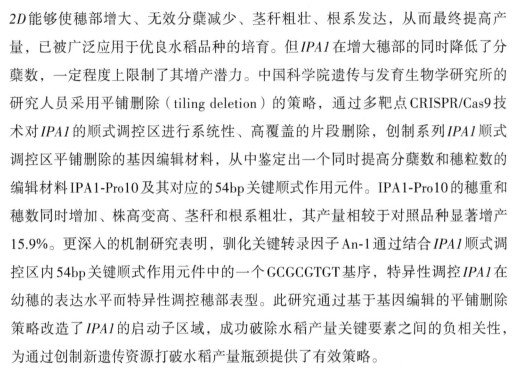

*2D*能够使穗部增大、无效分蘖减少、茎秆粗壮、根系发达，从而最终提高产量，已被广泛应用于优良水稻品种的培育。但*IPA1*在增大穗部的同时降低了分蘖数，一定程度上限制了其增产潜力。中国科学院遗传与发育生物学研究所的研究人员采用平铺删除（tiling deletion）的策略，通过多靶点CRISPR/Cas9技术对*IPA1*的顺式调控区进行系统性、高覆盖的片段删除，创制系列*IPA1*顺式调控区平铺删除的基因编辑材料，从中鉴定出一个同时提高分蘖数和穗粒数的编辑材料IPA1-Pro10及其对应的54bp关键顺式作用元件。IPA1-Pro10的穗重和穗数同时增加、株高变高、茎秆和根系粗壮，其产量相较于对照品种显著增产15.9%。更深入的机制研究表明，驯化关键转录因子An-1通过结合*IPA1*顺式调控区内54bp关键顺式作用元件中的一个GCGCGTGT基序，特异性调控*IPA1*在幼穗的表达水平而特异性调控穗部表型。此研究通过基于基因编辑的平铺删除策略改造了*IPA1*的启动子区域，成功破除水稻产量关键要素之间的负相关性，为通过创制新遗传资源打破水稻产量瓶颈提供了有效策略。

2022年11月，中国科学院遗传与发育生物学研究所在国际学术杂志*Nature Protocol*在线发表了植物高效引导编辑（prime editing）的详细方法。基于CRISPR的引导编辑能够在基因组的靶位点处实现精准的任意碱基替换、小片段的插入和删除，在基因治疗、育种改良、基础研究等方面展现出了巨大的应用前景。但是，引导编辑相对于碱基编辑器，其编辑效率仍然偏低。中国科学院遗传与发育生物学研究所发表的引导编辑的方法，整合了之前的“T_m值指导引物结合位点（primer binding site）序列设计”、“双pegRNA（prime editing guide RNA）策略”及“植物引导编辑器的改造”（engineered plant prime editor）等策略，并结合已发表的在线高效、自动化引导编辑实验设计网站PlantPegDesigner，大幅提高了植物引导编辑的效率。使用该论文提供的实验方法，可以在2～3周内在原生质体中完成引导编辑实验，最快3个月内获得经过引导编辑的再生水稻植株。该方法也可以便捷地推广到其他物种，并随着引导编辑工具的不断优化而得到更广泛的应用。

2022年3月，*Science*杂志在线发表了中国农业大学和华中农业大学联合研究成果，该研究发现了一个对玉米和水稻产量均有重要影响的“趋同选择”关键基因*KRN2*（kernel row number 2）。KRN2/OsKRN2敲除系分别提高了约10%的玉米产量和8%的水稻产量，展现了巨大的应用潜力。研究人员首先采用基因组学技术，从利用野生玉米资源创制的玉米材料中鉴定出一个调控玉米穗行数的基因*KRN2*。进一步的研究表明在玉米驯化和改良过程中，该基因上游非编码区受到了明显的选择，导致基因表达量降低，进而增加玉米的穗行数和穗粒数并最终增加产量。而在水稻基因组中鉴定出的同源基因*OsKRN2*，其控制水稻的二次枝梗数，也最终影响穗粒数和产量。类似于玉米*KRN2*，水稻*OsKRN2*在栽培稻驯化和改良过程中也同样受到选择，导致基因表达量降低。*KRN2*/*OsKRN2*编码一种WD40蛋白，其可与功能未知蛋白DUF1644互作，通过一条保守途径调控玉米穗行数与水稻穗粒数。研究人员进一步在玉米和水稻的全基因组水平上检测到了490对趋同选择的同源基因，这些趋同选择基因显著富集在淀粉及蔗糖代谢和辅因子生物合成等途径中。淀粉是谷物类植物在种子中存储能量的主要成分，也是水稻和玉米能够被驯化成主要粮食作物的重要原因，是影响籽粒产量的重要因素。该研究利用基因编辑技术创制了*KRN2*和*OsKRN2*基因功能敲除材料，多年多点的田间小区试验表明*KRN2*/*OsKRN2*敲除系分别提高了约10%的玉米产量和8%的水稻产量。上述研究不仅有助于深入认识和理解农作物的进化和改良过程，而且对加速作物育种进程和为从头驯化创制新型作物提供了重要的信息。

（2）重要农艺性状的分子基础

2022年6月，*Science*杂志在线发表了中国科学院分子植物科学卓越创新中心与上海交通大学在水稻耐高温研究领域的重要进展。该研究成功分离克隆了一个水稻耐高温新基因位点*TT3*，并且解析了其调控高温抗性的分子机制。研究人员以抗高温品种非洲栽培稻CG14为供体，以高温敏感品种亚洲栽培稻WYJ为受体轮回亲本，构建了染色体片段代换系群体，进而精细定位了一个新的水稻耐高温的数量性状基因座（QTL）位点*TT3*。*TT3*位点包含2个反向调控水稻高温抗性的QTL基因*TT3.1*和*TT3.2*，其中，*TT3.1*为正向调控因子，*TT3.2*为负向调控因子。以WYJ为回交亲本，近等基因系NIL-TT3CG14与

NIL-TT3WYJ在正常条件下的农艺性状和产量无显著区别。但是，在温室的抽穗期和灌浆期高温胁迫条件下，NIL-TT3CG14比NIL-TT3WYJ单株增产1倍左右；在田间试验高温胁迫条件下，NIL-TT3CG14比NIL-TT3WYJ小区试验增产约20%。在温室中抽穗期高温胁迫的条件下，在WYJ中过量表达*TT3.1*的同时敲除*TT3.2*，相对于野生型WYJ对照，转基因植株单株增产2.6～3.8倍。机制研究表明，TT3.1是细胞膜和内涵体（endosome）定位的RING家族的E3泛素连接酶；TT3.2是携带叶绿体定位信号的跨膜未知蛋白。在正常条件下，TT3.1主要定位于细胞膜，而TT3.2定位于叶绿体类囊体膜上；在高温条件下，TT3.1从细胞表面转移至多囊泡体（multivesicular body，MVB）中，同时将叶绿体定位的TT3.2前体蛋白招募进入多囊泡体并泛素化，进而被液泡降解。经透射电镜观察发现，高温胁迫下TT3.2在叶绿体中的积累会造成类囊体和光系统Ⅱ损失，因此高温下TT3.1介导的TT3.2降解有利于提高水稻的高温抗性。目前发现TT3.1和TT3.2在多种作物中具有保守性，因而该研究为应对全球气候变暖引发的粮食安全问题提供了具有广泛应用前景和商业价值的抗高温基因资源。随着全球气候变暖趋势的加剧，极端高温成为制约世界粮食生产安全主要的胁迫因子之一，因此挖掘高温抗性基因资源、探究植物高温响应机制及培育抗高温作物品种成为当前亟待解决的重大科学问题。

2022年7月，*Cell*杂志在线发表了西北农林科技大学在小麦抗锈条病（stripe rust）研究上的突破性成果。由条形柄锈菌小麦专化型（*Puccinia striiformis* f. sp. *tritici*）引起的小麦条锈病是严重危害全球小麦生产的重要病害。研究人员首次在小麦中鉴定到协助条锈菌感染的感病基因*TaPsIPK1*，敲除该感病基因可以提升小麦对条锈菌的抗性。该研究为小麦抗病育种开辟了新思路和新途径。

导致小麦条锈病的条锈菌是一种活体营养寄生的真菌，须依赖活体小麦才能生存。基于小麦条锈菌活体营养寄生的特性，研究人员从小麦条锈病感染特异性差异性表达的蛋白基因中，挖掘出了被病菌毒性蛋白PsSpg1“劫持”的小麦感病基因*TaPsIPK1*。*TaPsIPK1*编码胞质类受体蛋白激酶，负调控小麦的基础免疫。条锈菌分泌的效应因子PsSpg1与小麦TaPsIPK1蛋白结合后，增强其激酶活性，并促进其从细胞质膜释放进入细胞核。在细胞核中，TaPsIPK1磷酸化

TaCBF1，抑制其对下游抗性相关基因的转录；同时增强TaPsIPK1自身的转录水平，放大其介导的感病效应。两年的田间试验表明，利用基因编辑技术敲除*TaPsIPK1*感病基因，可以在不影响小麦重要农艺性状的前提下增强小麦对条锈病的广谱抗性。该研究系统揭示了小麦中PsSpg1-TaPsIPK1-TaCBF1d的磷酸化与转录调控级联途径介导的感病机制，开辟了小麦抗病生物育种新途径，为我国现代生物育种和病害绿色防控提供了科技支撑。

2022年11月，*Nature Plants*杂志报道了中国科学院华南植物园在甘薯（*Ipomoea batatas* L.）中首次克隆的抗甘薯小象甲（sweet potato weevil，*Cylas formicarius*）基因，并解析了其遗传基础。甘薯小象甲是对甘薯产业危害最大的害虫，它们通过啃咬叶蔓、蛀食薯块等方式严重威胁甘薯的产量和品质。目前尚无甘薯小象甲的有效抗性资源，主要采取施用化学杀虫剂防治，不但会增加生产成本，还会导致环境污染与威胁人体健康等问题。研究人员利用抗虫（N73）和感虫（G87）甘薯种质构建的F_1群体，通过图位克隆法成功克隆了2个甘薯小象甲抗性关键基因，即位于9号染色体的*SPWR1*（sweet potato weevil resistance 1）和位于7号染色体的*SPWR2*。超表达*SPWR1*会增加甘薯对甘薯小象甲的抗虫性，反之，利用RNA干扰技术抑制*SPWR1*的表达则降低甘薯的抗虫性。经过进一步研究发现，*SPWR1*编码的WRKY类转录因子特异性结合到编码脱氢奎尼酸合酶（dehydroquinate synthase)*SPWR2*基因的启动子区域的W-box元件上，激活其表达。脱氢奎尼酸合酶是甘薯奎尼酸合成途径的关键酶，提高*SPWR2*基因的表达活性会促进甘薯中奎尼酸衍生物的生物合成，利于抵御甘薯小象甲的侵害。离体喂饲试验也证明了，所有1-羟基-奎尼酸盐的衍生化合物均表现出对甘薯小象甲活动能力及其肠道消化酶的抑制效应。目前农业上缺乏抗甘薯小象甲的甘薯抗性品种。上述研究为甘薯小象甲田间防治手段提供了新方向和新思路，对推进高产优质多抗的甘薯分子育种具有重要意义。

2022年7月，*Science*杂志在线发表了中国农业科学院作物科学研究所在水稻高产育种中的研究突破。研究人员发现水稻的AP2/ERF（APETALA2/ethylene-responsive element binding factor）转录因子家族成员*OsDREB1C*（dehydration-responsive element-binding protein 1C）基因，能够同时调节水稻

光合作用效率和氮利用效率，在高产育种上具有重大的应用潜力。研究人员通过转录组分析在水稻中鉴定到同时受光照和低氮条件诱导表达的转录因子基因*OsDREB1C*。研究人员利用水稻品种‘日本晴’创制了一系列的*OsDREB1C*过表达系（OsDREB1C-OE）和敲除突变体系（OsDREB1C-KO）。田间试验显示，OsDREB1C-OE的小区产量比野生型对照高41.3%～68.3%；相反，OsDREB1C-KO的小区产量比野生型对照低13.8%～27.8%。相关机制研究表明，在光照诱导条件下，过表达*OsDREB1C*可以增强水稻光合作用能力并增加光合作用同化产物。同位素^{15}N标记的喂养实验和不同施氮肥方案的田间研究显示，过表达*OsDREB1C*提高了水稻氮的吸收和运输活性，改善了氮使用效率。同时，过表达*OsDREB1C*使得碳和氮从源（叶）到库（籽粒）的分配更有效，提高了产量。在长日照条件下，OsDREB1C-OE比野生型对照提前13～19天开花，且在抽穗期积累更多的生物量。过表达*OsDREB1C*还使得高产粳稻品种‘秀水134’的产量显著提高。

OsDREB1C定位于细胞核和细胞膜，可直接结合DRE/CRT、GCC和G框等DNA顺式作用元件。染色质免疫沉淀测序（ChIP-seq）和转录组分析在全基因组水平上共发现了9735个假定的OsDREB1C结合位点。其中，5个OsDREB1C靶向的基因*OsRBCS3*（ribulose-l,5-bisphosphate carboxylase/oxygenase small subunit 3）、*OsNR2*（nitrate reductase 2）、*OsNRT2.4*（nitrate transporter 2.4）、*OsNRT1.1B*（nitrate transporter 1.1B）和*OsFTL1*（flowering locus T-like 1），与光合作用、氮利用和开花等性状密切相关。ChIP-定量聚合酶链反应（ChIP-qPCR）和DNA亲和纯化测序（DAP-seq）实验证实，OsDREB1C通过结合*OsRBCS3*的启动子及*OsNR2*、*OsNRT2.4*、*OsNRT1.1B*和*OsFTL1*的外显子来激活这些基因的转录。此外，在小麦和拟南芥中过表达*OsDREB1C*，其生物量和产量也显著增加，表明其作用方式和生物学功能在进化上是保守的。该研究通过对光合作用、氮素利用、开花等生理过程的聚合调控，实现了高产高效、高产早熟的协同，为未来通过协同改良多个生理性状，实现作物大幅增产及资源高效利用提供了新思路和新策略。

2022年10月，*Nature Biotechnology*在线发表了华中农业大学发现的转座子-

反向重复序列介导平衡玉米抗旱性和产量的新机制。研究人员基于338份全球收集的玉米自交系群体，在浇水和干旱处理条件下对玉米小RNA（small RNA，sRNA）组进行了测序，同时还对玉米群体中的197份材料进行了转录组测序。基于sRNA组和转录数据的分析，研究人员鉴定到12 467个干旱响应的sRNA性状、21 757个干旱响应的sRNA簇（sRNA cluster）性状，以及6158个sRNA-基因共表达对性状。通过表达水平的全基因组关联分析（eGWAS），研究人员鉴定到4722个同时控制sRNA积累和基因mRNA表达水平的表达数量性状位点（expression quantitative trait loci，sm-eQTL）。研究人员进一步克隆了位于8号染色体上的1个干旱特异性sRNA调控的eQTL热点*DRESH8*（drought-related environment-specific super eQTL hotspot on chromosome 8）。*DRESH8*基因是1个长约21.4kb的插入片段，由Gypsy转座因子（transposable element，TE）及其两臂的反向重复（inverted-repeat）序列（TE-IR）构成。*DRESH8*序列插入了玉米蛋白磷酸酶PP2C家族成员*ZmPP2C16*基因的第3个内含子中。*DRESH8*的插入在玉米群体中存在多态性，基于GWAS群体和连锁分析群体的抗旱性试验均表明，*DRESH8*缺失是利于抗旱的等位变异。

进一步的机制研究表明，*DRESH8*通过两端重复序列产生的sRNA抑制下游抗旱靶基因如*ZmMYBR38*的表达，从而负调控玉米的抗旱性。对1000多份包括玉米祖先大刍草（teosinte）、玉米农家种和现代玉米自交系在内的玉米材料的*DRESH8*位点序列进行分析，发现*DERSH8*在玉米的驯化与改良过程中受到选择，且现代玉米自交系中*DRESH8*存在的频率显著升高。*DRESH8*的插入显著增加了玉米穗长、穗粗、粒长、粒宽、粒厚和百粒重等产量相关性状，因此DRESH8是一个平衡玉米产量和抗旱性的功能位点。在干旱地区，人们倾向于选择不携带*DRESH8*的玉米品种，利于抗旱；而在雨量充足的地方，人们更愿意选择有*DRESH8*插入的玉米品种，利于产量。该研究揭示了TE-IR介导的转录后调控是作物平衡环境适应和产量性状的重要分子机制，为培育抗逆性增强且产量不受影响的玉米新品种提供了新思路。

2022年12月，*Nature*杂志在线发表了南京农业大学在植物免疫研究上的新进展，该研究首次揭示了植物对病毒免疫的新机制。病毒攻击植物激素受体以利于自身侵染，而植物则“将计就计”进化出了特定免疫受体模拟受病毒攻击的激素受体，以此监控病毒侵入并激活免疫反应。植物细胞内的免疫受体是一类核苷酸结合的富含亮氨酸的重复蛋白（nucleotide-binding leucine-rich repeat，NLR），可以介导植物激素信号途径参与病原菌防御。研究人员发现，辣椒抗病基因*Tsw*编码一个NLR蛋白，该蛋白可以识别番茄斑萎病毒编码的效应因子NS，介导对番茄斑萎病毒（tomato spotted wilt orthotospovirus）的抗性。Tsw蛋白含有一个异常大的富亮氨酸重复序列（LRR）的结构域，该LRR结构域与茉莉酸、生长素和独脚金内酯三种植物激素的受体COI1、TIR1、MAX2的LRR结构域相似。番茄斑萎病毒的NS与激素受体COI1、TIR1、MAX2的抑制蛋白TCP21结合，增强其与激素受体之间的互作，从而抑制激素系统介导的免疫。而辣椒的免疫受体Tsw模拟植物激素受体的结构域与TCP21结合，而病毒的NS增强Tsw与TCP21的互作从而增强了Tsw介导的抗病性。综上，病毒效应因子NS通过靶向植物激素的抑制蛋白TCP21，使植物激素介导的免疫失去功能，而植物又通过NLR利用NS增强TCP21效应的机制，反过来监视病毒效应因子对植物激素介导的免疫功能的干扰，激发新的免疫反应。该研究揭示了植物抗病与病原菌反抗病共同进化的分子新机制，为培育抗病作物提供了新启示。

（3）基因组设计育种

2022年12月，*Nature Genetics*杂志在线发表了华中农业大学公布的玉米首个多组学数据整合网络图谱，该图谱整合了三维基因组、转录组、翻译组及蛋白质互作组4个层次的数据。研究人员利用ChIA-PET（chromatin interaction analysis with paired-end-tag sequencing）技术构建了玉米高分辨率的三维基因组图谱；通过整合31份玉米不同组织和时期的转录组数据构建了玉米基因共表达图谱；利用21份玉米不同组织和时期的翻译组数据整合绘制了玉米共翻译图谱；利用高通量酵母双杂交技术RLL-Y2H（recombination-based library vs library Y2H system）构建了玉米的蛋白互作图谱。该研究的一个重要创新点就是基于实验数据构建的大规模蛋白质互作组，获得了基于15 476个玉米表达蛋白构成的56 243个高可信度的蛋白互作关系对。最终，约3万个玉米基因在多组学水平形成280万个调控连接（network edge），构成1412个调控模块（module）。

研究人员展示了利用该多组学整合网络图谱预测新基因的强大能力。分蘖减少和顶端优势增强是玉米驯化中关键的形态转变，这一驯化过程主要由*tb1*（teosinte branched 1）、*gt1*（grassy tillers 1）和*tru1*（tassels replace upper ears 1）等基因调控。研究人员利用多组学网络图谱鉴定到2个与*tb1*、*gt1*和*tru1*共表达的ALOG转录因子基因*ZmALOG1*和*ZmALOG2*。利用基因编辑技术证明敲除*ZmALOG1*和*ZmALOG2*显著增加了玉米的分蘖。CUC（cup-shaped cotyledon）基因家族在拟南芥中可影响器官发育边界，但在玉米中尚未见报道。研究人员分析了玉米CUC基因*ZmCUC3*、*ZmNAM1*和*ZmNAM2*所涉及的调控网络，发现这些基因与调控玉米侧生器官形成和发育的Tsh1、Ba1和ZmPIN1存在互作。利用基因编辑技术创制的遗传材料证实ZmNAM1和ZmNAM2参与了玉米侧生器官发育的调控。研究人员还对研究较为完善的玉米籽粒发育基因调控网络进行了分析，目前已被克隆的63个调控玉米籽粒发育的基因中，有62个存在于该整合图谱中。此外，研究人员还成功预测并证实了1个未知功能的PPR蛋白影响了玉米籽粒的皱缩性状。

除了对单基因生物学功能的预测，研究人员还展示了该多组学整合网络在揭示重要农艺性状分子调控通路上的预测能力。开花期是影响玉米产量和决定玉米适应性的关键时期，虽然已鉴定了一系列调控玉米开花期的重要基因，但玉米开花期的分子调控网络尚不完善。研究人员基于多组学整合网络，利用机器学习的方法预测出2651个玉米开花期控制基因，并鉴定到8条可能的玉米开花期调控通路，分别为光信号途径、生物钟途径、光周期途径、自主途径、赤霉素途径、花序组织特定表达途径、成花转变途径及其他途径。利用基因编辑和甲基磺酸乙酯诱变获得的突变体，对20个位于不同调控通路的基因进行了功能验证，其中18个基因的功能是该研究首次鉴定。上述结果表明，基于三维基因组、转录组、翻译组和蛋白质互作组数据构建的玉米多维组学整合网络图谱，不仅为玉米重要性状新基因克隆、分子调控通路解析和玉米基因组进化分析提供了新工具，也为玉米基因组设计育种提供了重要基因资源和分子模块，为玉米智能育种奠定了重要基础。

2022年6月，*Nature*杂志以“背靠背”的形式在线发表了中国农业科学院深圳农业基因组研究所在植物基因组学研究领域的两项重要研究成果，为如何利用泛基因组开展作物育种提供了新思路。中国农业科学院深圳农业基因组研究所在先前的研究中提出了“优薯计划”，即通过基因组学和合成生物学研究方法，用二倍体马铃薯替代四倍体马铃薯，利用杂交种子替代薯块，变革马铃薯的育种和繁殖方式。为了充分利用二倍体马铃薯的种质资源，加快二倍体杂交马铃薯的育种，研究人员测序、组装并分析了44份代表性的二倍体马铃薯种质的高质量基因组，包括属于茄属（*Solanum*）马铃薯组（section *Petota*）的24份野生种和20份栽培种，以及属于茄属（*Solanum*）假马铃薯组（section *Etuberosum*）的2份姐妹类群材料。经过分析发现，马铃薯与近源物种番茄和*Etuberosum*之间及马铃薯类群内部存在广泛的不完全谱系分选和物种间杂交的现象，说明马铃薯类群的演化历史非常复杂。通过基因组分析，研究人员还发现马铃薯中抗病*R*基因拷贝数显著高于番茄和*Etuberosum*。推测原因是，相对于种子繁殖植物，以无性繁殖为主的马铃薯更易受到病原菌的侵染，从而导致马铃薯中*R*基因数量显著扩增。

通过马铃薯、番茄和*Etuberosum*的多组学比较，研究人员鉴定到一个可能与薯块发育密切相关的TCP转录因子，并命名为identity of tuber 1（IT1）。敲除*IT1*基因的突变体匍匐茎顶端转而发育成了侧枝，无法正常膨大形成薯块，证实IT1在薯块发育的起始期发挥关键作用。IT1与结薯移动信号因子SP6A存在直接蛋白互作。研究人员在马铃薯基因组中共鉴定了561 433个结构变异，首次构建了栽培马铃薯和近缘野生马铃薯的大片段倒位图谱。其中，马铃薯3号染色体5.8Mb的倒位与块茎中类胡萝卜素积累的控制基因紧密连锁。该研究结果扩展了对马铃薯的进化及生物学的理解，有助于加速杂交马铃薯的育种。

在*Nature*同期发表的另一项研究中，中国农业科学院深圳农业基因组研究所利用泛基因组研究在番茄中解决了“遗传力丢失”（missing heritability）的问题，为解析生物复杂性状的遗传机制和番茄育种提供了新思路。“遗传力”是指某一性状受遗传控制的程度。“遗传力丢失”是数量遗传学领域的一个重要问题，即通过遗传标记估计的遗传力及GWAS发现的所有相关基因所贡献的遗传力的总和低于实际的遗传力。

研究人员首先利用三代测序技术组装了马铃薯骨架基因组SL5.0及31份代表性的马铃薯材料的基因组，从中鉴定SNP、短序列插入或缺失（InDel）和结构变异（SV）等各类遗传变异，再整合已发表的结构变异和短片段测序检测的变异，最终构建了来自838个番茄基因组的图泛基因组。遗传学分析表明，在SNP、InDel和SV三类遗传变异中，SV是最主要的遗传力来源。由于常用的单一参考基因组很难反映SV类遗传变异，且与SV完全连锁的SNP/InDel值较低，图泛基因组的遗传变异解决了标记不完全连锁的问题，将估计的遗传力提高了24%。

研究人员展示了利用图泛基因组的结构变异显著提高GWAS的检测能力。遗传异质性是指某一表型的改变可以由等位基因突变或不同位点基因突变引起的一种遗传学现象。而在基因上游同一调控区域的不同变异可能导致基因表达的改变称为等位基因异质性（allelic heterogeneity）。研究人员发现，基于图泛基因组的SV结合多位点模型，可以显著提升GWAS的检测能力。以基因表达为例，基于图泛基因组结构变异结合多位点模型分析，可以发现1787个基因的表达可能受到两个或者两个以上SV的调控；而单位点的混合线性模型只能鉴定出其中的538个*cis*-eQTL。

不同基因的突变产生相同的表型称为位点异质性（locus heterogeneity）。利用共表达调控网络，若首先找到最有可能影响复杂性状的基因模块，然后将对应模块内基因上下游的全部结构变异进行关联分析，可以解决位点异质性带来的检测能力下降问题。研究人员以共有38种代谢物的类黄酮为例，发现了一个基因模块9个基因周围的16个SV，可能参与调控其中31种类黄酮类代谢物，展现出比传统关联分析更强的检测能力。可溶性固形物是影响番茄产量和糖度的重要代谢物。研究人员采用上述分析方法，共鉴定出2个潜在的与可溶性固形物含量高度相关的SV，可以潜在应用于番茄的分子标记辅助选择育种。

研究人员还精心筛选了一个由不到2.1万个SV构成的数据集，利用该数据集设计育种芯片，基因组选择的准确率可能超过此前利用所有SNP得到的准确率。上述研究展示了图泛基因组在基因资源挖掘中的巨大应用潜力，同时为基于SV设计分子标记的育种途径提供了重要的理论支撑。

2022年7月，四川农业大学等单位的研究人员在*Nature Genetics*杂志在线发表了六倍体裸燕麦（*Avena sativa*）地方品种‘三分三’的高质量参考基因组图谱。基于牛津纳米孔超长测序和高通量染色体构象捕获（high-through chromosome conformation capture，Hi-C）技术，研究人员绘制了‘三分三’由21对染色体构成的总长10.76Gb的基因组图谱（contig N50为75.27Mb），并注释了12万多个蛋白质编码基因，获得了燕麦的高质量参考基因组。为了精确区分六倍体燕麦的亚基因组并揭示其多倍化过程，研究人员还测序并组装了燕麦二倍体祖先*A. longiglumis*（$2n=2x=14$，AlAl基因组）和四倍体祖先*A. insularis*（$2n=4x=28$，CCDD基因组）的基因组。基于对燕麦及其祖先基因组的相似性比较，燕麦的21条染色体被划分为A、C、D亚基因组。经过进一步研究发现，燕麦族和小麦族之间的分化发生在稻族形成之后，且燕麦族与多花黑麦草的亲缘关系比燕麦族与小麦族的关系更近。燕麦属物种约在800万年前产生。在约50万年前，六倍体栽培燕麦通过AA二倍体基因组和CCDD四倍体基因组杂交加倍形成。该研究还对659份不同来源地的栽培燕麦进行了全基因组关联分析，并鉴定了一个控制燕麦籽粒无壳（裸燕麦）性状的候选基因。

（4）种质创新及重大品种创制

2022年全年，农业农村部批准的抗虫棉生产应用安全证书续申请46个，无新申请。2022年，农业农村部还批准了转基因玉米生产应用安全证书7个，转基因大豆生产应用安全证书1个，全部为新申请，具体情况如下：批准杭州瑞丰生物科技有限公司研发的转*Cd450*和*cp4epsps*基因耐除草剂转基因玉米nCX-1获得南方玉米区生产应用安全证书；中国种子集团有限公司研发的聚合*cry1Ab*、*pat*、*mepsps*基因抗虫耐除草剂转基因玉米Bt11×GA21获得北方春玉米区生产应用安全证书；中国种子集团有限公司研发的聚合*cry1Ab*、*pat*、*vip3Aa20*、*mepsps*基因抗虫耐除草剂转基因玉米Bt11×MIR162×GA21获得南方玉米区、西南玉米区生产应用安全证书；中国种子集团有限公司研发的转*mepsps*基因耐除草剂转基因玉米GA21获得北方春玉米区生产应用安全证书；袁隆平农业高科技股份有限公司（以下简称“隆平高科”）和中国农业科学院生物技术研究所研发的转*cry1Ab*、*cry1F*和*cp4epsps*基因抗虫耐除草剂转基因玉米BFL4-2获北方春玉米区生产应用安全证书；中国林木种子集团有限公司和中国农业大学研发的转*marcoACC*基因耐除草剂玉米CC-2获得北方春玉米区生产应用安全证书；杭州瑞丰生物科技有限公司研发的转*cry1Ab/vip3Da*基因抗虫转基因大豆CAL16获得南方大豆区生产应用安全证书。

2022年12月，中国科学院遗传与发育研究所在*Nature Genetics*杂志上发表论文，解析了水稻种子休眠的分子机制，为创制抗穗发芽（preharvest sprouting）作物品种提供了基因资源和思路。种子休眠性是指种子在适合它生长的条件（温度、水分和氧气等）下仍不能萌发的现象，是多数高等植物所共有的适应性性状。作物穗发芽是指水稻、小麦等作物的种子由于成熟期遭遇潮湿气候时，未经收获即在穗上萌发的现象。穗发芽现象会导致严重的作物产量损失。作物穗发芽是因为作物驯化过程更多地考虑种子在生产中具有一致的萌发特性，忽视了对种子适度休眠的保留。研究人员利用强休眠水稻品种‘Kasalath’和弱休眠水稻品种‘日本晴’构建的染色体单片段代换系群体，鉴定并克隆到一个负调控水稻种子休眠的关键基因*SD6*，该基因编码一个碱性螺旋-环-螺旋（bHLH）类转录因子。敲除*SD6*会增加水稻种子的休眠性，对穗发芽不敏感。*SD6*基因上的一个T/C的单核苷酸多态性（single nucleotide polymorphism，SNP）位点SNP3是导致不同等位基因间休眠性强弱的原因。利用酵母双杂交试验筛选SD6的互作蛋白，鉴定到一个正调控水稻休眠的bHLH转录因子ICE2，敲除*ICE2*会增加种子穗发芽的敏感性。种子的休眠性由植物激素脱落酸（ABA）控制。有研究表明，SD6和ICE2均直接靶向控制ABA合成的8′-羟化酶基因*ABA8ox3*的启动子区域，两者分别识别启动子区域的G-box基序和E-box基序，实现对同一靶基因的反向调控，即SD6激活ABA8ox3的表达，而ICE2抑制ABA8ox3的表达。SD6和ICE2还通过拮抗调控另一个转录因子OsbHLH048，从而间接地调控ABA的关键合成调控基因9-顺式-环氧类胡萝卜素双加氧酶基因*NCED2*。这揭示了一个新的激素平衡调控范式，即一对拮抗的转录因子对可通过直接调控ABA的代谢，并间接调控ABA的合成，从而实现

ABA含量的及时高效调控，以切换种子的休眠/萌发状态。

经核苷酸多态性分析发现，SD6位点在栽培稻和野生稻之间具有功能保守性。携带SD6强休眠等位基因的水稻在大田表现出抗穗发芽性，表明该自然变异位点可用于抗穗发芽水稻品种的改良。通过对多个水稻易穗发芽水稻品种（‘Tianlong619’‘Wuyungeng27’和‘Huaidao5’）的*SD6*基因进行基因编辑，改善了它们在收获期遭遇连绵阴雨情况下的抗穗发芽特性。此外，对小麦品种三个*SD6*的同源基因（*TaSD6-A1*、*TaSD6-B1*、*TaSD6-D1*）同时进行基因编辑，也大幅提高了小麦休眠性，显示出*SD6*基因在水稻和小麦抗穗发芽育种改良中具有重要的应用潜力。

2022年9月，香港浸会大学等单位的研究人员在*Cell Research*杂志上在线发表了在水稻雌性不育基因研究上的突破性进展，为创制雌性不育水稻恢复系、实现杂交制种全机械化奠定了基础。研究人员鉴定了一个来源于栽培稻品种‘4266’的自发性温敏雌性不育突变体*tfs1*（thermo-sensitive female sterility 1）。*tfs1*在常温/高温条件下（>25℃）表现为严格的雌性不育，但花粉育性正常且颖壳打开；在抽穗期低温（23℃）表现为育性和颖壳打开性状的部分恢复。利用图位克隆的方法，研究人员将导致*tfs1*突变性状的基因定位于3号染色体的*ARGONAUTE7*（*AGO7*）。该基因上的一个C→A的SNP突变导致了AGO7蛋白位于linker 2的第603个氨基酸残基由Leu变为Ile，进而导致了*tfs1*的温敏雌性不育的表型。机制研究表明，AGO7与miR390结合形成RNA诱导的沉默复合物（RISC），其通过将基因沉默抑制因子（SGS3）和RNA依赖的RNA聚合酶6（RDR6）募集到TAS3转录物触发来自TRANS-ACTING3（TAS3）基因座的siRNA的生物发生。因为这些siRNA通过反式作用抑制生长素反应因子（auxin responsive factor，ARF）的基因，所以被称为tasiR-ARF。突变的TFS1蛋白（mTFS1）在RISC形成过程中加载miR390/miR390*双链和弹出miR390*的能力减弱。同时，由于mTFS1 RISC在常温/高温条件下不能招募RDR6，突变体*tfs1*中的tasiR-ARF积累水平降低；而低温部分恢复mTFS1在RDR6募集和tasiR-ARF生物发生中的功能。此外，*miR390*突变体也表现出雌性不育，说明miR390-AGO7模块控制着水稻的雌性育性。

无论常规杂交导入还是基因编辑引入*mTFS1*突变基因均可以赋予籼稻‘明恢63’和粳稻‘日本晴’的温敏不育表型，说明*mTFS1*适用于籼、粳两个亚种。最后，研究人员还通过田间试验证实导入*mTFS1*突变基因的恢复系在杂交水稻制种中的实用性。传统的杂交水稻制种过程中，提供花粉的恢复系需要与不育系分开种植，并在杂交种收获之前去除恢复系以避免恢复系自身种子的混入；而利用雌性不育系作为恢复系进行杂交制种时，由于恢复系本身不产生种子，因此可以和不育系混合种植，生产的杂交种子适用于机械化收获。在此研究中，研究人员利用导入了*mTFS1*突变基因的‘明恢63’和‘日本晴’为恢复系，以3个两系不育系和1个三系不育系为代表的不育系进行了田间制种试验，初步验证了雌性不育性作为恢复系应用于杂交水稻全机械化制种的可行性。

2. 动物分子设计与品种创制

随着国家种业振兴行动战略的实施，国家科技计划在农业生物重要性状、农业生物种质资源和新品种培育领域设立了一批重大和重点项目，推动我国动物生物育种领域进入了一个全新的阶段。新一代生物育种技术的进步，使动物育种变得更加高效、精准和安全。

以动物全基因组选择育种和家畜基因编辑育种技术为代表的新一代生物育种技术，对动物育种的技术路线、繁育形式、育种效率产生了颠覆性影响。动物基因组选择育种技术利用生物信息技术直接进行基因组选择，可对目标性状进行准确选育，颠覆了大群体遗传评估、后裔验证的传统育种技术路线，基因组选择育种已成为国内外动物种业科技创新的竞争焦点和战略高地。家畜基因编辑育种技术可精确改良遗传性状，成功制备了一批生产性能和抗病力显著提高的牛、羊、猪新品种，彻底颠覆了传统育种体系，成为动物种业科技创新的新引擎。我国基因组育种技术已在奶牛领域率先突破，并由跟跑逐渐走向并跑，家畜胚胎基因编辑育种和诱导多能干细胞技术达到国际领先水平。深入开展动物生物育种领域的研究，将有助于我国在国际竞争中抢占动物种业的战略制高点。

虽然我国在动物多基因聚合与基因编辑领域取得了一些突破性成果，但是迫切需要加强对动物重要经济性状形成机制的研究，为分子设计提供更丰富的功能基因库。

（1）畜禽重要性状基础研究进展

畜禽重要经济性状的研究与应用是我国农业生物设计育种工作的重要前提，也是我国畜产品安全与健康科技创新的战略保障。近年来，家畜重要经济性状分子调控机制的基础研究，主要集中在对猪、牛、羊的乳肉产量、品质、繁殖和健康等性状形成的复杂分子机制的研究。核心是利用数量性状基因座（quantitative trait locus，QTL）定位、全基因组关联分析（genome-wide association study，GWAS）、转录组测序（transcriptome sequencing，RNA-seq）等技术，利用基因结构和功能注释，对基因、遗传变异对表型和表型变异的影响及其机制进行深度阐释。

在家畜重要性状功能基因挖掘方面，江西农业大学的研究人员通过GWAS发现ABO血型基因通过调节*N*-乙酰半乳糖胺浓度显著影响猪肠道中丹毒丝菌科相关细菌的丰度，并系统阐明了其作用机制，相关研究发表在*Nature*上，该研究首次利用GWAS鉴定到家畜基因组与肠道菌群组成有因果关系。恩施黑猪是我国重要的本土猪种，但肉质的过度多样化严重阻碍了其产业扩展，华中农业大学的研究团队对恩施黑猪的肌内脂肪含量和肉色性状进行了转录组学和代谢组学综合分析，对恩施黑猪的市场管理和育种计划具有重要的指导作用。中国科学院昆明动物研究所联合云南农业大学，利用HiC等测序技术，揭示了独龙牛罗伯逊易位引起的肌肉性状相关基因的结构变异和表达变化的原因，深度揭示了独龙牛的进化和环境适应性。西北农林科技大学通过研究围产应激对奶山羊血浆代谢谱和脂质谱的影响，建立了目前为止最大的奶山羊围产期血浆代谢组和脂质组库，深度阐述了代谢通路改变对奶山羊产奶量、乳品品质及健康的影响。

家禽作为一种重要的农业经济动物，具有生长周期短、饲料报酬率高、繁殖力强等特点。中国农业大学经研究发现新候选基因*CLN8*是调节禽类脂肪沉积的关键正向调控因子，揭示了该基因在脂肪细胞分化过程中的新功能，为禽类脂肪性状选育提供了潜在的应用价值。该研究通过收集1880只北京鸭的屠体及脂肪相关性状，包括皮脂重、皮脂率、腹脂重、腹脂率及42日龄时的活体重等，结合血液基因组重测序数据，通过关联分析鉴定获得了一系列影响禽类脂肪沉积相关性状的新位点。

（2）动物全基因组选择育种技术研究进展

全基因组选择育种技术首先需要估计全基因组上所有遗传标记和表型的关系，从而得到基因组估计育种值（genomic estimted breeding value，GEBV），通过在全基因组水平上聚合优良基因型，改良重要生产性状，快速筛选具较高育种价值的动物个体。我国科学家独立自主研发出适用于国内畜禽的全基因组选择方法和多种基因芯片，从育种评估算法到芯片开发，再到优良品种选育都取得了重大进步，大幅度提高了我国动物育种效率。

遗传评估是育种的基础，随着基因组育种时代的来临，育种数据规模快速增长，评估算法的计算速度已成为育种中的关键限制因素。我国研究人员系统分析了已有遗传评估算法特点，针对现有算法在处理快速增长的基因组育种大数据时面临的瓶颈问题，首创了基于V矩阵的“HE＋PCG”策略，可完全避免遗传评估计算过程中的大矩阵求逆问题，开发出更适合基因组育种大数据时代的高性能计算新工具HiBLUP。与现有工具相比，HiBLUP的计算速度更快且消耗的内存更少，而且基因分型个体在群体中占比越大，优势越明显。此外，HiBLUP软件功能丰富、操作便捷，可运行于Windows、Linux、macOS等平台，并且全面适配国产Kunpeng（鲲鹏）生态。

在芯片开发方面，为提升猪基因组有效信息的挖掘效率，开发了猪80K功能位点基因芯片。通过精细注释猪基因组、创建整合组学功能基因挖掘技术及平台，鉴定出30万个功能突变位点。基于这些基础研究结果，在综合考虑成本和信息量平衡条件下，精心挑选出80 483个功能位点，设计出了这款芯片。猪80K功能位点基因芯片配合自主研发的育种值评估新算法KAML和基因组大数据处理平台HiBLUP，能够更高效地利用基因组、表型组等信息提高育种值评估准确性和育种效率。利用cGPS（genotyping by pinpoint sequencing of captured targets）靶向测序技术，开发了适用于湘猪等地方猪的64K cGPS育种液相芯片。该芯片包含宁乡猪和广东猪等品种特异性位点，囊括背膘厚、肉质等功能分子标记位点256个，可进行背膘厚、肉质等重要性状基因的挖掘利用，产品技术参数优良。经样本测试，该产品的位点检出率高，平均检出率为99.23%，重复样本基因型平均一致率为99.31%。针对奶山羊的生产性能早期鉴定开发出50K SNP液相芯片，该芯片吸纳了新西兰良种奶山羊选择关键位点，筛选种属特异并能稳定遗传的高产奶山羊SNP位点集合，又整合了国际山羊协会（The International Goat Association，IGA）公布的芯片Goat IGGC 65K v2功能性位点，样品检出率为99.74%～99.89%，平均检出率为99.84%，可对奶山羊群体进行系谱确定和纠偏、群体遗传结构分析、遗传图谱构建、全基因组关联分析等。针对奶绵羊育种研发出国内首款奶绵羊育种专用芯片，通过采集奶绵羊全血样品11 812个，收集整理奶绵羊产奶量、产羔数、抗病力等表型数据121 661条，选择其中表型数据准确齐全并符合正态分布的1257只羊进行全基因组重测序，研发出奶绵羊20K功能位点液相育种芯片。该芯片以产奶性状作为育种应用的重点方向，可快速检测奶绵羊产奶等主要经济性状相关SNP位点，进行分子标记辅助育种；同时利用GBLUP等模型计算种羊全基因组估计育种值，提高奶绵羊选育的效率和准确性，可应用于奶绵羊全基因组选择育种、建立种羊基因身份证、分子标记辅助选择等场景。传统的肉鸡育种方法周期长、效率低，为此，湖南湘佳牧业股份有限公司与湖南农业大学印遇龙院士团队精诚合作，联合开发出该省首个拥有自主知识产权的黄羽肉鸡高密度SNP液相育种芯片——“湘芯1号”。该芯片年推广量可达2000～3000张，技术辐射5～10个肉鸡核心品系，可覆盖1亿羽商品代黄羽肉鸡。此外，湘芯1号还将我国优秀地方鸡品种的遗传信息纳入芯片位点中，用于地方鸡品种的种质鉴定和提纯复壮。

研究人员利用传统杂交方法结合现代全基因组选择育种新技术，以丹系大白猪为父本、关中黑猪为母本，深入系统地开展了优质高繁黑猪新品种培育工作。目前，群体继代选育已至第三代。新品种核心群已达260余头，平均窝产仔数13.5头，100kg日龄196天左右，肌内脂肪3.8%，肉色好、持水能力强，脂肪酸和风味氨基酸组成优良。新品种不仅生长速度快、产仔数高，同时也保持了关中黑猪肉质优良、抗逆性强的优良特性。

（3）动物精准基因编辑育种技术研究进展

高效精准的基因编辑技术为培育家畜新品种提供了强有力的技术支撑，通过修饰关键功能基因和调控序列，具有常规育种技术难以匹敌的优势。但我国原始创新性基因编辑工具长期处于被国外卡脖子的状态。2023年5月，我国在基因编辑新工具的开发上取得重大突破。由我国自主开发的新型DNA编辑系统CRISPR-Cas12i（Cas12Max®）获得了美国发明专利US11,649,444B1，通过专利快速审查通道，正式获得美国专利商标局（USPTO）授权，打破了国外对基因编辑技术的垄断。目前，我国畜禽基因编辑育种集中在定向培育高产、优质、抗病抗逆、高繁殖力等性状的动物新品种，创制了多种基因编辑动物，部分育种材料具有重要的应用价值，处于国际先进水平。

猪基因编辑育种：①猪繁殖和呼吸综合征病毒（PRRSV）（俗称蓝耳病毒）给全球养猪业造成了重大的经济损失。鉴于猪*CD163*基因所编码的蛋白是PRRSV感染所必需的受体，对猪*CD163*的敲除可以培育出对PRRSV感染具有强抵抗能力的新品系。此外，通过基因编辑敲除猪肌肉抑制因子*MSTN*基因，获得的猪后代表现出更高的瘦肉率。因此，研究人员构建了携带3种靶向*MSTN*和*CD163*的sgRNA表达载体系统，利用两个基因同时编辑的猪胎儿成纤维细胞进行体细胞核移植，成功获得抗蓝耳病和高产肉性能的双基因编辑猪。②我国科学家首次成功创制出经济性状改良的6种基因编辑猪，包括调控骨骼肌生长的*FST*和*ZEBD6*基因、调控脂肪沉积的*PTRF*基因、调控代谢能力的*ASGR1*和*FAH*基因、调控“红肉”食用安全性的*GTKO*基因，开创了对川猪进行有目标的分子设计育种、改造乃至猪经济性状（生长速度、瘦肉率等）精准定向改良的先河。③韩建永教授团队自主创建的猪稳定多能干细胞培养体系（3i/LAF），获得了来源于猪胚胎成纤维细胞、成年猪耳皮肤细胞等多种组织细胞的稳定的、无外源基因整合iPSC，并阐明了抑制Wnt信号通路在无外源基因整合的猪iPSC建系中的必要性。所获得的iPSC能够在体外稳定培养超过100代，并具备多向分化潜能。利用所建立的重编程体系，该课题组进一步从高龄的稀有地方猪品种成纤维细胞中获得了高质量的无外源基因整合的iPSC，可进行高效基因编辑，以基因编辑的iPSC作为核移植供体细胞所产生的重构胚胎能够在体外发育到囊胚阶段，具备产生核移植个体的潜力，该项研究突破了40年来大家畜稳定多能干细胞建系技术国际难题，创建了具有自主知识产权的猪稳定上胚层干细胞培养体系，研制了连续多次基因编辑克隆动物技术体系。

羊基因编辑育种：①培育基因编辑抗乳腺炎奶山羊。利用CRISPR/Cas9基因编辑系统将融合受体*TLR2-4*基因靶向整合到*SETD5*基因座上，并通过体细胞核移植技术，获得了*TLR2-4*基因工程山羊。基因编辑奶山羊的免疫细胞异体自噬和细菌清除能力显著增加，实现了金黄色葡萄球菌免疫防御，为抗乳房炎山羊新品种培育提供了育种新素材。②培育基因编辑奶山羊以改善乳品质。研究人员利用CRISPR/Cas9基因编辑技术结合受精卵显微注射、胚胎移植，制备了*SCD1*基因编辑的西农萨能奶山羊，羊奶中的饱和脂肪酸含量上升，不饱和脂肪酸含量下降，实现了通过遗传手段对羊奶营养成分的调控，大大缩短了奶山羊的育种周期，同时达到了对羊奶品质调控的目的。③培育基因编辑短尾绵羊。利用野生帕米尔盘羊与西藏绵羊杂交群体及哈萨克羊与特克塞尔羊杂交群体，通过基因关联分析，发现了一批与重要表型性状相关的重要功能基因及突变，尤其是发现了影响绵羊尾长和尾椎数的*TBXT*基因突变，为培育短尾绵羊提供了珍贵的基因资源。利用基因编辑技术对细毛羊进行*TBXT*编辑，获得了基因编辑短尾细毛羊，经过扩繁组建了基因编辑短尾细毛羊育种资源群，为培育短尾细毛羊创制了珍贵的种质资源。

本领域未来的发展趋势主要为综合运用各种生物信息和基因操作技术，从基因到个体和群体不同层次对目标性状进行设计与操作，以实现优良基因的最佳配置，突破动物多基因聚合和基因编辑操作技术瓶颈，创建动物分子设计技术体系，推动传统育种向“精准育种”转变，大幅度提高动物育种效率和技术水平，引领动物育种的创新与发展。

（二）农业生物制剂创制

1. 生物饲料及添加剂

生物饲料与添加剂是指使用农业农村部饲料原料目录和饲料添加剂品种目

录等国家相关法规允许使用的饲料原料和微生物，通过发酵工程技术生产的含有微生物或其代谢产物的单一饲料和混合饲料。近年来，生物饲料与添加剂在改善饲料品质、提高资源利用效率、促进动物健康等方面的效果较好，生物饲料产品的市场接受度日益提高，已成为一个快速发展的新兴产业。目前饲用酶制剂、微生物制剂、饲用氨基酸已成为饲料添加剂行业的重要组成部分，发酵豆粕、发酵棉粕已成为重要的饲用蛋白来源。而近些年随着人工智能技术的发展，尤其是进入21世纪，神经网络、深度学习等算法的提出及高性能计算机、互联网大数据等信息通信技术的快速发展极大地推动了人工智能技术的研究。2016～2017年，由DeepMind公司开发的人工智能机器人AlphaGo连续战胜围棋世界冠军李世石和柯洁，让人们切实地感受到了人工智能蕴含的变革性力量，而AlphaFold及ESMfold等基于人工智能技术的蛋白质三维结构工具的开发，也表明人工智能有助于解决目前生命科学中的复杂难题。与此同时，人工智能在农业、医药、工业等领域也取得了一系列颠覆性突破。另外，人工智能与生物技术的融合，也推动了数据驱动的生物饲料和添加剂理论与应用研究技术体系的建立，提升了研发效率。

（1）基于大数据的功能基因挖掘

由于测序技术的发展及成本的降低，到2022年底在UniProtKB数据库里已保存了超过2.4亿条蛋白质的序列，这些序列为新型饲用功能蛋白的挖掘提供了丰富材料，而基于大数据的功能基因挖掘可以将传统的基因挖掘时间从1～2年缩减到1～2个月，并挖掘到了许多常规方法难以获得的新型饲用酶蛋白，具有重要的应用前景。

中国科学院微生物研究所的研究人员通过利用LSTM、Attention和BERT等多种自然语言处理神经网络模型，形成了一个统一的计算模型，用于从人类肠道微生物组数据中识别候选抗菌肽（AMP）。在被确定为候选AMP的2349个序列中，化学合成了216个，其中显示出抗菌活性的有181个。并且在这些多肽中，大多数与训练集中AMP的序列相似性低于40%。对11种最有效的AMP的进一步表征表明，它们对抗生素耐药的革兰氏阴性病原体具有很好的疗效，并且对细菌性肺部感染的小鼠模型显示出了细菌负荷降低至对照模型的10%的效果。该研究展示了机器学习方法从宏基因组数据中挖掘功能肽，并加速发现有前景的AMP候选分子以进行深入研究的潜力。研究结果在2022年3月被发表在*Nature Biotechnology*杂志上。

中国农业科学院北京畜牧兽医研究所与生物技术研究所的研究人员联合开发了基于全国产化计算硬件及软件平台的嗜热蛋白挖掘与智能设计方案（TPMAD）。该方案包括蛋白质序列大数据分析、人工智能模型筛选、基因聚类分析、典型序列鉴定等计算模块，利用该方案已挖掘到许多常规方法难以获得的新型酶蛋白，包括目前已实现产业化的最耐热和嗜酸的葡萄糖氧化酶，最适反应温度达到100℃的蛋白酶及最适反应温度达到85℃的几丁质酶等。该方案的应用效果良好，已获得昇腾万里解决方案的认证，并荣获2022年昇腾AI创新大赛全国赛银奖和区域赛金奖。

（2）功能分子的智能设计方法

随着人工智能的发展，功能分子的智能设计从理想变为现实，可以更精准地设计出与生成性能优良的全新功能分子，助力新型生物饲料及添加剂的研发。

中国科学技术大学的研究团队采用数据驱动策略，发展了能在氨基酸序列待定时从头设计全新主链结构的SCUBA（side chain-unknown backbone arrangement）模型。SCUBA模型采用了一种新的统计学习策略，基于核密度估计（或近邻计数，NC）和神经网络拟合（NN）方法，从原始结构数据中得到神经网络形式的解析能量函数，能够高保真地反映实际蛋白质结构中不同结构变量间的高维相关关系，在不确定序列的前提下，连续、广泛地搜索主链结构空间，自动产生“高可设计性”主链。该方法的出现使得人们可以根据饲用酶的功能来设计蛋白质的结构，再生成具新型氨基酸序列、丰富功能蛋白的序列库。该研究结果于2022年2月被发表在*Nature*杂志上。

中国科学院计算技术研究所、微生物研究所及北航医学院合作提出了一种准确高效的蛋白质序列设计方法ProDESIGN-LE。该研究团队利用ProDESIGN-LE设计了 68 种天然存在的蛋白质序列和129种幻觉蛋白质序列，平均每个蛋白质耗时在20s内。设计的蛋白质具有与目标结构完全相似的三维结构，平均TM 分数超过0.80。而且，他们在大肠杆菌中重组表达了5个生成序列的蛋白质。在这些蛋白质中，有三种表现出极佳的溶解性，其中一种与天然蛋白质有很大的一致性。该研究于 2023 年 3 月被发表在*Bioinformatics*杂志上。

中国农业科学院北京畜牧兽医研究所与生物技术研究所的研究团队成功构建了用来预测外源基因是否能在大肠杆菌中可溶性表达的人工智能预测模型MPEPE。本方法采用深度学习和分子进化相结合的研究手段，首先构建了基于多层深度神经网络（DNN）的预测模型MPEPE（mutation predictor for enhanced protein expression），并选择6438种在大肠杆菌中已知表达量的蛋白对该模型进行训练。将该模型结合分子进化应用于漆酶13B22 和葡萄糖脱氢酶（FAD-AtGDH），发现分子设计的多点突变体可大幅度提升其在大肠杆菌中的可溶性表达量。这些结果表明，基于深度学习和分子进化的策略可用于分析异源基因在大肠杆菌中的表达，设计突变体提升其在大肠杆菌中的表达量。该研究于 2023 年 3 月被发表在*Computational and Structural Biotechnology Journal*杂志上。

（3）高应用性能的产品研发

我国生物饲料的发展已取得长足的进步，2022年，全国饲料添加剂总产量达到1468.8万吨，受疫情影响比上年下降0.6%。目前已在饲料酶、饲用微生物、发酵饲料等领域的技术创新和产品研发上取得很好的成绩，品种不断增多，功能逐渐拓展，在国际市场也占据了一席之地，大大推动了我国饲料产业的技术升级和发展。我国在以植酸酶和非淀粉多糖酶为代表的酶制剂技术研发和产业发展上已处于世界领先水平，占据了全球市场的70%以上，而其中的最大饲料用酶——植酸酶已占全球市场的90%。然而人工智能技术的发展，也推动了相应产品的研发与升级。在酶类别上除了常规饲料用酶，还出现了消化酶、生态酶、非淀粉多糖酶等酶系，包括葡萄糖氧化酶、猝灭酶、溶菌酶、霉菌毒素降解酶、棉酚降解酶、木质纤维素酶等品种，这些酶可以进一步促进饲料与动物健康安全，拓展饲料资源等。另外，利用人工智能技术，可以进一步提升酶的应用性能，通过对细胞工厂的优化与设计提高酶的产量，降低生产成本，提升我国生物饲料与添加剂产品的竞争力。

2. 生物农药

据联合国粮食及农业组织（FAO）预测，到2050年全球人口将超90亿，对粮食需求将增加70%～85%；有害生物每年给五大粮食作物带来的产量损失为17%～30%，是威胁粮食生产安全的重要因子；由于不再提倡化学农药为主的病虫草害防治方法，生物农药已成为主要替代手段。

生物农药是指用来防治病、虫、草、鼠等有害生物的生物活体及其产生的生理或行为的活性物质和转基因产物，或者是通过仿生合成具有特异性作用的农药制剂，并可以形成商品上市流通的生物源药剂。按FAO标准，生物农药一般是天然化合物或遗传基因修饰剂，主要包括生物化学农药（信息素、激素、植物生长调节剂、昆虫生长调节剂）和微生物农药（真菌、细菌、昆虫病毒、原生动物或经遗传改造的微生物）两部分，农用抗生素制剂不包括在内。我国生物农药按照其成分和来源可分为微生物活体农药、微生物代谢产物农药、植物源农药、动物源农药4部分。按照防治对象可分为杀虫剂、杀菌剂、除草剂、杀螨剂、杀鼠剂、植物生长调节剂等。就其利用对象而言，生物农药一般分为直接利用生物活体和利用源于生物的生理活性物质两大类，前者包括天敌动物、细菌、真菌、线虫、病毒及拮抗微生物等，后者包括农用抗生素、植物生长调节剂、性信息素、取食抑制素、保幼激素和源于植物的生理活性物质等。化学农药的滥用造成了对生态环境的严重破坏及农产品污染等负面影响，为解决我国化学农药施用过量、化学农药替代品缺乏等问题，2022年2月16日，农业农村部会同国家发展改革委、科技部、工业和信息化部、生态环境部、市场监管总局、国家粮食和物资储备局、国家林草局联合印发了《“十四五”全国农药产业发展规划》，该规划明确优先发展生物农药产业和化学农药制剂加工，适度发展化学农药原药企业；加大微生物农药、植物源农药的研发力度；完善农药登记审批制度，加快生物农药对高毒农药的替代，做好特色小宗作物用药和林草专用药登记。通过国家重点研发计划“化学肥料和农药减施增效综合技术研发”“重大病虫害防控综合技术研发与示范”等专项行动，近年来我国在生物农药商业化、生物农药产品创制、活体生物农药增效剂、天然生物农药合成技术、分子标靶挖掘等方面取得了丰硕成果。

（1）生物农药市场占有率进一步提高

从全球植物保护市场发展的趋势来看，生物农药产值预计从当前的60亿美元左右上升到2040年的350亿美元左右，接近传统化学农药的50%。我国生物农药总体发展势头持续看好，在减少化学农药使用、保障农产品质量和生态环境安全及特色农作物的有害生物防控中发挥了重要作用。国家和地方政府均鼓励发展生物农药，在政策法规上有一系列优惠政策。截至 2022 年12月，以有效状态的农药制剂产品的登记数量测算，我国全部农药产品总数45 247个，生产企业1938家，登记化合物681种，其中生物化学农药28种，微生物农药48种，植物源农药26种，分别占登记品种的4%、7%和4%；农用抗生素类13种，占2%；2018～2022年共登记82个有效成分，其中杀虫剂26个，杀菌剂37个，除草剂15个，植物生长调节剂4个；登记的有效成分中生物农药40个，其中植物源农药6个，生物化学农药13个，微生物农药21个，生物农药占总有效成分数量的48.8%。2015～2022年登记的不同类型生物农药有效成分和产品数量增长趋势明显（图3-1，图3-2）。2022年新增产品706个。截至2023年4月，我国共登记了微生物细菌农药424个，其中418个是芽孢类，249个为Bt，96个为枯

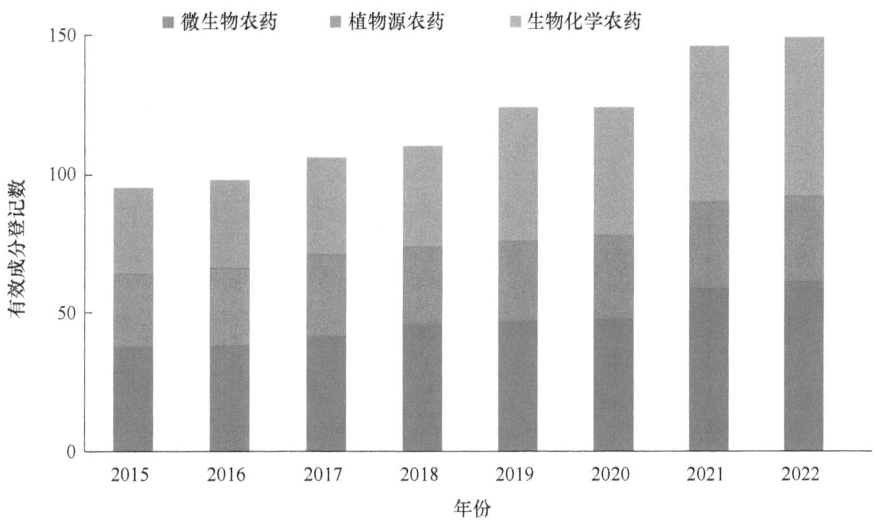

图3-1 2015～2022年登记的不同类型生物农药有效成分数量增长趋势

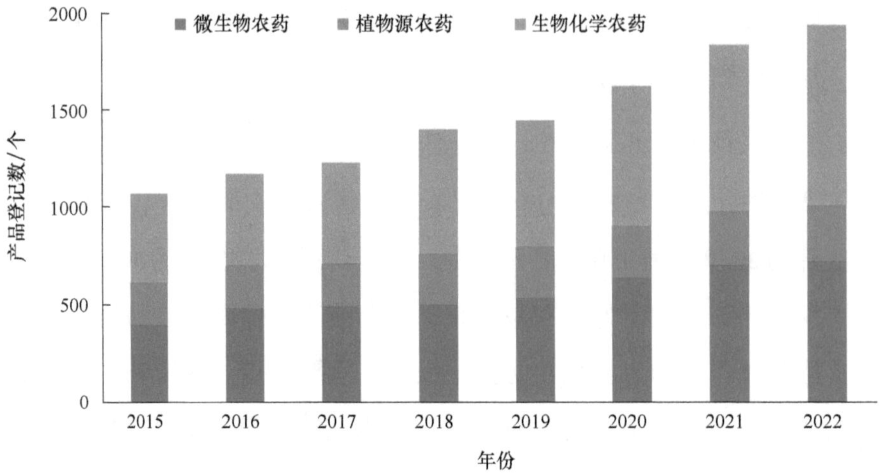

图3-2　2015～2022年登记的不同类型生物农药产品数量增长趋势

草芽孢杆菌类，生产厂家93家，细菌农药发展较快，占比较大。

（2）生物农药产品质量和创制能力进一步提升

从生物农药的市场抽检合格率来看，生物农药市场抽检合格率从2016年的32.2%提升到2022年的91.9%。另外，我国生物农药技术标准体系日趋完善，目前我国已经制定生物农药标准120项，涵盖了产品化学、毒理学、药效、残留和环境等领域。其中，产品化学60项，毒理学6项，药效30项，残留15项，环境9项（图3-3）。这说明生物农药的质量在逐步提升。通过生物防治多重机制的深入研究，生物农药产品创制能力进一步增强，如除了大量筛选新的微生物菌株和分离提纯微生物的代谢产物，在明确了微生物通过产生环境化合物、水解酶、占位竞争、寄生、捕食、解毒、信号干扰等方式控制有害生物的基础上，进一步挖掘微生物的促生抗逆功能，深入研究微生物刺激植物产生诱导系统抗性，如产生植物激素、挥发性化

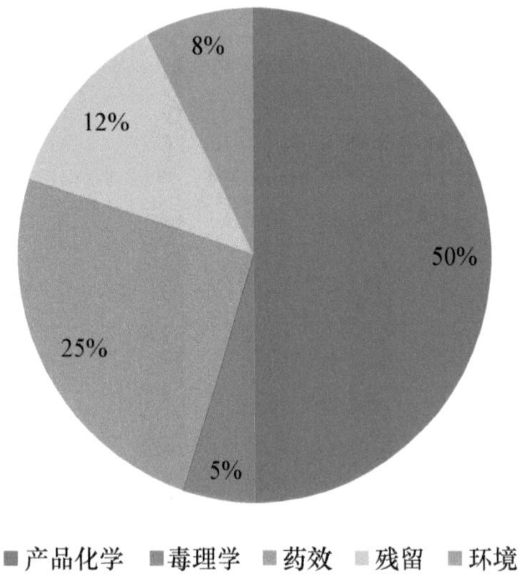

图3-3　我国生物农药技术标准体系

合物及ACC脱氨酶等，降低植物株内乙烯水平，改进植物的营养状况，如促进难溶性矿物元素的释放、非共生固氮等。另外，微生物通过产生抗生素、抗菌蛋白或铁载体等抑制病害，促进作物根瘤和菌根的形成，降解化学农药和植物根系产生的有毒代谢产物等，间接促进植物对病虫害及非生物逆境的抗性。利用功能微生物定向转化产生的小分子化合物作为农作物及功能性成分的前体物质，促进功能性成分的积累，从而提高农作物的品质。

（3）dsRNA农药发展迅速

2022年，Bayer公司的转dsRNA基因作物VT4PROTM和Corteva Agriscience公司的转dsRNA基因作物VorceedTMEnlist被批准上市。2022年10月，美国Greenlight Bioscience 公司可喷雾型RNA杀虫剂Ledprona获得国际标准化组织（ISO）农药通用名技术委员会临时批准为英文通用名，2023年3月22日正式批准为英文通用名The development code：GS2，这是全球第一个获得ISO通用名的dsRNA杀虫剂。Ledprona是抑制蛋白酶亚基PSMB5的dsRNA，基于Ledprona的用于防治马铃薯甲虫的RNAi制剂Calantha™已经申请美国国家环境保护局（EPA）登记，有望2023年获得批准。Bayer/Greenlight公司用于防治红蜘蛛的dsRNA制剂BioDirect也即将被批准上市。我国多家dsRNA的规模化生产系统已经建成，合成速度快，只需几小时就可以完成一个生产周期的合成，产率可以达到1g/L以上，合成的dsRNA纯度可以达到80%以上，规模化生产成本大大降低，每克生产成本在几元人民币左右。合成的dsRNA防虫效果明显，如黄曲调跳甲dsRNA施用1天后对其田间种群的防治效果可以达到90%以上，棉蚜dsRNA对棉蚜的平均防效也达到80%以上。我国尚未有正式登记施用的dsRNA农药，需要加快研发。基于AI算法的大规模靶标基因筛选平台的建立是实现dsRNA农药规模化的重要基础。

（4）我国生物农药发展面临的挑战

生物农药产业规模小，优秀品种及产品少，生物农药与化学农药混用或隐性添加的情况多，市场抽检合格率还需提升，生物农药制剂的配方和剂型少，质量不稳定。各类生物农药的产量主要由排名前5位的贡献，如以天然植物生长调节剂为主的生化农药产量最高，为11 694t，微生物农药8000t，植物源农药7445t；微生物农药产量前5位的产品是苏云金杆菌、枯草芽孢杆菌、棉铃虫核型多角体病毒、金龟子绿僵菌和多粘类芽孢杆菌，占微生物农药产量的78%。生物化学农药产量前5位的分别是赤霉酸、氨基寡糖素、芸苔素内酯、三十烷醇、14-羟基芸苔素甾醇，产量占生物化学农药的71%。植物源农药前5位的产品分别是苦参碱、樟脑、鱼藤酮、螺威、雷公藤甲素，占植物源农药产量的86%。我国生物农药产品质量仍需进一步提高，2022年抽检生物农药样品111个，合格样品102个，合格率为91.9%，比2021年提高了1.7%；9个不合格样品中有6个标明有效成分未检出，有4个为擅自添加化学农药成分，且有一个为添加了高毒农药克百威。

3. 生物肥料

绿色可持续发展是我国农业的基本战略，生物肥料是支撑农业绿色发展的重要投入品，也是我国肥料产业的重要组成部分。我国现有生物肥料生产企业近4000家，年产量超过3500万吨，年产值达400亿元以上，已经成为肥料家族的重要成员，在部分替代化肥、推动农业绿色发展方面发挥了重要作用。然而，生物肥料在我国整体肥料产业中占比较低，与欧美发达国家及巴西、阿根廷等国的约20%占比相比，我国生物肥料产业发展空间巨大。制约我国生物肥料产业发展的主要瓶颈包括优异生产菌种匮乏、功能机制不清、产品保活水平和应用效果稳定性不高、满足农业绿色发展需求的新型功能生物肥料产品缺乏等。随着国家农业绿色战略的深入实施，生物肥料近年也取得了长足的进展。

（1）生物肥料作用机制研究取得显著进展，为生物肥料优异菌种选育提供理论支撑

2022年2月，南京农业大学的研究人员鉴定了微生物肥料菌种木霉分泌的促进根系发育的新型活性代谢物雪松烯，并揭示了其调控植物侧根发育的分子机制，成果被发表在*Plant Cell & Environment*上。雪松烯能显著促进植物生长和根系发育，通过提高植物生长素的运输，促进生长素信号响应，诱导下游

GATA23的表达，进而刺激侧根的起始和长出。木霉菌分泌的雪松烯能诱导植物侧根形成和主根伸长这一发现，为微生物代谢物的生物技术应用开辟了新的途径。鉴定根际微生物分泌的促根活性物质，有望开发为新型促根剂肥料，增强作物根系发育和养分吸收利用效率。

盐碱地是我国重要的后备耕地，通过生物肥料技术提高盐碱地作物产量，对保障国家粮食安全、端牢中国饭碗具有重要意义。为了有效利用我国近5亿亩（1亩≈666.7m^2）的盐碱耕地发展粮食生产，通过工程手段改良盐碱地和选育耐盐作物品种是目前主要的策略。生物肥料能有效促进植物的适生抗逆能力，显著促进作物在盐胁迫条件下的生长。应开发盐碱地增产专用生物肥料，为提高盐碱耕地作物产量提供成本低、环境友好的新策略。2022年11月，中国农业科学院农业资源与农业区划研究所的研究人员在*Computational and Structural Biotechnology Journal*上发表综述文章，系统总结了增强作物耐盐的生物肥料及其作用机制，展望了微生物肥料提高盐碱地作物产量的应用前景。另外，其还总结了生物肥料增强植物耐盐的机制，包括：①生物肥料功能菌能够协助植物重建离子和渗透平衡；②生物肥料功能菌可以减少胁迫反应对植物造成的细胞损伤；③生物肥料功能菌能够恢复植物在盐胁迫条件下的生长。

2023年6月，中国科学院分子植物科学卓越创新中心的研究人员在*Current Biology*上发表综述，在分类层面系统总结了根瘤共生、放线菌共生、蓝细菌共生的特性；在分子与发育层面，总结与比较植物和不同共生微生物的信号交流及信号通路，共生的定殖和器官发生的分子机制；最后，总结了包括光照、氮水平、盐胁迫及根际微生物等环境因素对于共生固氮的调节机制。该综述提出了共生固氮研究领域面临的挑战，提出了由菌根共生到放线菌共生、豆科植物-根瘤菌共生的演化过程的见解，为作物的共生固氮改造提供了理论基础。

（2）生物肥料的环境适应与植物互作研究进展迅速，为提高生物肥料效果提供技术支撑

2023年5月，中国农业科学院农业资源与农业区划研究所和南京农业大学揭示了生物肥料菌种芽孢杆菌利用Ⅶ型分泌系统在菌-植接触早期通过从植物

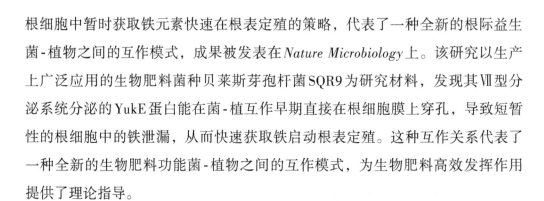

根细胞中暂时获取铁元素快速在根表定殖的策略，代表了一种全新的根际益生菌-植物之间的互作模式，成果被发表在*Nature Microbiology*上。该研究以生产上广泛应用的生物肥料菌种贝莱斯芽孢杆菌SQR9为研究材料，发现其Ⅶ型分泌系统分泌的YukE蛋白能在菌-植互作早期直接在根细胞膜上穿孔，导致短暂性的根细胞中的铁泄漏，从而快速获取铁启动根表定殖。这种互作关系代表了一种全新的生物肥料功能菌-植物之间的互作模式，为生物肥料高效发挥作用提供了理论指导。

2023年5月，南京农业大学揭示了微生物肥料功能菌维持根表生物膜稳定性的机制，发现生物肥料菌种芽孢杆菌能通过非核糖体途径合成新型抗菌物质BA（bacillunoic acid），且BA对同种芽孢杆菌具有拮抗活性，菌株通过编码一个特异的ABC转运蛋白实现自身对BA的免疫，而且该转运蛋白受到BA的诱导表达。芽孢杆菌在形成多细胞的生物被膜时存在劳动分工，细胞分化为合成群体“公共物品”（胞外基质）的细胞亚群（合作者）和不合成“公共物品”的细胞亚群（欺骗者）。“公共物品”（胞外基质）和BA的合成受到同一个调控蛋白Spo0A磷酸化的调控，群体中不产生“公共物品”的“欺骗者”也不能合成BA，发挥BA免疫作用的特异转运蛋白也不能被诱导表达，“欺骗者”就会被群体中“合作者”产生的BA杀死，从而达到了惩罚“欺骗者”、维持群体稳定的目的。该惩罚系统不仅有助于消除群体中不合成胞外基质的“欺骗者”，也提高了其他公共物质如蛋白酶和铁载体的产量，从而提高了群体在逆境条件下和根际的定殖稳定性及生态适应性，为提高生物肥料的生态稳定性提供了理论支持。该研究成果被发表在*eLife*上。

2023年1月，南京农业大学的研究人员在*Current Opinion in Microbiology*上发文系统总结了在植物-生物肥料功能菌互作过程中调控微生物丰度、行为、功能及植物免疫响应的信号分子或蛋白，为生物肥料增效剂的开发提供了理论基础。

根瘤菌等生物固氮微生物的应用是减少化肥用量和提高作物产量的重要途径，但固氮类微生物肥料在应用过程中也面临着菌株环境适应不稳定、高铵抑制固氮活性等问题。2023年5月，中国科学技术大学和中国农业大学的研究人员合作在*Nature Nanotechnology*上撰写评论文章，基于纳米材料靶向递送机制、精密释放及对植物生长的调节作用等特点，提出了改善生物固氮的纳米策略。

2022年12月，中国农业大学的研究人员在*PNAS*发表文章，阐明了植物固氮菌耐受铵的固氮作用机制。研究表明，萨比纳拟杆菌在存在高铵浓度的培养基中可重建固氮酶活性，其丙氨酸脱氢酶在高铵条件下催化铵和丙酮酸合成丙氨酸，而丙氨酸抑制谷氨酰胺合成酶（GS）的活性，导致细胞内谷氨酰胺浓度低，从而防止对GS的反馈抑制，使氮反应调节因子GlnR在高浓度的细胞外铵存在下激活固氮酶基因*nif*转录。该研究成果为解决生物固氮效率受到高浓度铵抑制的难题提供了新思路和新方法。

（3）基于合成生物学原理的多菌种复配取得了新进展，提高了生物肥料的应用效果稳定性

2022年12月，中国科学院微生物研究所构建了跨界（真菌和细菌）的合成菌群。通过开展大规模分离培养获得高覆盖度的根际微生物组资源库，并依据健康微生物组网络中的基石物种、特异富集物种及拮抗功能物种选择菌株建立了高多样性的跨界人工合成菌群，文章发表在*Nature Communications*上。

2023年2月，南京农业大学在*Advanced Science*上发文报道其构建了一个能抑制玉米种传镰刀菌的根际合成菌群，首先通过比较极限稀释和根系分泌物培养两种策略下健康和发病玉米根际细菌群落组成的差异，挖掘健康玉米根际显著富集的特征细菌类群并利用其纯培养菌株构建根际合成菌群，再根据根际稳定定殖、高效抑病及代谢和生长协同等特征将合成菌群优化为一个最简合成菌群。该研究证明了合成菌群抑制镰刀菌主要是其中核心芽孢杆菌合成的抗菌脂肽芬芥素的作用；而合成菌群的其他成员可以增强核心菌株的功能表达，构建的最简合成菌群“作战单元”形成了“核心菌株攻敌、其他成员增效”的独特互作模式与作用机制，该菌群对我国各种植区的玉米主栽品种的种传镰刀菌都具有高效的防控作用。本研究首次从合成菌群内部互作的角度阐明了合成菌群成员之间各司其职、协同高效的作用机制，也为构建作物根际简化稳定菌群及抑制病原菌提供了新的理解。

2023年3月，西北农林科技大学的研究人员在*Microbiome*上发文揭示植物驯化塑造小麦根际微生物组组装和代谢功能，发现植物根际微生物组是由宿主基因型和驯化状态共同形成的。小麦基因组对根际细菌群落的微生物多样性和组成的贡献大于真菌群落，而植物驯化状态对真菌群落的影响更大。值得注意的是，该研究人员发现野生栽培品种能够利用携带氮转化（即硝化、反硝化）和磷矿化途径的根际微生物，而携带无机氮固定、有机氮氨化和无机磷溶解基因的根际微生物则被驯化的小麦释放的根系分泌物所招募。

（4）我国生物肥料登记数量稳步增加，产业持续增长

自1996年将微生物肥料产品纳入肥料登记管理范畴以来，微生物肥料行业的发展变得规范了，目前我国微生物肥料产业基本形成。截至2023年5月底，已有12 524个产品取得农业农村部颁发的肥料登记证；目前仍在有效期内的登记证超过10 416个，其中复合微生物肥料登记产品有1752个，生物有机肥有3038个，其他的为微生物菌剂类产品。在菌剂类产品中，近年来新纳入登记的微生物浓缩制剂产品有53个，土壤修复菌剂产品有111个，有机物料腐熟剂产品有338个。我国现有生物肥料生产企业近4000家，年产量超过3500万吨，年产值达400亿元以上，生物肥料产业呈持续增长态势。

（三）农产品加工

1. 功能肽

生物活性肽（biologically active peptide，BAP）也被称为功能肽（functional peptide），是由2～20个α-氨基酸以不同的排列顺序、以肽键为连接点而形成的化合物的总称。功能肽是蛋白质中的功能活性片段，分子量小，能以完整的形式被吸收进入人体循环系统，其吸收、转化和利用效率高，抗原性低或无抗原性，具有降低血压和胆固醇含量、提高免疫力、调节激素、抗菌、抗病毒等作用。此外，功能肽还具有生理调节和生物代谢功能，在食品工业、饲料生产和生物医学研究等领域都有广泛应用。

2022年4月，河南工业大学的研究人员在*Food Chemistry*杂志上报道了其使用微波辅助酶法水解小麦胚芽制备功能多肽，并测定了酶解产物的理化性质。由于微波的非热效应和热效应，微波辅助小麦胚芽白蛋白水解提高了反应速率和多肽的得率。酶解产物中脯氨酸、组氨酸、甘氨酸、赖氨酸和谷氨酸的比例增加，而亮氨酸、苯丙氨酸、精氨酸和异亮氨酸的比例降低。木瓜蛋白酶水解后结构松散，周围的块状物变得更圆润。小麦胚芽白蛋白多肽具有很强的生理功能，具有清除自由基的抗氧化功能。多肽可被开发成功能性食品或药食同源产品。

2022年4月，中国农业科学院农产品加工研究所的研究人员在*Waste Management*杂志上报道了利用瞬间弹射蒸汽爆破技术（ICSE）高效水解羽毛废料中（鸡毛粉）的角蛋白，最终得到水解产物可溶性多肽。研究人员发现这些角蛋白水解产物能够抑制大肠杆菌生长，具有抗菌活性，可作为一种新的抗大肠杆菌替代产品，其中小于3kDa 的部分含有更高含量的疏水氨基酸，表现出最高的抗菌活性。此外，该研究提供了一种在短时间内适度破坏鸡毛的ICSE工艺，不涉及任何化学物质，是一种有效且环保的方法，将可再生羽毛废料转化为增值抗菌产品，在提高经济价值的同时减少资源浪费和环境污染方面具有潜力。

2. 乳源活性肽

活性肽是蛋白质经酶法水解、化学法水解或微生物发酵后，大分子蛋白质被分解成分子量较小的肽段，进一步与蛋白质分离纯化后得到的肽混合物。乳源活性肽（milk derived antimicrobial bioactive peptide）是指乳中蛋白质肽链上的某些片段，这些片段在前体蛋白质序列中不具备活性，当被蛋白水解酶作用释放时，它们可与特定受体相互作用发挥生理功能。肽的活性与其氨基酸组成和序列相关，已知具有多功能特性的生物活性肽序列可能含2～20个氨基酸残基。乳源活性肽研究将乳制品加工提升为高科技、高附加值产品，将乳业的资源优势变为经济优势，极大地推动了乳品行业优化升级。

2022年3月，拉夫堡大学的研究人员在*Food Chemistry*杂志上报道了骆驼乳蛋白作为具有多种营养功能的生物活性肽的最新研究进展。骆驼乳主要含有酪蛋白（约占蛋白质含量的80%，其中包括αS1-酪蛋白、αS2-酪蛋白、β-酪蛋白和κ-酪蛋白）和乳清蛋白（约占蛋白质含量的20%，包括α-乳清蛋白、血清白蛋白、乳清酸性和碱性蛋白、乳铁蛋白、溶菌酶、乳过氧化物酶、肽聚糖识别蛋白-Ⅰ、乳腺蛋白和免疫球蛋白）。过去5年来，骆驼乳源活性肽受到越来越多的关注，其中大部分研究都是针对其抗高血压和抗糖尿病特性进行的。此外，骆驼乳蛋白的水解产物在应用足量时具有许多生物活性功能，如抗氧化、抗肥胖、抗菌、抗生物膜、抗癌、抗炎、抗溶血和抗色素沉着过度等活性。与来源于乳清蛋白相比，源自酪蛋白的生物活性肽，尤其是β-酪蛋白更具生物活性，如抗氧化、抗菌和血管紧张素转换酶抑制活性等。

2022年1月，巴基斯坦政府学院大学（Government College University）的研究人员在*Scientific Report*上报道了水牛乳源生物活性肽对牛肉氧化稳定性和功能特性的有益影响。生物活性肽的性质取决于乳蛋白来源，现已从奶牛、水牛、骆驼、山羊、马、绵羊和牦牛乳中分离得到不同生物活性的肽，通过各类有益微生物和内源性蛋白水解酶的作用，可获得具有高抗氧化活性的乳源活性肽。水牛乳酪蛋白可作为食物蛋白质的天然来源，可水解产生具有更高抗氧化和抗微生物活性的产物——酪蛋白肽，其可以有效延缓和（或）抑制储存期间的脂质氧化并延长保质期。此外，添加酪蛋白肽在牛肉储存期结束时可显著降低大肠菌群和总细菌数量，还可大大改善生肉（牛肉）品质及其相关制品的功能特性。肽的抗氧化潜力可归因于其金属离子螯合、脂质过氧化抑制和自由基清除等特性，这些性质与肽的结构及其氨基酸序列紧密相关。因此，乳源肽和蛋白质作为食品抗氧化剂在肉类和肉类产品中具有良好的应用前景。

2022年6月，中国农业科学院农产品加工研究所通过双酶酶解结合分段膜过滤中试生产分子量小于1kDa酪蛋白寡肽。复合酶解法包括内切蛋白酶和外切蛋白酶，内切蛋白酶从蛋白质内部切割肽链，释放分子量大小不等的肽片段，而外切蛋白酶则作用于肽链两端，释放疏水性氨基酸，具有一定的脱苦效果。使用双酶复合法与膜分离相结合技术，可精准分离一定分子量的活性肽，从而得到分子量大小不等的生物活性肽组分。大分子酶解物可进一步酶解及膜分离，得到分子量小于1kDa的寡肽，相较传统的酶解工艺，该方法提高了目标寡肽的得率及蛋白质的利用率。该寡肽含有ACE-抑制活性肽（46%）、抗氧化活性肽（26%）及DPPV-Ⅳ抑制活性肽（27%）等，其主要来源蛋白质为β-酪蛋白。除上述数据库收录的常见功能之外，有研究表明，乳源性寡肽还具有抗疲劳和解酒等生理活性。

3. 生物传感器

生物传感器是一种把生物成分和物理化学检测器结合在一起，用于检测被分析物的分析设备。它是由固定化的生物敏感材料作识别元件（包括酶、抗体、抗原、微生物、细胞、组织、核酸等生物活性物质）、适当的理化换能器（如氧电极、光敏管、场效应管、压电晶体等）及信号放大装置构成的分析工具或系统，可以把待分析物种类、浓度等性质通过一系列的反应转变为容易被人们接受的量化数据，以便于分析。因具有选择性好、灵敏度高、分析速度快、成本低，特别是具有高度自动化、微型化与集成化等特点，生物传感器在近几十年发展迅速，尤其在现场快速检测领域应用前景广阔。伴随着各类适配生物传感技术的便携式快检仪器和试纸条等快检产品逐步推向市场，建立在生物传感器基础上的快检技术正在农业、食品安全等领域现场快速检测中发挥着举足轻重的作用。

在我国，农产品是极为重要的出口产品，然而最近几年很多农产品出口受阻问题陆续出现。对于农产品而言，抗生素肆意使用、重金属离子污染及食源微生物感染对农产品品质和安全带来了巨大的威胁。因此，我国近年不断建立并完善检测技术，加强质量检测体系的全面构建。生物传感器由于可以直接对生物分子及各种参数进行检测，且其灵敏度较高、操作简便，这也使得其在农产品安全检测工作中得到了广泛的使用和重视。

在重金属离子残留的检测方面，铅和镉的检测是农产品重点关注的领域。2023年3月，中国科学院合肥物质科学研究院智能机械研究所的研究人员在*Journal of Electroanalytical Chemistry*上报道了其设计的可检测铅离子（Pb^{2+}）的电化学传感器，该传感器实现了铅离子的精准和便捷检测。该研究团队基于钴掺杂的普鲁士蓝结合MXene材料，设计出一种便携式电化学传感器。该传感器可以检测纳摩尔浓度的铅离子，同时也展现出较高的抗干扰能力、良好的稳定性，并在瓶装水、自来水和湖水等真实样品检测中均表现出出色的铅离子检测性能。

2022年3月，北京大学的张志勇教授-彭练矛教授联合课题组在*Advanced Functional Materials*杂志上发表研究文章报道，其通过系统地优化阵列碳纳米管沟道材料，改善场效应管（metal-oxide-semiconductor，MOS）的栅叠层结构（碳纳米管/栅介质/栅金属），首次实现了基于阵列碳纳米管的高性能增强型晶体管和集成电路，充分展示了碳纳米管在高性能晶体管和电路应用中的潜力。这是该团队继2020年在*Science*杂志发表论文，宣布成功制备出高密度高纯碳管阵列以来的又一重大进展。这一系列成果将为碳基半导体进入规模工业化奠定了基础，预计会对信息处理、通信、传感领域碳基芯片的研发与应用起到显著的助推作用。

在食品农残检测方面，2022年7月，中国科学院合肥物质科学研究院固体物理研究所的科研团队开发了一种新型且无酶的便携式传感平台，并将这种便携式传感平台用于定量草甘膦，草甘膦是目前国际上使用量最大的除草剂，在有机磷农药中占有重要位置。该传感器在2s内即可测出环境和食品中的草甘膦残留，并将最终浓度结果直接显示在智能手机上。传感平台包括传感器、可用于读取数据的智能手机、提供荧光检测环境的手机附件。传感器由设计制备的蓝色碳点和金纳米团簇构成，能快速识别检测草甘膦，当将草甘膦加入传感器后，与碳点反应，导致碳点的蓝色荧光快速猝灭，而金纳米团簇的橙色荧光保持不变。从视觉上来看，试纸荧光颜色变化从蓝色到粉色，最终变为橙红色。相对于传统的检测手段，该传感器更加快速便捷，即使没有经过专业培训也可操作使用，并实现实验室检测无法做到的现场实时检测，适合基层环境监督部门、农贸市场及超市、个体消费者使用。

在食品病原微生物的检测方面，2022年11月，天津科技大学的研究人员在*Journal of Hazardous Materials*上报道了一种高灵敏型生物传感器，用于检测食源性致病菌。该研究首次将银纳米簇（AgNCs）探针与CRISPR/Cas12a结合，开发了用于超灵敏检测的比率荧光生物传感平台SCENT-Cas（silver nanocluster empowered nucleic acids test using CRISPR/Cas12a），其能够灵敏、特异地检测复杂样品中的食源性致病菌鼠伤寒沙门菌。SCENT-Cas利用了CRISPR/Cas12a及无标记的DNA调控的AgNCs将靶核酸信号转换为双色荧光，首次将比率信号读数与CRISPR-Dx结合起来，使其检测限达到了1CFU/mL，最宽检测范围为100～108CFU/mL。同时还集结了自校准、最小化外界干扰、增强可靠性和输出方式多样性等优势。华南农业大学的科研团队开发了一种基于适配体磁富集的沙门菌一体化现场检测技术，解决了快速检测中低浓度复杂样本检出率低、富集困难、耗时费力的难题，结合自主开发的一体化设备与手机智能App软件，其敏感性提高了100倍，并实现了免培养、核酸免提取和病原检测一体化，在传染病快速检测、食品安全和疾病防控等方面具有较好的应用前景。

2022年12月，加利福尼亚理工学院的高伟教授和加利福尼亚大学圣地亚哥分校的Joseph Wang教授在*Nature Reviews Chemistry*期刊上发表了综述，介绍了利用可穿戴化学传感器发现生物标志物的标准、策略和技术。现有的生物传感器仍面临检测时间长、自动化程度低等挑战。解决这些挑战的一种有效方法是扩展具有更多功能的模块库。人工智能、云计算和基因组大数据的出现也将带来更多的改进机会。

2023年3月，西安交通大学的研究人员在*Trends in Biotechnology*期刊发表了综述，总结了智能生物传感器的最新进展。研究人员指出，生物传感器在各个领域都有应用的需求，尤其在生物医学研究、药物合成筛选、环境监测与保护、卫生检疫、司法鉴定、生物标志物的检测等众多领域具有极为广阔的应用前景。例如，生物传感器在食品分析中的应用包括食品成分、食品添加剂、有害毒物及食品鲜度等的测定分析。

2023年5月，土耳其科奇大学机械工程系的研究人员在*Nature Food*杂志上发表研究文章，宣布开发了一种小型的无线传感器，用于实时检测腐败食品中的挥发性生物胺，以监控食品变质的过程。该传感器可以检测富含蛋白质的食品在腐败时产生的挥发性生物胺，并将数据无线传输到手机上，通过无线连接手机应用即可按需进行变质分析，实现对样品在不同储存条件下的连续监测。该研究会使人们快速、便捷地确定富含蛋白质食品的变质情况，并最终避免食品浪费和预防食源性疾病。

4. 合成生物技术

合成生物学采用工程学“自下而上”的理念及“设计—合成—测试”的研究方法，打破“自然”和“非自然”的界限，从系统表征自然界具有催化调控等功能的生物大分子，使其成为标准化“元件”，到创建“模块”“线路”等全新生物部件与细胞“底盘”，构建有各类用途的人造生命系统，有望为解决健康、能源、粮食、环境等重大问题做出新贡献。农业生产与合成生物学有效结合，既是解决粮食安全与食物营养所存在问题的重要技术，也是克服一些传统加工技术带来的不可持续问题的重要手段。

在农产品生产和加工方面，利用生物学、工程学、计算机科学等学科的知识和技术手段，对生物系统进行定量的设计、构建、优化和控制，从而实现对生物体系的精准操纵和控制。其可以用于改良农产品的生产和加工过程，提高农产品的品质、产量和营养价值等方面的特性，从而满足人们对高品质、高营养的食品需求；还可以帮助农业生产更加环保和可持续，减少对化学农药和化肥的使用，降低环境污染和资源浪费的风险。

倍半萜瓦伦烯是甜橙果实特征香气组分，具有多种生物活性，被广泛应用于食品、饮料行业。2022年5月，大连工业大学朱蓓薇团队联合中国科学院大连化学物理研究所周雍进团队在*Journal of Agricultural and Food Chemistry*杂志上报道了其利用重组酵母代谢合成倍半萜瓦伦烯的成果。其使用酿酒酵母作为底盘细胞，采用多种代谢工程策略进行全局调控，攻克倍半萜瓦伦烯的代谢瓶颈，实现多个基因的强化和平衡，摇瓶产倍半萜瓦伦烯达1.2g/L。

甜茶苷和莱鲍迪苷是被广泛应用于食品和饮品行业的甜味剂，具有高甜度、低热值、安全、稳定等优点。2022年6月，江南大学陈坚院士团队在*Nature Communications*报道了构建酵母底盘细胞并从头合成甜茶苷与莱鲍迪苷。该研究在酿酒酵母中重构甜茶苷代谢合成途径。基于合成生物学中的代谢网络模块化方法将甜茶苷合成途径分为5个模块，包括萜类合成模块、P450模块、甜茶苷合成模块、UDP-葡萄糖合成模块和甜茶苷转运模块。通过对各个模块的改造与优化，甜茶苷在摇瓶中的产量达到302.1mg/L，经15L发酵罐放大培养后，甜茶苷产量达到1368.6mg/L。引入莱鲍迪苷合成途径后，实现了莱鲍迪苷的从头合成，莱鲍迪苷在15L发酵罐中产量达到132.7mg/L。

2,3-丁二醇常被用作风味添加剂，适量添加至白酒中，可增加酒体的醇厚感，也是常用的食品香料载体。2022年7月，华南理工大学娄文勇团队在*ACS Sustainable Chemistry & Engineering*期刊上报道了模块化改造地衣芽孢杆菌实现了高产2,3-丁二醇。通过模块化代谢工程手段对地衣芽孢杆菌进行改造，最终获得的工程菌MWO-8以菊芋块茎提取物为底物，经分批补料发酵可产82.5g/L的2,3-丁二醇。其开发了性能优异的微生物细胞工厂，成功实现了通过统合生物加工过程策略、以廉价非粮的菊芋为底物，高效合成2,3-丁二醇，满足绿色环保和可持续发展理念，有力推进了工业化生产的进程。

2022年9月，北京化工大学的研究人员在*Nature Communications*杂志上发表了利用逆向生物合成方法实现三七素从头生物合成的最新研究成果。研究者通过筛选有效的异源酶，实现了两种直接前体L-2,3-二氨基丙酸和草酰辅酶A的生物合成。通过引入28种同义稀有密码子，提高了植物源三七素合酶BAHD3的溶解度。最后，通过偶联乙醛酸氧化途径和草酰乙酸裂解途径并对代谢网络进行系统设计，使三七素滴度达到1.29g/L，甘油产量为0.28g/g。该项研究为进一步探索、优化和大规模生产三七素铺平了道路。

2022年9月，中国农业科学院、中国科学院的研究人员共同在*Nature*杂志发表几丁质生物合成的结构基础的研究论文。该研究通过冷冻电镜、扫描电镜、X射线衍射等技术，解析了来自破坏性大豆根腐病病原卵菌大豆疫霉（PsChs1）的几丁质合酶在酶的自由状态、与底物结合状态、几丁质链结合状态、产物结合状态及酶活性被抑制的状态等5个不同状态下的三维结构，首次从原子尺度揭示了由几丁质合成酶催化完成的一个多步骤、定向的几丁质生物合成过程，并探明了几丁质合酶与活性小分子抑制剂尼克霉素结合的模式，解释了尼克霉素抑制几丁质生物合成的机制。该研究揭示了几丁质生物合成的定向多步骤机制，为抑制几丁质合成提供了结构基础。

2023年1月，浙江大学的研究人员在*Nature Communications*发表以酿酒酵母为底盘高效合成24-表-麦角甾醇的研究成果。24-表-麦角甾醇可用于合成油菜素内酯类化合物，在提高作物的产量、品质、抗逆性和抗病性等方面效果显著。该研究利用甾醇Δ24（28）还原酶（DWF1）在酿酒酵母中构建了一条人工设计的合成途径，实现了非天然甾醇——24-表-麦角甾醇的从头合成，同时采用蛋白质工程提高DWF1对24（28）-去氢麦角甾醇的催化活性，并进一步通过甾醇稳态工程对甾醇的酰基化/水解平衡进行调控，以提高24-表-麦角甾醇的产量。最后，通过高密度发酵使工程酵母菌株发酵产24-表-麦角甾醇的效价达到2.76g/L，为以接近24-表-油菜素内酯的价格向市场提供天然油菜素内酯奠定了基础，采用的甾醇平衡工程策略也有望应用于其他经济功能重要的植物甾醇合成。

2023年2月，北京化工大学的研究人员在*Cell*上发表成功创造一种混合糖酵解酵母的文章。研究人员首先通过酿酒酵母EMP途径阻断及实验室自适应进化实现了酵母的糖分解代谢的改动和替换，而后通过全基因组、转录组分析及体内外验证发现了一种新的肌醇焦磷酸酶OCA5，它可以通过调节5-二磷酸肌醇-1,2,3,4,6-五磷酸（5-InsP7）水平来调节糖酵解和呼吸，该结果解释了焦磷酸肌醇作为能量传感器调控平衡糖酵解和呼吸通量的重要机制，并提供了酵母在能量短缺压力下通过调节转录因子影响代谢可塑性的见解。最后，该研究以脂肪酸的生产为例探索了混合型糖酵解酵母作为新型底盘细胞工厂的潜力，并最终实现了2.68g/L的产量，证明混合型糖酵解酵母和OCA5突变的引入可通过重塑菌株中心碳代谢，大大简化其补料控制过程，节约下游发酵过程的人力、物力投入，具有重要的工业应用价值和商业竞争力。

2023年5月，上海交通大学的研究人员在光驱动CO_2转化的负碳生物合成领域取得重要进展，相关成果在*Nature Synthesis*上发表。该研究首先基于光合微生物聚球藻构建了4种碳封存模块，将CO_2转化为具有光稳定性、可分泌性和内源酶不代谢性的肉桂酸及三种衍生羧酸。而后，基于聚球藻构建了转化合成烯烃化合物的光合细胞催化模块，以及基于大肠杆菌构建转化合成植物天然产物的休止细胞催化模块，并结合多重基因编辑、路径增强和蛋白融合等策略提高了催化效率。随后，通过碳封存模块和不同细胞催化模块结合，成功将CO_2直接转化为了姜黄素、东莨菪素和香兰素等十多种化合物，并通过将光生物反应器和发酵罐联用，合成了超过1g/L的目标产物。这项研究通过设计稳定的中间化合物将碳封存模块和休止细胞催化模块连接，实现了CO_2到多种高附加值产品的合成，拓宽了负碳生物合成技术的应用场景，为碳的捕集和利用提供了新方向，有望促进负碳制造产业发展，助力碳中和。

5. 生物基材料

生物基材料是利用可再生生物质为原料，包括农作物、其他植物及其残体，如谷物、豆科、秸秆、竹木粉等，通过生物、化学及物理等方法制造的新材料。生物基材料包括生物基化学品、生物基塑料、生物基纤维等，已被国家发展改革委列入《战略性新兴产业重点产品和服务指导目录》，在我国“双碳”战略目标的落实中，成为一个重要的突破口。

2023年2月，有研究者在*Green Chemistry*杂志发表了以草本植物木质素为原料制备可回收的共聚酯材料的文章。研究者以$ZnMoO_4$/MCM-41为催化剂，从草本植物（包括芒草、高粱茎、玉米秸秆等）的木质素中选择性地裂解出香豆酸/阿魏酸乙酯，该羟基肉桂酸衍生物具有共轭刚性结构，接着经过一锅法氟磺化、羧化和酯化后将其官能化为二羧酸酯。将木质素衍生的二羧酸酯与全纤维素衍生的己二酸和丁二醇共聚产生了脂肪族-芳香族共聚酯。这种完全源自生物基的共聚酯材料具有优异的紫外线屏蔽能力且具有良好的透明度。此外，该材料是可降解的，具有化学可回收性和化学可再循环性，以及可调节的机械性能、光学性能和热性能。在这项研究中，研究者提出了一种新的路线，以可持续的生物质为原料生产具有功能性和安全性的共聚酯，为生产绿色可回收共聚酯材料提供了新的思路和方向。

2023年3月，中国科学院大学的研究人员在*Science Advance*上发表了通过经典的加热-淬火过程使用生物衍生的氨基酸或肽制备生态友好型玻璃的成果。该研究是在超纯惰性气体保护下将天然氨基酸或肽粉末置于干净的玻璃仪器中加热，在完全熔化后采用传统淬火工艺，最终其末端进行化学修饰的氨基酸和肽能够在分解前形成过冷液体并在淬火时形成玻璃。这些生物分子玻璃具有出色的玻璃化能力和光学特性，适用于3D打印增材制造和模具铸造。且体外和体内实验结果表明，这些生物分子玻璃具有生物相容性、可堆肥、生物可降解性和生物可回收性。这些具有显著特性且源自天然存在的氨基酸或肽的生物分子玻璃，有望成为连接生物领域和材料领域的桥梁。此外，该研究还证明了在目前使用的商业玻璃和塑料材料之外，开发生物来源的环保玻璃所具有的光明前景和巨大潜力。

2023年4月，Patal等在*Carbohydrate Polymers*杂志上发表了可3D打印的透明壳聚糖/纳米纤维素水凝胶的制备方法。该方法使用纳米纤维素作为辅助材料，将具有不同理化特性的甲基丙烯酸酯壳聚糖和β-葡聚糖水凝胶结合起来。由于纳米纤维素的存在，该复合水凝胶具有较高的机械强度。此外，复合水凝胶中丰富的羟基、氨基等表面官能团为其提供了较好的黏附性、抗菌性及导电性。在此基础上，研究人员进行了运动传感实验，结果表明该复合水凝胶在实时应变传感方面拥有巨大潜力。综上所述，该纳米纤维素/壳聚糖复合水凝胶可以在个性化定制的医疗可穿戴设备中发挥重要作用。

2023年5月，有研究者在*Advanced Materials*杂志在线发表了重建氢键网络到动态共价适应性网络的热加工方法以开发纤维素生物塑料的技术。该技术先通过席夫碱反应在纤维素中葡萄糖的 C6 位点引入动态亚胺键，之后以动态交联反应将甲苯磺酰纤维素置换为氨基纤维素。纤维素链之间动态亚胺键的存在有效地削弱了氢键的形成，从而赋予纤维素良好的热加工性能。随后，通过热压工艺获得具有高强度、韧性及良好的抗紫外线性能和热性能的纤维素生物塑料。开发出的纤维素生物塑料具有高机械性能、高防潮性、可回收再利用性和生物降解性及低成本的优势，具有替代纸张和传统塑料的良好潜力。这项技术可以结合各种生物基材料开发出一系列纯天然、可持续和可降解的生物塑料，为替代石油基塑料和食品衍生生物塑料提供了思路和方向，在生物材料和能源利用领域具有广阔的应用前景。

6. 发酵技术

发酵技术是利用微生物代谢能力和生长特性，将农产品中的一些成分转化为其他物质，以达到改善产品品质的目的。通过选择合适的微生物，利用其代谢产生的酶、有机酸、气体等物质，对农产品进行发酵，改变其品质、口感、营养成分等方面的特性，使其更适合人们的口味和需要。发酵技术在农产品加工领域有着广泛的应用，不仅可以改变食品的口感、风味和质地，还可以增加食品的营养价值和保质期。

苦荞具有很高的营养价值，可以预防和治疗多种疾病。但是，苦荞的风味较差，导致其开发利用受到限制。2022年7月，上海应用技术大学周一鸣教授团队报道了利用微生物发酵改善苦荞酸面团的风味物质。该研究使用高通量测序技术与传统培养方法相结合的手段，探究了自然发酵苦荞酸面团中微生物的多样性；使用气相色谱-质谱（GC-MS）分析了发酵过程中苦荞酸面团的挥发性风味物质的变化，并与微生物多样性构成联系，以明确微生物发酵对于苦荞酸面团风味的改善作用，相关研究成果被发表在*Food Chemistry*期刊上。

莫内甜蛋白（monellin）是一种天然甜味蛋白，在工业上被用作食品甜味剂和风味增强剂。从植物浆果中提取的天然莫内甜蛋白工艺复杂，价格昂贵。甲醇营养型毕赤酵母已实现了莫内甜蛋白的生产表达，然而甲醇会使发酵液中的溶解氧浓度（DO）长期处于受限状态。2022年10月，扬州大学杨振泉团队在*Journal of Cleaner Production*杂志上报道了利用毕赤酵母高效发酵合成莫内甜蛋白。基于山梨醇具有较低的燃烧焓，该论文建立了一种智能化、自动化的甲醇/山梨醇共混流加模型，该新型流加策略实现了在保证甲醇诱导强度的前提下，同时维持DO于充足水平以达到抑制胞内甲醛积累的目标，最终使莫内甜蛋白浓度达到了2.45g/L的最高水平。

2022年12月，昆明理工大学易俊洁团队基于基因组学和代谢组学技术，揭示了乳酸菌发酵佛手瓜产生特征风味物质可能的生物合成途径。该团队围绕发酵佛手瓜开展了系列研究，发现其主要特征香气成分为酯类物质（如乙酸苯乙酯、乙酸异戊酯和水杨酸甲酯等）、酚类物质（如4-乙基愈创木酚和4-乙基苯酚等）和萜类物质［如（E）-芳樟醇氧化物、（Z）-芳樟醇氧化物和香茅醇等］。这些风味物质的形成与乳酸菌的作用紧密相关。该研究结果有助于筛选用于发酵蔬菜风味形成直投式菌剂开发的乳酸菌菌株，相关研究成果被发表在*Food Research International*期刊上。

“设计控制”是现代非基因编辑微生物组工程的核心，依赖于对发酵微生物资源的全面挖掘及多组学技术的整合应用。2023年3月，江南大学徐岩团队在*Comprehensive Reviews in Food Science and Food Safety*上报道了发酵食品的微生物菌群控制策略。基于系统微生物学和合成生物学思想，深入剖析传统发酵过程中由微生物导致的生产不稳定因素，提出了一种适应于传统发酵食品产业转型的新型研究策略——设计控制与整合策略。从“自上而下”“自下而上”与“群落融合”三种微生物组工程策略出发，需充分发挥限制控制与设计控制各自优势以提升天然发酵食品微生物群的控制能力，可有效权衡发酵品质与效率。传统与科技并行才能推动传统发酵食品朝着绿色、清洁、智能、高效的方向发展。

7. 蛋白质工程技术

蛋白质工程技术是通过改变蛋白质的结构、功能或性质，以增强或改进其在农产品加工中的应用价值。其中，酶工程技术是通过基因工程技术改造酶的结构和功能，通过发酵等技术生产酶，利用酶对农产品中的特定化合物进行催化分解或转化，从而实现对农产品的加工、提取和改良。蛋白质工程技术可以针对不同的农产品进行定制化设计，选用适当的蛋白（或酶）种类、工艺条件和反应控制策略，以实现提高食品的质量、增加农产品的产量、延长农产品的保存期限等。

谷物醇溶蛋白可在体相、气液界面及静电场条件下产生特异自组装行为，并最终可控地形成微纳米颗粒、薄膜、纤维等有序结构。醇溶蛋白基纳米材料被认为是先进、安全、有前途的载体，用于有效封装和控制释放生物活性物质（如功能因子、药物等）和益生菌等。2022年8月，华南农业大学肖杰教授在*Critical Reviews in Food Science and Nutrition*期刊上报道了醇溶蛋白微纳米颗粒、薄膜、纤维的制备方法及其关键影响因素，全面阐述了醇溶蛋白基递送体系在提升生物活性物质健康功效中的应用。与亲水蛋白质和多糖相比，醇溶蛋白基微或纳米颗粒、电纺纤维、薄膜、皮克林乳液可以对生物活性物质等提供保护，有效延长货架期，抑制氧化，提高封装生物活性物质的生物功效（如水分、氧和二氧化碳的选择渗透性）。

硒在人体无法自行合成，植物硒肽是一种安全有效的硒载体，可以高效地被肠道吸收利用。目前植物硒肽的制备以植物蛋白酶促水解为主，已成功从富硒大豆、富硒玉米、富硒大米、堇叶碎米荠等原料中得到硒肽。2022年9月，武汉轻工大学祝振洲团队报道了利用固定化碱性蛋白酶制备植物硒肽。该研究以单宁酸和聚乙烯亚胺改性的Fe_3O_4纳米颗粒为载体制备了固定化碱性蛋白酶，固定化酶与反应体系易分离且可重复使用，提纯工艺简单，可高效、稳定、低成本地制取植物硒肽。相关研究成果被发表在*RSC Advances*期刊上。

在细胞培养肉的生物过程中，最重要的一步是实现细胞扩增。三维（3D）支架上孵育细胞可在有限的空间内最大限度地提高细胞扩增容量。2023年3月，浙江工业大学孙培龙团队在*ACS Applied Materials & Interfaces*上报道了食品级酶（微生物谷氨酰胺转氨酶）和离子交联大豆蛋白支架的技术，而且不需添加任何细胞黏附剂。该研究利用大豆蛋白淀粉样纤维为原料，采用微生物谷氨酰胺转移酶和温控水蒸气退火技术制备细胞培养肉的3D多孔支架，开发了丰富且廉价的大豆蛋白淀粉样原纤维，证明了其在食品工业中用作细胞培养肉的支架材料的潜力。

吡咯并吲哚是一类重要的生物碱，作为杀菌剂，用于控制各种病原体的生长和繁殖，从而保护植物免受疾病的侵害。2023年4月，*Angew Chem Int Ed*杂志发表了瞿旭东与孔旭东团队的合作研究成果：酶工程改造P450实现吡咯并吲哚类生物碱的集约式生物合成。通过基因组挖掘和进化分析，发现了P450中的三个氨基酸位点对底物的选择性具有重要的调控作用；通过对上述位点的突变改造，并将P450突变体转入齿垢分枝杆菌，实现了吡咯并吲哚类生物碱的集约式生物合成，产生了至少93种新结构交叉二聚的吡咯并吲哚生物碱产物，在获得的吡咯并吲哚生物碱数量上实现了大的飞跃，突破了吡咯并吲哚生物碱结构多样性少的瓶颈。

8. 生物降解技术

生物降解技术是利用微生物的代谢活动，将农产品废弃物转化成有用物质的技术。例如，使用微生物菌群降解农产品加工废弃物，将其转化为有机肥料或其他有用的物质，减少环境污染和资源浪费；或者开发可降解聚合物，制成包装材料，包装可在被丢弃后迅速被微生物降解，减少对环境的污染；或者使用天然的生物降解剂作为防腐剂，有效延长食品的保质期，并且不会对人体健康造成危害；还可以利用生物降解技术从农产品中提取有用的化合物，用于食品、医药等领域。因此，生物降解技术在农产品加工领域有着广泛的应用前景，可以为人们提供更加健康、环保的产品。

3-羟基丁酸（PHB）是可降解的生物塑料，可以通过微生物合成，但其生产成本较高。而食物垃圾量多易得，碳源丰富，可水解成微生物发酵生产的基质。2023年3月，清华大学陈国强团队在*Metabolic Engineering*上发表文章，报道其通过改造盐单胞菌（*Halomonas bluephagenesis*），利用食物垃圾水解物生产PHB。他们选用可在高盐、碱性环境中快速生长的盐单胞菌，而在这些条件下杂菌不能增殖，从而避免灭菌，也节约能源。食物垃圾水解液营养丰富，有利于细菌生长，却不利于PHB生产。因此作者开发了一种在环境不稳定和菌群差异情况下能够稳定表达产物合成途径中编码基因的方法，通过在必需基因启动子的调控范围内插入产物合成基因，将产物合成与细菌存活联系起来。总之，该团队构建的盐单胞菌可利用未灭菌、营养丰富的食物垃圾水解液生产PHB，产量达56g/L。

随着资源与环境问题的日益严峻，废弃塑料的有效回收与再利用已成为全球性的研究热点。PET是目前应用较为广泛的一种合成塑料，2023年3月，中国科学院天津工业生物技术研究所朱蕾蕾团队与南京中医药大学刘海峰合作发展了一种新型PET塑料水解酶，相关研究结果被发表在*Angew Chem Int Ed Engl*杂志上。PET塑料降解酶（IsPETase）是近年来报道在常温下对PET水解活性最高的酶，但IsPETase的低稳定性限制了它的应用。该工作基于荧光检测的高通量筛选方法对IsPETase进行定向进化，获得的突变体DepoPETase在中温度下展示出优异的废弃PET解聚性能，并对多种废弃PET包装实现了完全解聚，为PET水解酶的分子改造提供了新思路和新方法，也为PET的酶降解循环利用提供了高效的酶催化剂。

作为合成高分子量聚乳酸的单体，L-丙交酯和D-丙交酯的手性纯度和化学纯度在提高聚乳酸可降解材料的机械强度、耐热性和抗水解性能方面发挥着重要作用。木质纤维素生物质具有资源丰富、价格低廉和可再生等优势，是替代粮食淀粉原料进行丙交酯和聚乳酸大规模工业化生产的最适非粮原料。木质纤维素原料经生物炼制加工后，可获得葡萄糖、木糖、阿拉伯糖、甘露糖和半乳糖等可发酵单糖，经乳酸工程菌发酵合成手性乳酸，再经缩聚和解聚反应后合成手性丙交酯。2022年6月，华东理工大学鲍杰课题组与凯赛生物技术有限公司和瑞典隆德大学合作，以小麦秸秆和玉米秸秆等农作物秸秆为原料，在干法生物炼制技术平台上合成了高纯度L-乳酸，以此L-乳酸为前体合成了达到生产高分子量聚乳酸要求的L-丙交酯。2023年3月，该课题组继续与凯赛生物技术有限公司和隆德大学合作，在*Bioresource Technology*杂志上在线发表论文，报道其解决了残糖对于D-乳酸纯化及D-丙交酯合成的关键障碍，同时解决了抑制物对发酵菌株的强烈抑制和对D-乳酸纯度的负面影响，在干法生物炼制技术平台上，以小麦秸秆为原料、以乳酸工程菌同步糖化与共发酵的方式合成了高发酵指标和高手性纯度的D-乳酸（128.1g/L、99.07%）。纤维素D-乳酸经过常规的纯化步骤后，在常规的辛酸亚锡催化下进行了解聚和缩聚反应，成功合成了D-丙交酯。经鉴定，木质纤维素来源的D-丙交酯与淀粉来源的D-丙交酯的各项特征与性质完全一致。该工作填补了木质纤维素来源的D-丙交酯合成的空白。至此，木质纤维素来源的手性乳酸合成两种手性丙交酯（L-丙交酯和D-丙交酯）的关键障碍都已经被突破。从木质纤维素生物质原料生产高分子量聚乳酸的产业化技术基础已经具备。

3-羟基丙酸（3-HP）是乳酸的同分异构体，由于羟基位置的不同，其化学性质更加活泼。通过氧化、脱水、酯化反应等可以合成多种重要的化学物质，如丙烯酸、丙二酸，以及生物降解性塑料聚3-羟基丙酸，还可以作为食品或饲料的添加剂和防腐剂。2023年4月，北京化工大学刘子鹤团队在*Biotechnology for Biofuels and Bioproducts*上发表文章，报道了高效合成3-HP的研究成果。代谢模型表明，线粒体比胞质更适合通过丙二酰辅酶A途径合成3-HP，因为线粒体有机会获得更高的最大产率和更少的氧气消耗。将丙二酰辅酶A还原酶定位于线粒体，通过过量表达NAD^+/NADH激酶和异柠檬酸脱氢酶来优化线粒体NADPH的供应，并且在线粒体中诱导表达乙酰辅酶A羧化酶突变体，最终摇瓶发酵的3-HP产量达到6.16g/L。对构建的菌株进行补料分批发酵，最终3-HP效价达到71.09g/L，产率为0.71g/（L·h），这是迄今为止报道的酿酒酵母的最高效价。

四、环境生物技术

（一）环境监测技术

自1919年生物技术欧洲协会（European Federation of Biotechnology）明确环境生物技术的内涵，发展到现代生物技术与环境工程相结合的交叉学科，环境生物技术已经成为生物技术领域中最前沿的科研领域之一。自2010年至2023年5月，在Web of Sciences数据库中以关键词“environmental biotechnology”检索到我国发表的11 493篇文献，2022年文章发表数量明显高于前几年，说明近两年国内相关机构和学者对环境生物技术相关的科学研究和技术研发的热情明显升高，这可能与我国“十四五”期间，国家对环境保护与生态文明加强投入的大趋势密切相关（图3-4）。

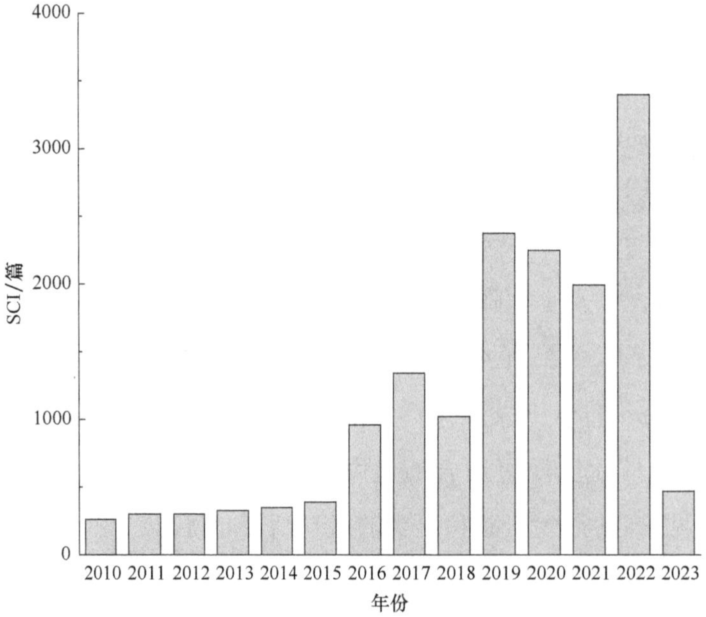

图3-4　2010～2023年5月环境生物技术科学引文索引（SCI）文章发表统计

2022年是实施“十四五”规划承前启后的关键一年，也是整个环保行业充满变数的一年。水污染治理行业为打赢污染防治攻坚战和生态文明建设提供了可靠的技术与装备。在环境监测设备方面，基于遥感、环境DNA（eDNA）等开发的技术装备注重与物联网、大数据、人工智能等技术的深度融合，针对典型新污染物开发准确、快速、智能的新型设备，针对水治理、水修复也从以往单维度的理化指标考核向多维度的水生态健康指标考核转变，强化水生态系统整体保护。在城镇水污染治理方面，基于“3060”双碳目标和海绵城市建设理念，污水、污泥、雨水绿色低碳处理与资源化关键技术和装备产品市场发展空间广阔。在工业污染防治方面，难降解有机物、制药废水高级氧化技术和高盐废水处理及资源化技术有助于推进工业废水循环利用，促进工业绿色高质量发展。在农村农业污染防治方面，农村分散型污水和废弃物协同治理与资源化利用技术是实现生态宜居美丽乡村建设的有效保障。

“十四五”时期，以习近平生态文明思想为指引，生态环境部提出了新阶段“有河有水、有鱼有草、人水和谐”的治水目标。这一目标的提出，也标志着我国水治理、水修复工作从单维度的理化指标考核向多维度的水生态健康指标考核的一次质的跨越。针对水环境监测的生物技术也从传统采样监测向大数据结合的智能化监测，从微观的功能微生物向宏观的环境遥感监测等有很多创新性技术发展（表3-2）。

表 3-2 环境监测方向代表性技术进展概要

应用领域	主要进展	新技术	代表性机构
水生态环境质量监测	2023年新发布水生态监测与评价技术指南两项（河流、湖泊和水库方向），涉及水生生物监测和评价技术；同时在生物多样性监测技术方面，鱼类智能识别与监测、eDNA技术也有新的技术和应用	水生生物监测和评价技术	中国环境监测总站等
		鱼类智能识别监测系统	中国科学院水生生物研究所等
		eDNA技术	北京大学等
富营养化及藻源污染监测	针对藻类生长动态出现了藻类及其生长驱动因素的自动识别技术。此外，微观层面有基于单细胞融合基因（epicPCR）技术对藻源嗅味污染物的功能基因进行监测，从大尺度基于环境遥感的监测预警技术也有新的发展和应用	藻类自动识别技术	生态环境部长江流域生态环境监督管理局等
		藻类生长驱动因素识别技术	中国科学院水生生物研究所等
		epicPCR技术	中国科学院生态环境研究中心等
		环境遥感监测技术	中国科学院南京地理与湖泊研究所等

续表

应用领域	主要进展	新技术	代表性机构
病毒和新污染物监测与风险评估	污水中病毒富集及检测技术被纳入《污水中新型冠状病毒富集浓缩和核酸检测方法标准》（WS/T 799—2022），并研发出HK-8680水中病毒检测系统	污水中病毒富集及检测技术	中国科学院生态环境研究中心等
	2022年国务院印发的《新污染物治理行动方案》中明确提出准确制定包括内分泌干扰物等重点管控新污染物清单的要求。在新污染物筛查和毒性评估方面基于核受体蛋白亲和高分辨质谱的环境内分泌干扰物鉴定技术，为滋养层类器官高通量毒性筛查技术和OCT4荧光报告体系中的胚胎着床毒性筛查技术的发展提供了有力支撑	基于核受体蛋白亲和高分辨质谱的环境内分泌干扰物质鉴定技术	北京大学等
		滋养层类器官高通量毒性筛查技术和OCT4荧光报告体系的胚胎着床毒性筛查技术	北京大学等

2023年4月，生态环境部发布公告（2023年第13号），批准《水生态监测技术指南 河流水生生物监测与评价（试行）》（HJ 1295—2023）和《水生态监测技术指南 湖泊和水库水生生物监测与评价（试行）》（HJ 1296—2023）两项标准正式发布。这两项标准中规定了河流、湖泊和水库水生态监测中水生生物监测点位布设与监测频次、监测方法、质量保证和质量控制、评价方法等技术内容。水生生物监测类群包括着生藻类、浮游植物、浮游动物、大型底栖无脊椎动物、大型水生植物和鱼类；水生生物评价方法涵盖生物完整性指数、污染耐受性指数、多样性指数及群落或种群特征参数四大类。该标准填补了我国水生态监测与评价领域相关标准的空白，有利于推进全国江河湖库水生态监测工作，全面提升水文监测支撑水资源管理和水生态修复能力，实现水生态监测工作常态化，同时对进一步完善国家生态环境监测标准体系，支撑流域水生态考核水生生物监测与评价工作具有重要意义。

水生生物的实时动态监测对水生态环境健康评估尤为重要，中国科学院水生生物研究所开发了一款鱼类智能识别监测系统并在2022中国国际智能产业博览会亮相，首创“多模态”新型鱼类识别监测模式，该系统的识别准确率可达90%以上，对鱼类的最小识别规格为2cm。eDNA技术也被用于大尺度的生物多样性调查，2022年北京大学开展了基于eDNA的鱼类多样性调查，结合鱼类12S rRNA高通量分子条码（metabarcoding）和高通量测序，共鉴定获得分属于9目的75种鱼类可操作分类单元（MOTU），包括52个本地原生鱼种和23个外来鱼种。

针对水体富营养化和藻华暴发的监测、预警和防控相关研究与技术研发一直是我国水环境领域重点发展的方向之一。中国科学院生态环境研究中心杨敏团队利用蓝藻16S rRNA基因与产嗅藻二甲基异莰醇（MIB）生物合成功能基因构建了基于单细胞融合基因（epicPCR）技术的产嗅藻高通量识别方法（图3-5），突破了传统基于分离培养手段的低效、耗时等瓶颈，实现了环境水体中产嗅藻精准识别。产嗅藻识别方法已被应用于上海青草沙水库、珠海南屏水库等全国20余座水源水库，为藻源性嗅味防控提供了重要的技术保障。生态环境部长江流域生态环境监督管理局监测科研中心联合睿克环境科技（中国）有限公司、武汉润江生态科技有限公司等单位研发了首台浮游藻类智能监测系统Algapro 20S，依托大数据分析和人工智能（AI）技术，通过深度学习算法和专家知识辅助，结合自动化系统集成技术，实现了浮游藻类自动进样、聚焦拍摄、图像筛选、自动识别、结果输出等一体化，可显著降低藻类鉴定人员经验差异造成的误差，提升藻类监测工作的规范化和标准化水平，提高藻类监测频次和预警效率。该设备已成功在长江干流等重要水体推广应用。此外，中国科学院水生生物研究所还研发出一种用于识别藻类生长驱动因素的模型

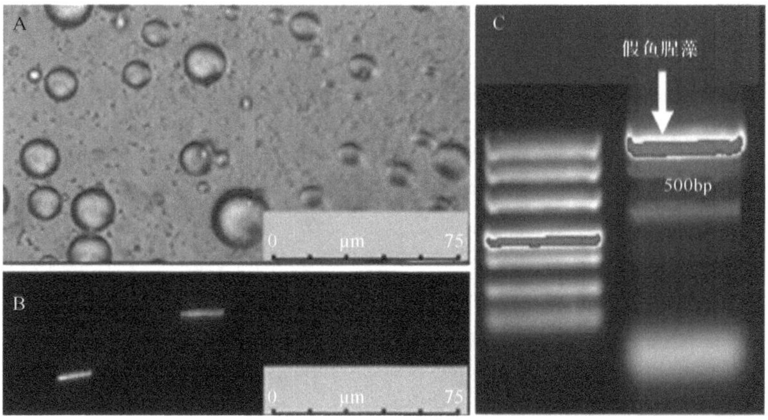

图3-5 基于单细胞融合基因技术的产嗅藻高通量识别方法

A. 乳化形成单细胞反应体系；B. 单细胞体系中的纯藻株鉴定；C. 目标产嗅藻特征基因

Bloomformer-1，在南水北调中线工程的管控应用中发现总磷是中线段全线驱动藻类生长的重要因子，尤其是河南段，而总氮对河北段藻类生长的影响最大。此外，环境遥感监测技术在水体富营养化和藻华发生的实时监督、健康评估和预警方面的应用也在快速发展。中国科学院南京地理与湖泊研究所基于水色遥感原理与杭州海康威视数字技术股份有限公司合作研发了一款陆基高光谱遥感监测仪及原位高频在线监测系统，该系统可以被广泛应用于全国地表水监控断面开展连续高频水环境遥感监测，弥补现有的人工和自动监控断面监测在观测频次、观测参数、观测精度和观测成本上的不足。

2019年12月暴发的新型冠状病毒不但对全球公共卫生安全构成了巨大威胁，也给环境监测行业整体发展带来了深远的影响和新的发展机遇。中国科学院生态环境研究中心基于铝盐混凝沉淀法，结合定量PCR 检测技术，建立了一种可靠、经济、便捷的病毒富集及检测方法，并于2022年4月被纳入《污水中新型冠状病毒富集浓缩和核酸检测方法标准》（WS/T 799—2022），该标准中还给出了用于生活污水、医疗机构污水中新型冠状病毒富集浓缩的聚乙二醇沉淀法和离心超滤法，该标准的制定对规范污水中新型冠状病毒检测，保证污水中新型冠状病毒检测的科学性、有效性具有重要意义。在此基础上，中国科学院生态环境研究中心的技术团队与北京华科仪科技股份有限公司通过开展深入合作研发出了 HK-8680水中病毒检测系统（图3-6），可通过高通量自动化富集水样，实现对水中病毒的监测和预警功能。该仪器具有成本低、通量高、实验室要求条件低等特点，该仪器在尼泊尔及我国的香港、山东、江西、上海、广州等地的疾控区进行了验证，并在北京市大规模进行的污水监测中得到了良好应用，仪器表现出很好的稳定性。

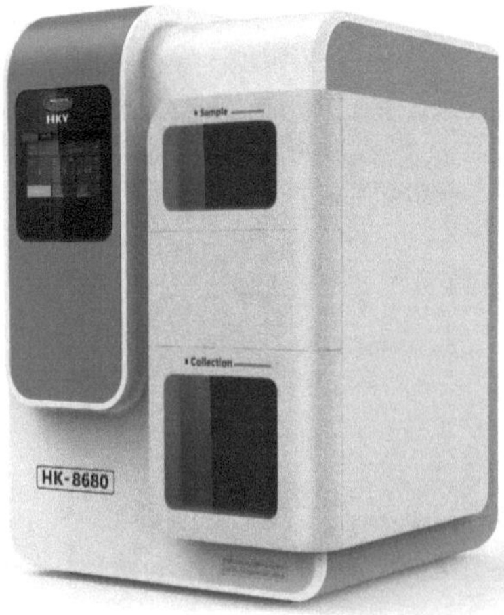

图3-6　HK-8680 水中病毒检测系统

由于人类合成的大量化学物质，未经全面毒性评估就进入了环境。2022年国务院印发的《新污染物治理行动方案》中指出只有准确制定重点管控新污染物清单，才能保障人民群众生命健康免受环境毒害化学物质的影响，尤其明确提出加强治理内分泌干扰物等国内外广泛关注的新污染物。内分泌干扰物是广泛存在于各种化学品中的一类可干扰体内内源性信号分子的合成、分泌、转运、代谢、结合、效应及清除的外源性物质，通常在极低的浓度下就能干扰内分泌系统的正常功能。北京大学胡建英教授团队开发了核受体蛋白亲和高分辨质谱技术对环境中内分泌干扰物进行鉴定（图3-7），并通过大肠杆菌表达系统和蛋白纯化系统低成本获取了雌激素受体（ER）、视黄酸受体（RAR）、肝X受体（LXR）等多种核受体蛋白，该技术不但突破了市售核受体蛋白价格昂贵的限制，而且克服了传统效应导向分析（EDA）方法特异性差、烦琐耗时的问题。目前其已被成功应用于室内灰尘样品中LXR活性物质的筛查，发现作为有机磷阻燃剂而广泛使用的工业产品磷酸三苯酯（TPHP）呈现强LXR拮抗活性，动物暴露实验证实TPHP通过拮抗LXR显著促进小鼠动脉粥样硬化的形成。在“十三五”水专项中，北京大学胡建英团队通过ER蛋白体外结合实验，在长江、黄河、松花江等重要流域的水源水及其饮用水中鉴定出51种具有雌激素激动或拮抗活性的污染物，为饮用水中有毒污染物的管控提供了数据支撑。

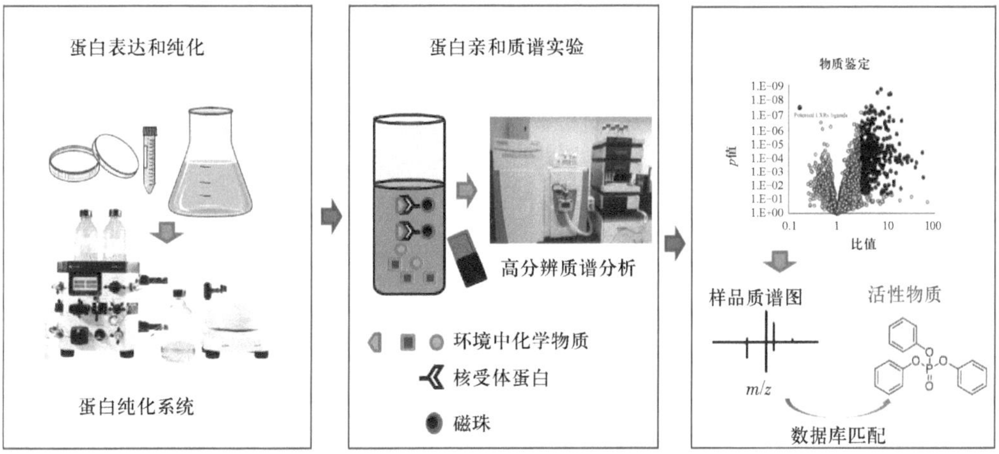

图3-7 核受体蛋白亲和高分辨质谱技术鉴定环境中效应物质

以往环境污染物的人类健康评估主要基于生物分子实验、细胞实验和动物实验，存在外推到人类健康影响的不确定性高、实验通量低的问题，弄清人类污染物暴露与疾病发生发展因果关系的挑战巨大。生物和医学领域所开发的一些类器官模型为更加精准筛选影响人类健康的环境污染物质奠定了关键共性技术基础。近两年，我国也发展出一些利用类器官进行毒理学评估的先进技术，如北京大学城市与环境学院将指征滋养层类器官增殖层的Ki67作为高通量筛查的功能性分子标记物（图3-8），实现了对环境污染物滋养层类器官毒性的高通量评估。同时，使用OCT4-Tdtomato荧光报告体系实现了环境污染物胚胎着床毒性的高通量筛查，并通过对羊膜腔胚体形成的过程进行动态评估明确其发育毒性表型。

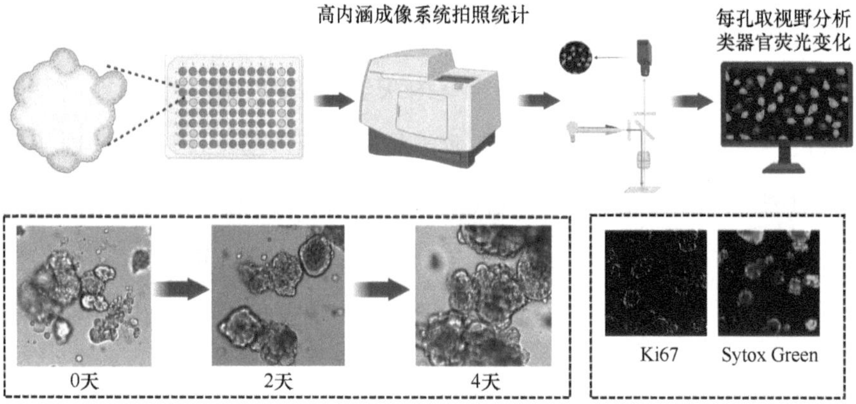

图3-8　基于Ki67的滋养层类器官毒性筛查

滋养层类器官高通量毒性筛查技术和OCT4荧光报告体系的胚胎着床毒性筛查技术已被成功应用于有机磷阻燃剂的毒性筛查，在包含67种有机磷阻燃剂的筛查清单中共发现3种致早期胎盘发育障碍的物质和8种致发育毒性物质。基于人源类器官模型和高通量测试方法的化学物质毒理学评估方法，将为我国新污染物环境管理能力的提升提供有力支撑。

（二）污染控制技术

本部分主要总结了2022年以来水污染控制相关的代表性技术进展，包括市政污水处理、工业废水处理和农村分散污水处理三部分，每部分选取了1项或多项代表性技术的新进展或在工程应用上的新突破（表3-3）。

表 3-3 水污染控制方向代表性技术进展概要

应用领域	主要进展	新技术	代表性机构
市政污水处理	主要进展集中在厌氧氨氧化技术和活性污泥技术，包括污泥双回流厌氧-好氧-厌氧（AOA）深度脱氮除磷工艺技术（BEAOA）和连续流好氧颗粒污泥技术，相关技术工艺包和装备产品在多个地区水厂进行应用，尤其是好氧颗粒污泥作为核心技术之一推进了“蓝色水工厂”的实践	污泥双回流AOA深度脱氮除磷工艺技术	北控水务集团有限公司、北京工业大学等
		好氧颗粒污泥技术	北京首创生态环保集团股份有限公司、北京华益德环境科技有限责任公司等
工业废水处理	“强化水解-混凝-UASB（厌氧污泥床）”耦合技术、强化水解-厌氧膜生物反应器（AnMBR）技术，突破了大规模工程应用，实现抗生素减排约900吨/年、有机负荷提升90%和抗生素耐药性基因消减超80%	制药废水强化水解-厌氧膜反应器（MBR）耦合技术	中国科学院生态环境研究中心等
农村分散污水处理	以风光互补驱动农村分散式生活污水处理技术为核心开发出资源导向型与水质需求型风光互补驱动的分散式污水处理系统，形成低维护-短流程村镇供排水净化技术与装备，北到内蒙古南至江苏的各省市都有应用，相关设备和技术入选2022年度环境技术进步奖一等奖	风光互补驱动农村分散式生活污水处理技术	中国科学院生态环境研究中心等

2022年，全国主要水污染物排放量继续下降，水生态环境质量改善目标顺利完成。国家地表水优良水质断面比例为87.9%，同比上升3.0个百分点；劣Ⅴ类水质断面比例为0.7%，同比下降0.5个百分点；长江干流连续三年全线达到Ⅱ类水质，黄河干流首次全线达到Ⅱ类水质。再生水的循环利用为水生态系统补给的重要途径，也是“十四五”时期重点发展的领域，而污水处理作为污染物和再生水资源进入水生态环境的最后一道屏障，对实现生态系统良性循环具有重要意义。污水处理颠覆性技术发明较少，目前较集中于厌氧氨氧化技术和活性污泥领域，北控水务集团有限公司联合北京工业大学经过多年来开展的短程反硝化、厌氧氨氧化等多项新技术应用试验，成功打造污泥双回流深度脱氮除磷工艺技术（BEAOA），并应用于江苏省岠亭工业园区污水处理厂提标改造工程中。该工程厌氧氨氧化对去除总氮的贡献率达到32%，节省外加碳源

80%～100%，减少曝气量约50%。该团队已形成BEAOA技术工艺包和装备产品，在北京、山东、海南、广西等多个项目得以应用。2022年北京排水集团在国内率先突破城市污水好氧颗粒污泥应用瓶颈，建成具有自主知识产权的吴家村好氧颗粒污泥工程项目，这也是目前国内最大规模城市污水好氧颗粒污泥项目，采用好氧颗粒污泥技术帮助吴家村污水处理厂节省药剂60%，节省能耗20%，节省用地20%，形成绿色低碳的污水处理模式。此外，针对潜在环境压力涉及的两大问题——温室气体（需碳中和）和磷危机（需磷回收），北京首创生态环保集团股份有限公司也在持续推进好氧颗粒污泥技术的推广和应用，于2022年推出“蓝色水工厂”并推进实践，打造了行业产学研的标杆示范及行业创新技术孵化平台。

工业废水处理是当前提升水环境质量的关键环节之一。例如，制药废水排放量大，其COD含量高且含有抗生素等生物抑制性物质，废水可生化性差，是典型的高浓度难降解有机废水。目前国内外针对制药废水已建成的处理系统多采用厌氧消化和好氧活性污泥串联的生物处理工艺，处理效率低、成本高。中国科学院生态环境研究中心环境微生物技术研究团队根据抗生素药效官能团易水解的特性，研发出基于强化水解的抗生素废水预处理技术，定向破坏抗生素活性官能团，有效解除了抗生素对水处理微生物的抑制作用及抗耐药性发展驱动力，阻断耐药性环境传播。由于制药废水中的蛋白质会在强化水解过程中受热变性析出，形成蛋白颗粒，它们会通过包裹和堵塞作用造成厌氧颗粒污泥流失和失活，从而导致厌氧污泥床（UASB）难以在高有机负荷下稳定运行，该团队提出了“强化水解-混凝-UASB”耦合技术，通过强化水解解除抗生素抑制，利用混凝去除蛋白颗粒，从而保障UASB的高负荷高效运行。该技术已在河北省两个土霉素生产废水处理系统工程改造中得到成功应用，结合后端的好氧生化和深度处理工艺，在保证废水稳定达标排放的同时大幅度降低了处理成本，并实现了抗生素减排约900吨/年、有机负荷提升90%和抗生素耐药性基因消减超80%。为了消除蛋白颗粒的影响和简化处理流程，进一步开发出面向未来、更加高效的“强化水解-厌氧膜生物反应器”（AnMBR）耦合技术（图3-9），实现了有机负荷和COD去除率进一步提升，并提供了耐药性控制的双重保障，目

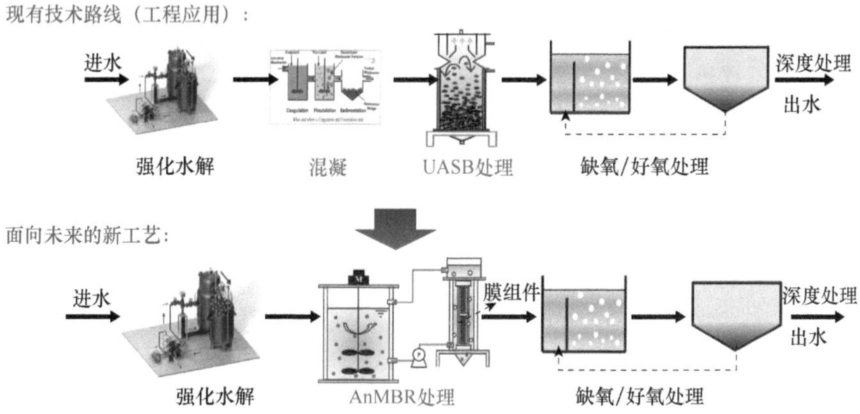

图3-9　高浓度抗生素制药废水高效处理的技术路线

前该耦合工艺正在开展生产性实验。应世界卫生组织邀请，中国科学院生态环境研究中心参与编写了《水、卫生、耐药性导则》（WHO WASH-AMR，2020）的行动领域5“抗生素制造”部分，为工业源抗生素和耐药性风险管控提供了科学指导。

分散式污水是水体污染的重要污染源之一，尤其是在农村地区更为显著。中国科学院生态环境研究中心聚焦于使用风光互补驱动农村分散式生活污水处理设施运行的研究。对分散式生活污水的处理构建了一套风光互补驱动且无蓄电池的生物＋生态耦合处理系统，该系统实现了可实时自控的无蓄电池风光互补发电系统，且所产电能与污水处理系统耗能高效匹配，出水污染物浓度可达到GB 18918—2002 一级 A标准。通过生命周期评价（LCA）发现该系统的综合环境效益相比于常规市电驱动模式较好，且碳排放量也较少，碳排放回收期仅为3年，是一种环境友好的污水处理系统。基于此技术构建的资源导向型与水质需求型风光互补驱动的分散式污水处理系统（图3-10，图3-11），可以太阳能和风能互补发电驱动，出水水质适宜于农田灌溉的资源导向型两级A/O工艺的农村生活污水处理系统，出水水质达到GB 5084—2021中a类蔬菜作物标准，无机氮磷保留率可达到100%以上，该系统间接碳减排率达到42.5%，直接碳减排率为81%，总碳减排率为58%，25年生命周期成本相对于市电驱动模式减少投资费用35.5%，风光互补系统投资成本回收期仅为4.2年。研发的低维护-短流程村镇供排水净化技术与装备入选了2022年度环境技术进步奖一等奖（HJJS-

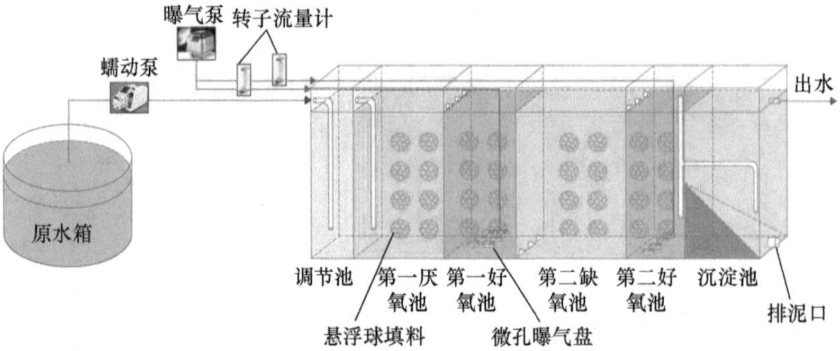

图3-10 资源导向型污水处理系统示意图

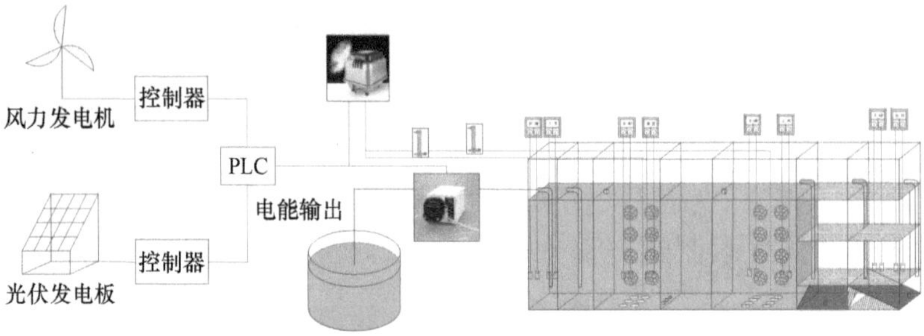

图3-11 水质需求型污水处理系统示意图

PLC. 可编程逻辑控制器

2022-1-01)。相关技术已在浙江、江苏、云南等地的农村污水处理工程中得到应用，特别是在江苏省常熟市开展的“县域村镇污水治理综合示范区”中得到大规模的应用。

(三)环境恢复技术

虽然“十三五”期间，我国112个重点湖库轻度富营养占比由18.5%增加到23.6%，但湖泊藻华暴发频次和强度均呈加剧趋势，湖泊富营养化问题仍然是我国所面临的最突出的水环境问题之一。即使水质持续好转，短期内也未能遏制湖泊富营养化形势，受损湖泊生态系统的修复也已成为我国流域污染治理与生态保护的薄弱环节。2022年以来，水环境恢复技术主要还是集中在富营养化和黑臭水生态系统的恢复和重建方面。此外，水源湖库中藻源嗅味和土壤有机污染方面也有一些突破(表3-4)。

表 3-4 环境恢复方向代表性技术进展概要

应用领域	主要进展	新技术	代表性机构
污染水体恢复	针对富营养化和黑臭水体的内源污染控制技术、水生态系统的精准模拟和调控技术、清水型生态系统构建和微生态净化技术形成了较完善的技术体系并在全国范围有不同程度的应用，在水源水质安全方面针对青草沙水库的原位调光抑藻控嗅和预警技术的应用也有新发展	内源污染控制和水生态修复关键技术	中国环境科学研究院等
		水生态系统的精准模拟与调控技术	中国环境科学研究院等
		清水型生态系统构建技术	南京中科水治理股份有限公司等
		城市黑臭水体微生态净化床关键技术	中国建筑第四工程局有限公司、暨南大学等
水源湖库修复		原位调光抑藻控嗅及预警技术	中国科学院生态环境研究中心等
污染土壤修复	2022年北京博诚立新环境科技股份有限公司研发了具有自主知识产权的厌氧脱卤生物修复菌剂BS-1，填补了国内空白	有机污染土壤生物修复技术	北京博诚立新环境科技股份有限公司等

水源湖库中藻类暴发和藻源嗅味问题是影响我国饮用水安全的重要因素之一。根据全国饮用水水质调查，我国40%水源水库存在2-甲基异莰醇（MIB）导致的水源嗅味问题，影响供水安全，引发用户投诉。尤其MIB与土臭素（GSM）作为饮用水中关键致嗅物质，已被新增列入新国标《生活饮用水卫生指标》（GB 5749—2022）。中国科学院生态环境研究中心杨敏团队在基于长期监测调查的基础上，结合实验研究、模型构建等手段，研发了基于产嗅藻生态位特征的原位调光抑藻控嗅技术（图3-12），该技术支撑了南水北调入京水源安全高效利用，荣获2022年度中国水协科学技术奖特等奖。基于对多类型水源水库中产嗅藻和嗅味物质的识别、监测与控制，构建了产嗅藻等有害藻暴发防控的预警技术，即基于监测数据的种属水平有害藻种预测技术，突破了以往以叶绿素a或门水平藻密度为预测终点的限制，该技术已业务化应用于青草沙水库，实现了3～7天藻种滚动预测。

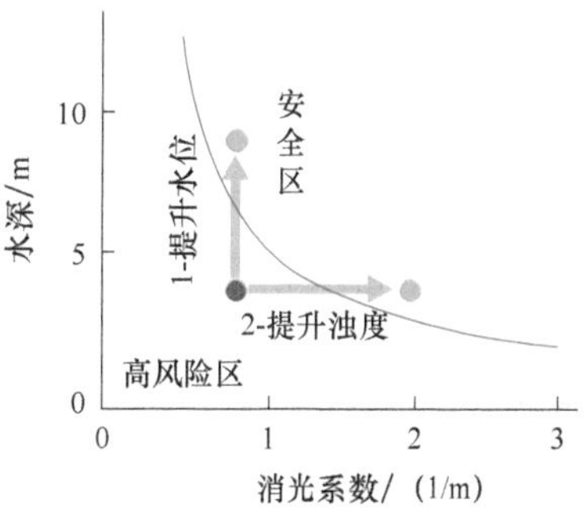

图3-12 原位调光抑藻控嗅技术原理

针对我国湖库富营养化和水生态退化、内源污染控制与生态修复关键技术缺乏的现状，中国环境科学研究院等通过解析湖泊生态系统稳态转换发生阈值与稳态维持机制，研发了内源污染控制和水生态修复关键技术，发展了湖泊草-藻稳态相互转换过程理论，提出了关键指标阈值研判方法，构建了污染底泥精准研判-智能化疏浚-就地资源化处理的全程减量技术体系，围绕湖泊水生态修复目标，开发了集“高精度定位、工艺智能优化、底泥悬浮防扩散”于一体的智能疏浚装备和无人工厂化底泥机械脱水装备和系列快速脱水、多途径就地资源化技术，为后续植被修复创造了良好的支撑条件。成果被应用于数十项水生态修复工程，并在全国进行推广，为美丽河湖保护与建设提供科技支撑（资料来源：中国环境科学学会）。

水生态系统的精准模拟与调控是新时期国家生态环境治理现代化的重要需求，也是水环境、水生态和水资源交叉学科研究的国际前沿。中国环境科学研究院基于大量野外观测和系统模拟等分析手段，探索构建以河湖水生态“机制识别-系统模拟-三水调控”为核心的成套技术与应用模式，发展形成了河流水生物群落优化配置、湖泊内负荷污染控制和多闸坝流域水量水质联合调度的“三水”协同调控技术，联合开发信息化系统平台30余套，精准识别了重点河湖水生态调控修复阈值，已应用于汉江水华预警、滇池富营养化治理和淮河多闸坝联合调度等重点工程（资料来源：中国环境科学学会）。

清水型生态系统构建技术是以恢复生态学为理论基础，利用水生植物、水生动物和微生物的生命活动对水中污染物进行迁移、转化及降解，从而使水体得到净化的技术。南京中科水治理股份有限公司采用该技术对成都锦城湖进行生态修复后，总氮、总磷、硝态氮从劣V类提升到Ⅲ类，水生植物群落、水生动物群落得到有效恢复，水体自净能力得到恢复。此外，由武汉中科水生生态环境股份有限公司自主创新的成果“重污染湖泊治理关键技术”，通过技术创新来提高沉水植物的成活率，从而发挥沉水植物的作用；通过掌控种植时机，采取水质调节和过程管控等措施，进一步提升重污染湖泊治理的成效。该技术被应用于北太子湖水环境综合整治工程，并入选了《2022年生态环境保护实用技术和示范工程名录》（资料来源：中国环境保护产业协会官网）。

针对城市河涌截污不彻底、初雨面源污染难控制、雨污合流管溢流等水务治理痛点，中国建筑第四工程局有限公司和暨南大学等多家单位基于一种新型“中空仓-对流型”生物膜填料开发的城市黑臭水体微生态净化床关键技术与传统生物膜对比，相同水力停留时间下，“中空仓-对流型”生物膜净水效果更稳定，且出水品质更高。基于异位循环处理的城市黑臭河涌系统化治理新思路，形成了融合“截污＋溢流管理＋微生态净化床＋微纳米复氧”异位生物强化和原位生态复氧协同治理技术。目前该成果已被应用于佛山市南海区良安水系水环境综合治理项目、安徽省六安市舒城县水环境一体化综合治理PPP（public-private-partnership）等项目（资料来源：广东省环境科学学会）。此外，2022年生态环境部征集的《国家先进污染防治技术目录（水污染防治领域）》中还涉及多项水环境恢复技术，包括河道内生态保育场构建，恢复稳定水生态系统的再生水补给型河道生物多样性恢复技术，以浅水区植被修复、湿地重建、湖体生态系统调控及稳定维持为重点的湖体生态系统调控与稳定维持技术，围隔消浪，提升水体透明度，实现沉水植被的快速恢复和健康食物网重塑与长效调控技术等［资料来源：生态环境部办公厅，2022年《国家先进污染防治技术目录（水污染防治领域）》］。

除水环境修复技术外，随着“退二进三”、旧城改造等政策的实施，我国城市中出现了大量需要修复的建设用地。氯代烃是有机污染地块中常见的一类污染物，该类物质具有“三致效应”，且毒性高。2022年，在国家重点研发计划“场地地下水卤代烃污染修复材料和技术”项目的支持下，北京博诚立新环境科技股份有限公司成功研发了具有独立知识产权的厌氧脱卤生物修复菌剂BS-1。该菌剂在厌氧脱卤呼吸过程中获得能量、繁殖生长，可高效地将高浓度四氯乙烯、三氯乙烯、二氯乙烯和氯乙烯等完全脱氯为无毒的乙烯，填补了国内空白。除功能菌剂外，哈尔滨工业大学环境学院的研究团队还开发了以电极作为外源电子供体的生物脱氯技术，可在20天的时间内，将960m^{2}的污染地下水中三氯乙烯的浓度由800μg/L降低至80μg/L以下，实现了地下水的水质由劣Ⅴ类到Ⅲ类水的提升，相关技术已经在天津、黑龙江等多个污染地块完成了技术示范。

（四）废弃物处理与资源化技术

随着我国更加重视环卫立法监管，环保行业开始重点关注并大力推进农村生活垃圾的处理和资源化利用。农作物秸秆和畜禽粪污是农村废弃物的主要类型，如果处理和利用不当容易变成污染源，引发环境污染风险。新华社北京2022年10月报道，近年来，我国加快了农业生态环境建设，并取得了显著成效。三大粮食作物化肥农药使用量连续5年保持下降趋势，畜禽粪污综合利用率达到76%，农作物秸秆综合利用率超过88%，农膜回收率稳定在80%以上。2022年中国秸秆综合利用市场规模为2065.4亿元，同比上年增长6.41%［资料来源：共研产业咨询（共研网）］。农业农村部发布的《全国农作物秸秆综合利用情况报告》显示，2022年全国农作物秸秆利用量为6.62亿吨，综合利用率达89.80%。2022年我国饲料使用1.34亿吨；基料化、原料化领域0.13亿吨；食用菌基料0.15亿吨；燃料领域0.62亿吨；还田及其他4.38亿吨。主要进展见表3-5。

表3-5　废弃物处理与资源化方向代表性技术进展概要

应用领域	主要进展	新技术	代表性机构
农业废弃物与畜禽粪污处理	2022年全国畜牧总站组织编印了《规模以下养殖场（户）畜禽粪污资源化利用实用技术及典型案例》，总结了十大主推技术，而农业废物在肥料化、饲料化、栽培基料、制浆等技术的应用也得到快速发展	农业废物肥料化生物技术	中国科学院生态环境研究中心等
		农作物秸秆的饲料化生物技术	中国科学院东北地理与农业生态研究所等
		农作物秸秆作为食用菌栽培基料技术	青海省农林科学院等
		秸秆生物法制浆技术	东北农业大学等
厨余垃圾生物处理与资源化利用	2022年发展了基于“源汇”复合微生物菌剂和生化过程的厨余垃圾处置与资源化技术，并在扬州、徐州等地开展了10余处分散式厨余垃圾精细化好氧生物处理示范工程，资源化利用率达到80%，厨余垃圾处理综合费用降低30%	“源汇”复合微生物菌剂和厨余垃圾生化处理技术	中国科学院生态环境研究中心等
工业废弃物处置与资源化利用	制药工业产生的抗生素菌渣无害化处置与资源化技术，在依托川宁生物新建2000吨/年的抗生素菌渣有机肥堆肥示范场地和新疆伊犁建立的可满足抗生素全行业所需的7000亩沙质土壤改良示范田应用中得到验证并实现了大规模工程应用	抗生素菌渣无害化处理与资源化利用	国家环境保护抗生素菌渣无害化处理与资源利用工程技术中心、中国科学院生态环境研究中心等

在农业废物肥料化生物技术方面，中国科学院生态环境研究中心开展了农业废弃物资源化生产微生物肥料协同农业面源污染防控技术的研究，构建了一

种半透膜覆盖生物强化高温好氧堆肥技术（smHTC），能够实现对农业废弃物进行高效生物转化，将堆肥产品用于制备微生物肥料，同时还开发了基于微生物肥料部分替代化肥的农业面源污染源头防控技术。smHTC能够有效缓解农业废弃物资源化过程中温室气体（CH_4和N_2O）和恶臭气体［NH_3、H_2S和总可挥发性有机污染物（TVOC）］的排放，也为农业废弃物资源化过程中的减排增效提供了新的视角。将smHTC的堆肥发酵产品用于制备富含枯草芽孢杆菌（*Bacillus subtilis*）的微生物肥料并用于农业生产，可以降低50%以上的农业生态系统的氮素损失。通过农业废弃物资源化生产微生物肥料耦合农田氮素流失控制，形成农业废弃物资源化利用协同农业面源控污模式（图3-13），有助于消除畜牧业与种植业的脱钩问题，优化农牧种养循环系统中的氮素流动，对农业废弃物资源化利用及农业面源污染防控都具有重要意义。

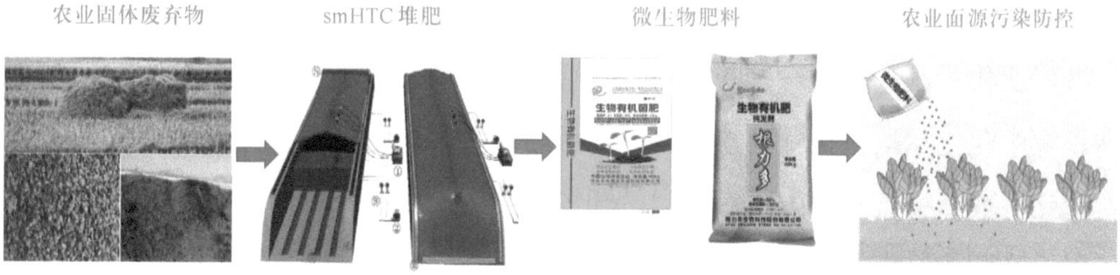

图3-13 农业废弃物资源化利用协同农业面源控污技术

2022年，全国畜牧总站组织编印了《规模以下养殖场（户）畜禽粪污资源化利用实用技术及典型案例》，其中畜禽粪污资源化利用十大主推技术如下：沤肥技术、反应器堆肥技术、条垛（覆膜）堆肥技术、深槽异位发酵床技术、臭气减控技术、发酵垫料技术、基质化栽培技术、动物蛋白转化技术、贮存发酵技术、厌氧发酵技术。黑龙江农垦集团九三分公司利用好氧堆肥化与厌氧沼气发酵技术实现了全域奶牛场粪污无害化与资源化利用，有机肥与沼渣沼液全部还田，奶牛粪污的全部资源化循环利用，促进了黑土保护与耕地质量提升，实现了养殖废弃物循环利用降碳。河北省唐山市滦南县采用“预处理＋高温厌氧发酵＋生物脱硫净化＋沼气发电＋沼渣沼液外运消纳还田”工艺技术，综合处理畜禽粪污和农作物秸秆。吉林省推进循环农业，运用“冬堆春用”技术，每年秋收之后，将秸秆和畜禽粪污进行原位堆沤，利用堆肥自动控制系统，实时监控堆体温度、氧气和二氧化碳情况，通过调节使物料快速腐熟，腐熟后的粪肥重新归还于土壤，实现了土壤结构改善和地力提升。靖州积极探索“规模养殖场（户）＋专业服务组织＋种植主体”紧密衔接的绿色循环农业发展模式，大力推动“粪污”变“粪肥”，全县绿色种养循环试点面积10.05万亩，施用肥水87 131.71t、堆肥5970.91t，全县畜禽粪污综合利用率达92%。

我国农作物秸秆的饲料化生物技术也得到了较大的发展。中国科学院东北地理与农业生态研究所开展了秸秆饲料化和肉牛绿色养殖关键技术研究与示范推广项目，将玉米秸秆黄贮饲料、气爆膨化秸秆和未经处理的干玉米秸秆进行饲喂效果对比，利用牛、羊饲养试验，针对不同阶段肉牛提出适宜的饲喂方式。2022年在吉林省的28个点进行了示范，每头牛采食这种饲料与传统的干玉米秸秆进行经济效益对比，能够节约饲养成本大约1127元。在农业废弃物处置与资源化过程中还能形成生物质能源，提升废弃物的资源化价值。2022年4月，国家纤维素乙醇产业化示范项目——国投先进生物质燃料（海伦）有限公司年产3万吨纤维素乙醇产业化示范项目顺利建成。该项目的建成，意味着国家先进生物液体燃料产业化实现新突破。由中国农业大学开发的新的干秸秆厌氧沼气发酵技术，实现了以干秸秆为原料的沼气发酵技术和工艺的突破，在行业内引起了广泛的关注。

另外，利用农作物秸秆作为食用菌栽培基料方面，2022年11月，青海省农林科学院等单位承担的“高寒地区农作物秸秆基质化栽培食用菌技术研究与示范”通过了验收，该项目基于自主筛选复合菌种形成以青海本地油菜、小麦和玉米芯等农作物废弃物为原料的适合高寒环境的食用菌基料发酵技术，探索了工厂化栽培和温室规模化栽培模式，形成了适用于青海当地食用菌生产的基质配方，提高了农业废弃物资源化利用水平和食用菌生产效率。研发出基质配方6个，建立示范基地2个，示范推广23.47公顷，转化科技成果2项，支持科技型中小企业3家。江西省南昌县大力推进水稻秸秆作为有机栽培基质栽培食用菌，实现资源循环利用的同时带动了当地农民增收，该菌菇基地温室大棚每年大概消耗1万吨秸秆，每年产生近1000万元收益。

秸秆生物法制浆技术是一种环保秸秆生物机械法制浆工艺，所应用的秸秆为草类纤维。目前，黑龙江省关于秸秆生物机械法制浆工艺已经形成一个新兴的产业布局。东北农业大学等研发出以高效快速木质素分解复合菌系为核心、以水稻秸秆为原料的生物法发酵秸秆无污染生产草纤维技术，以草纤维为基础，创制草纤维模塑、植物育苗盘钵、瓦楞纸、物流包装等可降解材料产品，副产物为有机肥，实现秸秆高值化循环利用。该技术体系完全采用生物法，全过程无污染、零排放，实现了水稻秸秆变废为宝和高值化循环利用，用于分解木质素的关键菌剂获得国家发明专利。

厨余垃圾生物处理与资源化利用是城镇，更是农村垃圾分类管理的重要内容。中国科学院生态环境研究中心针对我国农村地区厨余垃圾及其他复杂有机固废处理需求，开发了“源汇”复合微生物菌剂和厨余垃圾生化处理装置（图3-14），2022年，在扬州、徐州等地开展了10余处分散式厨余垃圾精细化好氧生物处理示范工程，资源化利用率达到80%，厨余垃圾处理综合费用降低30%。中国科学院在内蒙古库伦组织开展的科技扶贫与乡村振兴帮扶工作中，利用该技术探索了基于脱贫和环境改善目标的寒旱地区农村庭院生态工程，其关键环节是利用农村地区厨余垃圾、人畜粪便、农作物秸秆等多源有机固体废物，开展生物转化与就地资源化利用，目前已建成示范工程6处。

图3-14 复合微生物菌剂和厨余垃圾生化处理装置

工业废弃物的安全处理和资源化是保障低碳和环境健康的重要环节。作为全球最大的抗生素原料药生产与出口国，我国每年产生的近千万吨的抗生素菌渣尚缺乏经济高效和绿色环保的处置技术，严重制约着制药行业的发展。中国科学院生态环境研究中心与新疆伊犁川宁生物技术股份有限公司（以下简称“川宁生物”）开展深度合作，共建国家环境保护抗生素菌渣无害化处理与资源化利用工程技术中心，针对抗生素制药企业普遍面临的抗生素发酵菌渣无害化、资源化难题，建立了红霉素、头孢菌素、青霉素菌渣中抗生素含量测定方法与环境耐药性影响的风险评估方法，并制定了团体标准（中国化学制药工业协会团体标准T/PIAC 00001—2021、T/PIAC 00002—2022、T/PIAC 00003—2021）；建立了基于水热处理的红霉素、头孢菌素、青霉素发酵菌渣无害化处理工程，实现了发酵菌渣中抗生素残留的高效削减；将经过无害化处理后的抗生素菌渣作为肥料原料进行堆肥，并在新疆伊犁建立了可满足抗生素全行业所需的7000亩沙质土壤改良示范田（图3-15），开展连续5年的无害化处理后菌渣的长期施用实验，证明该技术不仅消除了抗生素残留的环境风险，也为农作物提供生长所必需的营养物质，在减少化肥的使用、改善土壤板结、增加土壤有机质含量等方面具有重要意义。该项目为2023年1月新疆维吾尔自治区人民政府办公厅印发的《新疆维吾尔自治区新污染物治理工作方案》提供了科学支撑，该工作方案中明确提出建立抗生素菌渣无害化产品风险评估平台，开展菌渣资源化利用大田试验，推动出台菌渣无害化处理生产有机肥的行业技术要求等。该团队还受邀为*China CDC Weekly*国际耐药宣传周专刊撰写了观点文章“Minimizing risks of antimicrobial resistance development in the environment from a public one health perspective”[369]，从全健康视角系统阐释了环境领域在全球耐药性问题管控方面的重要作用和有益实践经验，提出了环境耐药性削减的优先领域和行动计划，为动物-环境-人群全链条耐药性阻断提供了重要的基础且进行了未来展望。

图3-15 沙质土壤改良示范田

369 Zhang Y, Walsh T R, Wang Y, et al. Minimizing risks of antimicrobial resistance development in the environment from a public one health perspective [J]. China CDC Wkly, 2022, 4(49): 1105-1109.

五、生物安全

（一）病原微生物研究

1. 新冠病毒研究取得重大突破

2022年，我国继续加大基础研究，新冠病毒疫苗、药物研发等获得重大进展，多款新冠病毒疫苗及药物获得批准使用，在一定程度上对新冠病毒引起的疾病起到了预防和治疗作用。

在病原机制和流行病学方面，北京大学、中国科学院等机构在新冠病毒结构和功能特征、免疫逃逸机制、病毒突变演化方向等领域取得了突破性进展，为开发针对奥密克戎和未来变种的抗体药物和疫苗提供了参考。2022年3月，北京大学、北京昌平实验室和中国科学院生物物理研究所等机构的研究人员在*Cell*上发表论文，系统阐述了奥密克戎变异株感染性和免疫逃逸的结构及功能特征；6月，该研究团队在*Nature*上发表论文，揭示了奥密克戎及其亚型变异株的体液免疫逃逸特征和分子机制，发现奥密克戎突变株BA.2.12.1、BA.4、BA.5新亚型呈现出更强的免疫逃逸能力，并且对奥密克戎BA.1感染者康复后血浆出现了显著的中和逃逸现象；12月，该研究团队在*Nature*上发表论文，系统探究了新冠病毒受体结合域（RBD）“趋同演化”的机制，并对病毒未来突变演化方向进行了预测；同月，该研究团队还在*Cell Reports*上发表论文，报道其开发了一种确定针对SARS-CoV-2的RBD广谱中和抗体混合物的方法，发现分离的中和抗体可作为广泛的SARS-CoV-2预防药物，为人体提供长期保护，特别是对免疫力低下或有高危并发症的人群。

此外，我国研究人员还在新冠病毒的致病机制、致病性、复合体结构、受体识别和抗体中和机制等方面取得了重要进展，为研发有效的新冠预防疫苗和治疗药物奠定了坚实的基础。2022年1月，香港大学的研究人员在*Nature*

上发表论文，其发现与野生型毒株和其他变体相比，SARS-CoV-2的奥密克戎B.1.1.529变体在小鼠体内的复制性和致病性都减弱。1月，中国科学院生物物理研究所、北京协和医学院、中国食品药品检定研究院等机构的研究人员在*Nature*上发表论文，证明长时间、重复的抗原刺激能够引发抗体持续的体细胞突变、记忆B细胞转换及记忆B细胞抗体组成比例（广谱性抗体比例增高）改变，进而产生更强、更广谱的单克隆抗体群。2月，中国科学院分子细胞科学卓越创新中心、中国科学院上海巴斯德研究所的研究人员在*Nature*上发表论文，解析了新冠病毒奥密克戎刺突蛋白及其结合受体血管紧张素转换酶2（ACE2）或广谱中和抗体S3H3的系列冷冻电镜结构，揭示了奥密克戎受体识别和抗体中和的分子机制。2月，中国科学院微生物研究所、南方科技大学等机构的研究人员在*Cell*上发表论文，揭示了人类受体ACE2与奥密克戎和德尔塔刺突蛋白RBD之间的受体结合特性和复合结构。3月，中国科学院上海药物研究所等机构的研究人员在*Science*上发表论文，解析了奥密克戎刺突蛋白三聚体本身及其与ACE2或奥密克戎抗体结合复合物的结构。8月，香港大学的研究人员在*Nature*上发表论文，其发现冠状病毒利用宿主半胱氨酸-天冬氨酸蛋白酶进行复制。8月，中国科学院微生物研究所、北京生命科学研究所等机构的研究人员在*Cell*上发表论文，揭示了ACE2与奥密克戎亚变体RBD的不同结合亲和力及结构基础。10月，清华大学、上海科技大学等机构的研究人员在*Cell*上发表论文，报告了SARS-CoV-2 RNA加帽的机制，还发现三磷酸化核苷酸类似物抑制剂可抑制该过程的分子机制。

在疫苗研发方面，我国相关疫苗研发取得重要进展，多款自主开发的新冠灭活疫苗和新剂型疫苗获批上市或紧急使用授权。2022年5月，北京大学等的研究人员在*Cell*上发表论文，开发了一种针对新冠及其新变异株的环状RNA疫苗。6月，中国科学院北京生命科学研究院、中国科学院微生物研究所等机构的研究人员在*Cell*上发表论文，开发了针对新冠肺炎流行变异株的嵌合RBD二聚体蛋白疫苗的设计方法，证实嵌合疫苗引起了更广泛的抗体反应，并在小鼠中提供了更好的保护。我国国家药品监督管理局批准上市的新冠灭活疫苗包括北京科兴中维生物技术有限公司开发的新型冠状病毒灭活疫苗

（Vero细胞）克尔来福/CoronaVac，武汉生物制品研究所有限责任公司开发的新型冠状病毒灭活疫苗（Vero细胞）众康可维。此外，康希诺生物股份公司开发的全球首款吸入用重组新型冠状病毒疫苗（5型腺病毒载体）克威莎，万泰生物公司与厦门大学、香港大学合作研发的鼻喷流感病毒载体新冠肺炎疫苗获紧急使用。

在药物研发方面，我国新冠抗体研发取得重要进展，抗新冠病毒入侵的受体阻断药物获批上市。2022年4月，复旦大学的研究人员在*Cell*上发表论文，其开发了一种能广泛中和新冠变异株的可吸入双特异性单域抗体。空军军医大学和江苏太平洋美诺克生物药业有限公司联合研发的抗新冠肺炎特异受体阻断抗体原创新药“注射用美珀珠单抗”经药学研究、Ⅰ期、Ⅱ期、Ⅲ期临床试验证实具有良好的安全性和耐受性，无药物相关严重的不良反应，获批临床应用。

2. 其他病原体研究取得重要进展

除新冠病毒以外，中国科学家还在结核分枝杆菌、化脓性链球菌、埃博拉病毒、艰难梭菌等病原微生物的结构和致病机制、疫苗研发、药物研发等方面取得了重要进展。

在结构和致病机制方面，化脓性链球菌、艰难梭菌、结核分枝杆菌、蝙蝠冠状病毒的致病机制及埃博拉病毒蛋白复合体结构等的研究取得突破性进展。2022年2月，中国科学院上海巴斯德研究所的研究人员在*Nature*上发表论文，发现化脓性链球菌的半胱氨酸蛋白酶SpeB毒力因子通过裂解GSDMA，释放出活性N端片段，引发细胞焦亡。3月，西湖大学的研究人员在*Cell*上发表论文，其发现艰难梭菌的主要毒力因子TcdB宿主中的受体为组织因子途径抑制物（TFPI），该研究揭示了艰难梭菌的致病新机制。9月，中国科学院微生物研究所的研究人员在*Nature*上发表论文，用低温电子显微镜确定了埃博拉病毒L蛋白与四聚体VP35复合物的结构。10月，中国科学院微生物研究所等的研究人员在*Science*上发表论文，其发现结核分枝杆菌通过改变宿主的膜组成来抑制细胞焦亡并抵消宿主的免疫力，为基于病原-宿主互作界面的结核病治疗提供了新思路和潜在新靶标。12月，武汉大学、中国科学院生物物理研究所等的研究人员在*Nature*上发表论文，与人类中东呼吸综合征冠状病毒（MERS-CoV）亲缘关系最接近的蝙蝠冠状病毒使用ACE2作为其功能受体，揭示了潜在的人畜共患威胁。

在疫苗研发方面，我国自主研发的人乳头瘤病毒疫苗、流感疫苗和猪伪狂犬病灭活疫苗等获批上市。2022年2月，香港国光生物科技有限公司开发的四价流感病毒裂解疫苗获国家药品监督管理局批准上市，该疫苗可保护三岁以上的儿童和成人免受流感病毒的伤害，保护时间为6～12个月。3月，上海泽润生物科技有限公司自主研发的“重组人乳头瘤病毒双价（16/18型）疫苗（酵母）”已获批上市，主要用于预防由HPV16/18型感染引发的宫颈癌及癌前病变等疾病，包含预灌封注射器和西林瓶两个剂型。11月，上海生物制品研究所有限责任公司自主研发的首款全年龄组统一剂型四价流感病毒裂解疫苗获得国家药品监督管理局批准上市，该疫苗接种年龄扩大至6月龄及以上人群，实现了接种人群的全年龄段覆盖。该全年龄组流感疫苗提高了接种的有效性、对婴幼儿的保护效果，还解决了我国婴幼儿流感疫苗易短缺、难预约的问题。同月，中国农业科学院上海兽医研究所自主研发的“猪伪狂犬病灭活疫苗（JS-2012-△gI/gE株）”获批国家三类“新兽药注册证书”[（2022）新兽药证字70号]，标志着该疫苗正式获批上市，这将有助于我国生猪产业健康发展。

在药物研发方面，用于成人狂犬病毒暴露者被动免疫的抗狂犬病毒单克隆抗体药物获批上市。2022年1月，华北制药集团新药研究开发有限责任公司开发的重组人源抗狂犬病毒单抗奥木替韦单抗注射液（迅可®）获国家药品监督管理局批准上市，其中含有高效价的抗狂犬病毒单克隆抗体NM57（IgG1亚型），能特异地中和狂犬病毒糖蛋白保守抗原位点Ⅰ中的线性中和抗原表位，从而阻止狂犬病毒侵染组织细胞，发挥预防狂犬病的作用。

此外，科学家还积极探索具有潜在风险的致病微生物，以提前开发医疗应对措施。2022年3月，南京农业大学、中山大学等的研究人员在*Cell*上发表论文，其对多种野生动物进行元转录组分析发现了102种哺乳动物感染病毒，其中65种是首次描述，有21种病毒被认为对人类和家畜有潜在的高风险。

（二）两用生物技术

1. 合成生物学研究取得重要进展

2022年，合成生物学在蛋白质、二氧化碳及人造细胞生物合成等方面取得突破性进展。2月，中国科学技术大学的科学家在*Nature*上发表论文，采用数据驱动的策略开辟出一条全新的蛋白质从头设计路线，促进了对可设计骨架空间的深远探索，从而扩展了可进行重新设计的蛋白质的新颖性和多样性。4月，电子科技大学、中国科学院深圳先进技术研究院和中国科学技术大学的科学家在《自然·催化》上发表封面文章，通过电催化结合生物合成的方式，将二氧化碳高效还原合成高浓度乙酸，并进一步利用微生物合成葡萄糖和脂肪酸，这为人工和半人工合成“粮食”提供了新的技术。9月，上海交通大学等的研究人员在*Nature*上发表论文，成功构建了有膜且分子密集、成分和形态复杂的人造细胞，这是首个基于原核细胞的真核细胞样人造细胞，为合成生物学和生物工程学等学科的交叉融合和发展提供了平台。

2. 新型基因编辑工具开发方面取得重要进展

由于现有的基因编辑工具大多存在精准性不够、编辑范围有限、递送困难等局限性，科学家一直在评估和优化现有的基因编辑工具，并且持续开发新的基因编辑工具。2022年，科学家评估并优化了线粒体碱基编辑器（DdCBE），还开发了新的基因编辑工具，包括iMAP和CRISPR-SpaCas12f1等。5月，北京大学的研究人员在*Nature*上发表论文，评估了DdCBE在人类细胞系中的核基因组脱靶编辑效应，并对DdCBE进行了优化改造，降低了其核基因组脱靶的影响。7月，上海科技大学的研究人员在*Cell*上发表论文，构建了一种融合了Cre-loxP和CRISPR-Cas9的新技术iMAP，并利用该技术鉴定了小鼠90个基因在39种组织中的基本功能，构建了世界首张小鼠微型“扰动图谱”。9月，上海科技大学的研究人员在*Cell Reports*上发表论文，开发出高效微型基因编辑工具CRISPR-SpaCas12f1，并成功在细菌和哺乳动物细胞中实现了高效的基因编辑。

3. 基因编辑在农业、医学等领域的应用范围进一步扩大

在农业领域，基因编辑的应用得到了进一步的规范，并且在小麦、维生素工业菌种基因编辑方面取得重要进展。2022年1月，中国农业农村部颁布了《农业用基因编辑植物安全评价指南（试行）》，首次为农业用基因编辑技术颁布相关政策与管理措施，并依据基因编辑产品不含有外源基因的科学属性，明确基因编辑产品区别于转基因作物管理。2月，中国科学院遗传与发育生物学研究所、中国科学院微生物研究所的研究人员在*Nature*上发表论文，通过多重基因组编辑实现了对小麦感病基因*MLO*相关遗传等位的精准操控，使小麦获得了抗白粉病性状。8月，中国科学院天津工业生物技术研究所的研究人员在*Nucleic Acids Research*上发表论文，构建了一种不依赖同源重组的基因编辑工具，可在苜蓿中华根瘤菌中实现基因组多基因编辑及大片段高效插入。

在医学领域，我国科学家首次实现哺乳动物完整染色体可编程连接，并在肝疾病治疗方面取得重要进展。2022年2月，中国科学技术大学的研究人员在*Nature*上发表论文，利用单倍体胚胎干细胞和基因编辑，在实验室中创造了新核型的小鼠，实现了哺乳动物大规模基因组DNA的编辑。8月，浙江大学的研究人员在*Signal Transduction and Targeted Therapy*上发表论文，构建了一种双重肝特异性Cas介导的DNA或RNA编辑系统，为炎症性肝疾病的精准治疗提供了全新策略。

（三）生物安全实验室和装备

1. 生物安全实验室装备建设持续推进

在生物安全实验室装备方面，围绕实验室设施设备配置开展了深入研讨。2022年3月，广东省深圳市召开“2022中国医学实验室建设发展大会暨医学实验室建设与装备成果展”，深度研讨了生物安全实验室的建设和运行管理方案，旨在全面提升实验室设备设施配置水平与管理信息化，有助于加强与实验室生物安全相配套的软硬件建设。

2. 生物安全实验室管理进一步强化

我国强调要完善生物安全实验室审批程序以加强实验室建设和运行管理，并正式开启智慧实验室管理系统的开发。2022年，国务院办公厅印发了《“十四五”国民健康规划》，其中“九、强化国民健康支撑与保障”的“（三）加快卫生健康科技创新”部分提出“完善审批程序，加强实验室生物安全管理，强化运行评估和监管。完善高级别病原微生物实验室运行评价和保障体系，完善国家病原微生物菌（毒）种和实验细胞等可培养物保藏体系”。3月，青岛海尔生物医疗股份有限公司与青岛易邦生物工程有限公司正式签署《“智慧P3实验室管理系统”开发战略合作协议》，双方将发挥各自技术、人才资源等优势，运用5G通信、人工智能、自动化控制、无线传感等技术，首创国内P3实验室的智慧化管理系统，为高等级生物安全实验室的建设、管理与运行提供全流程智慧化解决方案，将填补我国高等级生物安全实验室智慧化管理的空白，整体提升我国突发事件应对能力。

此外，多省市开展实验室生物安全及相关人才培训，包括甘肃、河北、安徽等。培训内容涉及实验室风险管理、实验室设施设备、实验室操作规范和实验室安全运行管理等，通过理论与实际紧密结合，使生物安全实验室相关研究及管理人员切实掌握有关生物安全法规标准的要求，规范检验检测操作，提高生物安全事件（事故）应急处置能力。

（四）生物入侵

1. 国家发布生物入侵防控工作方案

2022年，中国农业科学院植物保护研究所的研究人员在《生物安全学报》上发表论文指出，世界100种恶性外来入侵物种已有82种在我国大陆地区发生或产生危害，包括本地种33种、外来入侵种32种、外来非入侵种16种，以及未明确在我国入侵状态1种。

为了防范和应对外来入侵物种危害，保障农林牧渔业可持续发展，保护生物多样性，国家发布了《外来入侵物种管理办法》和《关于进一步加强生物多样性保护的意见》。2022年5月，农业农村部、自然资源部、生态环境部和海关总署4部门联合发布了《外来入侵物种管理办法》，于2022年8月1日起施行。该办法第一章总则系统阐述了外来入侵物种的定义、管理机构的职责分工、协调机制、应急机制等；第二章、第三章、第四章分别从“源头预防”“监测与预警”“治理与修复”等多方面制定了相关的管理措施，全面加强外来入侵物种管理，维护国家粮食安全、生物安全和生态安全。10月，中共中央办公厅、国务院办公厅印发的《关于进一步加强生物多样性保护的意见》，提出要“制定完善外来入侵物种名录和管理办法”“持续提升外来入侵物种防控管理水平”等。

2. 外来物种入侵机制和影响

在入侵植物方面，我国开展了对水葫芦、裸柱菊、凤眼莲、水盾草、玉米外来物种、林业外来有害生物、草地外来生物、菊科外来入侵植物等入侵及治理现状的研究，并为这些入侵植物的科学防治提供了指导和建议。在对国家/地区外来植物入侵风险的研究中，主要对湖北省外来树种调查与入侵风险进行了评价，对中国外来植物入侵风险进行了评估研究，对上海市青浦区湿地外来植物入侵进行了风险评估等。

在入侵动物方面，开展了番茄潜叶蛾在我国的潜在适生区及入侵扩散趋势，罗非鱼入侵风险评估及防控对策，我国林业外来入侵昆虫、西安市外来物种尖膀胱螺的生物入侵现状，我国主要螺类生物入侵的现状及危害等方面的研究，为我国这些入侵物种的监测、预警及防控措施的制定提供了参考，并为其他类似物种的入侵机制研究提供了理论和技术支撑。

我国也开展了关于人类活动、环境等不同因素对生物入侵种影响的研究，包括基于国际贸易和环境气候的生物入侵风险评估综合模型研究、我国主要海港外来船舶引起的生物入侵风险分析、船舶压载水的生物入侵分析、压载水生物安全监管实践及其优化探索等，这些研究可为今后由海运等产生的生物入侵预测和管理提供参考依据。

3. 外来物种入侵防范和管理机制研究

2022年，我国科学家基于《中华人民共和国生物安全法》，分析了我国现有外来生物入侵的法律法规和管理机制、国际上主要国家外来入侵物种法律法规和管理体系，结合当前我国外来生物入侵的现状，探讨了我国在外来入侵物种法律法规和管理机制方面的缺口，并就目前我国关于外来物种入侵防治的有关管理制度提出建议，主要涵盖制定外来生物入侵防控的专门法规、完善现存的具体制度问题及优化当前监督管理体制等。

（五）生物安全技术的发展趋势

随着新冠病毒等全球性传染病的出现，生物安全在全球范围内受到了前所未有的关注，推动了相关生物安全技术的快速发展，同时人工智能和数字化的发展也不断驱动生物安全技术呈现新的发展形态。未来生物安全技术将呈现以下几大发展趋势：人工智能技术广泛应用；纳米抗体技术、纳米孔测序技术等快速发展和应用；数字健康等领域快速发展；两用生物技术监管不断完善。

1. 人工智能技术的应用

新冠病毒大流行表明，人工智能支持的技术为检测和控制病毒提供了强大的潜力，推动了生物医学创新（包括疫苗和疗法），并有助于疫情应对和恢复。随着ChatGPT等人工智能工具相继推出，这些人工智能工具可能会改变生物技术的研究和开发。例如，语言模型ProGen可以生成并预测蛋白质序列的功能，并且这些模型也可用于发现治疗相关化合物。蛋白质结构预测程序已经彻底改变了结构生物学，如AlphaFold和RosettaFold。

未来，人工智能将彻底改变科学家理解数据、开展研究和设计新药的方式；医生诊断某些疾病和与患者互动的方式；公共卫生官员管理信息和决策的方式等。未来，人工智能将从以下几个方向加强人类生物安全能力：①态势感知和疾病监测，包括通过疾病建模使人们了解面临的传染病威胁、实现及早发现疫情和实时监测疾病、有助于监测和预防人畜共患病溢出、开发先进的传感技术检测病原体等。②诊断，包括疾病诊断和分级护理等。③疫苗、疗法和医疗设备的开发，包括快速发现和设计疫苗及疗法、管理供应链、推动医疗设备的先进制造等。④开展持续医疗，包括预测患者重症和死亡风险、远程监测患者等。

2. 纳米抗体技术

纳米抗体是常规抗体分子量的1/10，具有亲本抗体的完整抗原结合活性，同时稳定性高、水溶性好、穿透力强。目前，纳米抗体在疾病治疗、诊断及物质检测等领域广受关注。未来纳米抗体在结构生物学和复杂基质及环境的检测方面将有很好的应用前景。目前，纳米抗体的结构与稳定性的关系仍有许多不清楚的潜在机制，值得深入系统的研究。为了成功解决结构与稳定性的内在机制，以充分发挥纳米抗体的功能，利用分子模拟技术和X射线衍射晶体技术将是今后的主要研究方向之一。

3. 纳米孔测序技术

用于测序单个长DNA和RNA分子的纳米孔测序技术的快速发展使测序准确性、读取长度和吞吐量大幅提高。纳米孔测序技术正在彻底改变现场实时测序长DNA/RNA的方法。这些突破要求广泛开发实验和生物信息学方法，以充分利用纳米孔长读数来研究基因组、转录组、表观基因组和表观转录组。纳米孔测序正被应用于基因组组装、全长转录本检测和碱基修饰检测，以及快速临床诊断和疫情监测等中。

4. 数字健康

数字健康指的是使用数字技术来改善医疗服务和患者结果。这些解决方案可以提高医疗服务的可及性、质量和效率，使各利益相关者受益。例如，患者可以使用数字健康工具来监控健康状况，管理药物，并与其供应商进行沟通；而供应商可以诊断和治疗疾病，优化工作流程，并协调护理。同时，研究人员可以利用数字医疗设备收集和分析数据，发现新的见解，开发新的干预措施；

决策者可以充分利用这些设备做出决策，评估政策和监管标准。

5. 两用生物技术监管

生物技术中一个快速发展的领域是基因编辑，涉及使用CRISPR-Cas9和碱基编辑器等技术改变DNA以治疗或预防疾病，这些技术能够进行精确的基因修饰。这种方法显示了治疗各种遗传疾病的巨大前景。合成生物学也是一个快速发展的领域，人工或现有的生物系统被用来生产产品或增强细胞功能。通过使用CRISPR编辑代谢途径中涉及的基因，研究人员可以创造出产生生物燃料、药物和工业化学品等有价值化合物的生物。虽然这些技术的潜力巨大，但其存在安全和伦理问题，特别是由基因编辑引发的伦理问题，因为它可能被用来创造具有特定特征的“设计婴儿”，或者增强身体或精神能力。还有人担心基因编辑的意外后果，如脱靶效应可能会造成意想不到的伤害。这些技术可以通过更好地理解编辑工具和DNA修复途径之间的相互作用来改善，科学家和政策制定者必须保持谨慎，共同制定相关的使用指南和法规等。

第四章 生 物 产 业

人类社会正在进入生物经济时代，生物技术不断向医药、农业、化工、材料、能源等领域融入应用，生物产品和服务、生物安全保障需求受到空前关注，为更好地解决经济社会可持续发展面临的重大问题提供了新路径。我国生物资源丰富多样，生物产业快速发展，已经成为生物经济大国。近10年来，中国生物产业规模持续增长，从2012年的2.3万亿元增加到2021年的6.1万亿元，复合年均增长率为11.45%，从国内生产总值（GDP）占比来看，2021年生物产业GDP占比达到5.3%。

一、生物医药

生物医药产业是关系国计民生和国家安全的战略性新兴产业。近年来，中国生物医药产业正驶入发展“快车道”，以国产创新药为代表的创新成果不断涌现。

（一）总体情况

近几年，受新冠疫情等相关因素影响，中国医药制造业发展增速持续下滑。但伴随着国家层面产业利好政策的密集发布、产业改革围绕人民健康需求的持续深化、五大产业集聚区创新引领地位的持续提升、全球资本市场的广泛关注及投资加持，中国生物医药产业高质量发展依然保持加速推进的局面。

1. 我国医药市场规模稳定增长

在技术进步、产业结构调整和消费支付能力增加的驱动下，中国生物医药市场规模也呈稳定上升态势。政府鼓励将医药企业的研发、生产、销售与互联网大数据、云计算等新兴信息技术融合发展，为医药行业发展注入了新动能，促进了行业的跨越式发展。2022年中国医药市场规模达到约16 586亿元，预计2023年我国医药市场规模将达到17 977亿元（图4-1）。

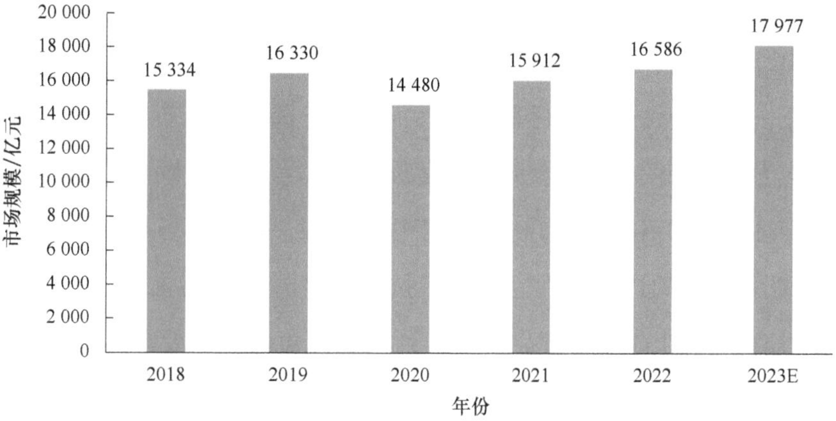

图4-1 2018～2023年我国生物医药市场规模发展趋势

（资料来源：生物探索）

2. 我国医药“出海”之路面临大考

政策环境的变化对企业加快创新提出了要求。带量采购的常态化压缩了仿制药利润空间，促使企业转向具有更高附加值的创新药物。同时，审批改革加速了创新药的上市审批过程，使之与国际市场接轨。医保谈判也推动了创新药的放量，加快了研发回报速度。此外，多个政策鼓励和支持创新药企“出海”。例如，《“十四五”生物经济发展规划》提出，推进创新药、高端医疗器械、基因检测、医药研发服务、中医药、互联网诊疗等产品和服务走出去。加快中医药开放发展，逐步完善中医药“走出去”相关措施，开展中医药海外市场政策研究，助力中医药企业“走出去”，推动中药类产品海外注册和应用。《推进中医药高质量融入共建“一带一路”发展规划（2021—2025年）》提出，进一步发挥香港、澳门在共建“一带一路”中的独特优势，推动中医药发展。鼓励和支持创新药企“出海”新兴国家市场，加强与共建“一带一路”国家投资合作。

但“出海”之路也并非一片坦途，由于发达国家创新药研发在全球处于领先地位，其创新药数量更多，并且监管规则更为完善。因此，我国创新药“出海”将受到其监管规则的影响和面临更激烈的竞争环境。特别是在上海和黄药业有限公司的索凡替尼、上海君实生物医药科技股份有限公司的特瑞普利单抗、中国信达生物制药公司/美国礼来公司的信迪利单抗等“众望所归”的明星产品接连“闯关”美国FDA受挫后，中国创新药“出海”路到底怎么走，仍是行业思考的焦点。2022年，多款国产创新药迎来美国FDA审批意见，国产创新药的出海逻辑迎来验证，从预期转变为实际落地。然而，由于国内创新药起步时间较晚，多数创新药均为海外相同靶点的快速跟随（fast-follow）产品，同时国内企业的出海经验不足，对于美国FDA审评标准仍处于摸索阶段。2022年，中国信达生物制药公司/美国礼来公司的PD-1产品信迪利单抗未获美国FDA批准，上海君实生物医药科技股份有限公司的PD-1产品特瑞普利单抗被美国FDA要求进行一项公司认为较容易完成的质控流程变更，上海和黄药业有限公司的索凡替尼的上市申请在美国FDA审评中，也被要求纳入更多代表美国患者人群的国际多中心临床试验。2022年仅传奇生物与强生的BCMA CAR-T细胞疗法药物获得美国FDA批准上市。在PD-1等国产新药“出海”遭遇挫折的当口，迷茫和质疑困扰着中国创新药，传奇生物的获批用近乎范例的方式打了一针强心剂：中国的创新可以走出世界级的创新药企业。在对外许可（license-out）方面，单笔交易金额刷新高的同时，交易数量还在增加。在康方生物上演50亿美元的现象级“出海”合作之后，四川科伦药业股份有限公司（以下简称“科伦药业”）与默沙东（中国）投资有限公司（以下简称“默沙东”）达成7款临床前ADC药物的海外权益授权，总里程碑款最高可达93亿美元，被业内视为中国创新药发展的重大里程碑。目前我国获得美国FDA特殊通道资格的国产创新药数量增长显著，license-out项目数量快速提升，2022年中国创新药/新技术license-out总交易金额达到历史最高，为174.2亿美元，较2021年增长22.8%，交易数量也较2021年增加。随着“出海”布局的持续深入，国内部分创新药企业估值已被折算进海外市场销售现金流，市值此前持续增长。

3. 发布多项生物医药产业促进政策

生物医药产业是我国重点发展的战略性新兴产业，为促进生物医药产业创新发展，加快构建生物医药产业链，国务院、NMPA、国家发展改革委相继发布并实施了多项生物医药产业促进政策，全力支持生物技术药、化学药、中医药等细分领域产品研发、成果转化、公共服务平台建设等。

一是进一步完善药械全生命周期监管。《中华人民共和国药品管理法实施条例（修订草案）》《疫苗生产流通管理规定》《关于加强医疗器械跨区域委托生产协同监管工作的意见》《药品网络销售监督管理办法》等一系列政策出台，细化对医疗器械、疫苗、放射药品的注册审批管理，强化疫苗全过程质量风险管理，加强器械跨区域协同监管，完善药品网络销售监管，政策内容覆盖注册、生产、流通、销售等药械全生命周期。

二是进一步规范行业标准。《国家药监局综合司关于印发2022年医疗器械行业标准制修订计划项目的通知》统筹地方药监局、中级检察院、器审中心等多部门，明确要求开展器械标准制修订工作。《关于医用透明质酸钠产品管理类别的公告》明确了相关产品的管理属性和管理类别。

三是推动打造医药产业创新高地。《"十四五"医药工业发展规划》重点支持10个左右城市打造医药产业创新高地。《"十四五"生物经济发展规划》支持京津冀、长三角、粤港澳大湾区、成渝双城经济圈等区域建设生物经济先导区。《高端医疗装备应用示范基地管理办法（试行）》推动医院、医药企业、研发机构组建医药联合体。

四是强化临床价值导向的创新药研发指引。《新药获益-风险评估技术指导原则》《肿瘤治疗性疫苗临床试验技术指导原则（征求意见稿）》《抗体偶联药物非临床研究技术指导原则（征求意见稿）》等系列技术指导原则出台，以解决临床需求为目标，细化药物临床前和临床研究技术细则，为规范和指导创新药物研发提供可参考标准，并推动行业差异化布局，进一步促进我国创新药物行业发展。

（二）药品

1. 我国创新药物上市数量回归常态

2022年尽管医药行业挑战重重，但全球生物医药行业初创型公司仍然在持续融资，资金仍然在不断涌向新技术和新产品。美国FDA公开数据显示，2022年美国FDA的药品评价与研究中心（CDER）共批准了37款新药，包括22款新分子实体和15款生物制品。此外，美国生物制品评价和研究中心（CBER）还批准了2款疫苗、1款细胞疗法和4款基因疗法，以及1款微生物组疗法。与往年相比，2022年美国FDA批准的新药数量有所下降，但创新含量极高，获批生物制品类型丰富，涉及单抗、双抗、ADC、TCR疗法、酶替代疗法等。

近年来，在政策的支持下，我国新药审评审批不断提速，创新药正加速落地。随着中国各新药审评审批政策的协同执行，2021年新药审评审批全面加速，新药获批数目创历史新高，NMPA批准注册的创新药数量达45款。2022年上市创新药数量回落为18款，包括7款化学药、7款生物药和4款中药（图4-2）。多款全新机制新药获批上市，不仅标志着本土药企迎来了研发的收获期，也代表着中国创新药发展体系进一步靠近国际先进水平。

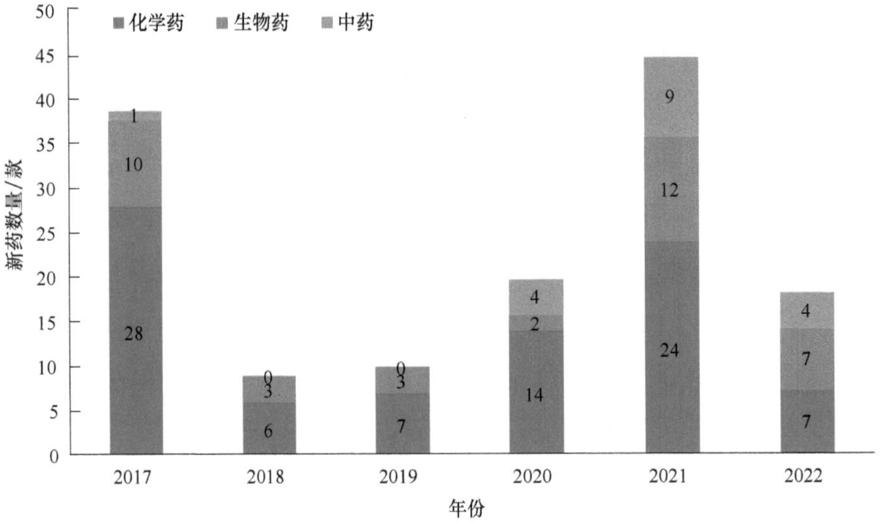

图4-2　2017～2022年我国获批上市创新药物数量

（资料来源：NMPA）

2. 全球首发在中国的创新药占比持续提高

我国创新药在2022年迎来了新的突破，多款全新机制新药获批上市，这不仅标志着本土药企迎来了研发的收获期，也代表着中国创新药发展体系进一步靠近国际先进水平。2022年6月29日，国家药品监督管理局附条件批准康方生物自主研发的PD-1/CTLA-4双特异性抗体药物开坦尼（卡度尼利单抗注射液）上市，用于治疗复发或转移性宫颈癌。这是国内获批上市的首款双抗药物，也是首款获批用于晚期宫颈癌的免疫治疗药物，同时还是全球获批的首款PD-1/CTLA-4双特异性抗体药物，填补了国产双特异性抗体药物研发的市场空白，抑或标志着中国创新药发展体系进一步靠近国际先进水平。随着中国本土创新药企的崛起，全球首发在中国的创新药占比持续提高。

（三）医疗器械

1. 我国医疗器械注册审批稳步推进

2022年，国家药品监督管理局共批准医疗器械首次注册、延续注册和变更注册11 942项，与2021年相比注册批准总数量增长5.6%（图4-3）。其中，首次注册2500项，与2021年相比增加46.2%。延续注册5218项，与2021年相比减少24.8%。变更注册4224项，与2021年相比增加58.5%。2022年，企业自行撤回首次注册申请、自行注销注册证书214项。

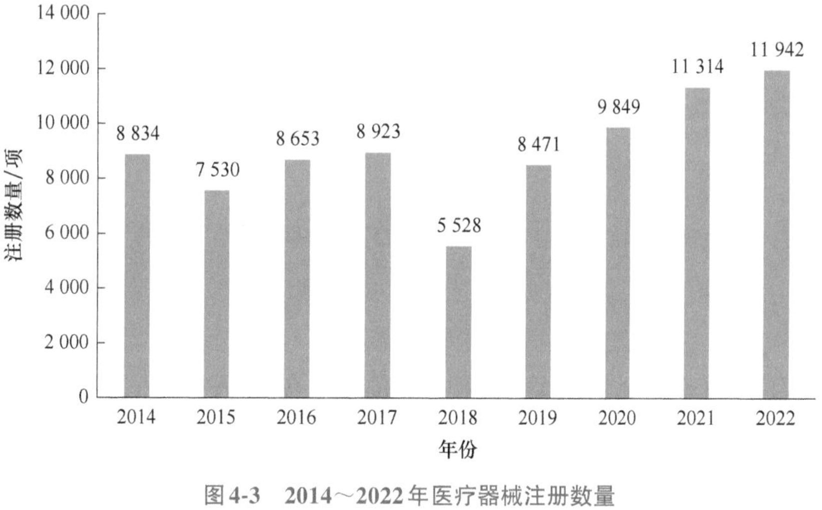

图4-3 2014～2022年医疗器械注册数量

（资料来源：国家药品监督管理局，《2022年度医疗器械注册工作报告》）

2. 创新医疗器械获批数量快速增长

2022年，国家药品监督管理局按照《创新医疗器械特别审查程序》《医疗器械优先审批程序》继续做好相关产品的审查工作，共收到创新医疗器械特别审批申请343项，比2021年增加37.8%，其中68项获准进入创新医疗器械特别审查程序。

2014～2022年，国家药品监督管理局共批准189项创新医疗器械（图4-4）。其中，境内创新医疗器械涉及15个省的134家企业，进口创新医疗器械涉及2个国家的8个企业。从省市分布来看，北京、上海、广东、江苏、浙江创新医疗器械获批产品数量和相应企业数量最多，约占全部已批准的189个创新医疗器械的82.5%。

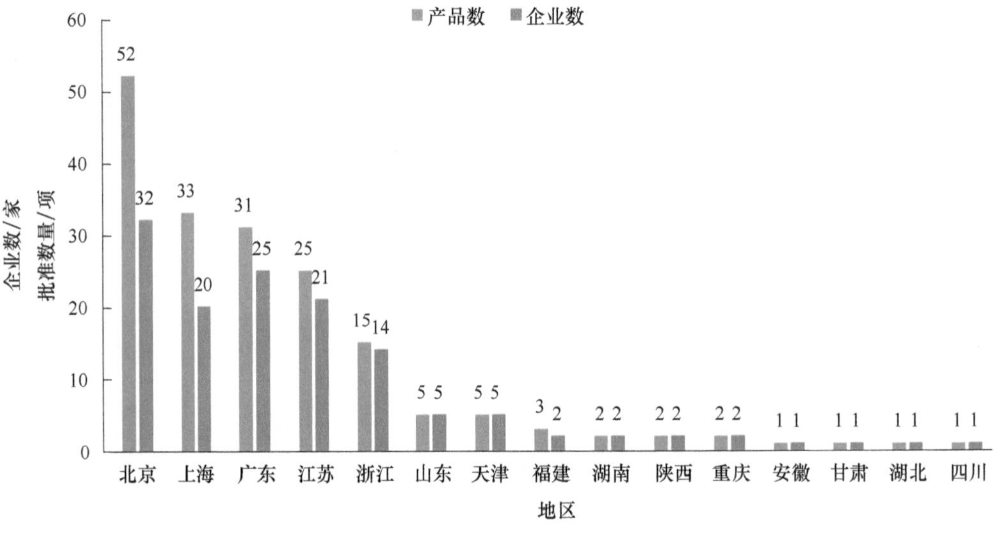

图4-4　2014～2022年国家药品监督管理局批准189项创新医疗器械省市分布

（资料来源：国家药品监督管理局，《2022年度医疗器械注册工作报告》）

2022年，国家药品监督管理局共批准55个创新医疗器械产品上市，相比2021年增加57.1%。这些创新产品核心技术都有我国的发明专利权或者发明专利申请已经国务院专利行政部门公开，产品主要工作原理/作用机制为国内首创，具有显著的临床应用价值。

3. 疫情防控产品获得应急审批

2022年，国家药品监督管理局共批准68个新冠病毒检测试剂，截至2022年底，共批准新冠病毒检测试剂136个（包括45个核酸检测试剂、41个抗体检测试剂、50个抗原检测试剂），为新冠疫情防控工作提供了有力保障。2022年4月，由我国组织制定的国际标准《体外诊断检测系统-核酸扩增法检测新型冠状病毒（SARS-CoV-2）的要求及建议》获得ISO批准发布。2022年，国家药品监督管理局根据疫情防控形势和要求的变化，开展新冠病毒抗原检测试剂优先审评审批工作，新批准47个新冠病毒抗原检测试剂，延长已获批新冠抗原检测试剂注册证有效期，充分满足疫情防控的需要。2022年，国家药品监督管理局还启动了新冠病毒核酸采样设备应急审批，组织修订《医用外科口罩》《一次性使用医用口罩》行业标准，全程指导注册申请人做好体外膜肺氧合（ECMO）产品注册研发，推动产品尽快上市。

二、生物农业

近年来，我国一直对生物农业产业给予高度重视，目前产业发展较快，市场规模不断扩大，产品技术和研发能力显著提升，先后涌现出杂交超级稻、转基因抗虫棉和禽流感疫苗等国际领先科技成果，其中以转基因育种为代表，或是发展最有潜力的领域。生物农业是一个多元化发展的产业，也带动了产业结构的精细化，涵盖生物育种、生物肥料、生物农药、兽用生物制品等多个领域，我国在不同领域处于不同的发展阶段。

（一）生物育种

当前，我国在生物育种技术的科技和研究领域与国际企业基本保持接近水准，但产业化应用方面则与国际领先水平有较大差距，因此，推动生物育种产业化、充分发挥种企市场主体地位是我国追赶世界科技前沿和保障国家粮食安全的战略选择。随着《种业振兴行动方案》《中华人民共和国种子法》(2021年修正)的颁布及转基因品种审定政策的实施，中国种业正在进入发展变革阶段，未来种业发展将聚焦生物育种技术的攻关与产业化应用。

1. 利好政策频发，加快转基因商业化进程

转基因作物上市流程主要包括实验室开发阶段、生物试验阶段、获取转基因生物安全证书、通过品种审定、获取苗种生产许可证及繁殖亲本与制种。其中生物试验阶段包括中间试验、环境释放与生产性试验，共计3～6年时间。随后可申请获取转基因生物安全证书，持证品种可申请进入品种审定阶段，通过品种审定后可申请获取生产、经营许可证，以进行亲本繁殖与制种，最终上市搭载转基因性状的种子产品。2022年6月8日，农业农村部颁布《国家级转基因大豆、玉米品种审定标准(试行)》(表4-1)。2022年以来，我国转基因相关政策频繁颁布，从转基因作物的生物安全、生产经营、品种审定等各方面进行了更加细节的规定和指导。截至2022年，我国共批准13张玉米、4张大豆和2张水稻生产应用安全证书，我国生物安全证书储备丰富(表4-2)。2022年12月底，农业农村部正式召开转基因玉米品种审定会议，审定品种数量约20个，加快了种业转基因商业化进程。

表4-1　2022年颁布的与转基因商业化有关的政策

发布日期	政策文件	主要内容
2022年2月	关于做好2022年全面推进乡村振兴重点工作的意见(一号文件)	贯彻落实《中华人民共和国种子法》，实行实质性派生品种制度，强化种业知识产权保护，依法严厉打击套牌侵权等违法犯罪行为
2020年4月	2022年农业转基因生物监管工作方案	加强研究试验监管；严格南繁基地监管；严格品种审定管理；强化种子生产经营监管；严格进口加工监管；做好种植区域跟踪监测
2020年4月	批准农业转基因生物安全证书	批准了4个转基因玉米安全证书(nCX-1、Bt11×GA21、Bt11×MIR162×GA21、GA21)
2020年6月	国家级转基因大豆、玉米品种审定标准(试行)	发布了转基因大豆、玉米的品种审定标准，即转化体真实性要求；转基因目标性状有效性要求；对回交转育的转基因品种的要求

表 4-2 截至 2022 年我国已发放的玉米、大豆、水稻转基因生物安全（生产应用）证书

品种名称	所属公司	编号	批准地域
玉米	北京大北农生物技术有限公司（大北农）	DBN9936	北方春玉米区，黄淮海夏玉米区，南方玉米区，西南玉米区，西北玉米区
		DBN9858	北方春玉米区，黄淮海夏玉米区，南方玉米区，西南玉米区，西北玉米区
		DBN9501	北方春玉米区
		DBN3601T	西南玉米区
	杭州瑞丰生物科技有限公司	瑞丰125	北方春玉米区，黄淮海夏玉米区，西北玉米区
		浙大瑞丰8	南方玉米区
		nCX-1	南方玉米区
	隆平高科	BFL4-2	北方春玉米区
	中国种子集团	Bt11×GA21	北方春玉米区
		Bt11×MIR162×GA21	南方玉米区，西南玉米区
		GA21	北方春玉米区
	中国林木种子集团有限公司	ND207	北方春玉米区，黄淮海夏玉米区
		CC-2	北方春玉米区
大豆	大北农	DBN9004	北方春大豆区
	中国农业科学院作物科学研究所	中黄6106	黄淮海夏大豆区
	上海交通大学	SHZD3201	南方大豆区
	杭州瑞丰生物科技有限公司	CAL16	南方大豆区
水稻	华中农业大学	华恢1号	湖北省
		Bt汕优63	湖北省

资料来源：农业农村部，公司公告

2. 主要种业公司收入整体维持较好增长

由于2022年大宗农产品价格持续处于高位，企业制种和农民种粮积极性较高，2022年我国种业收入整体维持较好增长。目前，中国种子行业企业中，结合种业业务营收规模及毛利率来看，隆平高科、山东登海种业股份有限公司（以下简称“登海种业”）、安徽荃银高科种业股份有限公司（以下简称“荃银高科”）、大北农在业务与毛利率方面均名列前茅，属于行业第一梯队。根据公司发布的报告，2022年，隆平高科以40.77亿元收入位列行业第一，主要得益

于公司加大水稻种子竞争力和海外市场的开拓；具体来看，隆平高科2022年水稻种子销售收入达到35.52亿元，同比增长9.65%，占总营收的87.12%。其中，杂交水稻种子销售收入为28.67亿元，同比增长10.13%，占水稻种子销售收入的80.69%；常规水稻种子销售收入为6.85亿元，同比增长7.76%，占水稻种子销售收入的19.31%。荃银高科以34.91亿元营收位列第二，不过公司的毛利率仅有18.9%，略低于其他三家公司（表4-3）。

表4-3　2022年国内四大种子企业在种子业务领域的营收情况

企业名称	营业收入/亿元	营业增速/%	毛利率/%
隆平高科	40.77	9.09	33.3
荃银高科	34.91	38.51	18.9
登海种业	13.11	21.1	32.2
大北农	11.37	53.3	35.8

资料来源：公司年报

其中，隆平高科是我国种业龙头企业，主营业务涵盖种业运营和农业服务两大体系，其中水稻、谷子、食葵种子业务全球领先，玉米、黄瓜、辣椒种子业务中国领先，领先的商业化育种体系是公司的核心竞争力，并创造了良好的经济和社会效益。隆平高科构建了国内领先的商业化育种体系，每年研发投入占营业收入比稳定在10%左右，目前已在全球建有育种站约50个，试验基地总面积1.3万亩。隆平高科2022年杂交水稻种子市场占有率达到23.9%，位居行业第一。近年，该公司加强与国内外知名农业机构和企业的合作，开展了多项国际援助项目，将水稻种子推广到亚洲、非洲、南美洲等多个国家和地区，为全球粮食安全做出了贡献。该公司2022年实现出口收入1.23亿元，同比增长20.59%，占营业收入的3.02%。

（二）生物肥料

目前，生物肥料已经成为解决中国农业和农村问题不可或缺的产品，被称为土壤生态的稳定器、植物养分的转换器和环境污染的净化器。随着绿色食品、有机食品的发展，生物肥料行业发展势头良好。

1. 市场规模呈稳定增长态势

生物肥料能提高土壤肥力，促进作物的生长，改善农产品的品质，兼具经济效益和环境效益。近几年，在政策等多重利好下，我国生物肥料产业持续快速稳定发展。有数据显示，我国生物肥料行业市场规模由2017年的816.9亿元增至2020年的1102.1亿元，复合年均增长率为10.5%，2022年我国生物肥料行业市场规模达1357.6亿元（图4-5）。在我国，农业专用生物肥料占比最大，占比达到75%以上。

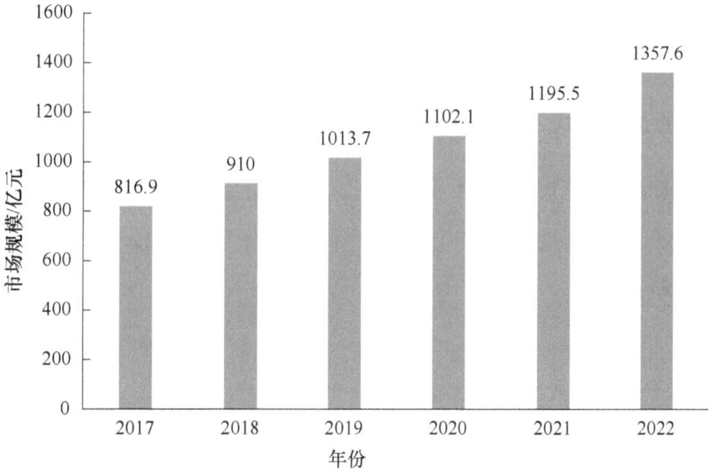

图4-5 2017～2022年生物肥料市场规模

（资料来源：中商产业研究院）

2. 微生物菌剂是登记数量最多的品种

从2018年开始，我国登记的生物肥料数量暴增，2018年登记的微生物肥料数量最多，登记产品2570款，占全部登记肥料数量的35.74%；2019年登记产品760款，占比10.57%；2020年登记产品1144款，占比15.91%；2021年登记产品1066款，占比14.83%；2022年登记产品892款，占比12.41%（图4-6）。

根据农业农村部数据，截至2022年底，约有7190款产品按照微生物菌剂、

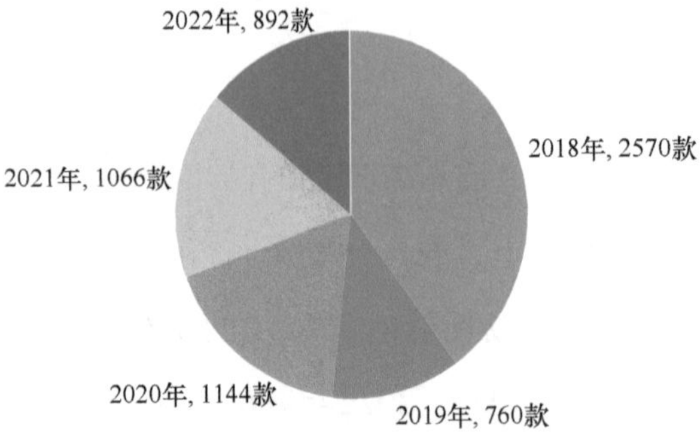

图4-6　2018～2022年登记的生物肥料数量

（资料来源：农业农村部）

生物修复菌剂、光合细菌菌剂、土壤修复菌菌剂、根瘤菌菌剂、浓缩微生物制剂、内生菌菌剂和复合微生物肥料八大类产品完成登记备案。其中，微生物菌剂数量最多，占比71.64%；排行第二的为复合微生物肥料，占比25.22%；生物修复菌剂登记产品最少，仅1款，登记时间为2006年。

（三）生物农药

生物农药包括微生物农药、生物化学农药和植物源农药，尽管生物农药在整个农药产业中所占的比例较低，但生物农药总体势头发展良好，且在减少化学农药使用、保障农产品质量安全和生态环境安全及特色农作物的有害生物防控中发挥了重要的积极作用，可以预见未来生物农药是保障农业绿色高质量发展的重要生产资料。

1. 生物农药登记数量平稳增长

2017 年《农药管理条例》《农药登记管理办法》《农药生产许可管理办法》和《农药登记资料要求》等政策法规的颁布，不仅明确界定了我国的生物农药范围，构建了更为完善的标准体系，而且优化了生物农药的登记资料要求，并建立登记评审绿色通道对生物农药登记给予优先安排技术审查，使得产业发展进入快车道。近年来，生物农药已成为新登记农药品种的主力。

截至2022年，我国有效登记状态生物农药的有效成分有142个，产品1900多个。2015年以来生物农药有效成分和产品的复合年均增长率分别为6.40%和8.83%，表明我国生物农药登记数量在平稳增长，生物农药行业正逐渐壮大。

2. 产品市场抽检合格率逐步提升

近年来，国家加大了对生物农药的市场监管和抽查力度，2016～2018年生物农药的市场抽检合格率比较低，但2018～2020年逐步上升，特别是2020年合格率达到81.6%，比2019年生物农药产品合格率提高了19.5个百分点（图4-7）。

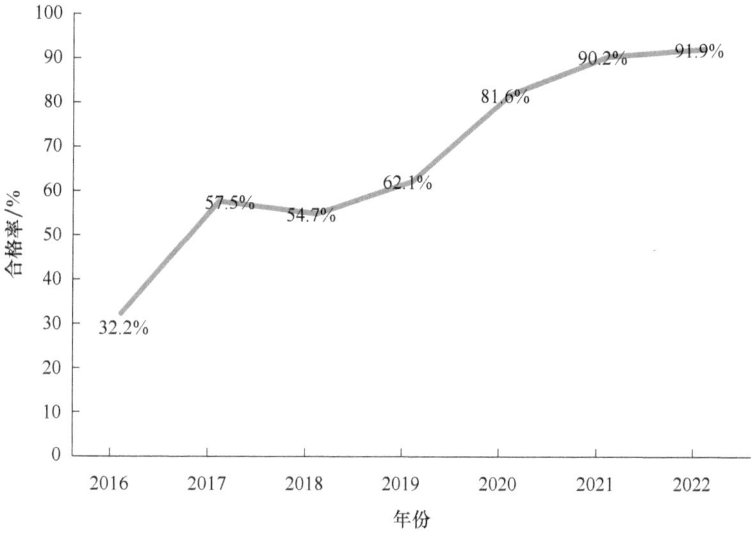

图4-7 2016～2022年生物农药产品抽检合格率

（资料来源：农业农村部，中国农业信息网）

根据《农业农村部办公厅关于2022年农药监督抽查结果的通报》，2022年农业农村部对生物农药、灭生性除草剂开展了专项抽查，共抽查750个产品，合格产品709个，合格率为94.5%，比2021年专项抽查产品质量合格率（95.2%）降低了0.7个百分点。在生物农药方面，2022年抽检生物农药样品111个，合格样品102个，合格率为91.9%，比2021年生物农药产品合格率（90.2%）提高了1.7个百分点；9个不合格样品中，有6个标明有效成分未检出，有4个擅自添加化学农药成分，且有1个添加了高毒农药克百威。

（四）兽用生物制品

当前，我国畜牧业整体发展良好，而养殖的规模化、集约化对疫病防控提出了新需求，宠物市场快速增长，新版兽药《良好操作规范》（GMP）带来行业格局重塑，为兽用生物制品行业发展提供了更广阔的市场和更严峻的挑战。

1. 我国兽用生物制品市场空间巨大

与欧美发达国家相比，我国兽药行业起步较晚，行业的技术水平和市场规模与国外存在较大差距。但随着国家政府部门对食品安全、养殖防疫的重视程度越来越高，国内兽药行业发展迅速，保持较高的增长态势。兽药行业的发展与下游养殖业发展情况息息相关，而兽用生物制品行业属于兽药行业的一个细分领域。2019～2022年，非洲猪瘟、新冠疫情对下游养殖业的影响较大，但随着国家对生猪养殖稳产保供政策支持、非洲猪瘟防控常态化、新冠病毒感染管控放开，国内养殖业逐步恢复，兽用生物制品的销售额得到提升。根据中国兽药协会的预测，2022年国内兽用生物制品销售额约为182亿元（图4-8）。从兽用生物制品的分类上看，市场上以猪用生物制品、禽用生物制品为主，市场空间较大（图4-9）。

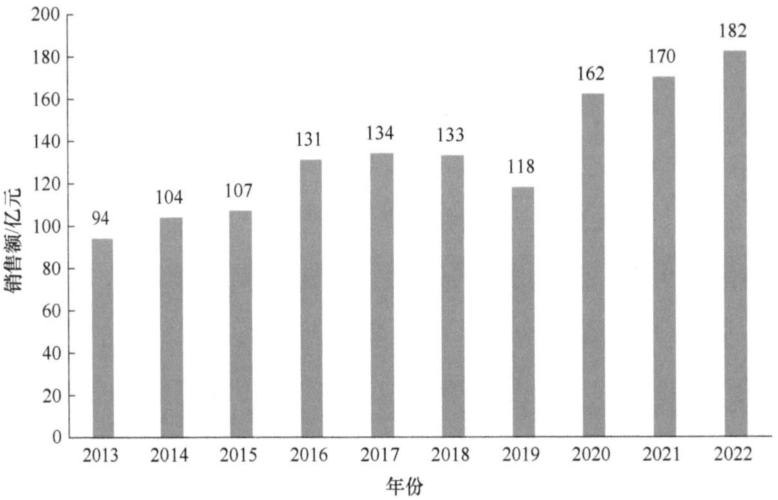

图4-8　国内兽用生物制品销售额情况

（资料来源：中国兽药协会，上海证券报）

2. 近几年获批兽用生物制品占新兽药比例较高

近年来，我国各家兽药企业积极研发，农业农村部批准新兽药数量波动上升，趋势线呈缓慢上升态势。2018年以来，我国每年新兽药批准数量维持在70个以上，

2022年批准新兽药78个，较2021年再增加3个，创历史新高（图4-10）。

2020～2022年，在我国批准的新兽药产品中，生物制品类产品数量持续最多，从用途来看，主要用于猪、禽等经济类动物。2021年与2022年，我国分别批准生物制品类新兽药50个及42个，占新批准兽药的比例超过一半。

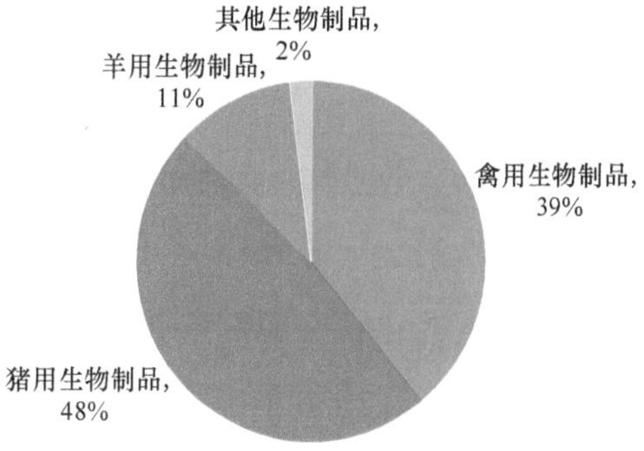

图4-9　2021年不同兽用生物制品销售额占比

（资料来源：中国兽药协会，上海证券报）

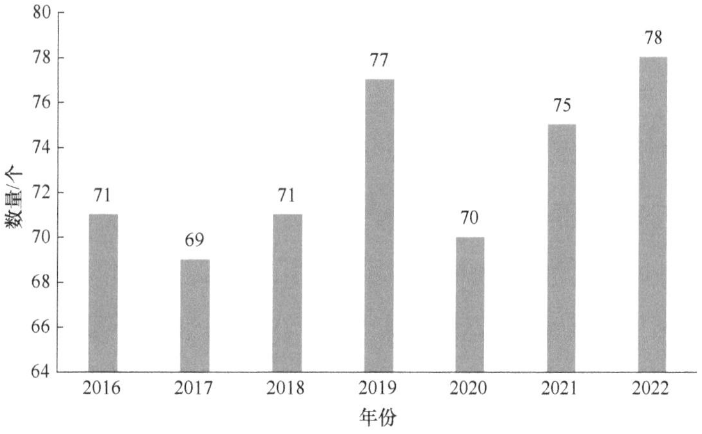

图4-10　2016～2022年农业农村部批准新兽药数量

（资料来源：农业农村部，前瞻产业研究院）

三、生物制造

“双碳”背景下，来自可再生原料的绿色产品越发受到青睐，条件温和、绿色环保的生物加工过程受到业界更多关注。现代生物制造已成为全球新一轮科技革命和产业变革的战略制高点。生物制造被广泛应用于化工、制药、食品、造纸、纺织、能源及环境保护等重要领域，但我国生物基化学品与材料产业受制于生产菌种，高端、精细化产品的生产能力与国外差距明显。

（一）生物基化学品

由于摆脱了对化石原料的依赖，同时避免了石油基产品制备过程的高能耗和高污染，基于资源和环境可持续发展的双重考量，以可再生的生物质资源替代不可再生的化石资源制备化学品是未来发展的主要趋势。美国《生物质技术路线图》规划，2030年生物基化学品将替代25%的有机化学品和20%的石油燃料；欧盟《工业生物技术远景规划》提出，2030年生物基原料将替代6%～12%的化工原料，30%～60%的精细化学品由生物基制造。据世界经济合作与发展组织预计，到2025 年，生物基化学品的产值将超过5000亿美元/年，占全部化学品的25%左右。

1. 生物基1,3-丙二醇

生物基1,3-丙二醇是一种性能优异的高分子材料，性能优异，应用范围广泛。其在化妆品、牙膏和香皂中可与甘油或山梨醇配合用作润湿剂，在染发剂中用作调湿、匀发剂，也用作防冻剂，还用于玻璃纸、增塑剂和制药工业中。也可用于替代乙二醇、丁二醇生产多醇聚酯，生产新型聚酯纤维聚对苯二甲酸丙二醇酯（PTT）。生物基1,3-丙二醇由杜邦发明，自此一直长期垄断市场。直至2013年之后，清华大学的研究团队研制出新的合成途径，开始和美景荣化学工业有限公司等公司进行商业化投产。直至现在，生物基1,3-丙二醇行业参与者依旧有限，目前全球主要厂商包括华峰集团（DuPont）、广东清大智兴生物技术有限公司、张家港美景荣化学工业有限公司和江苏盛虹集团（苏州苏震生物工程有限公司）等，2022年全球前四大主要厂商收入份额占比89.26%，技术、投产率等都仍处于前期探索和研究阶段。目前，1,3-丙二醇的生产有化学法和生物法之分，由于化学法投资大，技术难度高，生产成本高，故未得到进一步的发展。相比之下，由于生物发酵法具有反应条件温和、操作简便、副产物少、选择性好、能耗低、设备投资少、环境友好等优点而成为当今开发热点。2022年全球生物基1,3-丙二醇市场规模大约为4.83亿美元，预计2029年将达到23.25亿美元（图4-11）。

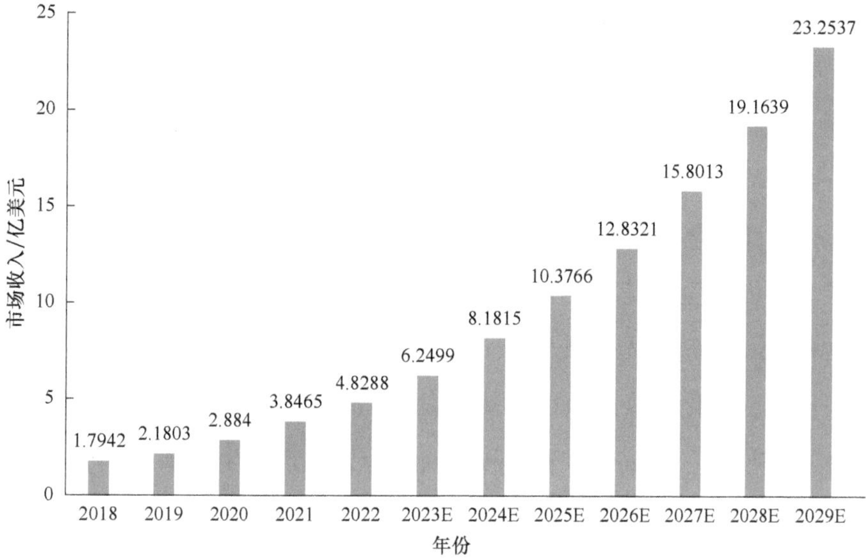

图4-11 2018～2029年全球生物基1,3-丙二醇市场收入及增长率

[资料来源：共研产业咨询（共研网）]

目前美国是全球最大的生物基1,3-丙二醇生产地区，占有大约63%的市场份额，之后是中国。中国市场在过去几年变化较快，2022年市场规模为2.87亿美元，预计2029年将达到11.9亿美元，未来2023～2029年复合年均增长率（CAGR）为22.51%。

2. 生物基1,4-丁二醇

1,4-丁二醇是一种重要的有机化工原料，用于生产聚四亚甲基醚二醇（PTMEG）、聚对苯二甲酸丁二酯（PBT）、四氢呋喃（THF）、γ-丁内酯（GBL）等。截至2022年底，全球1,4-丁二醇总产能达335.0万吨，预计在预测期内的复合年均增长率将超过 3%。生物基1,4-丁二醇的生产也获得了很高的关注度，但商业化生产规模仍然很小。以生物基1,4-丁二醇为原料制成的可降解塑料聚己二酸对苯二甲酸丁二醇酯（PBAT）、聚丁二酸丁二醇酯（PBS）等产品是符合国际生物质含量标准的真正意义的生物质可降解塑料，可被应用于氨纶、可降解塑料、聚氨酯、鞋材、新能源电池等众多领域。

生物基1,4-丁二醇是由淀粉水解产生的糖类制成的，主要通过植物性糖类的发酵制成1,4-丁二醇。作为石油基1,4-丁二醇的替代品，生物基1,4-丁二醇具有生产成本低、环保性高、温室气体排放量少等优势，在环保监管日益严格的背景下，生物基1,4-丁二醇有望逐渐取代石油基1,4-丁二醇成为市场主流产品，未来生物基1,4-丁二醇产业发展前景广阔。

据了解，目前全球生物基1,4-丁二醇的产能只有6万吨/年，由于技术壁垒高，全球范围内，生物基1,4-丁二醇生产企业数量极少，大部分在国外，主要包括意大利Novamont公司、美国Genomatica公司、荷兰帝斯曼公司、德国巴斯夫公司、日本三菱化学株式会社等。意大利Novamont公司、德国巴斯夫公司的产能均为3万吨/年。Novamont公司和巴斯夫公司生产的生物基1,4-丁二醇自用，做生物基PBAT，不对外出售，因此生物基1,4-丁二醇处于供不应求的状态。

生物基1,4-丁二醇生产工艺可分为一步法与两步法。一步法就是直接发酵法，将糖类物质与水、无机盐和微生物混合发酵得到1,4-丁二醇。生产所用原料多为从玉米等植物中提取的淀粉、从秸秆木质素提取的葡萄糖，国外大部分公司采用此方法。美国生物基化学公司Genomatica研发出了两步法，利用微生物发酵将葡萄糖转换为生物基丁二酸，再利用生产出的丁二酸生产丁二醇。国内山东兰典生物科技股份有限公司也采用此方法生产出了生物基1,4-丁二醇（2023年预计产能2万吨/年）。

3. 生物基丁二酸

丁二酸也称为琥珀酸，是重要的碳四平台化合物，也是美国能源部2004年公布的12种重要生物炼制产品之一，主要有以下几个应用领域：生产谷氨酸钠、丁二酸钠、食品保鲜剂、调味品、香料等食品添加剂的主要原料；合成可降解塑料PBS、聚对苯二甲酸丁二酸丁二醇酯（PBST）、聚乙二酸丁二醇酯（PBSA）；生产丁二酰亚胺、尼龙54等高分子材料；生产衣物生物纤维材料；生产表面活性剂产品的辅助原料；生产聚氨酯、聚醚等聚酯产品的辅助原料。

在全球范围内，化石基丁二酸产量占比仍较大。在海外市场中，规模化生产生物基丁二酸的企业主要有美国BioAmber公司、德国Succinity GmbH公司、荷兰Reverdia公司和帝斯曼公司等。而我国丁二酸生产企业大多数以石油基丁二酸生产为主，生物基丁二酸企业数量少，产能规模占比小。生物基丁二酸生产与布局企业主要有中国石化扬子石油化工有限公司、山东兰典生物科技股份有限公司、态创生物科技（广州）有限公司（以下简称“态创生物”）、安徽华恒生物科技股份有限公司（以下简称“华恒生物”）等企业。2022年10月，赤峰华恒合成生物科技有限公司年产5万吨生物基丁二酸及生物基产品原料生产基地建设项目备案。2022年6月，合成生物学企业态创生物启动大宗商品聚丁二酸丁二醇酯项目。态创生物引进生物法合成丁二酸技术，具体包括丁二酸生产菌种构建、菌株培养与发酵工艺、丁二酸的提纯工艺等，其研发单位南京工业大学在生物基聚丁二酸丁二醇酯核心原料即丁二酸的生物合成上，有长期的技术积累；其团队构建的丁二酸工业菌株省去了有氧菌体的培养过程，可实现“一步厌氧”，丁二酸浓度＞70g/L；采用碳捕捉技术，可实现生产1kg丁二酸固定0.37kg的二氧化碳。

（二）生物基材料

生物基材料具有绿色、环境友好、资源节约等特点，是我国战略性新兴产业的主攻方向，对于抢占新一轮科技革命和产业革命制高点，加快壮大新产业、培育新动能具有重要的现实意义。

2020年，全球生物基材料总消费量211万吨，包装领域的消费占比47%，餐饮与纺织领域的消费紧随其后，分别占比12%和11%。巴斯夫公司、陶氏公司、杜邦公司等跨国公司长期致力于生物基材料研发，推动了全球生物基材料的商业化进程。当前我国的生物基材料尚处于初步发展阶段，是蓬勃发展的朝阳产业，近年来行业新进入企业数量逐渐增多，经过数年发展，出现了凯赛生物、联泓新材料科技股份有限公司、金发科技股份有限公司、华恒生物、浙江嘉澳环保科技股份有限公司、赞宇科技集团股份有限公司、龙岩卓越新能源股份有限公司、态创生物等高成长重点企业。

1. 获得政策大力支持

自2001年“十五”计划以来，我国连续20多年倡导生物制造业、生物基材料的发展。近年来国家陆续出台多部政策，为行业的发展提供支持和引导（表4-4）。2021年12月，工业和信息化部等印发了《“十四五”原材料工业发展规划》，提出将推进生物基材料全产业链制备技术的工程化列为技术创新重点方向，实施关键短板材料攻关行动，支持材料生产、应用企业联合科研单位，开展生物基材料、生物医用材料等协同攻关。2022年5月，国家发展改革委出台的《“十四五”生物经济发展规划》，将生物能源稳步发展、生物基材料替代传统化学原料、生物工艺替代传统化学工艺等进展列入发展目标；并提出要重点围绕生物基材料、新型发酵产品、生物质能等方向，构建生物质循环利用技术体系，完善生物基可降解材料评价标准和标识制度，扩大市场应用空间。

表4-4　中国生物基材料行业相关政策

时间	颁布主体	政策文件名称	主要内容
2023年1月	工业和信息化部、国家发展改革委、财政部、生态环境部、农业农村部、国家市场监督管理总局	加快非粮生物基材料创新发展三年行动方案	到2025年，非粮生物基材料产业基本形成自主创新能力强、产品体系不断丰富、绿色循环低碳的创新发展生态，非粮生物质原料利用和应用技术基本成熟，部分非粮生物基产品竞争力与化石基产品相当，高质量、可持续的供给和消费体系初步建立
2022年5月	国家发展改革委	“十四五”生物经济发展规划	将生物能源稳步发展、生物基材料替代传统化学原料、生物工艺替代传统化学工艺等进展列入发展目标，重点围绕生物基材料、新型发酵产品、生物质能等方向，构建生物质循环利用技术体系，完善生物基可降解材料评价标准和标识制度，扩大市场应用空间
2021年12月	工业和信息化部、科技部、自然资源部	“十四五”原材料工业发展规划	将推进生物基材料全产业链制备技术的工程化列为技术创新重点方向，实施关键短板材料攻关行动，支持材料生产、应用企业联合科研单位，开展生物基材料、生物医用材料等协同攻关
2021年11月	工业和信息化部	“十四五”工业绿色发展规划	将绿色低碳材料推广列入工业碳达峰推进工程，推广低碳胶凝、节能门窗、环保涂料、全铝家具等绿色建材和生活用品，发展聚乳酸、聚丁二酸丁二醇酯、聚羟基烷酸、聚有机酸复合材料、椰油酰氨基酸等生物基材料

资料来源：36氪研究院

此外，从发展重点来看，虽然我国生物基材料产业发展迅速，构建了较为完整的产业技术体系，但目前生物基材料主要还是基于粮食原料，如稻谷、小麦、玉米等。由于我国人均耕地、粮食保有量与部分资源丰富国家相比差异很大，即便我国粮食连年丰收、供应充裕、市场稳定，若是基于粮食原料发展生物基材料，仍然存在难以为继的风险。因此，我国选择将传统意义上的“非粮生物质”作为发展生物基材料的原料，如以大宗农作物秸秆及剩余物等非粮生物质为原料来生产，意在提前防范“与民争粮”“与畜争饲”等矛盾。对此，2023年1月，工业和信息化部等六部门联合发布《加快非粮生物基材料创新发展三年行动方案》，提出发展目标：到2025年，非粮生物基材料产业基本形成自主创新能力强、产品体系不断丰富、绿色循环低碳的创新发展生态，非粮生物质原料利用和应用技术基本成熟，部分非粮生物基产品竞争力与化石基产品相当，高质量、可持续的供给和消费体系初步建立。在国家政策的持续利好下，我国生物基材料行业发展步入快车道。

2. 市场发展进入快车道

近年来，我国生物基材料市场规模持续扩张，由2014年的96.9亿元增长至2021年的199.2亿元，CAGR为10.8%。市场规模增速呈波动上升趋势，2021年同比增长16.10%（图4-12）。2021年，我国生物基材料产能1100万吨（不含生

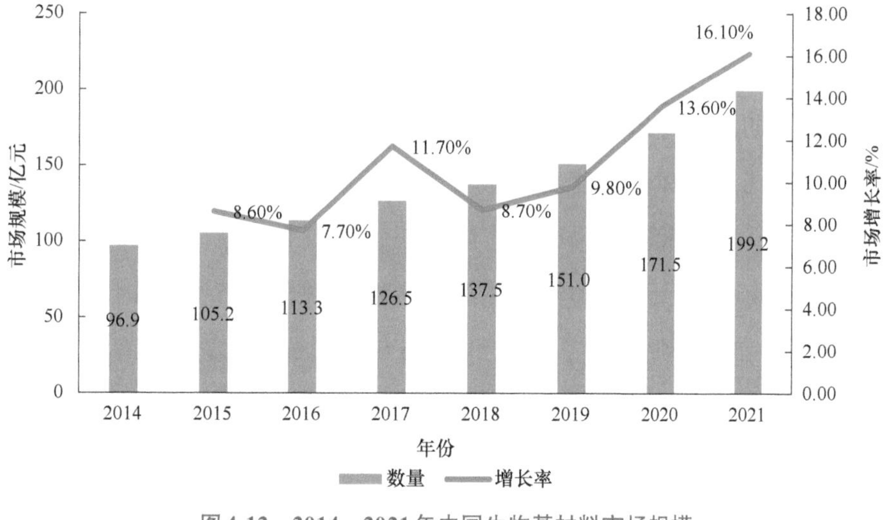

图4-12　2014～2021年中国生物基材料市场规模

物燃料），约占全球的31%，产量700万吨，产值超过1500亿元，占化工行业总产值的2%左右。根据我国《"十四五"生物经济发展规划》预测，未来10年35%的石油化工、煤化工产品可被生物制造产品替代，生物基材料下游应用领域不断壮大，将继续拉动我国生物基材料市场规模持续增长，发展势头强劲。根据经济合作与发展组织（OECD）发布的《面向2030生物经济施政纲领》战略报告预测，2030年全球将有大约5%的化学品和其他工业产品来自生物制造，其中20%的石化产品（约8000亿美元）可由生物基产品替代，然而目前的替代率仍不到5%，市场提升空间近6000亿美元。

3. 未来市场集中度将进一步提升

当前我国生物基材料尚处于起步阶段，在国家政策持续利好的背景下，进入企业数量逐渐增多。经过数年发展，行业出现了安琪酵母股份有限公司、晨光生物科技集团股份有限公司、梅花生物科技集团股份有限公司、华恒生物、安徽金禾实业股份有限公司、凯赛生物等重点企业，多为细分领域龙头。其中，安琪酵母股份有限公司已成长为亚洲第一、全球第三大酵母公司，产品远销155个国家和地区；华恒生物的丙氨酸产品生产规模位居国际前列，已成为全球范围内规模最大的丙氨酸系列产品生产企业之一；梅花生物科技集团股份有限公司为全球最大的氨基酸生产企业，根据公司年报，赖氨酸、白城三期项目投产后，公司在行业内的规模优势将愈发凸显，龙头地位更加稳固。随着"限塑令"的进一步进行及"碳达峰""碳中和"理念不断深入人心，中国大量生产聚羟基脂肪酸酯（PHA）的公司都在不断的发展建设当中，如中粮生物科技股份有限公司、天津国韵生物材料有限公司、蓝晶微生物、深圳意可曼生物科技有限公司、宁波天安生物材料有限公司、微构工场等，国内的PHA产业快速发展。2023年1月，工业和信息化部等六部门联合发布了《加快非粮生物基材料创新发展三年行动方案》，指出到2025年要形成5家左右具有核心竞争力、特色鲜明、发展优势突出的骨干企业，建成3～5个生物基材料产业集群，产业发展生态不断优化。在政策引导下，未来我国生物基材料行业市场集中度将进一步提升。

（三）生物质能

生物质能是唯一可实现发电、非电利用多种形式，以固体、液体、气体多种形态对能源做出贡献的非化石能源。生物质能是可以提供稳定、连续供应的能源，在一定程度上弥补太阳能、风能供能不稳定的波动，具备电力调峰作用。我国生物质资源年产生量巨大，超过35亿吨，主要包括农作物秸秆、畜禽粪污、林业废弃物、生活垃圾等多种资源。《3060零碳生物质能发展潜力蓝皮书》显示，当前我国生物质能的开发潜力约为4.6亿吨标煤，目前实际转化为能源的不足0.6亿吨标煤，占比较小。

根据2023年4月17日北京召开的第四届全球生物质能创新发展高峰论坛发布的《2023中国生物质能产业发展年鉴》，目前我国生物质能产业发展以发电领域为主，截至2022年底，我国生物质发电装机容量4132万千瓦，比去年增加334万千瓦，其中，垃圾焚烧发电装机容量2386万千瓦，农林生物质发电装机容量1623万千瓦，沼气发电装机容量122万千瓦。非电利用领域，在生物质清洁供热方面，成型燃料年利用量2000万吨，工业供气和民用供热量约18亿吉焦；在生物天然气方面，目前生物天然气年产量3亿立方米；生物液体燃料方面，2022年全年产生物燃料乙醇350万吨，产生物柴油200万吨。

四、生物服务

CXO是医药外包服务产业链的整体概括，覆盖药企药物研发至最终规模化生产的各个环节，包含CRO、CMO/CDMO等。医药研发投入持续增长，医药企业为提高效率、减少成本、降低风险，将部分环节外包，推动CXO行业发展。新时代下中国生物药研发投入将更上一层楼，大量的研发投入提供了更多的市场需求，将持续带动CXO产业稳步增长。

截至目前，中国有超过20家相关CXO实现了“A＋H”两地上市。但与国外相比，中国CXO的发展规模还相对较小。据《E药经理人》统计，在以营收排名的2022年全球十大CXO中，中国仅以药明系公司（药明康德+药明生物）占1席（表4-5）。

表 4-5　2022 年全球 Top10 CXO 企业营收排名

排名	公司名称	2022年营业收入/亿美元	2021年营业收入/亿美元
1	赛默飞	449.15	392.11
2	徕博科	148.76	161.21
3	艾昆纬	144.1	138.74
4	药明系	79.23	49.79
5	ICON	76.9～78.1	54.73
6	龙沙	67.21	58.42
7	Syneos	53.93	52.13
8	Catalent	48.28	39.98
9	Charies River	39.76	35.40
10	三星生物	24	12.54

资料来源：《E药经理人》

2022年受新冠疫情的影响，承接新冠药物研发、核酸检测试剂生产相关业务的CXO公司，如上海凯莱英生物技术有限公司（以下简称“凯莱英”）、博腾制药科技股份有限公司（以下简称“博腾生物”）等，2022年收入高速增长。由于2022年猴子价格上涨，投融资增速下滑，以及新冠疫情期间对物流发货及高校科研活动活跃度的影响，以临床前CRO为主要业务的企业，如北京昭衍新药研究中心股份有限公司（以下简称“昭衍新药”）、上海南方模式生物科技股份有限公司等企业受影响最大，整体收入增长受到影响（表4-6）。

表 4-6　2022 年全年部分 CXO 公司营业收入

分类	公司	2022年营业收入/亿元	2022年收入同比增长率/%	2022年归母净利润/亿元	2022年归母净利润同比增长率/%
临床前CRO	药明康德	393.5	72	94	83
	康龙化成	102.7	38	18.3	25
	昭衍新药	22.7	50	10.7	93
临床CRO	泰格医药	70.9	36	15.4	25
	诺思格	6.4	5	1.1	14
	普蕊斯	5.9	17	0.7	25

续表

分类	公司	2022年营业收入/亿元	2022年收入同比增长率/%	2022年归母净利润/亿元	2022年归母净利润同比增长率/%
CDMO	合全药业	214.5	165	61.6	193
	药明生物	152.7	48	49.3	49
	凯莱英	102.6	121	33	209
	博腾股份	70.3	126	20.1	283
	和元生物	2.9	14	0.4	−28

资料来源：Wind资讯

（一）合同研发外包

随着人口老龄化趋势加剧、人民健康意识增强叠加科学技术的快速发展，全球医药市场需求不断增长，医药研发支出和管线保持稳定增长。

1. 全球临床CRO行业市场竞争格局较为分散

从全球市场竞争格局来看，临床CRO行业市场竞争格局较为分散。2021年全球临床外包服务由IQVIA（艾昆纬）、Labcorp（科文斯）及ICON（ICON+PRA）占据主导，分别位居一、二、三位，收入占比大约分别为16.30%、12.50%及11.80%（图4-13）。

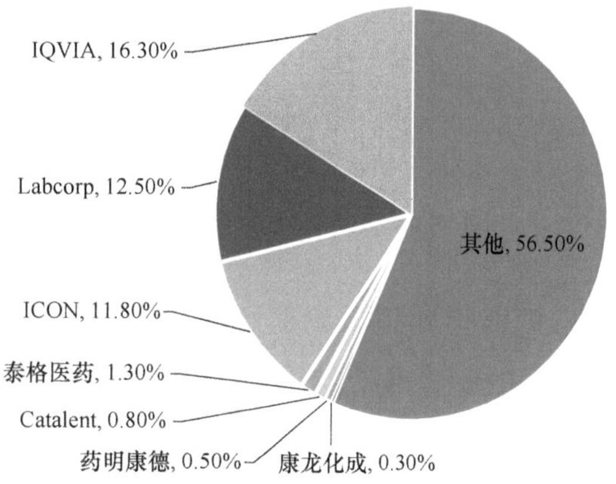

图4-13 2021年全球临床外包服务行业格局

（资料来源：Frost&Sullivan）

2. 中国CRO市场占全球比例稳定增长

从全球CRO及临床CRO市场规模来看，2021年全球CRO市场规模约为731亿美元，2021～2024年CAGR约为9.5%。其中2021年全球临床CRO市场规模约为467亿美元，2021～2024年CAGR约为10.0%。从中国CRO行业市场规模来看，2021年中国CRO市场规模约为649亿元，2021～2024年CAGR约为30.3%。其中2021

年临床CRO市场规模约为327亿元（图4-14），2021～2024年CAGR约为34.7%。

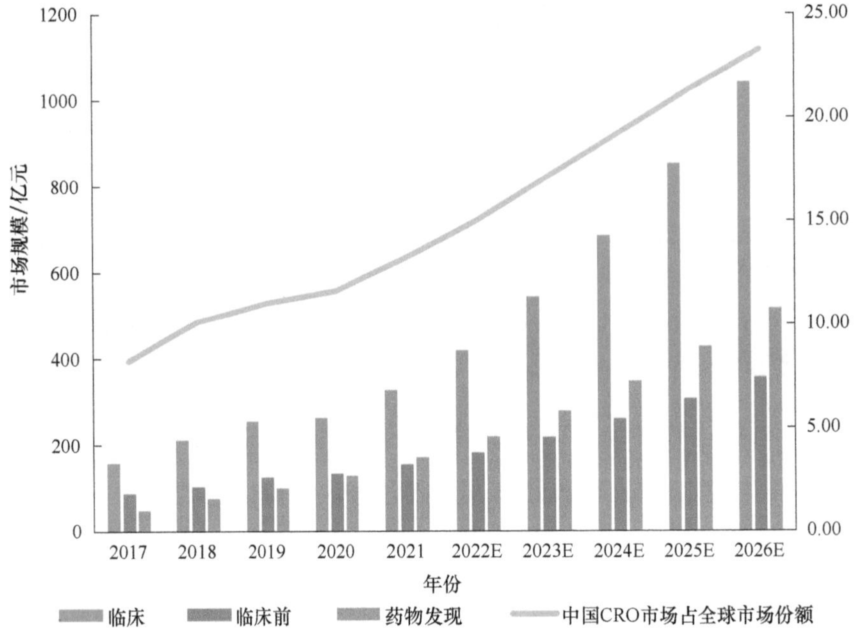

图4-14　2017～2026年中国CRO市场规模

（资料来源：Frost&Sullivan）

3. 国内临床CRO企业格局层次分明

国内临床CRO企业格局分为跨国CRO、国内大型临床CRO和国内中小型临床CRO。其中，跨国CRO普遍通过了中国、北美及欧洲等多次的药物非临床研究质量管理规范（good laboratory practice，GLP）认证，也具有相当规模的专家团队，国内的昭衍新药、药明康德等大型CRO企业也拥有其资格。另外，国内中小型临床CRO只通过了中国的GLP认证，业务范围较窄。从国内临床CRO行业竞争格局来看（图4-15），泰格医药以11.0%占据龙头，药明康德以4.4%位居第二，当前泰格医药全球及国内市场占有率处

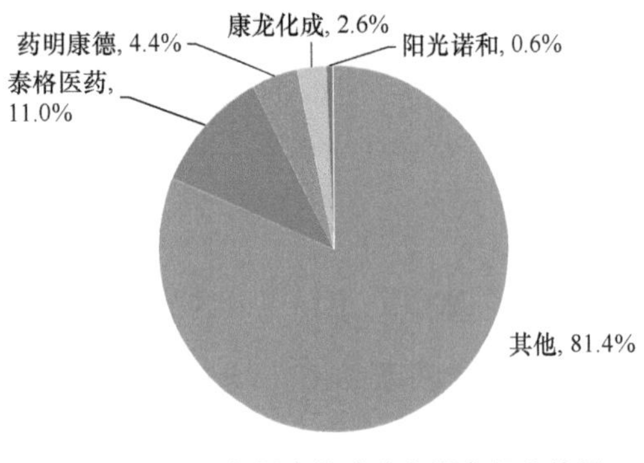

图4-15　2021年国内临床外包服务行业格局

（资料来源：Frost&Sullivan）

于较低位置，未来发展空间较大。

（二）合同生产外包

CDMO即定制研发生产机构，主要为药企提供临床新药工艺开发和制备，以及为已上市药物提供工艺优化和规模化生产服务。CDMO产业在我国发展之迅猛可谓一时无两，尽管近期资本市场有所波动，但优势尚存，增势不减。

1. 我国CDMO市场规模增速高于全球

全球医药CDMO赛道正处于小分子药物、大分子药物及细胞基因治疗（cell and gene therapy，CGT）技术浪潮三者叠加带来的快速发展期。小分子药物研发方兴未艾，到2010年后大分子药物开始引领研发重点，再到未来细胞和基因疗法兴起，并带来下一波研发热点，共同驱动着医药CDMO行业持续发展。全球CDMO市场规模由2017年的394亿美元增长到了2021年的632亿美元，到2025年将达到1243亿美元（图4-16）。

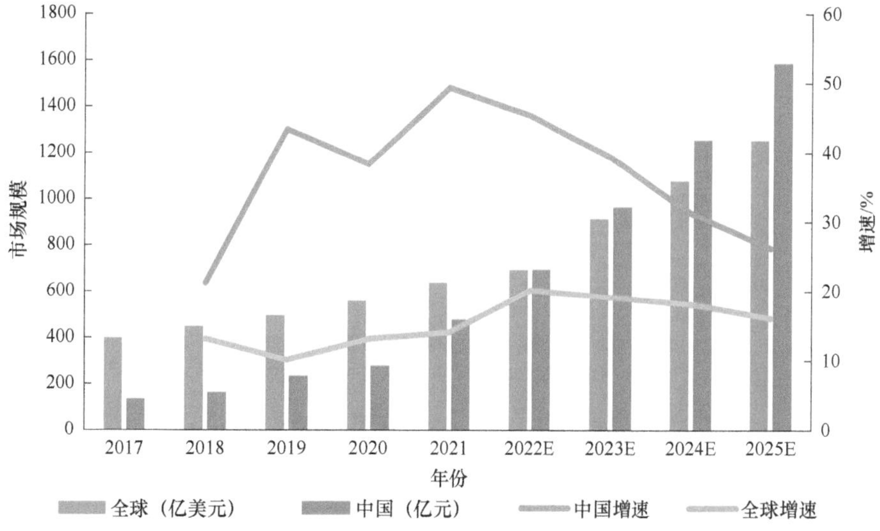

图4-16 全球和中国CDMO市场规模及增速

（资料来源：Frost&Sullivan，《CDMO市场发展现状与未来趋势研究报告》，2022年9月）

2015年开启的医药创新热潮促进了我国CDMO产业的高速发展，我国CDMO市场规模由2017年的132亿元增长到了2021年的473亿元，4年增长了

2.6倍，复合年均增长率高达37.6%，2倍于同期全球CDMO 18.5%的复合年均增长率，预计到2025年将达到1571亿元。从市场占比来看，我国CDMO市场规模在全球的占比也由2017年的5%提高到了2021年的13%，到2025年将占到全球市场的近1/5。

2. 我国CDMO市场以小分子为主

小分子一直在我国CDMO产业占据主导地位，我国小分子CDMO市场规模由2018年的110亿元增长到了2021年的399亿元，3年增长了2.6倍，预计2025年将达到742亿元。我国大分子CDMO的市场规模由2018年的55亿元增加到了2021年的176亿元，预计到2025年将增加到近500亿元（495亿元）（图4-17）。2018～2021年，我国大分子CDMO的复合年均增长率为47.4%，稍低于小分子的53.6%。受益于细分领域的突破，2021～2026年，大分子的复合年均增长率将达到27.3%，将远高于同期小分子16.8%的复合年均增长率。

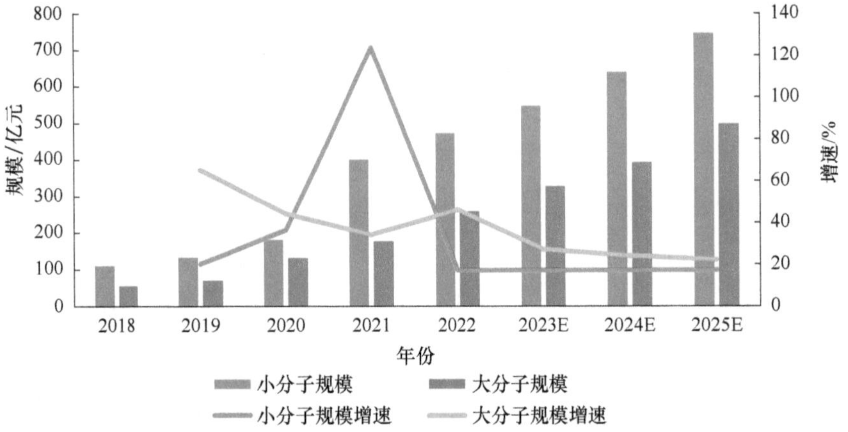

图4-17　我国大分子和小分子CDMO市场规模及增速

（资料来源：机械工业信息研究院）

3. 药明系领跑我国CDMO行业

2021年，全球CDMO营收最大的企业是瑞士龙沙公司和我国的药明系（药明康德和药明生物）。而在我国小分子CDMO市场份额Top10企业中，市场份额最大的是药明康德（占35%）。其次是后起之秀凯莱英（占11%），2022年前9个月，凯莱英营收同比增长高达167%。再次分别是博腾股份（8%）、康龙化成（4.4%）和圣诺生物（1.6%）。

我国小分子CDMO企业格局相对稳定，大分子CDMO企业集中度高。2021年，大分子CDMO市场份额最大的企业是药明系（药明生物+药明康德），占了近8成市场（77%）。其次是金斯瑞（3%）、迈百瑞（1.8%）和和元生物（1.4%）。在Top企业中还有一家外企，即德国的勃林格殷格翰公司，占了2%的市场，如勃林格殷格翰公司为上海之江生物的新冠双特异性抗体药物SYZJ001提供工艺优化及生产制造服务。

五、产业前瞻

（一）AI制药

进入21世纪以来，人类疾病复杂程度不断提升，全球范围内用药需求面临挑战。新药研发难度和研发成本迅速增加，传统的制药模式中，药物结构设计依赖于专家经验且新药筛选失败率高、药企的投资回报率不断下降，而最终药物失败率超过 90%，“投入高、周期长、风险大、成功率低”已成为新药研发行业魔咒，人工智能（artificial intelligence，AI）技术的发展应用为新药研发带来了新的技术手段。AI制药，即以医药大数据为基础，通过运用机器学习、深度学习等AI技术替代大量实验，对药物结构、功效等进行快速分析，以达到缩短试验周期、节省成本、促进新药发现、提升试验成功率等目的。

1. 美国领跑全球 AI 制药行业

AI技术从1956年首次提出发展至今已有60余年，到2022年底，全球已有700多家AI辅助药物研发企业，其中，美国占了一半以上（54.40%）。其次

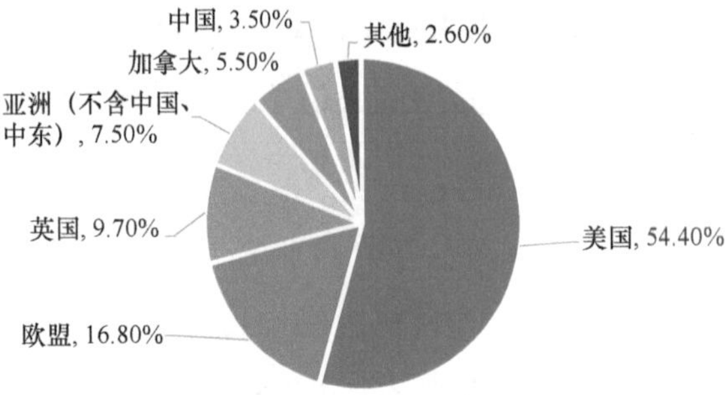

图4-18　2022年底全球AI制药企业数量占比分布

（资料来源：Deep Pharma Intelligence）

是欧盟、英国和亚洲（不含中国、中东），分别占了16.80%、9.70%和7.50%，中国占了3.50%（图4-18）。

2022年，AI技术与生物医药的融合提速，AI技术对制药领域的渗透已遍地开花。从AI制药公司获得的订单金额可见一斑。2022年，获得订单金额最大的AI制药企业是Exscientia和Evotec，分别与老牌跨国制药集团赛诺菲和BMS签订了356亿元和350亿元的新药开发合同。Generate Biomedicines位居第三，与安进签订了131亿元的合同。

全球AI制药企业的Top10订单被跨国制药巨头悉数包揽，其中，赛诺菲占了3席，除Exscientia、英矽智能外，还与Atomwise签订了69亿元的合同，3单合计507亿元，占了Top10订单总额1218亿元的42%（图4-19）。

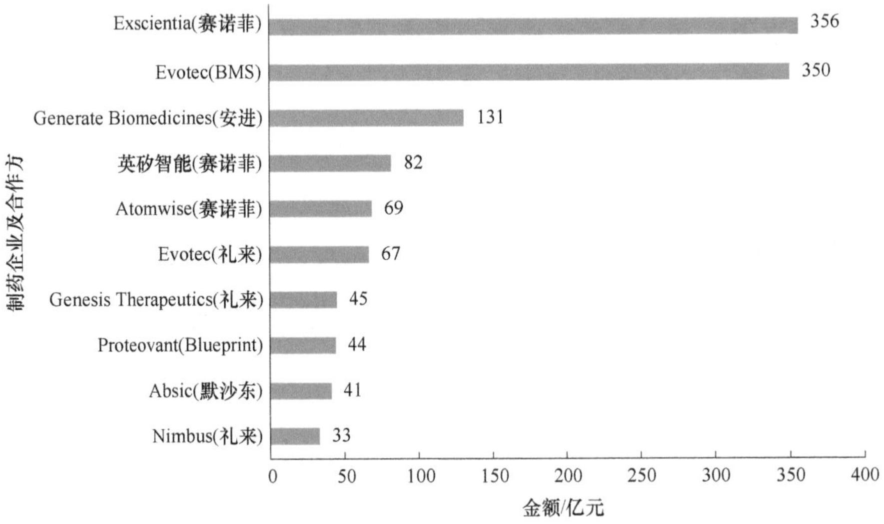

图4-19　2022年Top10订单AI制药企业及合作方（括号里）

（资料来源：亿欧数据）

我国AI初创企业英矽智能获得的订单金额首次跻身Top10，高居第四，即英矽智能在2022年11月与赛诺菲签订了总潜在价值高达82亿元的新药开发合同，这也是我国AI制药领域迄今最大的一笔订单，赛诺菲将利用英矽智能人工智能驱动的Pharma.AI药物发现平台，推进基于不超过6个创新靶点的候选药物研发。

2. 我国AI制药主要聚焦北上广

至2022年底，我国已有AI制药初创企业近80家。其中，长江三角洲最多，占了45%，渤海经济圈和大湾区平分秋色，各占1/4。就具体区域来看，北京、上海、深圳最多，分别有18家、15家和13家。苏州、杭州、南京和广州次之，分别有8家、6家、3家、3家（图4-20）。AI制药企业总部之所以选择这些区域落户，与这些城市所拥有的高校/科研院所资源之多是分不开的，因为我国AI制药公司最大的创业背景是来自高校和研究院的成果转化。在中国近80家AI制药企业中，有高校/研究院背景的占了4成，资深药化专家创业的占了25%，名校博士创业的占了1/5，三类合计占比超过8成。

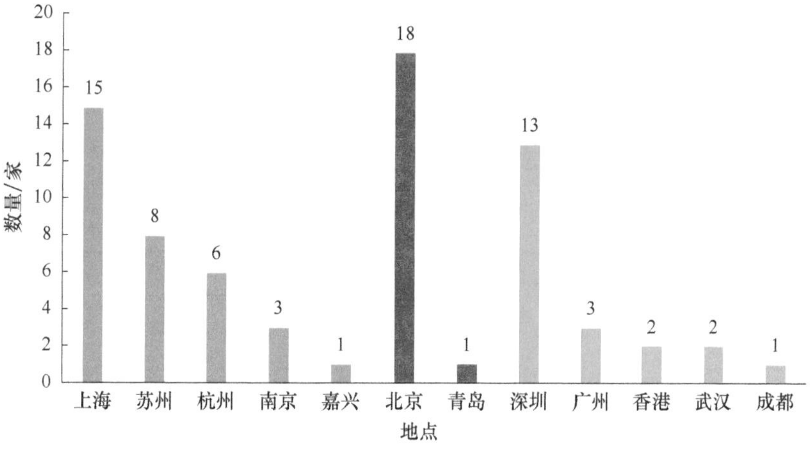

图4-20 中国AI制药初创企业总部所在地数量分布

在研究所和高校背景中，尤以北京大学、清华大学、上海交通大学、中国科学院为创业前沿阵地，这些机构已孵化转化出了华深智药科技（北京）有限公司（以下简称“华深智药”）（清华大学AIR孵化）、北京英飞智药科技有限公司（北京大学前沿交叉学科研究院）、南京燧坤智能科技有限公司（清华大学）、上海天鹜科技有限公司（上海交通大学背景）等公司。2021年，张江牵头成立了“张江AI新药研发联盟”，至今已经有20多家企业加入。

3. AI制药投资热潮兴起

2022年被认为是医药行业的投资寒冬，但“投资收缩”的资本并未放弃对AI制药赛道的青睐。根据公开数据统计，2022年全年AI制药赛道相关的融资总事件达144起，总金额为62.02亿美元（约合人民币426.66亿元）。相较于2021年融资事件的73起，数量上基本翻番，而对比2021年的42亿美元融资总额，增长幅度也近50%，数量和金额的双效提升，大有一种作为投资洼地吸收了各路资本的态势。

2022年，全球AI制药融资仅Top10的事件，总额就达18.86亿美元，大额融资案例发生趋势不减。投融资活动主要活跃在美国，其次是欧洲和中国。中国的投融资活动则主要集中于珠三角、京津冀及长三角等医药产业较为发达的地区。从融资轮次分布上，2022年全球AI制药的融资以早期融资为主，A轮融资最多，而在Top10的融资事件中，主要集中在B轮和C轮，这些大事件与各类具体疗法结合得更加紧密（如蛋白质降解药物、mRNA疫苗、基因编辑等），对于各类数据和工具运用得更加纯熟（蛋白质组学、单细胞组学、表型数据等），在“最烧钱的阶段”获得了资本的青睐（表4-7）。

表4-7　2022年AI制药融资Top10事件

序号	公司	专注领域	融资金额/亿美元	融资轮次
1	Kriya Therapeutics	计算+基因治疗	2.7	C轮
2	Arsenal Biosciences	机器学习+可编程细胞疗法	2.2	B轮
3	DNAnexus	基因组数据平台+生物学挖掘	2	H轮
4	Synthego	机器学习+自动化+基因编辑	2	E轮
5	Fog Pharma	AI+多肽疗法	1.78	D轮
6	Life Mine	AI+真菌基因组+药物发现	1.75	C轮
7	Metagenomi	宏基因组学+AI+基因编辑	1.75	B轮
8	Odyssey Therapeutics	AI+小分子/蛋白质疗法	1.68	B轮
9	剂泰医药	AI+药物递送及药物发现	1.5	A+轮
10	Dewpoint Therapeutics	AI+生物分子凝聚物药物	1.5	C轮

资料来源：公开资料整理

4. AI制药赛道发展趋势

从2022年AI制药融资和AI药企大订单的情况，大概可以看出AI制药赛道的发展趋势如下。

（1）AI＋新兴疗法的碰撞越来越火热

人工智能能够探索巨大的序列空间和结构空间，包括设计自然界中不存在的蛋白质、微生物、碱基对等，对药物进行特异性和亲和性优化等应用。所以近年来，AI技术与蛋白质组学、核酸药物、细胞疗法和基因疗法、微生物组学和其他新兴疗法（肿瘤电场治疗）等的迭代备受关注。

（2）AI挖掘生物学知识

机器学习和深度学习使计算机能够模拟人类将数据转换为知识能力。算力的提升、机器学习等模型的精进、大量数据的积累，都让计算生物学的研究条件越来越完善，传统生物学方法无法解答的问题，可以通过这样的跨界研究有所突破。例如，利用AI技术解决了“蛋白质折叠”的预测问题，实现了从无到有的蛋白质结构预测、从静到动的分子动力学模拟，用AI打开生物学研究的另一扇窗，从而挖掘出更多的新兴疗法和治疗手段。

（3）组合式创业正在出现

新公司喜欢将创新技术形成一套“组合拳”，AI则在其中扮演穿针引线的角色，如AI＋器官芯片＋药物研发、AI＋单细胞测序用于免疫疗法开发都是较为典型的例子。但是，这些重大突破基本是基于生物药、化学药等领域，中医药作为中华文明瑰宝，是我国5000多年文明的结晶，这一块与AI技术的结合正处于一个空白点。

（二）抗体偶联药物

ADC药物即抗体偶联药物，由单克隆抗体、偶联链和细胞毒性小分子三部分组成，是一种融合了小分子药物细胞毒性和抗体靶向作用的强效抗癌药物。其主要作用机制是利用抗原与抗体的特异性，将细胞毒药物定向递送到肿瘤病灶，具有超强的靶向肿瘤杀伤效果和能力。相比其他传统化疗药，ADC药物的主要特点是对正常细胞的损伤较少，不会导致患者使用传统化疗药后出现的高毒副作用。

1. ADC药物历经三代变革

ADC药物的研究可以追溯到1980年，受限于其合成需要较高的技术门槛和长期的脱靶、特异性抗原的发现等技术难题，ADC药物早期发展坎坷。得益于单克隆抗体的不断优化使得肿瘤细胞靶向性提高，细胞毒性小分子药物种类更多，以及定点偶联技术的发展，近几年ADC药物研发进展迅速。ADC共经历了三代技术变革，治疗窗口得到较大改善：第一代ADC的小分子毒性不够强，ADC不够稳定，大多以失败告终；第二代药物采用毒性更强大的小分子，克服了第一代效力不足的弱点，并对抗体进行了优化；第三代ADC药物的诞生主要得益于定点偶联技术的发展。基于ADC相较于化疗药物毒性更可控，新一代ADC取得了显著优于化疗的临床治疗数据。相较于传统靶向疗法，ADC药物进一步拓宽了治疗人群，可应用于未被传统靶向疗法覆盖的新靶点。

2. 全球ADC药物市场潜力巨大

ADC药物有较长的研发历史，近年来随着技术不断成熟，研发热度快速增长。2000年，首款ADC药物Mylotarg经美国FDA批准上市，适用于治疗复发或难治性急性髓细胞白血病。至2019年初，全球共有5款ADC获批上市，2019年起，ADC药物密集申报获批，并迎来了Enhertu、Trodelvy等重磅品种。截至2023年1月13日，全球共有15款ADC药物获批上市，其中13款为传统小分子连接。从这15款ADC药物情况来看，80%的药物在2017年以后获批，同时全球还有500多款ADC药物处于不同临床研究阶段。IQVIA数据显示，2016～2020年，美国ADC市场销售额从3.29亿美元增长至14.7亿美元，复合年均增长率高达45%。另据*Nature*子刊市场预测，包括德喜曲妥珠单抗（trastuzumab deruxtecan）、恩诺单抗（enfortumab vedotin）、恩美曲妥珠单抗（trastuzumab emtansine）、维布妥昔单抗（brentuximab vedotin）、戈沙妥珠单抗

（sacituzumab govitecan）等在内的十余款ADC药物全球销售额至2026年将达到164亿美元。

3. 我国ADC药物研发加速

我国ADC领域研发进展快速，目前在研管线数量已占到全球近40%；企业研发管线目前仍集中于如HER2等经验证的成熟靶点；聚焦领域基于主要在研靶点和高发癌种方面，全球管线主要关注乳腺癌和血液瘤，中国目前仍聚焦肿瘤，开始向自身免疫病等拓展。另据智慧芽新药情报库检索显示，国内159家企业/机构都在布局ADC这一赛道，涉及药物数量高达318款。

中国药企在布局ADC领域有两种主要形式：一种是自己研发，如以百奥泰生物制药股份有限公司BAT8001为代表的第一代简单模仿罗氏公司的T-DM1，不过其已经终止研发；后有荣昌生物制药（烟台）股份有限公司、科伦药业、恒瑞医药等。另一种是通过授权引入，如齐鲁制药有限公司的EpCAM免疫毒素（授权自Sesen Bio公司）、浙江新码生物医药有限公司的ARX788（授权自Ambrx公司）、瓴路药业有限责任公司的Lonca（授权自ADC Therapeutics公司）和华东医药股份有限公司的FRα ADC（授权自Immunogen公司）等。

此外，在国内市场加速发展之际，国际合作愈发普遍。2021年8月，荣昌生物与西雅图基因公司（SeagenInc.纳斯达克：SGEN）达成一项全球独家许可协议，以开发和商业化其ADC新药维迪西妥单抗，这也是中国第一笔对外授权的ADC项目，自此之后，开启了国产ADC海外授权之路。而在2022年12月底，科伦药业宣布与默沙东达成了7个不同在研临床前ADC候选药物项目的独占许可及合作协议。交易商务条款包含1.75亿美元不可退还首付款，最高不超过93亿美元的开发及商业化里程碑付款，以及产品上市后销售净额提成，成为迄今为止由中国公司获得的最大生物制药对外许可交易之一，也打开了适应证开发、国际市场拓展的广阔空间。

4. ADC药物未来发展趋势

ADC药物市场未来的研发方向主要围绕以下4点。

一是靶点及适应证进一步拓展。从适应证角度看，已上市ADC药物适应证目前平均涵盖血液瘤和实体瘤，实体瘤主要集中在乳腺癌、胃癌、尿路上皮癌等大癌种。目前处于临床Ⅲ期试验的ADC有望拓展新的血液瘤和实体瘤适应证；从靶点角度看，已上市ADC药物主要集中在HER2、CD22、Trop2等成熟靶点，虽然目前全球和中国的ADC管线仍然集中在成熟靶点，但是也逐渐涌现了TIM1、SEZ6等新兴靶点的管线；从抗原选择角度看，逐渐从肿瘤细胞表面抗原向肿瘤基质抗原、肿瘤脉管系统抗原、驱动癌基因蛋白拓展。

二是毒性更强、副作用更低的毒素。目前临床或已上市的毒素分为6类，其中微管蛋白抑制剂（代表毒素为MMAE）应用最为成熟，代表药物有Adcetris、Polivy、Padcev、Blenrep、爱地希、Tivdak、Kadcyla；DNA拓扑异构酶Ⅰ抑制剂（代表毒素为Dxd）为新一代毒素的代表，最具应用前景的代表药物有Enhertu、Trodelvy；毒素的毒性和理化特性直接影响ADC对靶细胞的杀伤能力，从而影响疗效，新型毒素需要具有高细胞毒性、低免疫原性、高稳定性、分子量小、具有修饰的官能团的优势，以便达到更好的药物疗效。

三是定点偶联提高药物稳定性。偶联方式会影响药物/抗体偶联比（drug-antibody ratio，DAR），即抗体上连接毒素的个数；偶联方式分为随机偶联和定点偶联。通常来说，随机偶联的选择性较差，产物中DAR分布广泛，因此均一性相对较差，目前上市的ADC产品全部使用随机偶联技术；定点偶联是当下的研发热点，但尚未在上市产品中成功应用。该技术有望得到DAR的均一分布，从而使药物均一性高、安全性好，以拓宽治疗窗口。

四是可裂解连接子的旁观者效应。连接子主要具有两个作用，一方面，确保ADC在血液循环中使细胞毒素与单抗紧紧连接，另一方面，确保ADC进入肿瘤细胞后，细胞毒素可以有效释放；连接子可分为不可裂解连接子和可裂解连接子，可裂解连接子是发挥旁观者杀伤效应的前提，进而可以杀伤异质性肿瘤中的抗原低表达细胞，因而成为ADC连接子的主流发展趋势；未来连接子的设计方向包括提高连接子的亲水性以降低ADC清除率，增加单个连接子上有效载荷的数量以提高药物效力。

第五章　投　融　资

一、全球投融资发展态势

（一）全球医疗健康投融资趋于审慎

近年来，医疗健康行业成为全球竞逐的热点行业，2021年该行业全球融资金融高达1270亿美元，是历年来融资事件和融资金额最多的一年。受宏观环境影响，相比于2021年的医疗健康相关产业资本大爆发，2022年，全球医疗健康产业共发生3057起融资事件，融资总额达729亿美元，融资事件和融资金额均有所下降，可见2022年全球资本市场对于医疗健康行业整体趋于理性，投融资增长步伐放缓（图5-1）。

2022年，单笔融资超过1亿美元的项目达164起，约占2022年融资事件的5%，融资事件数量约为2021年的一半（图5-2）。据统计，这164家公司融资总额超297亿美元。相比2021年，全球投入医疗健康产业约一半的资金被不到10%的企业占据，2022年的资金去向则更为分散。

（二）生物医药依旧是投资最为热门的领域

2022年，全球生物医药行业融资事件为1094起，累计融资额约346.1亿美元，依旧是生命健康领域获融资金额最多的领域；数字健康行业以183.46亿美元紧随生物医药之后，器械与耗材排名第三。具体来看，相比于2021年，五大细分领域融资事件和融资额都有所减少（图5-3）。

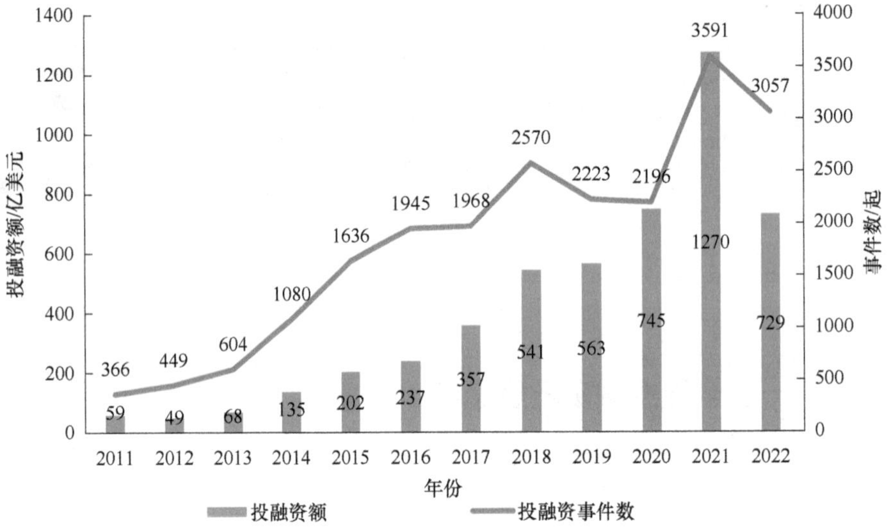

图5-1　2011～2022年全球医疗健康产业投融资变化趋势

（资料来源：动脉网，2023，《2022年全球医疗健康产业资本报告》）

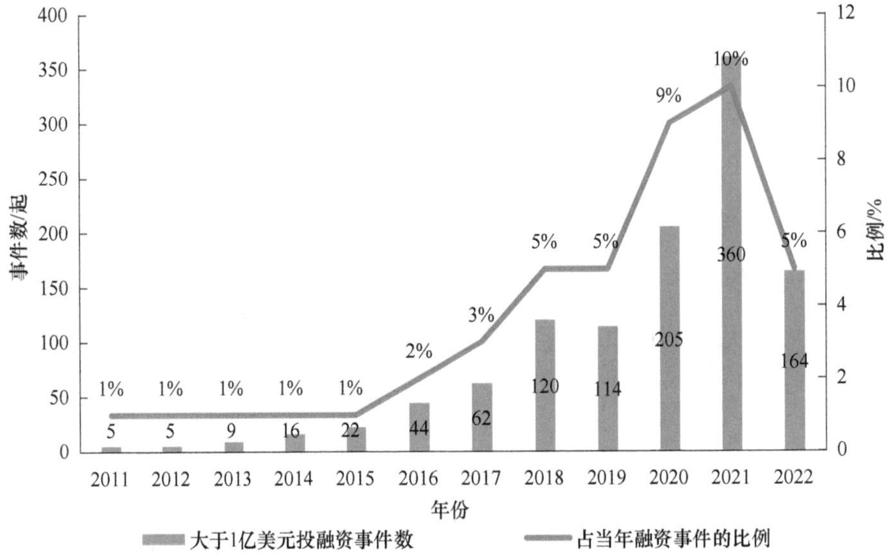

图5-2　2011～2022年全球医疗健康领域融资额大于1亿美元投融资事件数及占当年融资事件的比例

（资料来源：动脉网，2023，《2022年全球医疗健康产业资本报告》）

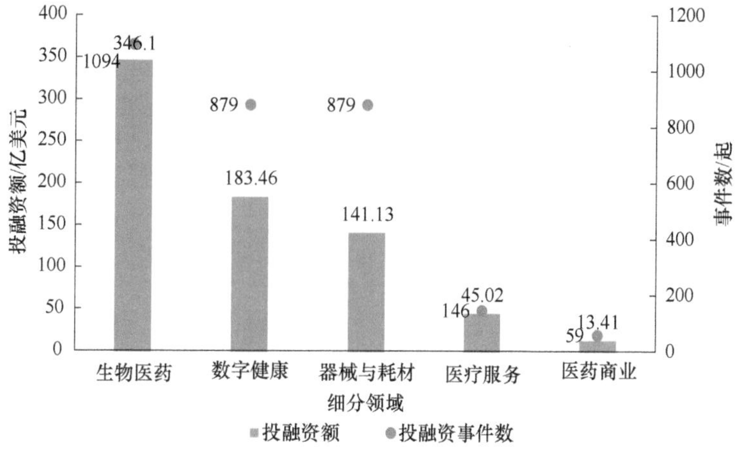

图 5-3　2022 年全球各医疗健康细分领域投融资情况

（资料来源：动脉网，2023，《2022 年全球医疗健康产业资本报告》）

（三）近五成融资处于早期阶段

从各个细分领域的融资轮次分布来看，全球资本市场更关注早期阶段的项目，其中A轮融资出现的频次最高，累计有约900起，这其中又以生物制药和医疗信息化领域相对集中，分别是224起和139起（表5-1）。

表 5-1　2022 年全球医疗健康投资细分领域和轮次统计

细分领域	种子轮/天使轮	A轮	B轮	C轮	D轮及以上	其他	未公开	总计
生物制药	113	224	109	30	19	71	88	654
医疗信息化	100	139	65	37	7	58	108	514
互联网＋医疗健康	59	54	35	15	8	15	55	241
研发制造外包	44	73	47	13	6	26	30	239
体外诊断	23	76	37	17	10	43	28	234
其他耗材	24	60	22	7	8	29	33	183
化学制药	19	39	24	13	3	23	17	138
数字疗法	30	32	14	7	5	13	23	124
第三方医疗服务机构	15	31	9	4	3	22	33	117
辅助类设备	19	32	7	12	1	15	25	111
治疗设备	8	20	12	5	4	16	18	83
医学影像	8	26	13	5	5	15	6	78

续表

细分领域	种子轮/天使轮	A轮	B轮	C轮	D轮及以上	其他	未公开	总计
医疗机器人	8	23	14	4	4	10	5	68
保健品及其他	14	18	4	2	1	5	18	62
心血管耗材	3	17	4	9	3	9	5	50
其他诊断设备	11	15	6	1	1	6	6	46
商业保险	3	9	9	3	4	4	3	35
专科医院与诊所	3	5	4	0	2	9	4	27
骨科耗材	2	4	7	5	0	2	6	26
金融服务	2	3	1	0	0	2	3	11

资料来源：动脉网，2023，《2022年全球医疗健康产业资本报告》

（四）红杉资本是2022年最活跃的投资机构

2022年，全球医疗健康最为活跃的投资机构是红杉资本，在各大风投机构中排名第一，全年累计投资49次（表5-2），其中参与领投22次，融资轮次主要是早期项目，包括21次A轮系列融资和11起种子轮/天使轮融资。虽然2022年红杉资本投资数量不少，不过多次投资的企业并不多，根据公开资料统计，2022年医疗健康领域仅有干细胞治疗新药研发商士泽生物医药有限公司（以下简称“士泽生物”）获得红杉资本2次投资，据士泽生物官网报道，目前士泽生物已完成诱导多能干细胞（induced pluripotent stem cell，iPSC）重编程、iPSC基因编辑和 iPSC向不同亚型细胞类型诱导分化等关键技术平台的建设，建立完成了细胞药物安全性和有效性评价的动物模型。士泽生物 iPSC 衍生细胞创新药管线处于临床前研究阶段，核心管线预计 2023～2024 年进入临床阶段。投资领域方面，红杉资本投资标的以生物医药为主，尤其关注国内创新药赛道，如创新基因治疗药物研发商方拓生物科技有限公司、大分子靶向药物开发商普方生物制药有限公司、干细胞治疗新药研发商士泽生物、核酸药物研发生产商苏州慧疗生物医药科技有限公司等。

对比往年，2022年头部机构的投资次数大幅减少，即使排名第一的红杉资本，其49次投资在2021年也仅排名第八位。

表 5-2 2018～2022 年全球十大活跃投资机构

排名	2018年		2019年		2020年		2021年		2022年	
	机构名称	投资次数	机构名称	投资次数	机构名称	投资次数	机构名称	投资次数	机构名称	投资次数
1	红杉资本	29	Perceptive ADBISORS	24	OrbiMed	50	红杉资本	92	红杉资本	49
2	OrbiMed	25	谷歌风投	23	高瓴资本	48	RA资本	76	启明创投	40
3	君联资本	24	OrbiMed	23	红杉资本	41	OrbiMed	63	RA资本	34
4	礼来亚洲基金	23	Alexandria Venture Investments	22	Cormorant Asset Management	39	高瓴资本	62	Alexandria Venture Investments	30
5	Alexandria Venture Investments	22	DEEFRIELD	20	RA资本	38	礼来亚洲基金	54	元生创投	30
6	ARCH Venture Partners	22	F-Prime资本	20	谷歌风投	33	Casdin公司	53	君联资本	29
7	通和资本	22	启明创投	20	Casdin公司	32	Alexandria Venture Investments	52	General Catalyst	29
8	高瓴资本	21	礼来亚洲基金	20	礼来亚洲基金	32	谷歌风投	49	ARCH Venture Partners	27
9	F-Prime资本	19	ARCH Venture Partners	19	Perceptive Advisors	31	元生创投	47	GV资本	27
10	经纬中国	19	红杉资本	19	启明创投	26	经纬中国	46	OrbiMed	25

资料来源：动脉网，2023，《2022年全球医疗健康产业资本报告》

（五）各股市IPO上市进程放缓

2022年，在A股、美股及港股迎来首次公开发行（initial public offering，IPO）的上市企业共175家，募集总额超179亿美元，约为2021年的1/3，上市数量和募集金额均有所减少。其中生物医药领域有95家企业上市，占比超过一半，但远不及2021年和2020年上市企业数量（图5-4）。在美国上市的企业有93家，占比超过一半（图5-5）。

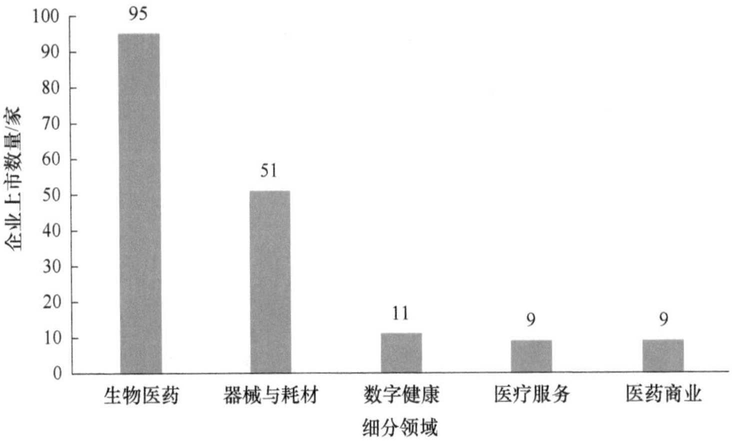

图5-4　2022年A股、美股及港股IPO各医疗健康细分领域上市数量

（资料来源：动脉网，2023，《2022年全球医疗健康产业资本报告》）

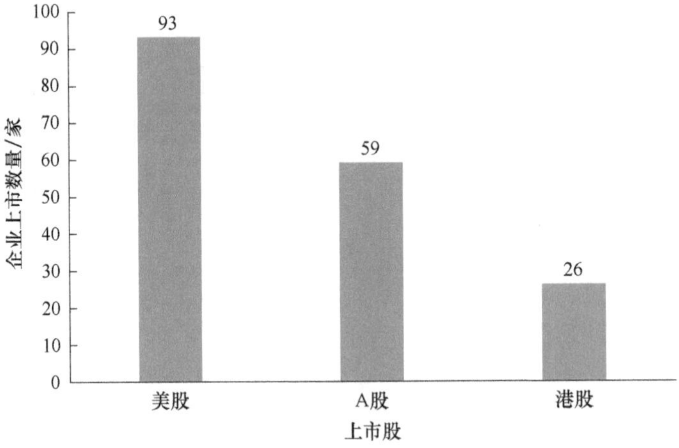

图5-5　2022年A股、美股及港股医疗健康企业上市数量

（资料来源：动脉网，2023，《2022年全球医疗健康产业资本报告》）

（六）美国仍是全球医疗健康投资热点区域

2022年，全球医疗健康融资事件发生最多的5个国家分别是美国、中国、英国、印度和以色列，美国以1257起融资事件、440.03亿美元融资领跑全球，依旧是投资的热点区域；中国则紧随其后（图5-6）。中美两国囊括所有国家融资总额和融资事件的超75%。

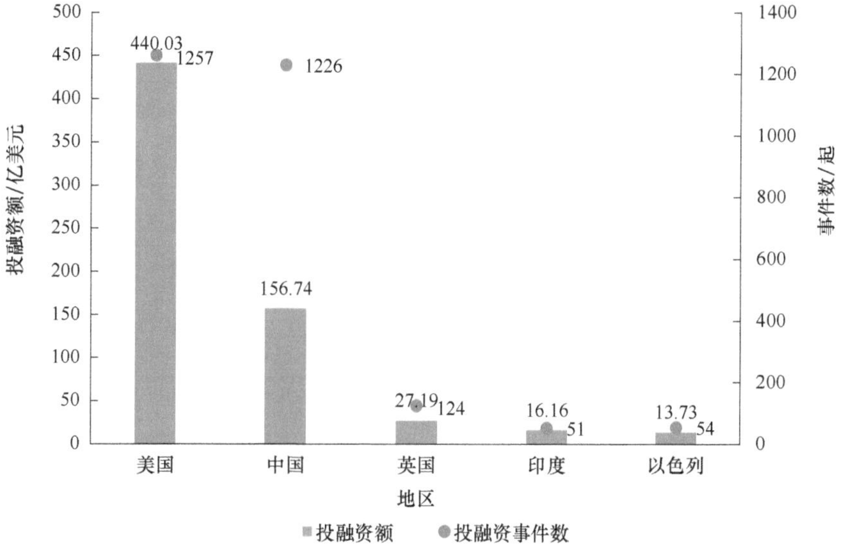

图5-6　2022年全球融资规模排名前五的地区

（资料来源：动脉网，2023，《2022年全球医疗健康产业资本报告》）

在投资领域方面，美国和英国两个国家的投资热点主要是数字健康和生物医药，而我国则侧重于生物医药和医疗器械领域。随着亚洲地区医疗创新策源能力的不断增强，以以色列和印度为代表的亚洲国家2022年在医疗健康领域投资也颇被关注，投融资热度大幅上升。与印度一样，数字健康在以色列地区是备受资本关注的领域。

（七）Verily公司获全球最多投资额

2022年，健康管理公司Verily宣布，完成Alphabet领投的10亿美元融资，此轮融资将用于扩展Verily公司的精准健康管理业务，研究医疗数据平台，并用于未来公司收购。10亿美元的投资额也助力Verily公司成为2022年全球获最多投资的公司。Verily前身为Google Life Sciences，2015年，谷歌改组为Alphabet，业务调整之后，谷歌原有的健康业务得以分离出来，同年，Google Life Sciences也更名为Verily。2015年以来，Verily融资业绩表现亮眼，2017年，Verily获得由淡马锡投资的8亿美元外部资金；2019年1月，Verily完成一轮10亿美元融资，由顶级投资机构银湖资本领投；2021年初，Verily获得了7亿美元的新一轮融资，投资者包括Alphabet、淡马锡、OntarioTeachers' Pension Plan和银湖资本。

此外，2022年全球医疗健康产业融资额Top10企业中，有两家中国企业上榜，分别是厦门未名生物医药有限公司（以下简称"厦门未名医药"）和香港亚洲医疗投资有限公司（以下简称"亚洲医疗"）。厦门未名医药成立于1998年12月，是北京大学和厦门市在生物医药科技领域合作的结晶，是北京大学三大产业集团之一。2022年9月，厦门未名医药获强新资本约29亿元投资，根据协议，强新资本获得厦门未名医药约34%的股份，强新资本将向厦门未名医药委派一名董事，根据公开报道，此次29亿元融资主要用于丰富产品研发管线和加速产品研发上市，包括针对关节痛的SMR7694注射液及重组人神经生长因子滴眼液在不同适应证下的临床研发。亚洲医疗起源于1999年，是亚洲领先的心血管专科医疗集团，2022年2月，亚洲医疗完成4亿美元D轮融资，本轮融资由碧桂园创投、春华资本领投，泰康人寿、工银国际、农银国际、交银国际、Hudson Bay Capital、夏尔巴投资跟投，老股东君联资本、泛大西洋投资集团继续加注，浩悦资本担任本轮融资独家财务顾问（表5-3）。

表5-3　2022年全球医疗健康产业融资额Top10企业

排名	公司	国家	轮次	融资额	公司类型
1	Verily	美国	未公开	10亿美元	健康管理
2	GI Alliance	美国	股权融资	7.85亿美元	胃肠道护理服务提供商
3	Novotech	澳大利亚	未公开	7.6亿美元	合同研究组织
4	National Resilience	美国	D轮	6.25亿美元	生物药品研发制造外包服务商
5	Ultima Genomics	美国	B轮	6亿美元	基因测序平台提供商
6	Cheplapharm	德国	未公开	5.5亿美元	特种药制造、分销商

续表

排名	公司	国家	轮次	融资额	公司类型
7	Eikon Therapeutics	美国	B轮	5.18亿美元	生物药品研发商
8	Physician Partners	美国	未公开	5亿美元	医疗保健服务提供商
9	厦门未名医药	中国	战略融资	29亿元	生物制造商
10	亚洲医疗	中国	D轮	4亿美元	民营医疗服务提供商

资料来源：公开资料整理

二、中国投融资发展态势

（一）国内医疗健康投融资热度同样有所放缓

与全球情况类似，受宏观环境影响，2022年我国医疗健康投融资热度同样有所下降，2022年国内共发生1218起投资事件、156亿美元投资金额，投资金额不到2021年投资金额的一半（图5-7）。

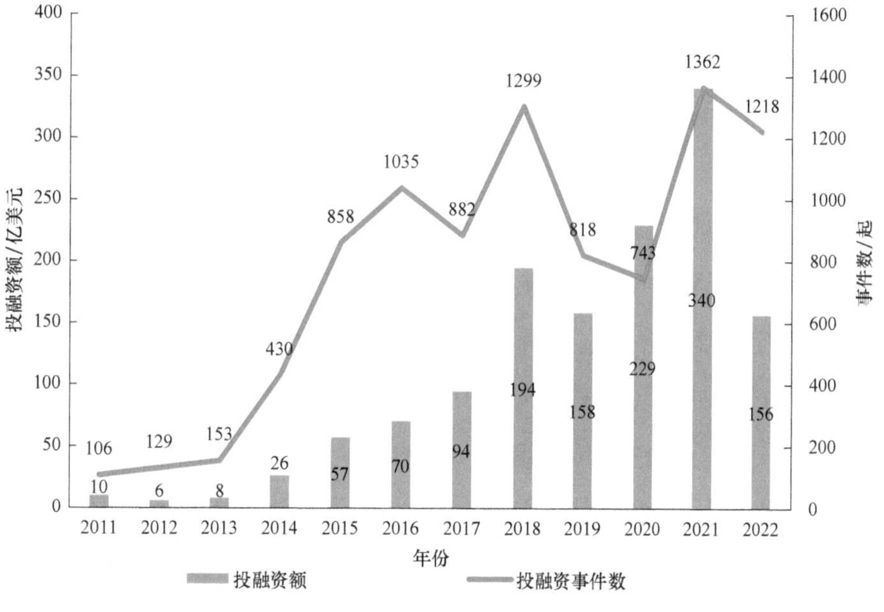

图5-7 2011～2022年中国医疗健康产业投融资变化趋势

（资料来源：动脉网，2023，《2022年全球医疗健康产业资本报告》）

（二）生物医药领域投融资排名第一

国内方面，生物医药领域以投融资事件数量为492件、投融资额为89.05亿美元稳居细分市场投融资热度第一，医疗器械与耗材领域紧随其后，且因初创企业融资项目较多，融资事件数量罕见地反超生物医药领域。数字健康领域融资热度较2021年明显降低，融资金额几乎与医疗服务领域持平（图5-8）。

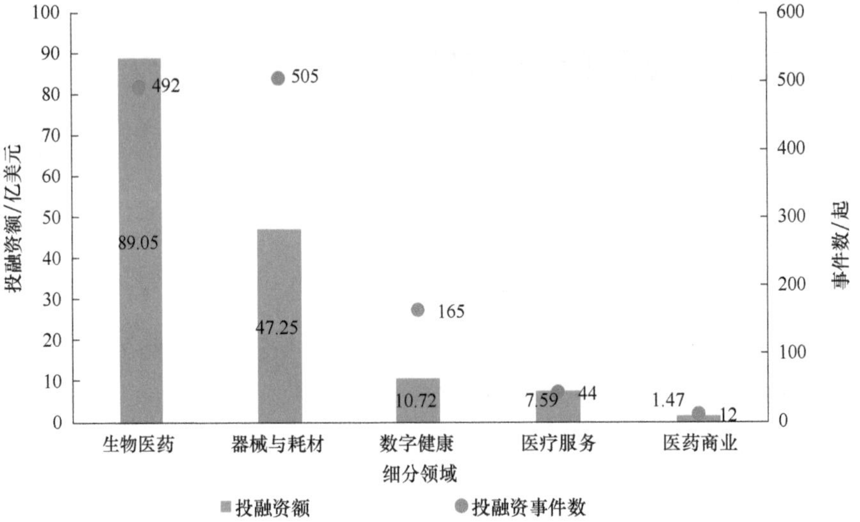

图5-8　2022年国内医疗健康细分领域融资情况

（资料来源：动脉网，2023，《2022年全球医疗健康产业资本报告》）

就细分赛道来说，细胞治疗、CXO［包括合同研发外包服务（CRO）、合同定制研发生产外包服务（CDMO）、合同定制生产外包服务（CMO）］、人工智能（AI）辅助医疗健康、合成生物学等是2022年热门赛道。

根据IT桔子数据库，2022年，细胞治疗赛道共发生93起事件，金额突破94亿元人民币，主要集中在早期阶段，种子轮/天使轮共有22起事件、Pre-A/A轮共有33起事件，占比分别为24%和35%。融资事件榜单方面，原启生物是细胞治疗赛道中获融资额最多的企业，2022年8月，原启生物完成总额超过1.2亿美元的B轮融资，本轮融资由启明创投和泉创资本共同领投，新投资方上海科创基金、健壹资本、苏州基金、博荃资本及若干国际投资基金跟投，老股东建发新兴投资继续增持（表5-4）。本轮融资资金将主要用于推进公司十余条肿瘤细胞治疗产品管线的开发和商业化进程，继续完善公司自主创新技术平台的建设，以及未来商业化生产基地的规划与建设。

表5-4 2022年国内细胞治疗融资金额排名前十的事件

序号	获投时间	企业名称	轮次	获投金额	投资方
1	2022年8月	原启生物	B轮	超1.2亿美元	启明创投、泉创资本、上海科创基金、健壹资本、苏州基金、博荃资本及若干国际投资基金
2	2022年11月	科弈药业	战略融资	近5亿元人民币	科泉基金
3	2022年1月	克睿基因	B轮	6000万美元	尚珹投资、元禾控股、蓝海资本、启明创投
4	2022年5月	原能生物	A轮	4.1亿元人民币	开能健康、华丽家族、高森系列基金
5	2022年9月	星奕昂	A-1轮	5000万美元	辰德资本、雅惠投资、宽愉资本、礼来亚洲基金、夏尔巴资本、IDG资本
6	2022年2月	天科雅	战略投资	超3亿元人民币	阿斯利康中金医疗产业基金、建信（北京）投资基金、ETP基金、分享投资、德同资本、Fang Group
7	2022年4月	贝来生物	B+轮	3亿元人民币	华金投资、国投创业/新希望产业投资
8	2022年11月	士泽生物	A1轮	超2亿元人民币	红杉中国、礼来亚洲基金、启明创投
9	2022年4月	艾凯生物	A+轮	超2亿元人民币	五源资本、凯风创投、华新投资、德联资本
10	2022年3月	英百瑞	A轮	2.3亿元人民币	瑞享源基金、中南创投基金、隆门资本、中关村开元资本、东方汇昇、贝鱼百瑞基金

资料来源：公开资料统计，IT桔子数据库

我国CXO赛道一二级投融资市场在2019～2021年迎来高速增长，2022年融资热度稍有回落。IT桔子数据库显示，2022年国内CXO赛道融资事件超过130起，其中专注于CDMO领域发展的凯莱英2022年获25亿元人民币战略融资，成为2022年CXO赛道吸金最多的企业，2015～2021年公司收入基本维持在30%左右的稳定增长，使得凯莱英发展成为仅次于药明康德的第二大国内CDMO头部公司（表5-5）。

表 5-5　2022 年国内 CXO 赛道融资金额排名前十的事件

序号	获投时间	企业名称	轮次	获投金额	投资方
1	2022年10月	凯莱英	战略投资	25亿元人民币	海河产业基金、凯莱英医药集团、三一创新投资
2	2022年7月	昆翎医药	E轮	1.5亿美元	君联资本、泰康人寿、夏尔巴资本、礼来亚洲基金、杏泽资本、元禾原点
3	2022年1月	蓝晶微生物	B3轮	8.7亿元人民币	中平资本、江苏黄海金融控股集团
4	2022年1月	臻格生物	C轮	1亿美元	高盛资产、Sofina公司，Novo Holdings A/S公司、启明创投、IDG资本、洲岭资本、君信资本、同创伟业
5	2022年8月	赋成生物	战略投资	5.5亿元人民币	天广实、贝达药业
6	2022年8月	苏州博腾生物	B轮	5.2亿元人民币	招商健康、招商资本、招商证券投资、复健资本、粤民投基金、国投泰康信托、国投招商、惠每资本、华杉瑞联、时节创投
7	2022年8月	智享生物	C轮	超5亿元人民币	高榕资本、清松资本、富汇创投、信银投资北京、方正证券投资、文华海汇
8	2022年12月	赛赋医药	D轮	5亿元人民币	国投创业、中国国有资本风险投资基金、太平医疗健康基金、建兴医疗基金、中金启德基金、固安君翔创业投资基金
9	2022年8月	百英生物	B轮	近5亿元人民币	基石资本、济峰资本、天汇资本、海通创投、江苏高投、朗姿韩亚、悦时资本、高榕资本、十月资本、西上海投资、彬复资本、复容投资、承树投资
10	2022年10月	云舟生物	C轮	4.1亿元人民币	君联资本、穗开投资、越秀产业基金领投，建发新兴投资、万联证券、广州产投资本、敬亭山创投

资料来源：公开资料统计，IT桔子数据库

近10年来，国内AI辅助医疗健康资本市场迎来快速增长，2021年达到发展的高峰期，鹰瞳科技和医渡科技均在2021年IPO上市。根据IT桔子数据库，2022年国内人工智能辅助医疗健康赛道共发生超过80起融资事件，主要集中在早期阶段，其中战略融资事件24起，占比超过25%，种子轮/天使轮事件22起，Pre-A/A＋轮事件26起，占比均超过25%。位于浙江的专注于AI药物及递送系统开发的剂泰医药完成战略融资，融资金额共计1.5亿美元，是该赛道

2022年最吸金的融资事件；位于上海的AI辅助药物开发公司英矽智能则获两次投资，累计获投9500万美元；位于北京的AI医疗大数据公司艾登科技也获两次投资，累计获投4亿元人民币。英矽智能和艾登科技是2022年国内AI辅助医疗健康赛道获最多次投资的企业（表5-6）。

表5-6 2022年国内人工智能辅助医疗健康赛道融资金额排名前十的事件

序号	获投时间	企业名称	轮次	获投金额	投资方
1	2022年4月	剂泰医药	战略投资	1.5亿美元	人保资本、国寿股权领投，红杉中国、五源资本、招银国际、光速中国、Monolith、峰瑞资本
2	2022年6月	华深智药	A轮	近5亿元人民币	五源资本领投，高榕资本、Neumann Capital、襄禾资本、高瓴创投、清智资本
3	2022年6月	英矽智能	D轮	6000万美元	美国西海岸一家大型多元化资产管理公司、波士顿投资、华平资本、渤海华美（上海）股权投资基金、启明创投、Deerfield、兰亭投资、BOLD Capital Partners、WS Investment Company
4	2022年3月	宇道生物	A+轮	4000万美元	元生资本、恒旭资本、昆仑资本、源码资本、北极光创投、经纬创投
5	2022年8月	英矽智能	D2轮	3500万美元	Prosperity7、美国西海岸一家大型多元化资产管理公司、波士顿投资、华平资本、渤海华美（上海）股权投资基金、启明创投、Deerfield、兰亭投资、BOLD Capital Partners、WS Investment Company
6	2022年3月	艾登科技	B轮	2亿元人民币	钟鼎资本、联想之星、创新工场
7	2022年7月	艾登科技	B+轮	2亿元人民币	海尔资本、星陀资本跟投，创新工场、钟鼎资本
8	2022年10月	柯林布瑞	C轮	近2亿元人民币	君联资本、国和投资
9	2022年2月	海心智惠	B1轮	数亿元人民币	启明创投、禾沛投资
10	2022年1月	西湖欧米	Pre-A轮	数亿元人民币	倚锋资本、高瓴创投、幂方资本、高榕资本、西湖科创投

资料来源：公开资料统计，IT桔子数据库

合成生物学作为新兴发展起来的领域，近年备受资本市场关注，2020年以来迎来高速增长，2020～2022年已有4家企业上市，2022年12月27日，科伦药业旗下川宁生物在创业板成功上市，当天上市交易股价翻倍市值达230亿元，也成为伊犁州首家A股上市的企业。IT桔子数据库显示，2022年合成生物学领域有超过40家企业获得投资，融资金额累计突破40亿元人民币，其中蓝晶微生物2022年1月完成B2轮8.7亿元融资，刷新国内一级市场同赛道企业的融资纪录。成立于2021年9月的柯泰亚生物，仅用了1年时间，分别在2022年5月和2022年11月完成两次A系列融资；擎科生物分别在2022年1月和12月完成两轮融资，当年累计获投约6亿元人民币。这两家公司成为该赛道国内融资次数最多的企业（表5-7）。

表5-7　2022年国内合成生物学赛道融资金额排名前十的事件

序号	获投时间	企业名称	轮次	获投金额	投资方
1	2022年1月	蓝晶微生物	B2轮	8.7亿元人民币	中平资本、江苏黄海金融控股集团
2	2022年12月	擎科生物	B轮	4亿元人民币	河南投资集团、达晨财智、青松资本、协同仕富、金雨茂物、深圳市佳银基金管理有限公司、乾道投资控股集团有限公司、凯联资本、中原资产、上海合银投资、郑州高新区产业发展引导基金
3	2022年5月	金坤生物	A轮	数亿元人民币	日初资本
4	2022年3月	态创生物	A+轮	数亿元人民币	IDG资本、君联资本
5	2022年7月	惠利生物	A轮	近3亿元人民币	君联资本、博远资本、千骥资本、云启资本、众为资本
6	2022年12月	瑞德林	B轮	近3亿元人民币	基石资本、珠海金航、格力集团产投公司、无锡新尚资本、常德开源、东方富海、松禾资本、常德财鑫
7	2022年1月	微构工场	A轮	2.5亿元人民币	中国国有企业混合所有制改革基金有限公司、国中资本、GRC SinoGreen Fund
8	2022年1月	擎科生物	A轮	近2亿元人民币	投控资本、约印创投、张家港产业资本中心、软银欣创、盛宇投资、众海投资、顺义区国有投资平台临空兴融、红杉中国、SEE FUND
9	2022年5月	柯泰亚生物	A轮	超亿元人民币	源码资本、食芯资本、夏尔巴投资
10	2022年11月	柯泰亚生物	A+轮	超亿元人民币	斯道资本、红杉中国、源码资本、食芯资本

资料来源：公开资料统计，IT桔子数据库

（三）A股依旧是主要登陆地

2022年，国内医疗健康领域在A股、港股和美股上市的企业数量均较2021

年有所减少。

就生物医药和医疗器械这两个国内投融资热度最高的领域来说，受宏观环境和政策法规变化的影响，2022年，无企业成功在美国IPO。另外有49家企业在A股IPO，8家企业在港股IPO，分别募资749亿元人民币和36.38亿港元（表5-8）。从具体上市板块来看，2022年这两个领域共计有23家国内企业通过科创板上市，IPO累计融资金额约466.15亿元。相比2021年，2022年在科创板上市企业数量和融资金额上都出现一定程度的下降，降幅分别为32.35%和19.21%。2022年，这两个领域有8家国内企业成功在香港联合交易所IPO，IPO累计融资金额约36.38亿港元，其中最大募资金额为乐普生物，达到9.11亿港元，瑞科生物紧随其后，募资金额达8.61亿港元（表5-9）。相比于2021年，2022年在联合交易所上市企业数量和融资金额上出现较大幅度下降，降幅分别为66.67%和93.51%。

表 5-8 2022 年在科创板上市的国内生物医药和医疗器械企业统计

序号	企业名称	上市代码	IPO金额/亿元人民币	上市日期
1	亚虹医药	688176.SH	25.28	2022-01-07
2	迈威生物	688062.SH	34.77	2022-01-18
3	赛伦生物	688163.SH	8.94	2022-03-11
4	和元生物	688238.SH	13.23	2022-03-22
5	首药控股	688197.SH	14.83	2022-03-23
6	仁度生物	688193.SH	7.27	2022-03-30
7	荣昌生物	688331.SH	26.12	2022-03-31
8	海创药业	688302.SH	10.63	2022-04-12
9	药康生物	688046.SH	11.27	2022-04-25
10	益方生物	688382.SH	20.84	2022-07-25
11	英诺特	688253.SH	8.87	2022-07-28
12	盟科药业	688373.SH	10.61	2022-08-05
13	麦澜德	688273.SH	10.07	2022-08-11
14	联影医疗	688271.SH	109.88	2022-08-22
15	宣泰医药	688247.SH	4.25	2022-08-25
16	微电生理	688351.SH	11.66	2022-08-31
17	奥浦迈	688293.SH	16.44	2022-09-02
18	华大智造	688114.SH	36.02	2022-09-09

续表

序号	企业名称	上市代码	IPO金额/亿元人民币	上市日期
19	诺诚健华	688428.SH	29.19	2022-09-21
20	近岸蛋白	688137.SH	18.63	2022-09-29
21	毕得医药	688073.SH	14.28	2022-10-11
22	康为世纪	688426.SH	11.41	2022-10-25
23	山外山	688410.SH	11.69	2022-12-26

资料来源：wind数据库，《2022年度中国生物医药投融资蓝皮书》

表5-9　2022年在联合交易所上市的国内生物医药和医疗器械企业统计

序号	企业名称	上市代码	IPO金额/亿港元	上市日期
1	乐普生物	2157.HK	9.11	2022-02-23
2	瑞科生物	2179.HK	8.61	2022-03-31
3	美因基因	6667.HK	2.15	2022-06-22
4	百奥赛图	2315.HK	6.17	2022-09-01
5	艾美疫苗	6660.HK	1.79	2022-10-06
6	健世科技	9877.HK	2.25	2022-10-10
7	思路迪	1244.HK	4.19	2022-12-15
8	博安生物	6955.HK	2.12	2022-12-30

资料来源：wind数据库，《2022年度中国生物医药投融资蓝皮书》

（四）江苏成为融资项目最为火热的地区

2022年，国内医疗健康融资事件发生最多的5个地区分别是江苏、上海、广东、北京和浙江，已初具产业集聚效应的江苏以248起融资事件领跑全国，反超上海，成为投资的热点区域，但从融资金额来看，依旧是上海融资金额最多，为33.6亿美元（图5-9）。在投资领域方面，这5个地区投资热点均是生物医药和医疗器械。

（五）产品授权交易热度持续下滑

受资本市场热度减少的影响，国内医疗健康领域创新产品的授权交易数量也受到显著影响，2022年授权交易的数量明显下降，且终止授权的事件数量也在逐步上升。2022年授权引进的产品数量为90件，相比2021年减少了68件；2022年对外授权的产品数量为44件，相比2021年减少了14件（图5-10）。

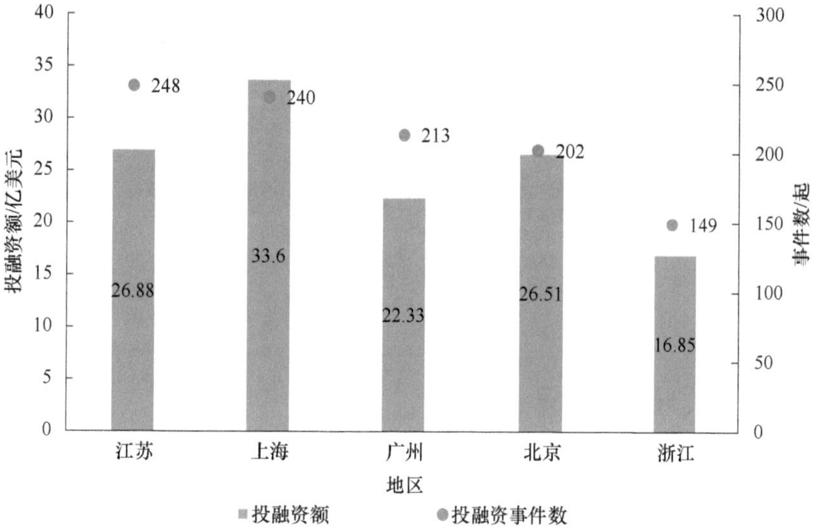

图5-9 2022年国内融资规模排名前五的地区

（资料来源：动脉网，2023，《2022年全球医疗健康产业资本报告》）

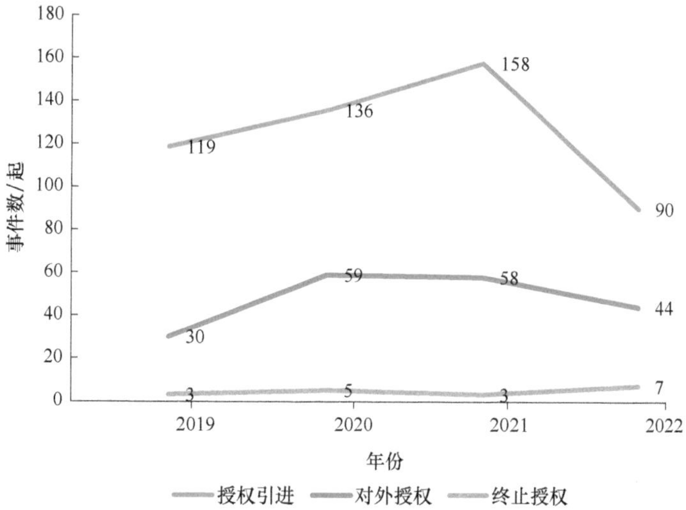

图5-10 2019～2022年中国医疗健康领域授权交易数量变化

（资料来源：《2022年度中国生物医药投融资蓝皮书》）

第六章　文献专利

一、论文情况

（一）年度趋势

2013～2022年，全球和中国生命科学论文数量均呈现显著增长的态势。2022年，全球共发表生命科学论文943 783篇，相比2021年减少了12.29%，较新冠疫情前的2019年发文量略有增长，10年的复合年均增长率达到3.48%[370]。

中国生命科学论文数量在2013～2022年的增速高于全球增速。2022年中国发表论文225 258篇，比2021年增长了9.01%，10年的复合年均增长率达到13.54%，显著高于国际水平。同时，中国生命科学论文数量占全球的比例也从2013年的10.35%提高到2022年的23.87%（图6-1）。

（二）国际比较

1. 国家排名

近10年（2013～2022年）、近5年（2018～2022年）及2022年，美国、中国、英国、德国、日本、意大利、印度、加拿大、澳大利亚和法国发表的生命科学论文数量位居全球前10位。其中，美国始终以显著优势位居全球首位，

---

370 数据源为ISI科学引文数据库扩展版（ISI Science Citation Expanded），检索论文类型限定为研究型论文（article）和综述（review）。

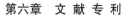

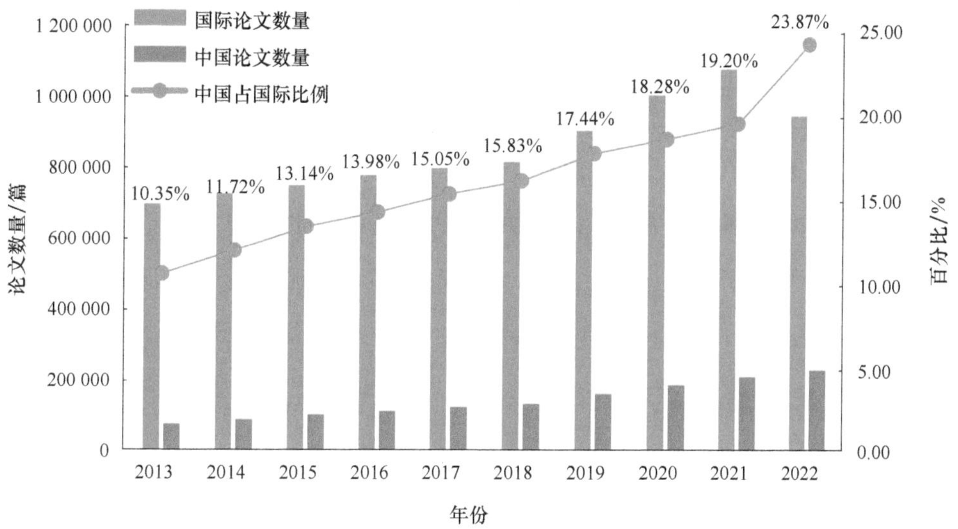

图 6-1　2013～2022 年国际及中国生命科学论文数量

中国一直保持全球第2位。中国在2013～2022年10年间共发表生命科学论文1 383 803篇，其中2018～2022年和2022年分别发表901 074篇和225 258篇，占10年总论文量的65.12%和16.28%，表明近年来我国生命科学研究发展明显加速（表6-1）。

表6-1　2013～2022年、2018～2022年及2022年生命科学论文数量前10位国家

排名	2013～2022年		2018～2022年		2022年	
	国家	论文数量/篇	国家	论文数量/篇	国家	论文数量/篇
1	美国	2 440 102	美国	1 299 835	美国	232 862
2	中国	1 383 803	中国	901 074	中国	225 258
3	英国	658 820	英国	359 715	英国	65 561
4	德国	585 299	德国	315 016	德国	59 124
5	日本	470 778	日本	256 500	日本	49 164
6	意大利	430 383	意大利	245 351	意大利	48 096
7	加拿大	391 380	加拿大	214 449	印度	46 290
8	印度	367 711	印度	213 821	加拿大	39 464
9	法国	366 696	法国	195 117	澳大利亚	36 420
10	澳大利亚	349 061	澳大利亚	194 916	法国	35 348

2. 国家论文增速

2013～2022年，我国生命科学论文的复合年均增长率[371]达到13.54%，显著高于其他国家，位居第2位的印度复合年均增长率仅为6.53%，其他国家的复合年均增长率大多处于1%～4%。2018～2022年，中国的复合年均增长率为15.02%，也显著高于其他国家，显示中国生命科学领域在近年来保持了较快的发展速度（图6-2）。

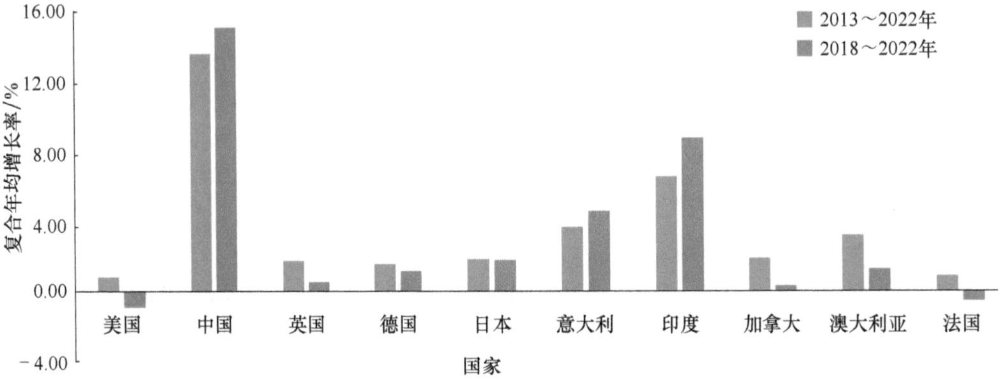

图6-2　2013～2022年及2018～2022年生命科学论文数量前10位国家论文增速

3. 论文引用

对生命科学论文数量前10位国家的论文引用率[372]进行排名，可以看到，2013～2022年加拿大的论文引用率达到89.09%，位居首位，2018～2022年意大利的论文引用率达到82.88%，也位居首位。我国在2013～2022年及2018～2022年的论文引用率分别位居第9、8位，两个时间段的引用率分别为83.75%和77.07%（表6-2）。

371　n年的复合年均增长率＝$[(C_n/C_1)^{1/(n-1)}-1]\times100\%$，其中，$C_n$是第$n$年的论文数量，$C_1$是第1年的论文数量。

372　论文引用率＝被引论文数量/论文总量×100%。

表6-2 2013～2022年及2018～2022年生命科学论文数量前10位国家的论文引用率

2013～2022年			2018～2022年		
排名	国家	论文引用率/%	排名	国家	论文引用率/%
1	加拿大	89.09	1	意大利	82.88
2	澳大利亚	89.05	2	英国	82.57
3	英国	88.66	3	澳大利亚	82.54
4	意大利	88.65	4	加拿大	82.43
5	美国	87.89	5	法国	81.58
6	法国	87.71	6	德国	81.03
7	德国	87.27	7	美国	80.78
8	日本	85.15	8	中国	77.07
9	中国	83.75	9	日本	76.14
10	印度	73.75	10	印度	65.64

（三）学科布局

利用Incites数据库对2013～2022年生物与生物化学、临床医学、环境与生态学、免疫学、微生物学、分子生物学与遗传学、神经科学与行为学、药理与毒理学、植物与动物学9个学科领域中论文数量排名前10位的国家进行了分析，比较了论文数量、篇均被引频次和论文引用率三个指标，以了解各学科领域内各国的表现。

分析显示，从论文数量来看，美国和中国领先：在除环境与生态学外的8个学科领域中，美国的论文数量均显著高于其他国家，在环境与生态学领域中论文数量位居第2位，中国在环境与生态学的论文数量位居首位，在其他8个学科领域的论文数量均居第2位（表6-3）。然而，在论文影响力方面，澳大利亚和荷兰位居前列：澳大利亚在除临床医学外的8个领域的论文引用率和篇均被引频次均居前三位，荷兰在环境与生态学、临床医学、神经科学与行为学、微生物学、免疫学5个领域的论文引用率和篇均被引频次均居前两位。而美国和中国的篇均被引频次和论文引用率不具优势，美国各领域的篇均被引频次优于中国，而论文引用率则较中国低：美国在微生物学、药理与毒理学、环境与生态学、免疫学4个领域的论文引用率位居第5～8位，其余5个领域的论文引用率位居末位，而在微生物学、分子生物学与遗传学、药理与毒理学3个领域

表6-3　2013～2022年9个学科领域排名前10位国家的论文数量

生物与生物化学		临床医学		环境与生态学		免疫学		微生物学		分子生物学与遗传学		神经科学与行为学		药理与毒理学		植物与动物学	
国家	论文数量/篇	国家	论文数量/篇	国家	论文数量/篇	国家	论文数量/篇	国家	论文数量/篇	国家	论文数量/篇	国家	论文数量/篇	国家	论文数量/篇	国家	论文数量/篇
美国	306 870	美国	1 940 875	中国	197 233	美国	157 749	美国	72 370	美国	218 397	美国	328 447	美国	149 480	美国	232 089
中国	189 282	中国	578 953	美国	178 670	中国	51 607	中国	47 889	中国	148 935	中国	81 738	中国	129 877	中国	140 610
德国	74 296	英国	520 163	英国	58 602	英国	46 984	德国	20 658	英国	53 607	德国	77 733	英国	42 949	巴西	67 928
英国	69 551	德国	374 287	德国	48 545	德国	31 963	英国	20 264	德国	50 602	英国	77 557	日本	35 555	英国	62 419
日本	58 880	日本	320 224	澳大利亚	46 522	法国	26 168	法国	16 166	日本	34 269	加拿大	56 672	德国	34 581	德国	56 983
印度	47 800	意大利	316 119	加拿大	43 801	意大利	22 713	日本	12 780	法国	31 273	意大利	55 822	印度	33 168	澳大利亚	45 749
意大利	42 344	加拿大	269 980	西班牙	42 955	澳大利亚	18 589	加拿大	10 388	加拿大	28 701	日本	43 733	意大利	32 664	加拿大	45 132
加拿大	42 012	澳大利亚	247 001	意大利	34 466	加拿大	18 246	西班牙	10 232	意大利	26 932	法国	40 852	法国	27 607	西班牙	41 055
法国	41 188	法国	236 158	法国	33 794	荷兰	16 998	澳大利亚	9 662	澳大利亚	20 927	澳大利亚	36 368	韩国	21 122	法国	38 777
澳大利亚	28 893	荷兰	185 678	荷兰	21 818	瑞士	14 326	荷兰	7 061	荷兰	18 854	荷兰	32 784	澳大利亚	16 021	意大利	36 556

的篇均被引频次位居第2～4位，其余6个领域的篇均被引频次位居第5～8位；中国在分子生物学与遗传学、临床医学、神经科学与行为学3个领域的论文引用率均居首位，在生物与生物化学、药理与毒理学、免疫学、植物与动物学4个领域居第3～6位，在环境与生态学、微生物学领域居末位，而9个领域的篇均被引频次均居第8～10位（图6-3）。

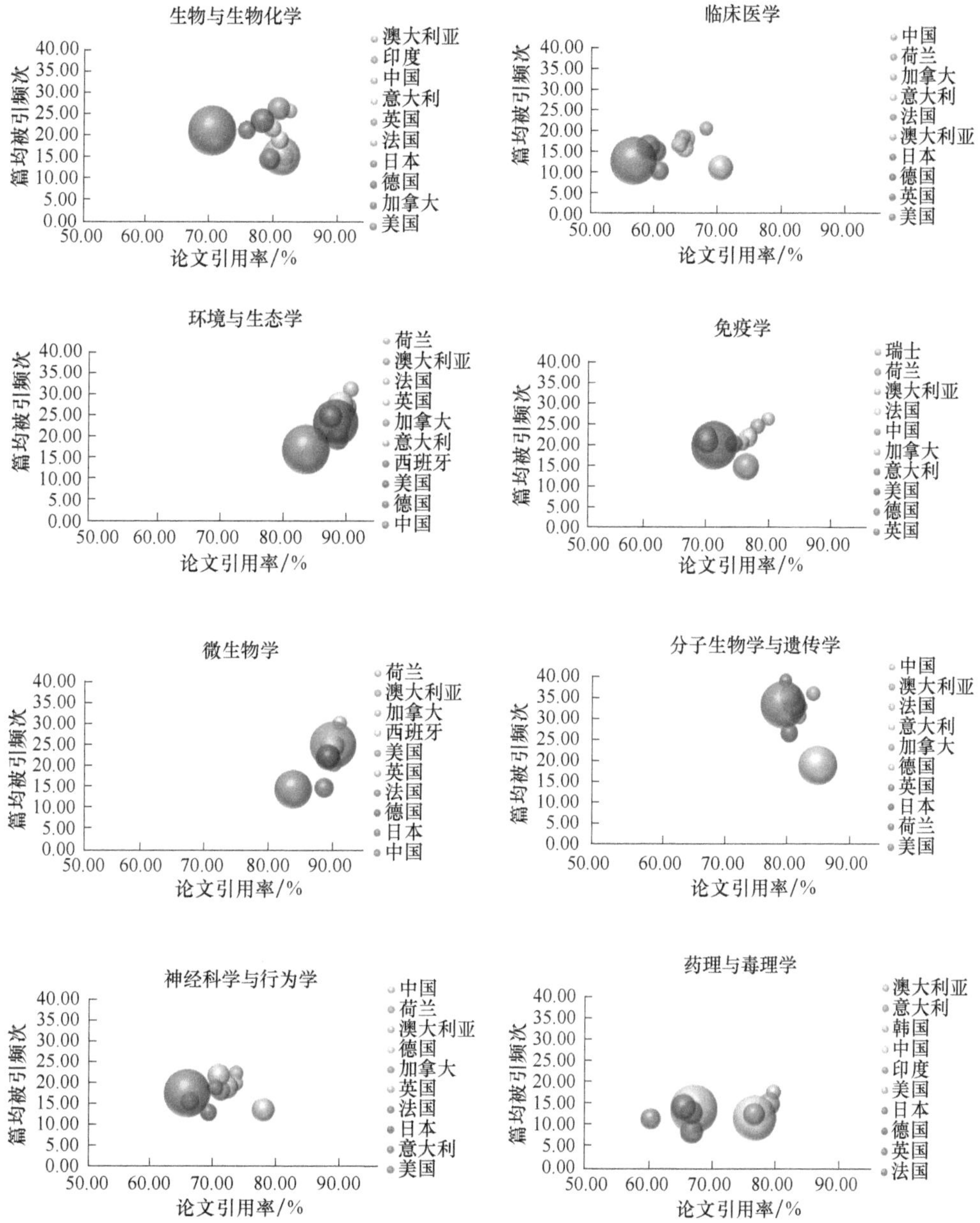

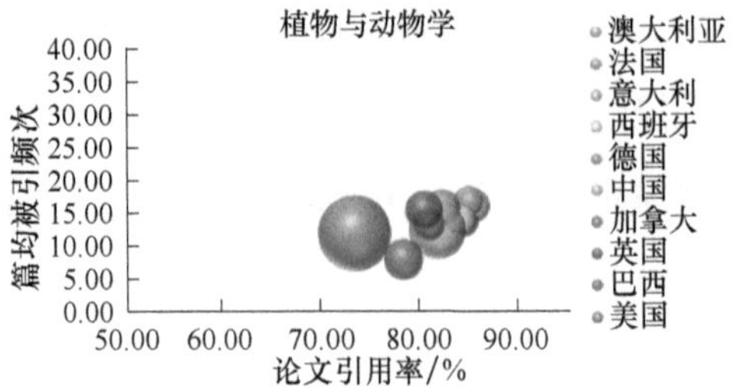

图 6-3　2013～2022 年 9 个学科领域论文量前 10 位国家的综合表现

（四）机构分析

1. 机构排名

2022年，全球发表生命科学论文数量排名前10位的机构中，有4个中国机构、2个美国机构、2个法国机构。2013～2022年、2018～2022年及2022年的国际机构排名中，美国哈佛大学的论文数量均以显著的优势居首位（表6-4）。中国机构全球排名在近10年来显著提升，2022年，中国科学院、上海交通大学、浙江大学、中国医学科学院/北京协和医学院4个中国机构进入全球论文数量前10位，分别从2013年的第5、36、78和138位跃升至2022年的第2、6、8和10位（图6-4）。

表 6-4　2013～2022 年、2018～2022 年及 2022 年国际生命科学论文数量前 10 位机构

排名	2013～2022年		2018～2022年		2022年	
	国际机构	论文数量/篇	国际机构	论文数量/篇	国际机构	论文数量/篇
1	美国哈佛大学	198 332	美国哈佛大学	109 354	美国哈佛大学	20 447
2	法国国家科学研究中心	120 981	中国科学院	68 786	中国科学院	16 246
3	法国国家健康与医学研究院	119 485	法国国家科学研究中心	65 560	法国国家健康与医学研究院	12 062
4	中国科学院	113 881	法国国家健康与医学研究院	65 368	法国国家科学研究中心	11 719
5	加拿大多伦多大学	95 398	加拿大多伦多大学	53 206	加拿大多伦多大学	9 654
6	美国约翰霍普金斯大学	84 931	美国约翰霍普金斯大学	46 613	中国上海交通大学	8 990

续表

排名	2013～2022年		2018～2022年		2022年	
	国际机构	论文数量/篇	国际机构	论文数量/篇	国际机构	论文数量/篇
7	美国国立卫生研究院	80 853	英国伦敦大学学院	43 699	美国约翰霍普金斯大学	8 599
8	英国伦敦大学学院	78 438	美国宾夕法尼亚大学	40 470	中国浙江大学	8 217
9	美国宾夕法尼亚大学	70 968	美国国立卫生研究院	39 856	英国伦敦大学学院	8 108
10	法国巴黎西岱大学	66 552	中国上海交通大学	38 273	中国医学科学院/北京协和医学院	7 974

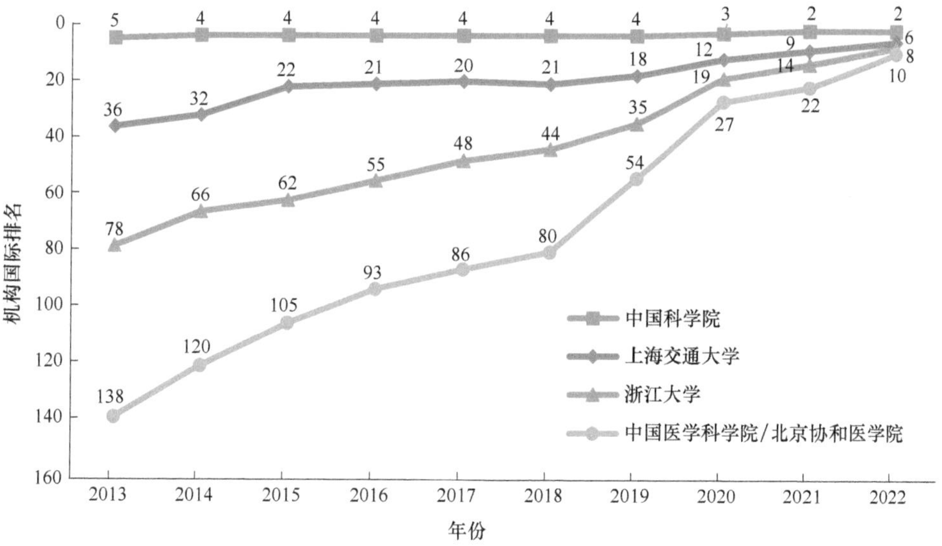

图 6-4　2013～2022 年中国机构生命科学论文数量的国际排名

在中国机构排名中，除中国科学院、上海交通大学、浙江大学、中国医学科学院/北京协和医学院4个机构外，复旦大学、中山大学、首都医科大学、四川大学、北京大学和南京医科大学发表的论文也较多，其论文数量在2013～2022年始终位居前列（表6-5）。

2. 机构论文增速

从2022年国际生命科学论文数量居前10位机构的论文增速来看，中国机构增长速度均较快，其中中国医学科学院/北京协和医学院是增长速度最快的机

表6-5　2013～2022年、2018～2022年及2022年中国生命科学论文数量前10位机构

排名	2013～2022年		2018～2022年		2022年	
	中国机构	论文数量/篇	中国机构	论文数量/篇	中国机构	论文数量/篇
1	中国科学院	113 881	中国科学院	68 786	中国科学院	16 246
2	上海交通大学	61 672	上海交通大学	38 273	上海交通大学	8 990
3	浙江大学	50 210	浙江大学	33 069	浙江大学	8 217
4	复旦大学	50 058	中山大学	32 233	中国医学科学院/北京协和医学院	7 974
5	中山大学	49 297	复旦大学	31 889	复旦大学	7 772
6	北京大学	43 614	中国医学科学院/北京协和医学院	29 886	中山大学	7 480
7	中国医学科学院/北京协和医学院	43 037	首都医科大学	28 264	首都医科大学	7 114
8	首都医科大学	41 447	北京大学	27 452	四川大学	6 761
9	四川大学	38 813	四川大学	25 895	北京大学	6 588
10	南京医科大学	34 441	南京医科大学	23 076	南京医科大学	5 555

构，2013～2022年及2018～2022年论文的复合年均增长率分别达到16.42%和23.49%（图6-5）。

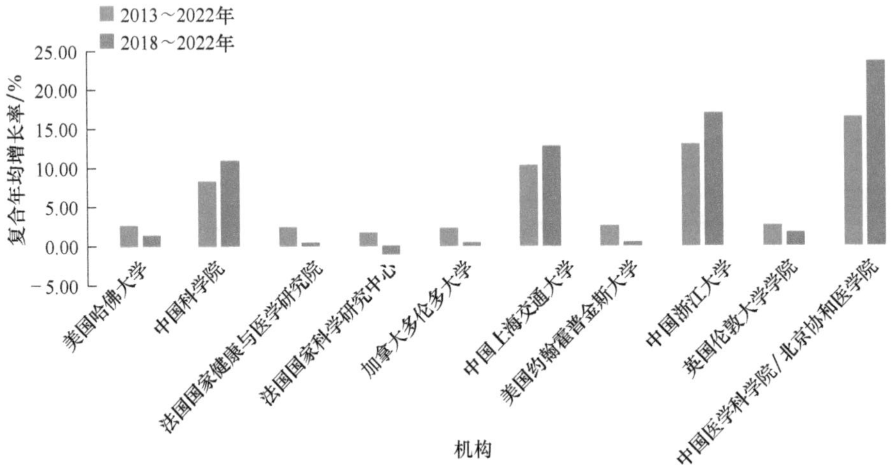

图6-5　2022年论文数量前10位国际机构在2013～2022年及2018～2022年的论文复合年均增长率

我国2022年论文数量前10位的机构中，中国医学科学院/北京协和医学院也是2013～2022年及2018～2022年增长速度最快的机构，2013～2022年增长速度次之的是首都医科大学（复合年均增长率为16.13%）和四川大学（复合年均增长率为14.91%），而2018～2022年增长速度次之的是四川大学（复合年均增长率为17.68%）和首都医科大学（复合年均增长率为16.94%）（图6-6）。

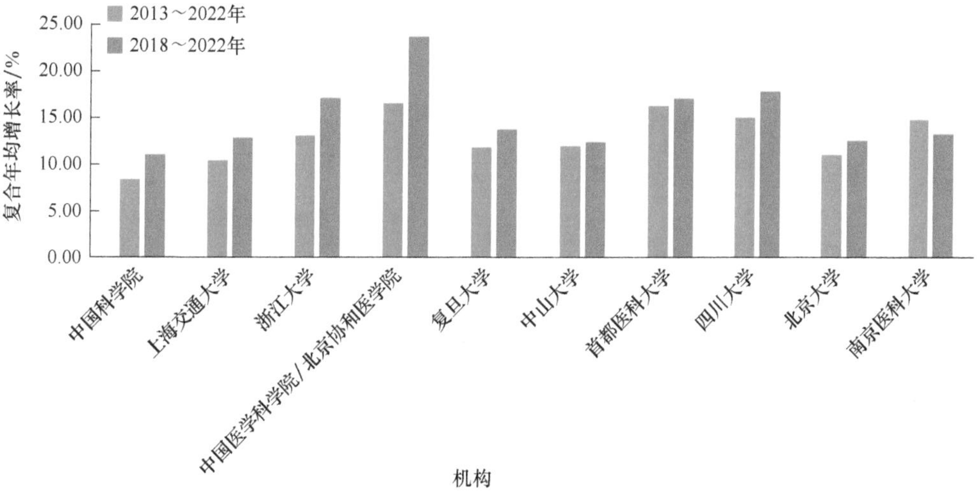

图6-6 2022年论文数量前10位中国机构在2013～2022年及2018～2022年的论文复合年均增长率

3. 机构论文引用

对2022年论文数量前10位国际机构在2013～2022年及2018～2022年的论文引用率进行排名，可以看到法国国家科学研究中心在2013～2022年的论文引用率居首位，美国哈佛大学在2018～2022年的论文引用率居首位，引用率分别为90.68%和84.86%。中国科学院、上海交通大学、浙江大学、中国医学科学院/北京协和医学院4个中国机构的2个时间段论文引用率均位居后四位（表6-6）。

表6-6 2022年论文数量前10位国际机构在2013～2022年及2018～2022年的论文引用率

2013～2022年			2018～2022年		
排名	国际机构	论文引用率/%	排名	国际机构	论文引用率/%
1	法国国家科学研究中心	90.68	1	美国哈佛大学	84.86
2	美国哈佛大学	90.48	2	英国伦敦大学学院	84.83

续表

2013～2022年			2018～2022年		
排名	国际机构	论文引用率/%	排名	国际机构	论文引用率/%
3	英国伦敦大学学院	90.16	3	法国国家科学研究中心	84.59
4	美国约翰霍普金斯大学	90.08	4	法国国家健康与医学研究院	84.15
5	法国国家健康与医学研究院	89.99	5	美国约翰霍普金斯大学	84.05
6	加拿大多伦多大学	89.64	6	加拿大多伦多大学	83.41
7	中国科学院	87.83	7	中国科学院	81.22
8	中国上海交通大学	86.39	8	中国上海交通大学	79.67
9	中国浙江大学	85.10	9	中国浙江大学	78.98
10	中国医学科学院/北京协和医学院	83.07	10	中国医学科学院/北京协和医学院	76.53

我国前10位的机构在2013～2022年的论文引用率差异较小，大都为82%～88%，2018～2022年则大都为75%～81%。中国科学院、中山大学和上海交通大学在两个时间段内的论文引用率均居前三位（表6-7）。

表6-7　2022年论文数量前10位中国机构在2013～2022年及2018～2022年的论文引用率

2013～2022年			2018～2022年		
排名	中国机构	论文引用率/%	排名	中国机构	论文引用率/%
1	中国科学院	87.83	1	中国科学院	81.22
2	上海交通大学	86.39	2	中山大学	80.15
3	中山大学	86.25	3	上海交通大学	79.67
4	北京大学	86.21	4	北京大学	79.39
5	复旦大学	85.86	5	复旦大学	79.21
6	浙江大学	85.10	6	浙江大学	78.98
7	南京医科大学	84.56	7	南京医科大学	78.50
8	四川大学	83.40	8	四川大学	76.86
9	中国医学科学院/北京协和医学院	83.07	9	中国医学科学院/北京协和医学院	76.53
10	首都医科大学	81.99	10	首都医科大学	75.20

二、专利情况

（一）年度趋势[373]

2022年，全球生物技术领域专利申请数量与授权数量分别为131 887件和78 068件，申请数量比上年度减少了0.86%，授权数量比上年度减少了3.73%。2022年，中国专利申请数量和授权数量分别为44 598件和39 997件，申请数量比上年度增长2.58%，授权数量比上年度增长9.49%，占全球数量比值分别为33.82%和51.23%。2013年以来，我国专利申请数量和授权数量整体呈明显上升趋势（图6-7）。

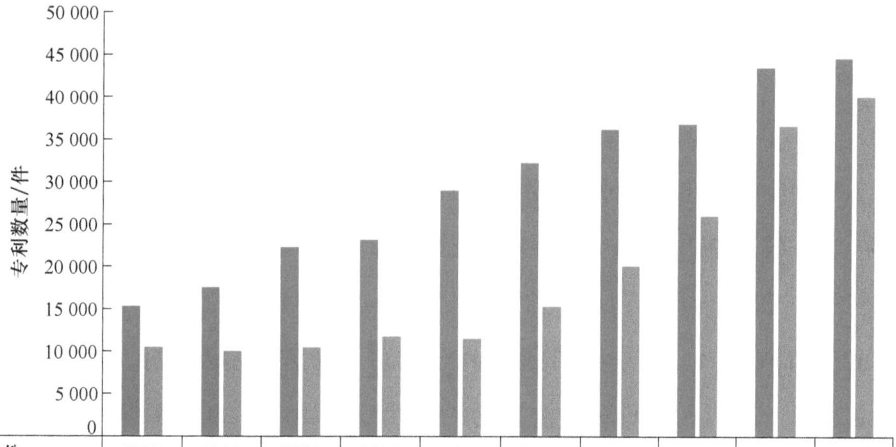

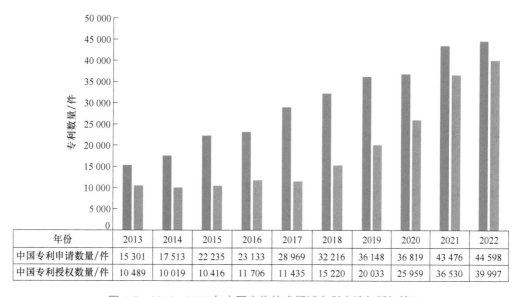

年份	2013	2014	2015	2016	2017	2018	2019	2020	2021	2022
中国专利申请数量/件	15 301	17 513	22 235	23 133	28 969	32 216	36 148	36 819	43 476	44 598
中国专利授权数量/件	10 489	10 019	10 416	11 706	11 435	15 220	20 033	25 959	36 530	39 997

图6-7 2013～2022年中国生物技术领域专利申请与授权情况

---

373 专利数据以Innography数据库中收录的发明专利（以下简称“专利”）为数据源，以经济合作与发展组织（OECD）定义生物技术所属的国际专利分类号（international patent classification，IPC）为检索依据，基本专利年（Innography数据库首次收录专利的公开年）为年度划分依据，检索日期：2023年3月2日（由于专利申请审批周期及专利数据库录入迟滞等原因，2021～2022年数据可能尚未完全收录或数据变更，仅供参考）。

在《专利合作条约》(PCT)专利申请方面，自2013年以来，中国申请数量持续增长，2016～2021年迅速攀升，2022年趋于缓慢。2022年中国PCT专利申请数量达到2645件，较2021年增长了9.98%(图6-8)。

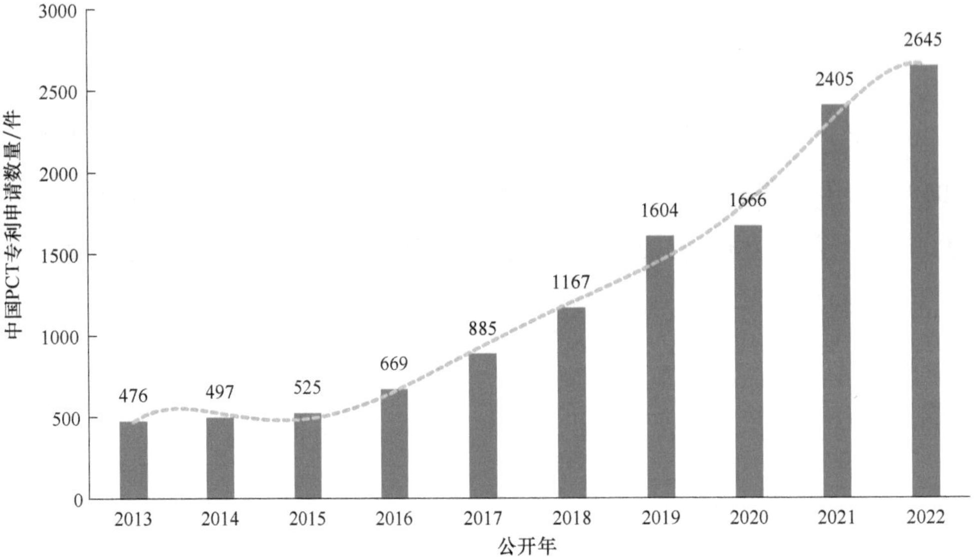

图6-8 2013～2022年中国生物技术领域申请PCT专利年度趋势

从我国申请/授权专利数量全球占比情况的年度趋势(图6-9，图6-10)可以看出，我国在生物技术领域对全球的贡献和影响越来越大。我国的申请/授权专利数量全球占比分别从2013年的19.34%和22.24%增长至2022年的33.82%和51.23%。其中，申请专利全球占比整体上稳步增长；授权专利全球占比2013～2017年呈现轻微浮动的平稳状态，2017～2022年迅速增长。

(二)国际比较

2022年，全球生物技术专利申请数量居前5名的国家分别是美国、中国、韩国、日本和英国；而专利授权数量居前5名的国家分别是中国、美国、日本、韩国和英国。2013～2022年与2018～2022年国家专利申请/授权数量前5位的国家均为美国、中国、日本、韩国和德国(表6-8)。2013年以来，我国专利申请数量维持在全球第2位，2022年我国专利授权数量居全球第一位。

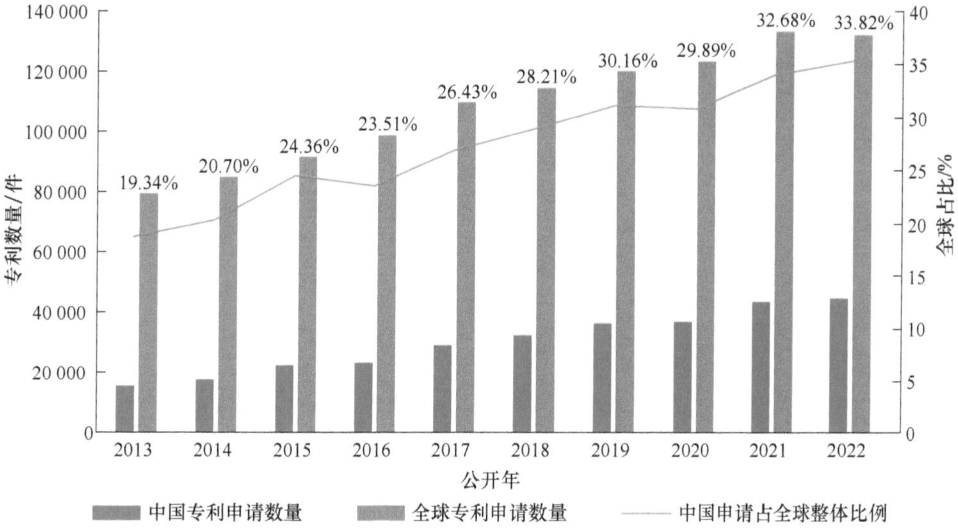

图 6-9　2013～2022 年中国生物技术领域申请专利全球占比情况

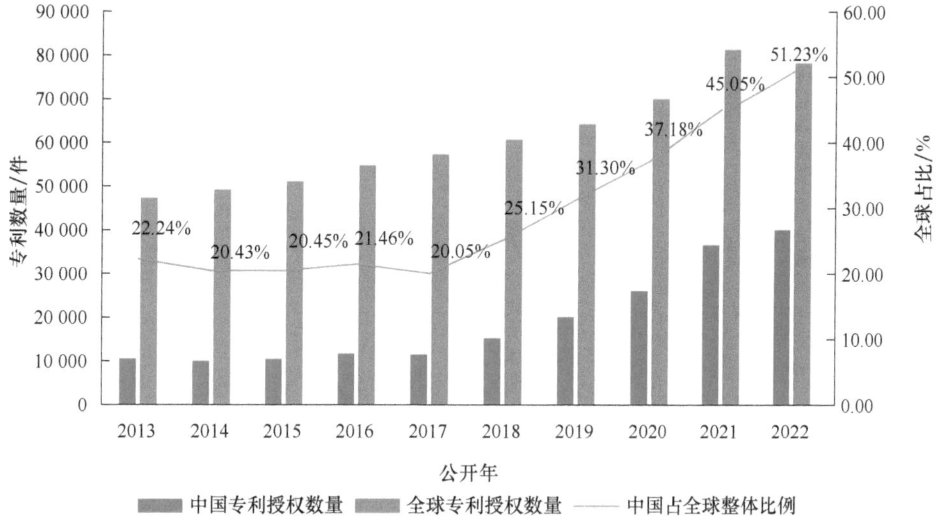

图 6-10　2013～2022 年中国生物技术领域授权专利全球占比情况

2022年，从数量来看，PCT专利数量排名前5位的分别为美国、中国、韩国、日本和德国。2013～2022年，美国、日本、中国、韩国和德国为PCT专利申请数量前5位的国家（表6-9）。通过近5年与2022年的数据对比发现，中国的专利质量有所上升。

表6-8　专利申请/授权数量全球排名前10位的国家

排名	2013～2022年专利申请情况		2013～2022年专利授权情况		2018～2022年专利申请情况		2018～2022年专利授权情况		2022年专利申请情况		2022年专利授权情况	
	国家	件数	国家	件数	国家	件数	国家	件数	国家	件数	国家	件数
1	美国	390 012	中国	191 804	美国	222 124	中国	137 739	美国	46 427	中国	39 997
2	中国	300 408	美国	190 858	中国	193 527	美国	99 962	中国	44 598	美国	18 439
3	日本	75 766	日本	43 674	日本	39 835	日本	20 301	韩国	7 793	日本	3 956
4	韩国	51 665	韩国	35 182	韩国	30 180	韩国	19 756	日本	7 067	韩国	3 490
5	德国	36 028	德国	20 915	德国	18 657	德国	10 487	英国	3 535	英国	1 541
6	英国	30 375	英国	15 133	英国	17 400	英国	8 105	德国	3 209	德国	1 538
7	法国	23 801	法国	14 142	法国	11 420	法国	6 802	法国	1 926	法国	1 027
8	加拿大	12 106	澳大利亚	7 383	加拿大	6 020	俄罗斯	3 575	瑞士	1 086	荷兰	565
9	澳大利亚	12 104	俄罗斯	7 261	荷兰	5 811	荷兰	3 506	加拿大	1 069	澳大利亚	456
10	荷兰	11 038	荷兰	6358	瑞士	5 706	澳大利亚	3 231	澳大利亚	1 039	加拿大	432

表6-9 PCT专利申请数量全球排名前10位的国家

2013～2022年		2013～2022年		2022年	
国家	PCT专利申请数量/件	国家	PCT专利申请数量/件	国家	PCT专利申请数量/件
美国	50 395	美国	29 104	美国	6 425
日本	12 851	中国	9 487	中国	2 645
中国	12 539	日本	7 153	韩国	1 442
韩国	7 422	韩国	4 805	日本	1 412
德国	5 660	德国	2 913	德国	605
英国	4 385	英国	2 432	英国	538
法国	4 377	法国	2 153	法国	438
加拿大	2 378	加拿大	1 250	加拿大	277
荷兰	1 948	瑞士	1 074	以色列	246
瑞士	1 816	以色列	1 021	瑞士	244

（三）专利布局

2022年，全球生物技术申请专利IPC分类号主要集中在C12N15（突变或遗传工程；遗传工程涉及的DNA或RNA，载体）和C12Q01（包含酶或微生物的测定或检验方法），这是生物技术领域中的两个核心技术（图6-11）。此外，C07K16（免疫球蛋白，如单克隆或多克隆抗体）和A61K39（含有抗原或抗体的医药配制品）也是全球生物技术专利申请的一个重要领域，均为具有高附加值的医药产品。从我国专利申请IPC分布情况（图6-11）来看，前两个IPC类别与国际一致，为C12Q01和C12N15。但另两个主要的IPC布局与国际有所差异，为C12N01（微生物本身，如原生动物；及其组合物）和C12M01（酶学或微生物学装置）（表6-10）。

对近10年（2013～2022年）的专利IPC分类号进行了统计分析，我国在包含酶或微生物的测定或检验方法（C12Q01）领域分类下的专利申请数量最多。排名前5位中其他的IPC分类号分别是C12N15、C12N01、C12M01和C12N05。申请和授权专利数量前5位的国家，即美国、中国、日本、韩国和德国，其排名前10的IPC分类号大体相同，顺序与占比有所差异，说明各国在生物技术领域的专利布局上主体结构类似，而又各有侧重（图6-12）。

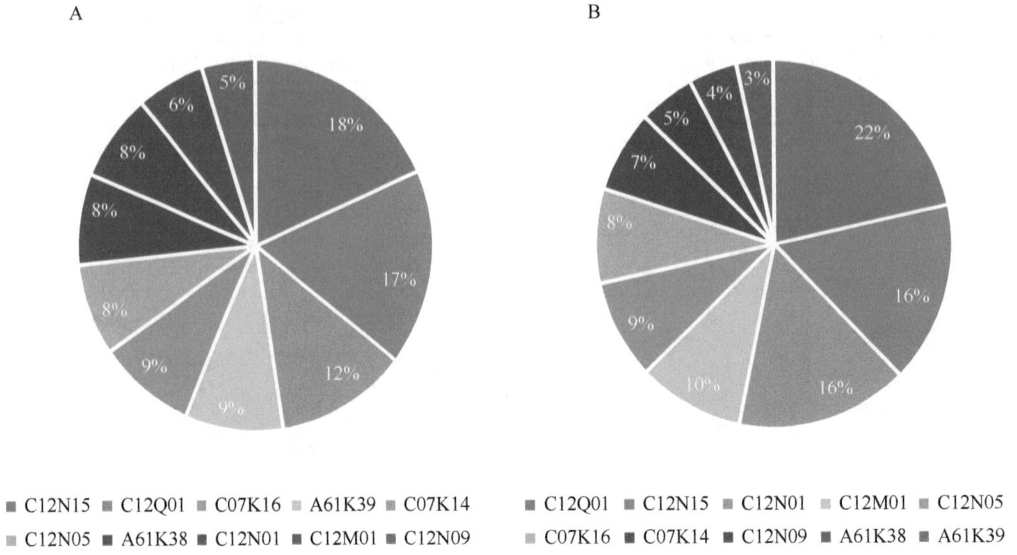

图 6-11 全球（A）与我国（B）生物技术专利申请布局情况

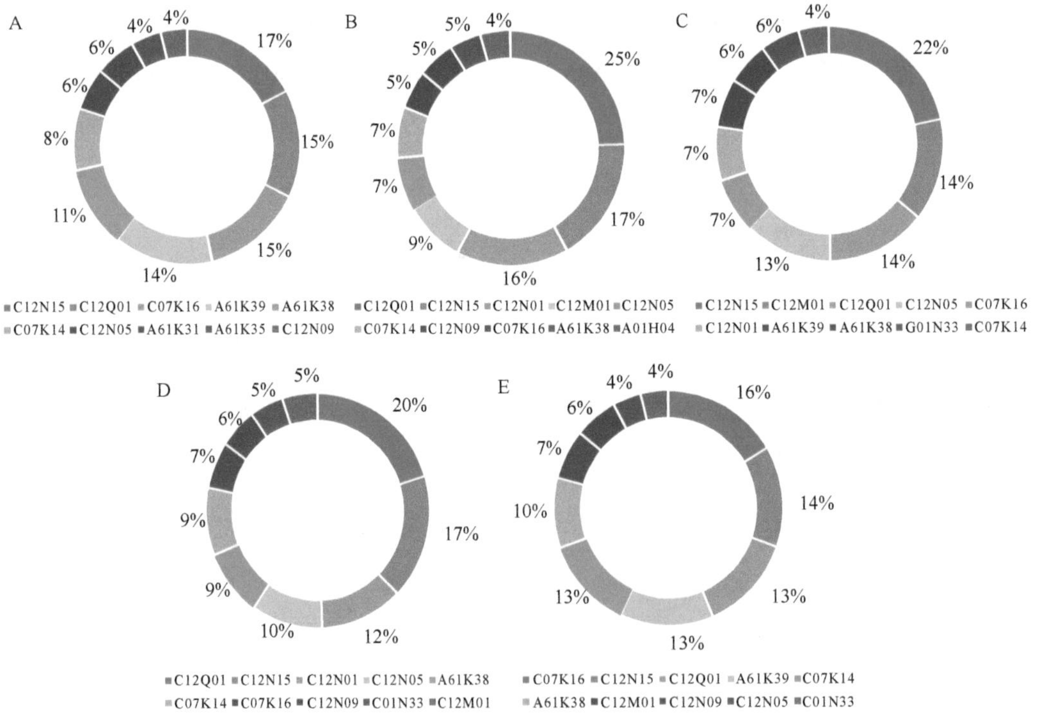

图 6-12 2013～2022 年我国专利申请技术布局情况及与其他国家的比较

A. 美国；B. 中国；C. 日本；D. 韩国；E. 德国

通过近10年数据（图6-12）与近5年数据（图6-13）的对比发现，中国、日本、韩国在C12N05（未分化的人类、动物或植物细胞，如细胞系；组织；它们的培养或维持；其培养基）领域专利申请比例有所上升；这三个国家在C12N15（突变或遗传工程；遗传工程涉及的DNA或RNA，载体）领域的专利申请比例略有降低，而C12N15类别在美国申请比例有所增加；同时，韩国增加了在C12Q01（包含酶或微生物的测定或检验方法）领域的申请，该类别在美国占比略有下降，其他三个国家基本保持不变。

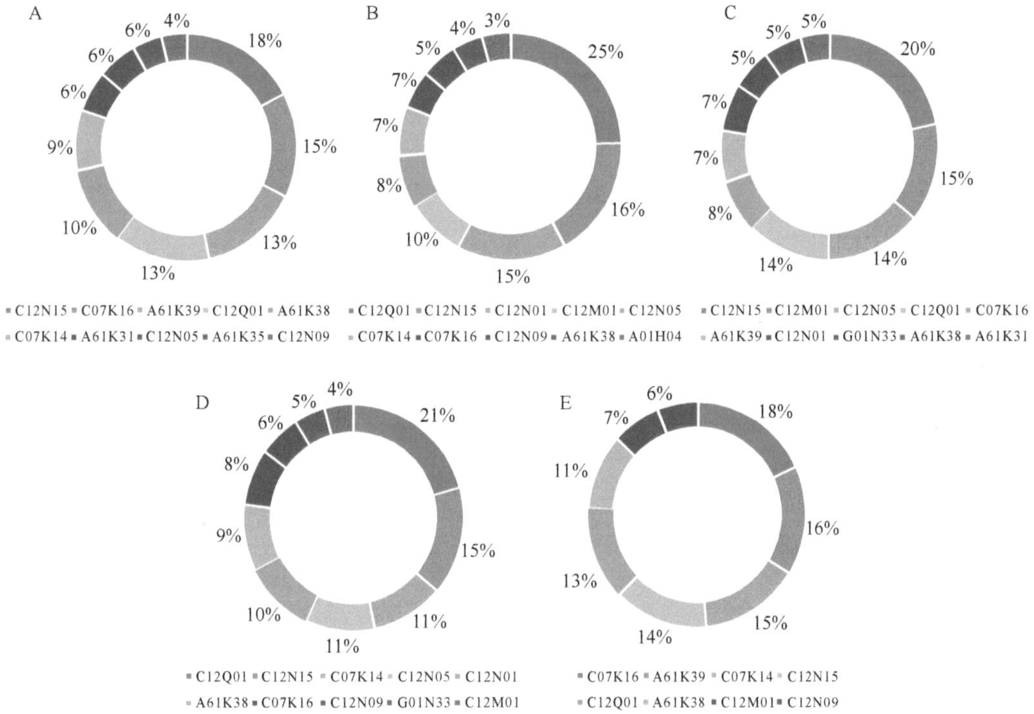

图6-13　2018～2022年我国专利申请技术布局情况及与其他国家的比较

A. 美国；B. 中国；C. 日本；D. 韩国；E. 德国

表6-10　上文出现的IPC分类号及其对应含义

IPC分类号	含义
A01H04	通过组织培养技术的植物再生
A61K31	含有机有效成分的医药配制品
A61K35	含有未定成分的物质或其反应产物的药物制剂
A61K38	含肽的医药配制品
A61K39	含有抗原或抗体的医药配制品

续表

IPC分类号	含义
C07K14	具有多于20个氨基酸的肽；促胃液素；生长激素释放抑制因子；促黑激素；其衍生物
C07K16	免疫球蛋白，如单克隆或多克隆抗体
C12M01	酶学或微生物学装置
C12N01	微生物本身，如原生动物；及其组合物
C12N05	未分化的人类、动物或植物细胞，如细胞系；组织；它们的培养或维持；其培养基
C12N09	酶，如连接酶
C12N15	突变或遗传工程；遗传工程涉及的DNA或RNA，载体
C12Q01	包含酶或微生物的测定或检验方法
G01N33	利用不包括在G01N 1/00至G01N 31/00组中的特殊方法来研究或分析材料

（四）竞争格局

1. 中国专利布局情况

由我国生物技术专利申请/获授权的国家/组织分布情况（表6-11）发现，我国申请及获授权的专利主要集中在本国。此外，我国同时向世界知识产权组织（WIPO）、美国、欧洲专利局、英国和德国等地区提交了生物技术专利申请，但整体获得境外国家/组织授权的专利数量非常少，说明我国还需要进一步加强专利国际化申请和授权的布局。

表6-11　2013～2022年中国生物技术专利申请/获授权的国家/组织分布情况

排名	专利申请情况		专利获授权情况	
	国家/组织	中国申请数量/件	国家/组织	中国获授权数量/件
1	中国	243 838	中国	153 333
2	世界知识产权组织	10 360	美国	2 516
3	美国	4 753	欧洲专利局	986
4	欧洲专利局	2 576	日本	867
5	英国	2 491	德国	812
6	德国	2 486	英国	800
7	法国	2 456	法国	778
8	北马其顿	2 300	澳大利亚	639
9	匈牙利	2 226	北马其顿	561
10	土耳其	2 192	西班牙	543

2. 在华专利竞争格局

从近10年来我国受理/授权的生物技术所属国家/组织分布情况（表6-12）可以看出，我国生物技术专利的受理对象仍以本国申请为主，美国、欧洲专利局、日本、韩国和英国等国家/组织紧随其后；而我国生物技术专利的授权对象集中于本国，美国、日本、欧洲专利局和韩国分别位列2～5位，说明上述国家/组织对我国市场十分重视，因此在我国开展专利技术布局。

表6-12　2013～2022年中国生物技术专利受理/授权的国家/组织分布情况

排名	中国受理专利情况		中国授权专利情况	
	国家/组织	数量/件	国家/组织	数量/件
1	中国	243 838	中国	153 333
2	美国	28 374	美国	11 072
3	欧洲专利局	6 862	日本	3 086
4	日本	5 746	欧洲专利局	2 867
5	韩国	2 486	韩国	1 104
6	英国	2 136	英国	899
7	法国	698	法国	462
8	德国	551	德国	345
9	澳大利亚	548	丹麦	263
10	印度	323	澳大利亚	248

三、知识产权案例分析

（一）脑机接口相关专利分析

脑机接口（brain-computer interface，BCI）是在大脑与外部环境之间建立一种全新的不依赖于外周神经或肌肉的交流与控制通道，从而实现大脑与外部设备的直接交互。随着脑机接口技术的发展，脑机接口应用已拓展至游戏娱乐、学习教育、智能家居和军事等领域。作为脑科学与类脑智能研究的重要部分，脑机接口已成为多个国家的科技战略重点。自2013年以来，美国、欧盟和日本分别发布了BRAIN Initiative、Human Brain Project和Brain/Minds Project。而中国的“脑计划”则在2016年提出，并于2021年正式启动。其中，“脑科学与类脑研究”是“科技创新2030重大项目”中最早运行的试点项目之一，明确了“新型无创脑机接口技术”“柔性脑机接口”等相关重点项目的发展方向。

目前，脑机接口产业处于商业探索阶段，全球有200多家公司提供脑机接口产品和服务，其中以美国和中国为主要集中地区。植入式技术方面，Neuralink和Kernel专注于脑科学应用和人类智能，BrainGate则专注于医疗健康。非植入式技术方面，Brain Master提供临床级和科研级高精度脑电测量设备，而NeuroSky和Emotiv则开发移动可穿戴脑电波（electroencephalogram，EEG）设备和情绪监测产品，主要应用于冥想、游戏等领域。此外，互联网科技巨头如Amazon、Google和Facebook也通过投资并购等方式进入脑机接口领域。

我国的脑机接口企业数量相对较少，目前处于产业发展初级阶段，主要来自高校孵化。比如成立于2019年的NeuraMatrix是清华大学孵化企业，其采用植入式技术，致力于新一代脑机接口平台的开发；成立于2015年的BrainCo（强脑科技）最初从教育领域切入，目前已经涉足医疗和游戏领域，开发了赋思手环和智能仿生手等产品。而BrainUp（脑陆科技）则以非植入式技术为主要路线。此外，2021年成立的NeuroXess（脑虎科技）致力于微创植入式柔性脑机接口系统的研发，并依托中国科学院开展产学研合作。2022年9月14日，世界人工智能大会发布了“脑机接口集成化颅顶半嵌入医用级BCI商品”，是中国脑机接口领域第一个半侵入式机器设备。在未来的5年内，脑机接口技术的临床应用将逐渐普及，使残障人群和瘫痪患者解决部分生活问题成为可能，相应的产品也将会上市。

专利是创新的重要推动因素，脑机接口技术的持续发展和创新需要专利支持。研究脑机接口相关专利情况可以为研究者和企业提供参考，促进他们的创新和发展，在推动经济发展方面也具有一定的作用。本书的知识产权案例部分从全球视角分析脑机接口技术的专利年度申请趋势、研究热点、地域分布、申请人情况及专利技术布局，并对重点企业的专利布局进行了解读，希望能够为脑机接口的研发与专利布局提供数据参考和决策支撑。

1. 脑机接口具有广阔的市场前景和发展空间

专利申请趋势分析是了解不同国家或地区专利技术起源和发展情况的有效手段。自2013年起，多个国家将脑科学研究视为战略领域，欧美相继推出了多个脑科学研究计划，在制造业、生物医学、材料学和电子学等多个学科领域为脑机接口的发展奠定了良好的基础。从专利申请来看，近10年来，全球脑机接口专利申请数量逐年上升，尤其是在2019年和2020年呈现出较大的增幅。相比之下，中国在脑机接口领域的专利申请数量增长迅速，在2018年之后已经超过了全球总量的40%以上，成为脑机接口领域专利数量增长最快的国家之一（图6-14）。这些数据表明脑机接口技术已经备受各国政府、企业和学界的广泛关注，具有广泛的应用前景和商业价值。（由于专利申请到专利公开的18个月及专利数据录入的延迟，2021年与2022年的数据参考意义不大。）

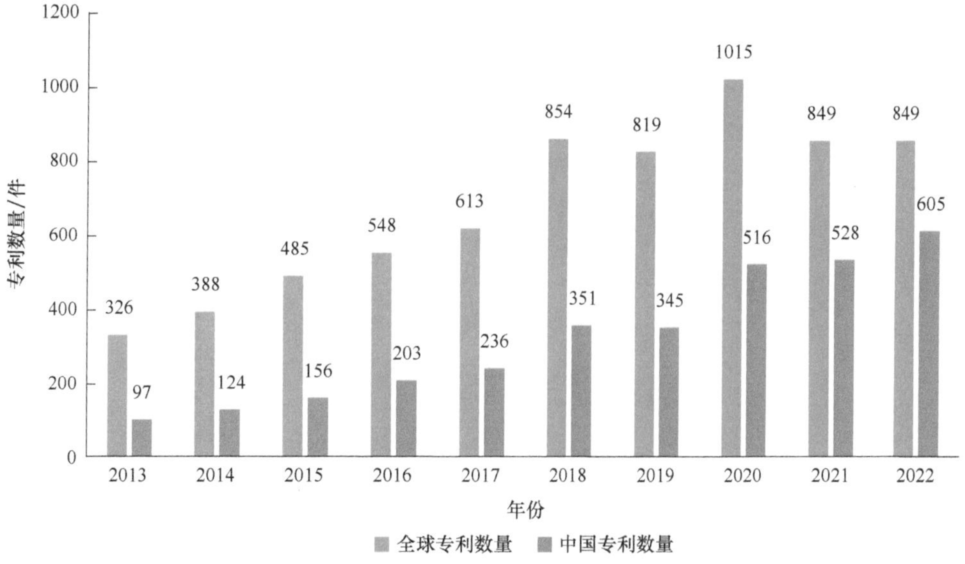

图6-14　2013～2022年全球和中国脑机接口专利申请年度分布

（资料来源：Incopat专利数据库）

2. 脑电信号采集与分析、电极阵列开发、神经刺激与调控是专利布局的重点

去除失效专利和外观专利后，对全球脑机接口领域进行专利3D沙盘分析，

结果显示，当前脑机接口专利布局主要集中在脑电信号采集与分析、电极阵列开发、神经刺激与调控、神经信号、刺激器、图像识别、计算机视觉、稳态视觉诱发电位等方面（图6-15）。其中，信号采集和算法解析是脑机接口系统及产品的关键突破点，对于提升技术的有效性至关重要。值得关注的是，在侵入式脑机接口信号采集方面，如何使用微创方式或柔性电极等先进手段，减少信号采集对于人体造成的创伤仍是当前亟待攻破的技术难题。

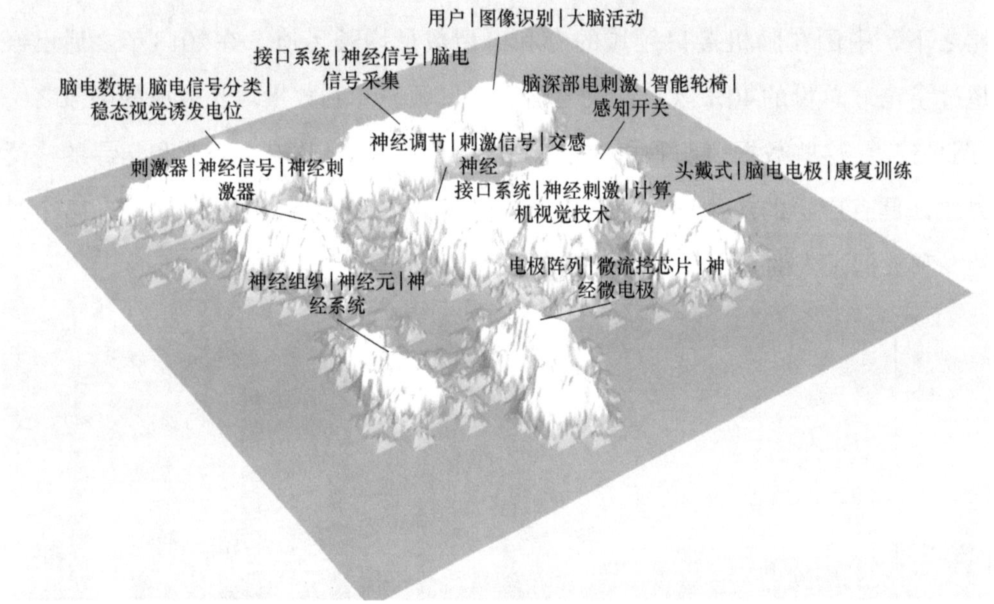

图6-15　全球脑机接口3D专利沙盘图

（资料来源：Incopat专利数据库）

3. 中国和美国是脑机接口领域专利最主要的布局国家

表6-13展示了2013～2022年全球Top10脑机接口领域专利申请国家、组织或地区的分布情况。中国大陆和美国是全球脑机接口领域的研究热点和主要势力地区，两地区总计占据了该领域专利申请总量的约七成（71.4%），尤其是中国大陆在过去几年中脑机接口领域的专利申请数量呈现迅速增长的趋势。中国大陆以3161件专利申请数量位居首位，占比高达46.9%。美国以1650件专利申请数量位列第二，占比为24.5%。韩国、欧洲、日本、澳大利亚、印度、加拿

大等国家或地区在脑机接口领域也有一定的研究和创新成果，但相对于中国和美国而言，总体差距较大。随着技术的发展和应用前景变得越来越广泛，以及各国政府对该领域进行投入，未来全球脑机接口领域的竞争将更加激烈。

表6-13　2013～2022年全球Top10脑机接口领域专利申请国家、组织或地区分布

排名	申请国家（组织或地区）	专利数量/件	占比/%
1	中国大陆	3161	46.9
2	美国	1650	24.5
3	世界知识产权组织	617	9.1
4	韩国	295	4.4
5	欧洲专利局（EPO）	292	4.3
6	日本	142	2.1
7	澳大利亚	132	2.0
8	印度	126	1.9
9	加拿大	73	1.1
10	中国台湾	46	0.7

资料来源：Incopat专利数据库

专利优先权国家是指专利原始申请的优先权所属的国家、组织或地区。一般来说，专利申请人会首先在所在国提出专利申请。所以本书基于专利优先权国家的数量来分析不同国家或地区在脑机接口领域中的专利来源情况，研判国家间或地区间的技术实力。从对2013～2022年全球Top10脑机接口领域专利优先权国家、组织或地区的统计分析可以看出，美国的专利量占全部专利的31.7%，是脑机接口最主要的专利技术来源国（表6-14）。这反映了美国在脑机接口领域具有强大的科研实力和技术水平，并且占据了绝对领先的地位。我国在脑机接口技术专利优先权国家（组织、地区）中排在第4位，申请专利数量为111件，占全球脑机接口技术领域专利申请量的1.6%，作为技术来源国申请的专利数量与美国相比还有很大的差距。

表6-14　2013～2022年全球Top10脑机接口技术领域专利优先权国家、组织或地区分布

排名	优先权国家（组织、地区）	专利数量/件	占比/%
1	美国	2137	31.7
2	欧洲专利局（EPO）	140	2.1
3	韩国	116	1.7

续表

排名	优先权国家（组织、地区）	专利数量/件	占比/%
4	中国	111	1.6
5	澳大利亚	72	1.1
6	英国	59	0.9
7	德国	54	0.8
8	法国	46	0.7
9	世界知识产权组织	35	0.5
10	德国	350	0.4

资料来源：Incopat专利数据库

4. 高校和研究机构主导脑机接口技术创新和研究

对2013～2022年全球脑机接口技术专利申请人的分布情况进行了统计，可以看到只有排名第5的英国Galvani Bioelectronics公司和排名第9的武汉衷华脑机融合科技发展有限公司是企业，而其他都是高等院校或研究机构（表6-15）。这说明目前在脑机接口技术领域，大部分的创新和研究工作还主要由高等院校和研究机构来完成。我国高校在脑机接口技术领域的科研实力十分强大，占据了Top10中的7个席位。其中天津大学以165件专利居于榜首，加利福尼亚大学、Galvani Bioelectronics公司、高丽大学等具有很强的研究实力。其中，"脑机接口"这一概念是美国加利福尼亚大学科学家Jacques Vidal于1973年首次提出的。Galvani Bioelectronics公司是葛兰素史克与谷歌的生命科学部门Verily建立的合资企业，专门从事生物电子学研究，并计划将神经调制设备推向市场。韩国高丽大学大脑信号处理实验室（Brain Signal Processing Lab）一直致力于脑机接口技术研究，使用磁共振成像和脑电图构建人脑-计算机接口或人脑-机器接口。实验室利用数据分析和机器学习来诊断精神和神经疾病，包括轻度认知障碍、阿尔茨海默病、睡眠障碍、癫痫和抑郁。

表6-15　2013～2022年全球Top10脑机接口技术专利申请人情况

排名	机构名称	所属国家	专利数量/件	中国占比/%
1	天津大学	中国	165	5.2
2	加利福尼亚大学	美国	123	3.9

续表

排名	机构名称	所属国家	专利数量/件	中国占比/%
3	西安交通大学	中国	116	3.7
4	华南理工大学	中国	107	3.4
5	Galvani Bioelectronics公司	英国	103	3.3
6	杭州电子科技大学	中国	94	3.0
7	高丽大学	韩国	76	2.4
8	浙江大学	中国	74	2.3
9	武汉衷华脑机融合科技发展有限公司	中国	73	2.3
10	清华大学	中国	70	2.2

资料来源：Incopat专利数据库

5. 高校是我国脑机接口领域最主要的专利申请人

从2013～2022年我国Top10脑机接口技术专利申请人情况可以看出，高校在脑机接口技术领域占据主导地位。这些机构分布在多个地区，其中天津大学、西安交通大学、华南理工大学等机构在脑机接口技术领域表现较为突出（表6-16）。天津大学在脑机接口技术理论和应用方面已经开展了广泛的研究，取得了一系列突破性成果，包括研发出具有完全自主知识产权的世界首款脑机接口采集及编解码芯片，设计了世界首套在轨脑机交互操作系统平台，研发了世界首台用于全肢体卒中康复的人工神经康复机器人系统“神工一号”，以及面向上肢和下肢康复的“神工·灵犀指”可穿戴设备和“神工·神甲”脑控外骨骼机器人。西安交通大学机械工程学院医工交叉研究所孵化的创业公司西安臻泰智能科技有限公司，是国内首批开展脑机康复机器人研究的企业之一。以脑机接口算法为核心技术，西安臻泰智能科技有限公司研发出了国内首个脑控康复机器人，并在临床试验阶段取得了较好效果。

表6-16　2013～2022年我国Top10脑机接口技术专利申请人情况

排名	机构名称	专利数量/件	中国占比/%
1	天津大学	165	5.2
2	西安交通大学	116	3.7
3	华南理工大学	107	3.4

续表

排名	机构名称	专利数量/件	中国占比/%
4	杭州电子科技大学	94	3.0
5	浙江大学	74	2.3
6	武汉衷华脑机融合科技发展有限公司	73	2.3
7	清华大学	70	2.2
8	江苏集萃脑机融合智能技术研究所有限公司	67	2.1
9	北京理工大学	50	1.6
10	西安慧脑智能科技有限公司	49	1.6

资料来源：Incopat专利数据库

我国Top10脑机接口技术专利申请人企业的数量相对较少，包括武汉衷华脑机融合科技发展有限公司、江苏集萃脑机融合智能技术研究所有限公司和西安慧脑智能科技有限公司。武汉衷华脑机融合科技发展有限公司是依托武汉高德红外股份有限公司于2021年成立的一家公司，该公司致力于利用微电子机械工艺加工技术研发神经接口相关产品。江苏集萃脑机融合智能技术研究所有限公司（即江苏省产业技术研究院脑机融合智能技术研究所）于2019年8月7日注册成立，由江苏省产业技术研究院、苏州高铁新城和中国科学院半导体研究所团队三方共建的国际化、以企业方式运营的新型研发机构，重点围绕脑机融合智能技术关键器件、核心算法、关键应用等领域开展创新研究。基于脑机融合智能技术、脑机交互技术、生物医学工程、神经工程、传感器、集成电路等方面的技术基础和成果，在研究所的体系框架下，建设形成一系列专有技术、四大支撑平台、五大服务方向、六大研发中心。西安慧脑智能科技有限公司成立于2016年，坐落于中国西安国家级高新技术开发区清华科技园，是一家致力于脑科学与脑机接口技术研究、类脑智能芯片研发的高科技公司。该公司已通过ISO9001、国家军用标准（GJB）等认定。该公司依托中国科学院、清华大学、中国人民解放军总医院、中国长城互联网、西安电子科技大学、西安交通大学、空军军医大学、空军工程大学等优势资源，致力于推动脑机接口、睡眠健康与战训效能、脑认知与心理行为训练、脑电云大数据、大脑健康银行、自然人机交互、情感认知计算、类脑智能芯片、类脑服务机器人等脑科学与类脑智能技术发展和应用。该公司的产品与服务主要有便携式脑电监测仪、脑状态与心理测评训练系统、睡眠健康与战训效能测评专用系统等，主要应用在军民融合、医疗健康、智慧教育、高端娱乐和智能家居等领域，为数字化转型中的传统企业精准赋能。

（二）脑机接口重点企业专利布局情况

1. Neuralink公司

Neuralink公司成立于2016年，由特斯拉（Tesla）和SpaceX的创始人Elon Musk创办，总部位于旧金山，专注于侵入式脑机接口研究，主要从事医疗康复方面的侵入式接口研究，以人工智能植入人类大脑皮层的脑机接口技术为研究方向，研发产品包括the Link v 0.9、N1 Link、手术机器人V2。2020年7月，NeuraLink公司获得美国食品药品监督管理局（FDA）突破性设备认证，并于2023年5月获美国FDA批准进行首次脑植入物人体临床研究。

Neuralink公司善用知识产权制度和规则，高度重视知识产权保护与应用。Incopat专利数据库检索显示，2018年3月16日，Neuralink公司申请了第一件涉及神经数据片上网络的专利US62644217P0。随后，该公司开始持续进行专利布局，目前已向美国专利局、欧洲专利局、世界知识产权组织、日本专利局、澳大利亚专利局、加拿大专利局和韩国专利局递交了专利申请。2019年7月17日，Neuralink公司首次公布了脑机接口的最新成果。但在成果公开前，Neuralink公司在脑机接口的激光钻孔、实时神经脉冲检测技术、薄膜电极阵列与集成电路的夹层组装技术、探针技术、手术机器人技术、密封技术等领域就提前5天向美国专利局递交了临时专利申请，且临时申请附图也较为简单，以避免核心技术提早泄露。

专利布局紧随公司战略，针对神经外科手术机器人、植入式芯片、便携式设备等重点产品进行全方位布局，并持续对技术细节进行完善。具体来看，包括实时检测并分类特征信号的方法（US20210012909A1），薄膜电极阵列和集成电路的夹层装配方案及其制造方法（US20210008364A1），带有无线中继器、外部可穿戴通信和电源装置的脑部植入物（WO2021011401A1），用于机器人脑外科手术的光学相干断层造影（WO2021011239A1），气密密封电子设备的单片生物相容性馈通件及其制造方法（US11107703B2），pia材料的激光钻孔（US20210007803A1）等（表6-17）。

表6-17　Neuralink公司代表性专利举例

公开/公告号	申请日	专利名称	专利技术内容
US20210012909A1	2020-07-09	Real-time neural spike detection	专利公开了一种实时检测并分类特征信号（如神经尖峰），并在满足特定条件时转发用于进一步处理信息的方法
US20210008364A1	2020-07-09	Sandwich assembly scheme for thin film electrode array and integrated circuits on both sides of printed circuit board（pcb）and method of manufacture	专利公开了印刷电路板两侧的薄膜电极阵列和集成电路的夹层装配方案及其制造方法
WO2021011401A1	2020-07-10	Brain implant with subcutaneous wireless relay and external wearable communication and power device	专利公开了一种带有无线中继器、外部可穿戴通信和电源装置的脑部植入物
WO2021011239A1	2020-07-07	Optical coherence tomography for robotic brain surgery	专利提供了一种使用光学相干断层扫描引导机器人外科手术的方法和计算机系统
US11107703B2	2020-07-09	Monolithic, biocompatible feedthrough for hermetically sealed electronics and methods of manufacture	专利提供了气密密封电子设备的单片生物相容性馈通件及其制造方法
US20210007803A1	2020-07-08	Laser drilling of pia mater	专利公开了一种对哺乳动物开颅手术的设备和方法

资料来源：Incopat专利数据库

2. Synchron公司

Synchron公司成立于2012年，总部位于美国，并在澳大利亚墨尔本设有研发机构。该公司致力于研发微创植入式脑机接口技术，与Neuralink公司的侵入式脑机接口技术不同，Synchron公司的技术路线是半侵入式的，将装置植入颅骨内部的脑膜外，从而治疗包括肌萎缩侧索硬化等瘫痪患者，帮助他们恢复机体功能。2016年4月，Synchron公司收购了澳大利亚脑机接口公司SmartStent，后者拥有美国国防部高级研究计划局和墨尔本大学等联合开发、用于瘫痪及脑部病变患者的侵入式脑机接口技术Stentrode。随后，SmartStent公司开始将专利陆续转让给了Synchron公司，如患者配置设备控制系统的方法（US20220253024A1）等。Synchron公司的脑机接口产品Stentrode在2020年获得美国FDA突破性设备称号，并于2022年5月启动人体临床试验，也是全球首个可开展永久植入脑机接口临床试验的设备。Stentrode是一种血管内脑植入物，目的是使患者能够通过思想无线控制数字设备并提高功能独立性。

Synchron公司主要基于自身产品Stentrode技术来构建专利组合，重点围绕神经信号监测、神经刺激与神经调节技术等领域进行专利布局。Incopat专利数据库检索显示，Synchron公司第一件专利主要来自SmartStent公司的转让，是SmartStent公司于2012年10月申请的关于感应或刺激组织的血管内设备专利（CN104023787A）（表6-18）。近年来，公司越来越重视专利布局，目前已在美国、以色列、澳大利亚和中国等地布局多项同族专利。在我国的专利布局中，具体涉及闭环神经调节技术（CN115052657A）、神经信号控制接口技术（CN115698906A、CN114144748A）、神经刺激技术（CN104023787A）等方面。

表6-18 Synchron公司代表性专利布局举例

公开/公告号	申请日	专利名称	专利技术内容
CN104023787A	2012-10-03	感应或刺激组织的活动	专利公开了一种用于对神经组织的活动进行感应和刺激的系统，该系统包括用于布置在动物脉管内的血管内设备
CN115052657A	2020-11-06	闭环神经调节的方法、系统和设备	专利公开了用于治疗药物难治性癫痫的系统、设备和方法
CN115698906A	2021-04-01	使用检测到的神经相关信号的变化控制设备的系统和方法	专利公开了使用检测到的受试者的神经相关信号的变化来控制设备的系统和方法。其方法包括检测受试者的神经相关信号的强度降低到低于测量到的基线水平
WO2021086972A1	2020-10-28	Systems and methods for configuring a brain control interface using data from deployed systems	专利公开了一种使用来自部署系统的数据配置大脑控制接口的系统和方法
US20200016396A1	2019-07-11	Systems and methods for improving placement of devices for neural stimulation	专利公开了一种用于患者血管内植入医疗设备的方法
WO2022170342A1	2022-02-03	Neuromonitoring diagnostic systems	专利公开了一种促进人体大脑分布式神经网络与外部设备之间直接交互的方法

资料来源：Incopat专利数据库

3. BrainGate公司

BrainGate公司成立于2001年，主要从事医疗康复方面的侵入式接口研究，以帮助四肢缺失或身体功能方面存在缺陷的患者重新获取如抓取等行为为主要研究方向，目前已获得美国FDA的脑机接口技术人体试验研究设备豁免。其研究团队主要由来自哈佛医学院、布朗大学、克利夫兰医疗中心、斯坦福大学医学院等的神经科医生、神经科学家、工程师、计算机科学家、神经外科医师、数学家和其他研究人员组成。BrainGate公司的神经技术使用植入大脑的微电极阵列，让人类仅凭意念就能操作计算机或机械臂等外部设备。该公司开发的BrainGate系统已经允许脊髓损伤、脑干中风和渐冻症患者通过思考自己瘫痪的手和手臂的运动来控制电脑光标，实现特定的任务。临床试验表明，BrainGate神经接口系统的安全记录与其他长期植入医疗设备相似，为使用者提供安全的治疗方案。

Incopat专利数据库显示，BrainGate公司的专利主要来源于Cyberkinetics公司等专利权人的转让，专利涉及脑机接口的界面系统、接口系统控制、校准系统等领域（表6-19），如神经控制的患者步行和运动辅助系统（US20060149338A1）、具有选通控制信号的生物接口系统（US8095209B2）、神经接口装置的校准系统和方法（US20100063411A1）、经皮植入物（US20050283203A1）、生物界面与插入系统（US20100023021A1）等。值得关注的是，BrainGate公司是由布朗大学、斯坦福大学、哈佛医学院等联合设立的脑机接口联盟企业。该公司官网信息显示，公司的知识产权还来源于斯坦福大学和布朗大学相关研究团队申请的专利，如布朗大学申请的分布式微型传感器的可植入无线网络（US20200367749）、脑机接口的高密度神经植入物（WO2020/018571）、植入式无线神经设备（US10433754B2）等相关专利；斯坦福大学申请的脑机接口控制的假肢设备（US8792976B2）、皮质内脑机接口递归神经网络解码方法（US10223634B2）、神经元活动解码预期语音系统和方法（US20190333505A1）等相关专利。

表6-19 BrainGate公司代表性专利布局举例

公开/公告号	申请日	专利名称	专利技术内容
US20060149338A1	2005-12-29	Neurally controlled patient ambulation system	专利公开了神经控制的患者步行和运动辅助系统
US8095209B2	2005-12-27	Biological interface system with gated control signal	专利公开了具有选通控制信号的生物接口系统
US20100063411A1	2008-10-15	Calibration systems and methods for neural interface devices	专利公开了用于神经接口设备的校准系统和方法
US8812096B2	2005-12-30	Biological interface system with patient training apparatus	专利公开了患者康复训练设备生物接口系统的各种实施案例和相关方法
US20050283203A1	2004-12-20	Transcutaneous implant	专利公开了具有集成特征的经皮植入物
US8060194B2	2005-12-30	Biological interface system with automated configuration	专利公开了一种具有自动配置的生物界面系统
US20060253166A1	2005-12-23	Patient training routine for biological interface system	专利公开了用于生物接口系统的患者训练程序

资料来源：Incopat专利数据库

4. MindMaze公司

MindMaze公司成立于2012年，总部位于瑞士洛桑，专注于将虚拟现实和运动捕捉技术与脑机界面相结合，改善脑卒中患者康复治疗。MindMaze公司开发了可穿戴设备与3D动辅相机，结合其游戏化平台来协助精神系统疾病患者进行恢复训练。其产品包括 MindMotion PRO，它已获得美国FDA的批准并获得了神经康复的CE（Conformité Européene）标志。该平台包括17个游戏，这些游戏促进上肢锻炼，以帮助因脑卒中、创伤性脑损伤、多发性硬化和帕金森病等疾病接受治疗的患者重建力量和运动。该软件连接到摄像头以跟踪运动，并由人工智能驱动以测量运动和分析进度。MindMaze公司还开发了该软件的家庭版本MindMotion GO，通过连接到一个应用程序，物理治疗师可以继续远程监控患者的进展。

MindMaze公司专利着眼全球化布局，专利覆盖技术分类多，有较多的专利族，并侧重性选择优势领域进行重点布局，如将虚拟现实与脑机接口技术结合应用到医疗健康和娱乐领域。Incopat专利数据库显示，接近90%的专利是在美国、欧盟、英国和中国等国家或地区提出的申请。2014年9月21日，MindMaze公司在美国和中国同时递交了第一份专利申请“生理参数测量和反馈系统”

（CN109875501B、US20160235323A1）。从市场角度来看，2018年以前，该公司专利布局主要集中在美国和英国等地区，并开始了在欧盟和中国的专利布局；2018年以后，公司的国际化发展趋势明显，开始向世界知识产权组织申请专利。

目前，MindMaze公司在脑机接口的专利布局主要涉及参数测量、虚拟现实、立体视觉等领域，如生理参数测量和反馈系统（CN105578954B）、虚拟现实下肌电图（electromyogram，EMG）信号检测面部表情（US10515474B2）、立体视觉和跟踪的系统方法与设备（IN201927035792A）（表6-20）。从专利角度来看，MindMaze公司也非常重视与高校和创新企业合作。基于脑机接口的上肢康复训练系统方面，MindMaze公司与洛桑联邦理工大学在美国、英国和欧洲等地共同申请了“上肢康复系统”专利（US20170209737A1、GB2544015A、EP3599002A3）。另外，MindMaze公司还与Intento公司合作签署了专利转让协议，专利内容具体涉及非侵入性经皮电刺激和生物信号感测的电极与连接器组件（US20190344069A1）。

表6-20　MindMaze公司代表性专利布局举例

公开/公告号	申请日	专利名称	专利技术内容
CN105578954B	2014-09-21	生理参数测量和反馈系统	专利公开了一种生理参数测量和运动追踪系统
GB2544015B	2015-08-05	Upper limb rehabilitation system	专利公开了一种用于康复受试者上肢的康复系统
IN201927035792A	2019-09-05	Systems methods and apparatuses for stereo vision and tracking	专利公开了一种用于立体视觉和跟踪的系统方法与设备，具有多个耦合的摄像机和可选的传感器
US10515474B2	2018-01-19	System, method and apparatus for detecting facial expression in a virtual reality system	专利公开了一种用于VR环境的EMG信号来检测面部表情的系统、方法和设备
US10943100B2	2018-01-19	Systems, methods, devices and apparatuses for detecting facial expression	专利公开了一种用于根据EMG信号检测面部表情的系统、方法和设备
US11000669B2	2018-11-30	Method of virtual reality system and implementing such method	专利公开了一种虚拟现实系统的方法及实现该方法的设备
US11105696B2	2019-05-14	System and method for multi-sensor combination for indirect sport assessment and classification	专利公开了一种用于间接运动评估和分类的多传感器组合的系统与方法
US11266835B2	2018-03-06	Electrical stimulator for neuromuscular stimulation	专利公开了一种用于神经肌肉刺激的电刺激器

资料来源：Incopat专利数据库

5. BrainCo公司

BrainCo（强脑科技）公司创立于2015年，总部位于美国波士顿，中国区总部位于浙江杭州，在中国北京、深圳均拥有分部，是首家入选哈佛大学创新实验室（Harvard Innovation Lab）的华人团队，其中来自哈佛大学、麻省理工学院等全球顶级学府的优秀校友在核心研发团队中占比超过70%。该公司产品分为两大类：一方面是通过大脑控制外部机器，其研发的智能仿生手获得美国FDA的上市批准，可以通过提取手臂上微弱的肌电神经电信号，识别出佩戴者的运动意图，做到手随心动；另一方面是通过声光磁电的方式运用脑机接口技术调控大脑神经，比如提高自闭症儿童社交沟通能力的开星果脑机接口社交沟通训练系统，以及2022年发布的首款C端产品深海豚（Easleep）脑机智能安睡仪等。经研发团队与三甲医院合作开展的临床研究中证明，90%的受试者使用深海豚（Easleep）脑机智能安睡仪这款产品后入睡速度有明显提升。

Incopat专利数据库显示，BrainCo专利申请主要集中在中国，近年来也开始向美国和欧洲等地区申请专利。BrainCo专利主要聚焦于计算机可读存储介质、脑电波采集、脑电电极、应用软件等技术领域，其自主研发的智能肌电假肢BrainRobotics，不仅被评选为《时代》周刊“2019年全球百大最佳发明”，也是国内首家获得美国FDA认证的非侵入式脑机接口产品。目前BrainCo聚焦于医疗、健康、教育三大板块，其专利布局涉及自闭症干预训练（CN113990449A）、多动症干预训练（CN114121220A）、康复运动训练（CN109599165A）、脑电波控制游戏操作（CN109821234A）等技术（表6-21）。

表6-21 BrainCo公司代表性专利布局举例

公开/公告号	申请日	专利名称	专利技术内容
CN113990449A	2021-09-30	自闭症干预训练方法、装置、终端设备及可读存储介质	专利公开了一种自闭症干预训练方法，所述自闭症干预训练方法应用于终端设备，该终端设备包括可穿戴脑电波记录仪及眼动记录仪
CN109821234A	2019-03-05	游戏控制方法、移动终端及计算机可读存储介质	专利公开了一种能通过脑电波控制游戏操作的方法

续表

公开/公告号	申请日	专利名称	专利技术内容
CN109846635A	2019-02-20	基于眼镜和脑机接口的护理床系统	专利公开了一种基于眼镜和脑机接口的护理床系统，包括视觉刺激器、脑波采集器、处理器、眼镜、护理床及动力机构
CN111542038A	2020-08-14	具有时间同步功能的蓝牙组网系统	专利公开了一种具有时间同步功能的蓝牙组网系统，包括多个用于采集数据的蓝牙设备、用于接收并上传蓝牙设备采集数据的蓝牙桥接器和用于接收所述蓝牙桥接器上传数据的上位机
CN114121220A	2021-09-30	多动症干预训练方法、装置、终端设备及可读存储介质	专利公开了一种多动症干预训练方法、装置、终端设备及可读存储介质，其终端设备包括可穿戴脑电波记录仪及训练终端
CN112991894A	2021-02-25	教学用具	专利公开了一种包括假手和电控装置，假手与电控装置电连接的教学用具
CN109599165A	2019-01-30	康复运动训练方法、系统及可读存储介质	专利公开了一种康复运动训练方法，其方法包括获取用户的病态信息，并基于所述病态信息选择对应的训练项目，并获取用户在执行所述训练动作时的肌电参数及步态信息

（三）我国脑机接口技术与产业发展的建议

随着脑科学和类脑科学、人工智能技术的不断进步，脑机接口在人脑控制机器、意念打字等方面飞速发展，并在医疗健康、娱乐、教育等领域出现了商业化应用产品，但仍然处于萌芽期，预计达到技术成熟还需要一定的时间。自2013年以来，全球脑机接口专利申请数量迅速增长，中国在该领域专利数量增长尤其迅速，在2019年后超过全球总量的40%以上。但从脑机接口领域优先权国家的分布情况来看，我国以技术来源国申请的专利数量与发达国家相比存在较大差距。从专利申请主体来看，高校院所是我国脑机接口技术专利申请的主要创新主体，而企业参与协同创新的积极性相对较低，这反映出我国在脑机接口的产业落地、应用实践等方面还存在一定问题。

作者根据我国脑机接口技术的发展现状和专利申请情况，提出以下建议。

（1）高度重视专利战略在经营发展中的地位，提高企业知识产权管理和应用水平

我国脑机接口企业大都在2015年及以后成立，大部分属于初创企业，其

知识产权管理水平和能力还不够强。美国企业主要采取进攻型专利战略，在研发出新技术时为了在市场技术竞争中拥有主动权，会及时申请专利并获得专利权，避免受制于人。例如，Neuralink公司就充分利用专利规则，将临时申请发挥到极致，并针对核心技术全方位布局，来获得强势的市场竞争力。因此，首先要加强知识产权信息发布、跟踪与分析，通过多种手段提高脑机接口中小企业的知识产权维权意识，并鼓励企业积极开展技术创新和申请专利，不断增加企业在核心技术知识产权上的积累。其次，更要高度重视专利战略在企业经营发展整体战略中的地位，提高企业知识产权管理和应用水平。

（2）以市场需求为导向，打造企业主导的产学研深度融合创新联合体

高校和科研院所作为我国科研创新的重要阵地，在脑机接口技术的研究方面具有丰富的经验和优势，也是专利申请的主要力量。但是，由于缺乏工业化生产的能力和商业模式的支撑，这些优秀的科研成果难以得到广泛的应用和推广，导致关键技术难以形成产业化的规模效应。相比之下，企业在市场营销、资金支持、资源整合和实际操作能力方面具有明显的优势，因此，加强企业参与脑机接口技术协同创新的积极性，充分发挥企业市场化运作和产业化推广的优势，对于脑机接口技术的快速发展和产业落地至关重要。

（3）加强国际合作与交流，提升知识产权竞争实力

目前，我国脑机接口领域专利申请主体以高校院所为主，而创新主体需要具备全球竞争视野，扩大专利技术布局的地域范围，针对关键技术形成专利集群。因此，我国需要加强在脑机接口研究领域的国际交流合作，鼓励建立国际化的合作平台，邀请国内外专家、学者、企业家共同探讨脑机接口技术的研发和应用，开展技术交流、人才培养和项目合作等活动；并鼓励创新主体积极参与到国际合作项目中，加强同国际间技术和经济的联系，并将国际合作的成果推广应用到国内。

附　录

2022年中国生物技术企业上市情况[374]

上市日期	上市企业	募资金额	交易所
2022年1月7日	亚虹医药	25.3亿元人民币	上海证券交易所科创板
2022年1月18日	迈威生物	34.8亿元人民币	上海证券交易所科创板
2022年1月20日	诚达药业	17.6亿元人民币	深圳证券交易所创业板
2022年1月25日	百合股份	6.7亿元人民币	上海证券交易所主板
2022年1月26日	采纳股份	11.8亿元人民币	深圳证券交易所创业板
2022年1月28日	华康医疗	10.4亿元人民币	深圳证券交易所创业板
2022年2月10日	三元生物	36.9亿元人民币	深圳证券交易所创业板
2022年2月16日	合富中国	4.2亿元人民币	上海证券交易所主板
2022年2月16日	美华国际医疗	3600.0万美元	纳斯达克证券交易所
2022年2月18日	华兰疫苗	22.8亿元人民币	深圳证券交易所创业板
2022年2月18日	清晰医疗	2.2亿港元	香港证券交易所主板
2022年2月23日	西点药业	4.6亿元人民币	深圳证券交易所创业板
2022年2月23日	乐普生物	9.4亿港元	香港证券交易所主板
2022年3月11日	赛伦生物	8.9亿元人民币	上海证券交易所科创板
2022年3月22日	何氏眼科	13.0亿元人民币	深圳证券交易所创业板
2022年3月22日	和元生物	13.2亿元人民币	上海证券交易所科创板
2022年3月22日	瑞尔集团	5.9亿港元	香港证券交易所主板
2022年3月23日	首药控股	14.8亿元人民币	上海证券交易所科创板
2022年3月29日	富士莱	11.1亿元人民币	深圳证券交易所创业板
2022年3月29日	泰恩康	11.8亿元人民币	深圳证券交易所创业板
2022年3月30日	仁度生物	7.3亿元人民币	上海证券交易所科创板
2022年3月31日	荣昌生物	26.1亿元人民币	上海证券交易所科创板

374 资料来源：清科数据、中国证券网、英为财情、公开数据等。

续表

上市日期	上市企业	募资金额	交易所
2022年3月31日	瑞科生物	6.7亿港元	香港证券交易所主板
2022年4月7日	天益医疗	7.7亿元人民币	深圳证券交易所创业板
2022年4月12日	海创药业	10.6亿元人民币	上海证券交易所科创板
2022年4月25日	药康生物	11.3亿元人民币	上海证券交易所科创板
2022年5月18日	云康集团	7.6亿港元	香港证券交易所主板
2022年6月30日	福元医药	17.5亿元人民币	上海证券交易所主板
2022年7月5日	五洲医疗	4.5亿元人民币	深圳证券交易所创业板
2022年7月6日	智云健康	4.8亿港元	香港证券交易所主板
2022年7月8日	润迈德	2.78亿港元	香港证券交易所主板
2022年7月12日	天新药业	16.1亿元人民币	上海证券交易所主板
2022年7月15日	微创脑科学	2.78亿港元	香港证券交易所主板
2022年7月25日	益方生物	20.8亿元人民币	上海证券交易所科创板
2022年7月28日	英诺特	8.9亿元人民币	上海证券交易所科创板
2022年8月5日	盟科药业	10.6亿元人民币	上海证券交易所科创板
2022年8月11日	麦澜德	10.1亿元人民币	上海证券交易所科创板
2022年8月22日	联影医疗	109.9亿元人民币	上海证券交易所科创板
2022年8月25日	宣泰医药	4.2亿元人民币	上海证券交易所科创板
2022年8月31日	微电生理	11.7亿元人民币	上海证券交易所科创板
2022年9月1日	百奥赛图	4.71亿港元	香港证券交易所主板
2022年9月2日	奥浦迈	16.4亿元人民币	上海证券交易所科创板
2022年9月6日	艾美疫苗	1.6亿港元	香港证券交易所主板
2022年9月9日	华大智造	36.0亿元人民币	上海证券交易所科创板
2022年9月14日	叮当健康	3.4亿港元	香港证券交易所主板
2022年9月21日	恩威医药	5.2亿元人民币	深圳证券交易所创业板
2022年9月21日	诺诚健华	29.2亿元人民币	上海证券交易所科创板
2022年9月29日	近岸蛋白	18.6亿元人民币	上海证券交易所科创板
2022年10月11日	毕得医药	14.3亿元人民币	上海证券交易所科创板
2022年10月12日	美好医疗	13.6亿元人民币	深圳证券交易所创业板
2022年10月25日	康为世纪	11.4亿元人民币	上海证券交易所科创板
2022年11月1日	怡和嘉业	19.2亿元人民币	深圳证券交易所创业板
2022年11月1日	泓博医药	7.7亿元人民币	深圳证券交易所创业板
2022年11月4日	巨子生物	5.0亿港元	香港证券交易所主板
2022年11月7日	华厦眼科	30.5亿元人民币	深圳证券交易所创业板
2022年11月8日	乐普心泰医疗	5.7亿港元	香港证券交易所主板

续表

上市日期	上市企业	募资金额	交易所
2022年11月30日	东星医疗	11.0亿元人民币	深圳证券交易所创业板
2022年12月12日	高视医疗	6.7亿港元	香港证券交易所主板
2022年12月14日	美皓集团	1.3亿港元	香港证券交易所主板
2022年12月15日	3D Medicines Inc	4.1亿港元	香港证券交易所主板
2022年12月23日	业聚医疗	4.8亿港元	香港证券交易所主板
2022年12月26日	山外山	11.7亿元人民币	上海证券交易所科创板
2022年12月27日	川宁生物	11.1亿元人民币	深圳证券交易所创业板
2022年12月29日	冠泽医疗	1.0亿港元	香港证券交易所主板
2022年12月30日	康沣生物	2.1亿港元	香港证券交易所主板
2022年12月30日	博安生物	2.1亿港元	香港证券交易所主板

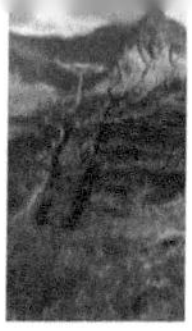

2022年国家药品监督管理局药品审评中心在重要治疗领域的药品审批情况

类型	名称	适应证
新冠病毒疫苗和新冠肺炎治疗药物	重组新型冠状病毒蛋白疫苗（CHO细胞）	适用于预防新型冠状病毒感染所致的疾病。该疫苗的原理是将新冠病毒S蛋白受体结合区（RBD）基因重组到中国仓鼠卵巢（CHO）细胞基因内，在体外表达形成RBD二聚体，并加用氢氧化铝佐剂以提高免疫原性。该疫苗是首个获批的国产重组新冠病毒蛋白疫苗，也是国际上第一个获批临床使用的新冠病毒重组亚单位蛋白疫苗
	散寒化湿颗粒	该药品用于寒湿郁肺所致疫病，为《新型冠状病毒肺炎诊疗方案（试行第九版）》推荐药物，是按照“中药注册分类3.2类 其他来源于古代经典名方的中药复方制剂”审评审批的品种。为新冠肺炎治疗提供了更多选择，充分发挥了中医药在疫情防控中的作用
	奈玛特韦片/利托那韦片组合	用于治疗成人伴有进展为重症高风险因素的轻至中度新型冠状病毒肺炎（COVID-19）患者，如伴有高龄、慢性肾疾病、糖尿病、心血管疾病、慢性肺病等重症高风险因素的患者。由两种药片组成，奈玛特韦是一种新冠病毒的3CL蛋白酶（也叫主蛋白酶，Mpro）抑制剂。3CL蛋白酶是在冠状病毒复制过程中水解RNA编码的多聚前体蛋白产生功能蛋白的关键蛋白酶，奈玛特韦通过抑制3CL蛋白酶，可以阻止SARS-CoV-2冠状病毒复制；另一种是利托那韦，为HIV-1蛋白酶抑制剂和CYP3A4（细胞色素P450 3A4酶）抑制剂。虽然利托那韦对SARS-CoV-2 Mpro无活性，但可以抑制CYP3A4介导的奈玛特韦代谢，以帮助其在较高浓度下在体内保持更长时间的活性
	阿兹夫定片	适用于治疗普通型COVID-19成年患者。本品是全球首个艾滋病病毒逆转录酶与辅助蛋白Vif双靶点抑制剂药物，也是国内首个拥有自主知识产权的抗艾滋病病毒口服药物。2021年国家药品监督管理局已附条件批准本品与其他逆转录酶抑制剂联用治疗高病毒载量的成年HIV-1感染患者。2022年附条件批准新增适应证，用于治疗普通型COVID-19成年患者。阿兹夫定作为一种抑制病毒RNA依赖性RNA聚合酶（RdRp）的核苷类似物，能特异性作用于新冠病毒RdRp，从而抑制病毒复制
中药新药	淫羊藿素软胶囊	适用于不适合或患者拒绝接受标准治疗，且既往未接受过全身系统性治疗的、不可切除的肝细胞癌，患者外周血复合标志物满足以下检测指标的至少两项：AFP≥400ng/mL；TNF-α＜2.5pg/mL；IFN-γ≥7.0pg/mL。其获批上市为肝细胞癌患者提供了新的治疗选择
	广金钱草总黄酮胶囊	适用于输尿管结石中医辨证属湿热蕴结证患者的治疗，其获批上市为患者提供了新的治疗选择
	黄蜀葵花总黄酮口腔贴片	适用于治疗口腔溃疡患者，疗效确切、安全性好、剂型独特，已完成Ⅰ、Ⅱ、Ⅲ期临床研究，获得了安全性、有效性证据，其获批上市为患者提供了新的治疗选择
	芪胶调经颗粒	具有益气补血、止血调经功效，适用于上环所致经期延长中医辨证属气血两虚证。本品为由黄芪、阿胶、党参、白芍等9种药味组成的原中药6.1类重要创新药，基于中医临床经验方进行研制，通过开展多中心、随机、双盲、已上市中药平行对照临床试验，获得了安全性、有效性证据，其获批上市为患者提供了新的治疗选择

续表

类型	名称	适应证
中药新药	苓桂术甘颗粒	具有温阳化饮、健脾利湿功效，适用于中阳不足之痰饮。本品是国内首个按古代经典名方目录管理的中药3.1类创新药。药品处方来源于张仲景《金匮要略》，已列入《古代经典名方目录（第一批）》
	参葛补肾胶囊	功能主治为益气、养阴、补肾，适用于治疗轻、中度抑郁症中医辨证属气阴两虚、肾气不足证。基于中医临床经验方进行研制，通过开展随机、双盲、安慰剂平行对照的多中心临床试验，获得了安全性、有效性证据，其获批上市为抑郁患者提供了新的治疗选择
公共卫生用药	四价流感病毒裂解疫苗	用于三岁以上的儿童和成人流感病毒预防。这种疫苗是专为冬季设计的，接种疫苗后，免疫系统需要两到三周的时间产生足够的抗体来抵御普通流感病毒（H1N1 A、H3N2 A、Yamagata B、Victoria B）。疫苗的保护时间为6～12个月
	双价人乳头瘤病毒疫苗（毕赤酵母）	适用于预防由高危HPV16/18型所致的下列疾病：①宫颈癌；②2级、3级宫颈上皮内瘤样病变和原位腺癌；③HPV16/18型引起的持续感染。该种疫苗采用毕赤酵母表达系统生产，具备诸多优势：①表达水平高，利于分离纯化；②表达可以严格控制；③表达产物稳定性高等
	奥木替韦单抗注射液	用于成人狂犬病毒暴露者的被动免疫。奥木替韦单抗注射液为我国自主研发的重组人源抗狂犬病毒单抗注射液，含高效价的抗狂犬病毒单克隆抗体NM57（IgG1亚型），能特异地中和狂犬病毒糖蛋白保守抗原位点Ⅰ中的线性中和抗原表位，从而阻止狂犬病毒侵染组织细胞，发挥预防狂犬病的作用
抗肿瘤药物	盐酸米托蒽醌脂质体注射液	适用于治疗既往至少经过一线标准治疗的复发或难治的外周T细胞淋巴瘤（PTCL）患者。外周T细胞淋巴瘤是一组起源于胸腺后成熟T淋巴细胞或NK细胞的异质性的非霍奇金淋巴瘤（NHL），具有侵袭性强、恶性程度高、预后差的特点。本品获批上市为恶性淋巴瘤、乳腺癌、急性白血病患者提供了新的治疗选择
	卡度尼利单抗注射液	适用于既往接受含铂化疗治疗失败的复发或转移性宫颈癌患者的治疗。本品为我国自主研发的创新双特异性抗体，是一种靶向人PD-1和CTLA-4的双特异性抗体，可阻断PD-1和CTLA-4与其配体PD-L1/PD-L2和B7.1/B7.2的相互作用，从而阻断PD-1和CTLA-4信号通路的免疫抑制反应，促进肿瘤特异性的T细胞免疫活化，进而发挥抗肿瘤作用
	雷莫西尤单抗注射液	适用于治疗既往接受过索拉非尼治疗且甲胎蛋白（AFP）≥400ng/mL的肝细胞癌（HCC）患者。本品是一种全人IgG1单克隆抗体，通过开展随机、双盲、安慰剂平行对照的多中心临床试验，获了安全性、有效性证据，其获批上市为肝癌患者提供了新的治疗选择
	普特利单抗	用于既往接受一线及以上系统治疗失败的高度微卫星不稳定型（MSI-H）或错配修复缺陷型（dMMR）的晚期实体瘤患者的治疗。普特利单抗是针对人PD-1的人源化IgG4单抗，可高亲和力地与PD-1结合，以通过阻断PD-1与其配体PD-L1及PD-L2的结合来恢复免疫细胞杀死癌细胞的能力

续表

类型	名称	适应证
抗肿瘤药物	斯鲁利单抗	用于治疗不可切除或转移性微卫星高度不稳定（MSI-H）的成人晚期实体瘤经治患者。该药品是由我国自主研发的创新型PD-1药物，利用DNA重组技术由中国仓鼠卵巢细胞制得的重组抗程序性死亡受体1人源化单克隆抗体，关键注册临床研究显示，该药品治疗晚期结直肠癌患者的客观有效率达46.7%，12个月总生存率超过80%，高于同类进口产品（非头对头对比研究）的临床数据，安全性良好
	瑞帕妥单抗	用于CD20阳性弥漫大B细胞性非霍奇金淋巴瘤（DLBCL）。瑞帕妥单抗是我国自主研发、结构优化、安全升级的新型人鼠嵌合IgG1型抗CD20单克隆抗体。其采用人抗体天然序列，在重链CH1恒定区219位点采用的是缬氨酸。临床试验结果显示，对于CD20阳性的初治DLBCL患者，瑞帕妥单抗联合CHOP方案疗效非劣于利妥昔单抗联合CHOP方案。两组整体安全性相当，未发现新的与治疗相关的不良事件。在部分临床关注的不良事件和免疫原性方面，瑞帕妥单抗表现出一定优势，但需临床进一步验证。瑞帕妥单抗联合CHOP方案可以作为DLBCL患者治疗的选择
	甲苯磺酰胺	用于严重气道阻塞的中央型非小细胞肺癌，对肿瘤细胞具有高度选择性，是我国首次批准的经纤维支气管镜肿瘤内局部注射的化学消融药物，也是首个适应证为减轻中央型非小细胞肺癌成人患者的重度气道阻塞的药物，填补了呼吸介入药物治疗的空白。其靶点尚不明确
	派安普利单抗注射液	用于治疗至少经过二线系统化疗的复发或难治性经典型霍奇金淋巴瘤成人患者，也可以联合紫杉醇和卡铂适用于一线治疗局部晚期或转移性鳞状非小细胞肺癌（NSCLC）。作为第五个上市的国产PD-1药物，派安普利单抗差异化优势明显，是全球唯一采用IgG1亚型并对Fc段改造的新型PD-1单抗
	舒格利单抗注射液	联合培美曲塞和卡铂用于治疗表皮生长因子受体（EGFR）基因突变阴性和间变性淋巴瘤激酶（ALK）阴性的转移性非鳞状非小细胞肺癌（NSCLC）患者，以及联合紫杉醇和卡铂用于治疗转移性鳞状非小细胞肺癌患者
	林普利塞片	用于治疗既往接受过至少两种系统性治疗的复发或难治滤泡性淋巴瘤成人患者。作为我国首个获批上市的高选择性磷脂酰肌醇-3-激酶（PI3K）-δ抑制剂，它能抑制PI3K δ 蛋白的表达，降低AKT蛋白磷酸化水平，从而诱导细胞凋亡及抑制恶性B细胞和原发肿瘤细胞的增殖
	度维利塞胶囊	适用于治疗已经接受过至少两次前期疗法的复发/难治性慢性淋巴性白血病（CLL）和小淋巴细胞淋巴瘤（SLL）成年患者，以及至少接受过两次前期的系统性治疗的复发/难治性滤泡性淋巴瘤（FL）成年患者。本品是一款PI3K-δ和PI3K-γ口服双重抑制剂，其获批上市为滤泡性淋巴瘤患者带来了新的治疗选择
	瑞维鲁胺片	用于高瘤负荷的转移性激素敏感性前列腺癌（mHSPC）的治疗。瑞维鲁胺是雄激素受体AR拮抗剂，相较比卡鲁胺，服用瑞维鲁胺发生影像学进展的风险降低、生存时间显著延长、死亡风险降低，瑞维鲁胺同样也表现出优异的安全性。在瑞维鲁胺以前，针对前列腺癌的治疗方案通常是由欧美制订的，而瑞维鲁胺则是给转移性激素敏感性前列腺癌治疗提供了“中国方案”

续表

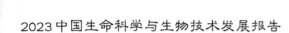

类型	名称	适应证
抗肿瘤药物	无水乙醇注射液	适用于经皮穿刺抽液注射乙醇，硬化治疗单纯性肾囊肿。本品为我国首个获批的治疗单纯性肾囊肿的新药，为单纯性肾囊肿患者提供了更优的治疗选择
	甲苯磺酸多纳非尼片	适用于治疗既往未接受过全身系统性治疗的不可切除肝细胞癌患者。本品是我国自主研发并拥有自主知识产权的1类创新药，属多激酶抑制剂类小分子抗肿瘤药物。其获批上市为肝细胞癌患者提供了一种新的治疗选择
	布格替尼片	适用于治疗间变性淋巴瘤激酶（ALK）局部晚期阳性或转移性非小细胞肺癌（NSCLC）患者。本品是一种新型的选择性ALK酪氨酸激酶抑制剂，其获批上市为ALK晚期阳性非小细胞肺癌患者提供了新的治疗选择
	佩米替尼片	适用于治疗在接受至少一种系统疗法后病情复发或难治、存在FGFR2融合或重排、不能手术切除的局部晚期或转移性胆管癌患者。本品是一种选择性成纤维细胞生长因子受体（FGFR）激酶抑制剂，通过激活FGFR扩增和融合导致FGFR组成型激活，从而抑制FGFR1-3磷酸化和信号转导并降低细胞活力，从而阻止或减缓癌细胞扩散。其获批上市为胆管癌患者提供了一种新的治疗选择
	硫酸拉罗替尼胶囊	适用于治疗携带神经营养性酪氨基酸激酶受体（NTRK）融合基因且不包括已知获得性耐药突变的成人和儿童实体瘤；局部晚期、转移性疾病或手术切除可能导致严重并发症的成人和儿童实体瘤；无满意替代治疗或既往治疗失败的成人和儿童实体瘤。本品是一种专门治疗具有NTRK基因融合肿瘤的靶向药物，是国内首个口服原肌球蛋白受体激酶（TRK）抑制剂，具有广谱抗肿瘤活性
	马来酸吡咯替尼片	适用于联合卡培他滨，治疗表皮生长因子受体2（HER2）阳性、既往未接受或接受过曲妥珠单抗的复发或转移性乳腺癌患者。本品为不可逆性人表皮生长因子受体2（HER2）、表皮生长因子受体（EGFR）双靶点的酪氨酸激酶抑制剂，与细胞内HER2和EGFR激酶区的三磷酸腺苷（ATP）结合位点共价结合，阻止肿瘤细胞内HER2和EGFR的同质和异质二聚体形成，抑制其自身的磷酸化，阻断下游信号通路的激活，从而抑制肿瘤细胞生长。其获批上市为复发或转移性乳腺癌患者提供了新的治疗手段
	注射用戈沙妥珠单抗	适用于治疗接受过至少两种系统性治疗（其中至少一种为针对转移性疾病的治疗）的不可切除局部晚期或转移三阴性乳腺癌（TNBC）成人患者。Trop-2是一种跨膜钙通道转导蛋白，在三阴性乳腺癌中高表达。Trop-2在乳腺癌中具有80%中高表达。本品是靶向Trop-2的抗体偶联药物（ADC），可靶向杀伤肿瘤细胞，其获批上市为TNBC患者提供了新的治疗选择
	盐酸恩沙替尼胶囊	适用于治疗此前接受过克唑替尼治疗后进展的或者对克唑替尼不耐受的间变性淋巴瘤激酶（ALK）阳性的局部晚期或转移性非小细胞肺癌（NSCLC）患者。本品是一种间变性淋巴瘤激酶（ALK）抑制剂，其获批上市为非小细胞肺癌患者提供了新的治疗选择

续表

类型	名称	适应证
抗肿瘤药物	洛拉替尼片	适用于治疗既往接受过至少一种ALK抑制剂治疗的ALK阳性局部晚期或转移性非小细胞肺癌患者。本品是国内首款ALK和C-ros致癌基因1（ROS1）双靶点抑制剂。其获批上市为患者提供了新的治疗选择
	甲磺酸伏美替尼片	适用于治疗既往经表皮生长因子受体（EGFR）酪氨酸激酶抑制剂（TKI）治疗时或治疗后出现疾病进展，并且经检测确认存在EGFR T790M突变阳性的局部晚期或转移性非小细胞肺癌（NSCLC）成人患者。本品是我国自主研发并拥有自主知识产权的创新药，为第三代表皮生长因子受体（EGFR）激酶抑制剂。其获批上市为非小细胞肺癌（NSCLC）成人患者提供了新的治疗选择
	SIR-Spheres钇「90Y」微球注射液	用于经标准治疗失败的不可手术切除的结直肠癌肝转移患者的治疗。2022年NMPA批准上市的首款治疗性放射性药物，也是中国首个获得批准用于治疗结直肠癌肝转移灶的产品
抗感染药物	左奥硝唑胶囊	适用于敏感厌氧菌引起的感染性疾病的治疗
	依非米替片（Ⅰ）	治疗成人和体重至少35kg儿童患者中的1型人免疫缺陷病毒（HIV-1）感染
	多替拉韦利匹韦林片	治疗HIV感染的成人和年满12岁的儿童患者。多替拉韦利匹韦林是含有50mg多替拉韦和25mg利匹韦林的复方制剂，多替拉韦是HIV整合酶抑制剂，通过阻止病毒DNA整合至人体免疫细胞的遗传物质来阻断HIV的复制
	来特莫韦	用于接受异基因造血干细胞移植的巨细胞病毒（CMV）血清学阳性的成人受者（R+）预防巨细胞病毒感染和巨细胞病毒病。来特莫韦是一种新型非核苷巨细胞病毒（CMV）抑制剂，通过抑制巨细胞病毒末端酶复合物的活性，阻止病毒DNA的加工和包装，从而发挥抗病毒的作用。与DNA聚合酶抑制剂的不同之处在于，来特莫韦对CMV的选择性更高，作用强度也有明显提高
	艾诺米替片	主要用于治疗成人HIV-1感染初治患者。本品为艾诺韦林、拉米夫定和富马酸替诺福韦二吡呋酯组成的复方制剂，核心成分艾诺韦林为第三代非核苷类逆转录酶抑制剂（NNRTI），通过非竞争性结合并抑制HIV逆转录酶活性，从而阻止病毒转录和复制；拉米夫定和富马酸替诺福韦二吡呋酯为治疗HIV的核苷类逆转录酶抑制剂（NRTI）。艾诺米替片填补了国产创新成分单片复方制剂领域的空白，成为国内首个获批的真正具有自主知识产权的抗HIV复方制剂
	乌帕替尼缓释片	适用于治疗对一种或多种肿瘤坏死因子（TNF）抑制剂反应不充分或不耐受的中度至重度活动性类风湿关节炎成人患者；治疗对一种或多种DMARD反应不足或不耐受的成年患者的活动性银屑病关节炎；治疗对一种或多种肿瘤坏死因子（TNF）抑制剂应答不佳、不耐受或禁忌的中度至重度活动性溃疡性结肠炎（UC）成人患者。本品是国内第一个获批的选择性口服Janus激酶（JAK）抑制剂，其获批上市为患者提供了新的治疗选择

续表

类型	名称	适应证
抗感染药物	阿布昔替尼	用于对其他系统性治疗（如激素或生物制剂）应答不佳或不适宜上述治疗的难治性、中重度特应性皮炎成人患者。阿布昔替尼是Janus激酶（JAK）1抑制剂。JAK是一种细胞内酶，介导细胞膜上的细胞因子或生长因子受体相互作用而产生的信号转导，从而影响细胞造血功能和免疫细胞功能。阿布昔替尼通过阻断三磷酸腺苷结合位点，可逆性和选择性地抑制JAK1，其上市为特应性皮炎患者提供了新的治疗选择
	恩格列净片	适用于治疗伴或不伴糖尿病、射血分数降低的心力衰竭成人患者，以及射血分数保留的成人心力衰竭患者。本品是钠-葡萄糖共转运蛋白2（SGLT2）抑制剂，其获批上市为2型糖尿病患者提供了一种新的治疗选择
	达格列净片	可与二甲双胍或其他如胰岛素类产品等联合使用，适用于2型糖尿病成人患者、心力衰竭成人患者和慢性肾脏病成人患者的治疗。本品是钠-葡萄糖共转运蛋白2（SGLT2）抑制剂，通过减少滤过葡萄糖的重吸收，降低葡萄糖的肾阈值，从而增加尿糖排泄，达到改善血糖控制的效果。其获批上市为2型糖尿病患者提供了一种新的治疗选择
	多格列艾汀片	用于改善成人2型糖尿病患者的血糖。多格列艾汀是全球首创、中国首发的首款葡萄糖激酶激活剂（GKA）类药物，是过去10年来糖尿病领域首款全新机制的原创新药，多格列艾汀获批了两个适应证：单药配合饮食控制和运动，可以改善成人2型糖尿病患者的血糖；与盐酸二甲双胍联合使用，在单独使用盐酸二甲双胍血糖控制不佳时，多格列艾汀可与盐酸二甲双胍联合使用，配合饮食和运动改善成人2型糖尿病患者的血糖控制。多格列艾汀不适用于治疗1型糖尿病、糖尿病酮症酸中毒或高血糖高渗状态。此外，对于肾功能不全患者，多格列艾汀无需调整剂量
	非奈利酮片	适用于治疗慢性肾病（3和4期并伴有白蛋白尿）伴2型糖尿病成人患者。本品为首个获批用于与2型糖尿病相关慢性肾脏病的非甾体选择性盐皮质激素受体拮抗剂，其获批上市为患者提供了一种新的治疗选择
	替戈拉生片	用于治疗反流性食管炎。替戈拉生片是中国首款自主研发上市的新型钾离子竞争性酸阻滞剂（P-CAB），作用于K^+位点，在抑制胃酸分泌方面，起效速度快，抑酸强度和平稳度都较高
	磷酸奥司他韦胶囊	适用于预防成人和13岁及13岁以上青少年的甲型和乙型流感
罕见病药物	注射用罗普司亭	用于治疗原发慢性免疫性血小板减少症（ITP）。罗普司亭是第二代口服TPO-R激动剂类药物，用于免疫性血小板减少性紫癜的二线治疗，具有起效快、给药频率低、安全性更优等特点。该药在国内获批，将为糖皮质激素治疗不耐受或应答不佳的ITP患者提供新选择
	注射用罗特西普	用于治疗需要定期输注红细胞且红细胞输注≤15U/24周的β-地中海贫血成人患者。罗特西普是一种新型融合蛋白，作用于红细胞成熟的晚期阶段，通过与调控红细胞成熟的关键细胞因子——TGF-β超家族配体结合，降低异常增强的Smad2/3信号通路转导，从而促进晚期红细胞成熟，使机体能够产生更多成熟的红细胞

续表

类型	名称	适应证
罕见病药物	艾伏尼布片	用于治疗携带异柠檬酸脱氢酶-1（IDH1）易感突变的成人复发或难治性急性髓系白血病（R/R AML）患者。艾伏尼布片是中国首个获批的IDH1抑制剂
	依马利尤单抗	用于治疗难治性、复发性或进展性、或对常规疗法不耐受的原发性噬血细胞性淋巴组织细胞增多症（HLH）成人和儿童（新生儿及以上）患者。依马利尤单抗注射液是一种全人源化抗IFN-γ单克隆抗体，可与体内游离形式及受体结合形式的IFN-γ结合并中和其生物活性
	伊奈利珠单抗	用于治疗抗水通道蛋白4（AQP4）抗体阳性的视神经脊髓炎谱系疾病（NMOSD）成人患者。作为人源化IgG1单抗通过ADCC靶向耗竭CD19B细胞，能更广泛、更持久地耗竭B细胞，持续降低NMOSD的复发率且安全性可靠，使患者全面获益
	盐酸丙卡巴肼胶囊	适用于治疗晚期霍奇金淋巴瘤患者。霍奇金淋巴瘤是一种较为罕见的B细胞恶性淋巴瘤，多发生于20～40岁人群，复发率较高。本品是一种周期非特异性抗肿瘤药，通过抑制DNA、RNA以及蛋白质的合成发挥功能，其获批上市为霍奇金淋巴瘤患者提供了新的治疗选择
	利鲁唑口服混悬液	用于延长肌萎缩侧索硬化（ALS，又称“渐冻人症”）患者的生命，或延长其发展至需要机械通气支持的时间。利鲁唑属于苯并噻唑类化合物，具有明确的神经保护药理作用。它的主要作用是抑制多种受体和离子通道介导的谷氨酸突触传导和神经元超兴奋性，提高神经营养因子的表达量，保护神经元免受兴奋毒性损伤，保护神经元的存活，从而可以改善ALS患者的生活质量
	莫格利珠单抗	适用于治疗既往至少接受过一次全身治疗的复发性或难治性蕈样肉芽肿（MF）或Sézary综合征（SS）成人患者，Sézary综合征为皮肤T细胞淋巴瘤，又称T细胞淋巴瘤性红皮病。莫格利珠单抗可以延长患者的生存期，提高其生活质量
	佩索利单抗	用于治疗成人泛发性脓疱型银屑病（GPP）的急性发作。GPP是一种罕见的、异质性的、可危及生命的中性粒细胞性皮肤病，由中性粒细胞（一种白细胞）在皮肤中积聚引起，会在全身广泛暴发疼痛性的无菌性脓疱。佩索利单抗是一种人源化拮抗性单克隆IgG1抗体，可阻断白介素-36受体（IL-36R）的激活，从而抑制GPP的炎症信号通路，实现脓疱和皮损的快速清除
	那西妥单抗注射液	与粒细胞-巨噬细胞集落刺激因子（GM-CSF）联合给药，用于治疗伴有骨或骨髓病变，对既往治疗表现为部分缓解、轻微缓解或疾病稳定的复发性或难治性高危神经母细胞瘤的儿童（1岁及以上）或成人患者。那西妥单抗是一款靶向神经节苷脂（GD2）的人源化单克隆抗体。那西妥单抗通过与肿瘤细胞表面的GD2结合，能够触发抗体依赖性细胞介导的细胞毒性作用（ADCC）和补体依赖的细胞毒性效应（CDC），从而达到杀伤肿瘤的效果

续表

类型	名称	适应证
循环系统	利伐沙班干混悬剂	适用于足月新生儿、婴幼儿、儿童和18岁以下青少年静脉血栓栓塞症（VTE）患者经过初始非口服抗凝治疗至少5天后的VTE的治疗及预防VTE复发。本品是目前我国唯一拥有儿童VTE治疗及预防复发适应证的抗凝药物，口服混悬剂不需注射和常规监控，为儿童患者提供了一种新的治疗选择
	他达拉非口溶膜	适用于治疗男性功能障碍疾病。本品是环磷酸鸟苷特异性5型磷酸二酯酶的选择性抑制剂，是国内首款基于速溶技术研制并获批上市的男科用药，其获批上市为男性患者提供了新的用药选择
	维立西呱片	用于近期心力衰竭失代偿经静脉治疗后病情稳定的射血分数降低（射血分数＜45%）的症状性慢性心力衰竭成人患者，以降低发生心力衰竭住院或需要急诊静脉注射利尿剂治疗的风险。维立西呱是一种可溶性鸟苷酸环化酶（sGC）刺激剂，通过直接刺激sGC，增加细胞内cGMP的水平，从而松弛平滑肌和扩张血管
免疫系统药物	枸橼酸托法替布片	可与甲氨蝶呤或其他非生物改善病情抗风湿药（DMARD）联合使用，适用于治疗甲氨蝶呤疗效不足或对其无法耐受的中度至重度活动性类风湿关节炎（RA）成年患者。本品是一种口服蛋白酪氨酸激酶抑制剂，发挥抑制JAK通路的功能，其获批上市为患者提供了新的治疗手段
示踪剂	示踪用盐酸米托蒽醌注射液	适用于甲状腺癌淋巴示踪和乳腺癌前哨淋巴结示踪。本品是国内首个获批的淋巴示踪剂，填补了临床无获批甲状腺癌淋巴示踪剂和乳腺癌前哨淋巴结活检示踪剂使用的空白
神经系统药物	阿立哌唑口溶膜	适用于治疗新型非典型抗精神分裂症患者，通过作用于多巴胺受体和5-羟色胺受体发挥功能，是首个用于临床的多巴胺部分受体激动剂，其获批上市为精神分裂症患者提供了新的治疗选择
	盐酸美金刚口溶膜	适用于治疗中重度阿尔茨海默病患者，可与多奈哌齐、卡巴拉汀联用，其获批上市为患者提供了新的治疗选择
	盐酸托鲁地文拉法辛缓释片	用于抑郁的治疗。盐酸托鲁地文拉法辛是5-羟色胺重摄取抑制剂、多巴胺重摄取抑制剂、肾上腺素重摄取抑制剂，靶点为5-羟色胺转运体（SERT）、去甲肾上腺素转运体（NET）和多巴胺转运体（DAT），临床试验研究结果表明，盐酸托鲁地文拉法辛缓释片不仅可以全面且稳定地改善抑郁症状，特别是能够快速改善焦虑状态，明显改善快感缺失和认知功能，而且不引起嗜睡，不影响性功能、体重和脂代谢
	注射用甲苯磺酸瑞马唑仑	适用于常规胃镜检查的镇静。本品是苯二氮䓬类药物，通过加强γ-氨基丁酸（γ-GABA）对GABAA受体的作用，产生镇静、肌肉松弛等作用。其获批上市为常规胃镜检查镇静提供了新的用药选择